藍學堂

學習・奇趣・輕鬆讀

日本家族企業
白皮書

家族企業如何面對變局、突破重圍？

深入了解10個產業、110家家族企業的最新動態和管理精髓。

ファミリービジネス白書
【2022年版】：未曾有の環境化と危機突破力

日本家族企業白皮書企畫編輯委員會 編

（後藤俊夫 審訂 落合康裕 企畫編輯 荒尾正和、西村公志 編著）

沈俊傑 譯

目次

第1章 家族企業概要

第1節 家族企業的現況

第2節 家族企業的定義

第3節 家族企業如何面對環境變化？

第2章 上市家族企業的經營分析

第1節 家族企業的比例與變動

第2節 財務績效

第 ❸ 章 經營危機與家族企業

推薦序
本書的長壽企業六大要因，極具啟發

　　透過研華日本分公司的一位退休主管Yano先生的介紹，我在2018年左右認識了後藤老師。後藤老師長期研究日本及全球的長壽企業，因此也想來台灣做田野調查，了解台灣的長壽企業，並與台灣的相關研究機構交流。在後藤老師在台期間，我們與台灣董事學會合辦了「探索台灣長壽企業」的研討會，後藤老師分享了「日本長壽企業之關鍵因素」，許士軍老師也分享了企業永續經營之道，許多台灣董事學的會員也都到場聆聽。

　　後藤老師在這場研討會中，分享了研究成果，我的收穫很多。由於很多研華日本分公司的客戶也都是日本著名的長壽企業，這也引起我對後藤老師研究主題的興趣，認識之後我跟對方就一直保持聯繫，每一次到日本出差或旅遊，都會到東京拜訪他並交換意見。後藤老師已經出版了60幾本書，也賣出英文跟簡體中文版版權。後藤老師書籍主題圍繞在長壽企業的基因探索、日本商道、利他哲學與工匠精神等，台灣較少出版這類書，我因此邀請他考慮在台灣出版著作，並獲得對方同意。我把後藤老師推薦給《商業周刊》出版部，也得到行銷總監張勝宗欣然接受，經過了將近一年多的溝通討論與翻譯，這本書終於要問世了，我特別高興。

為什麼本書在台灣出版有重大意義？

　　因為台灣7成的上市櫃公司都是家族企業，第一代創辦人也都面臨退休交棒的問題，我相信本書一定會給台灣目前面臨接班交棒的企業很多啟發。

　　本書也探索日本企業長壽要因，其中最核心的就是利他主義，他總結了長壽企業之六大要因。

　　第一，經營企業由長遠出發，10年為短期、30年為中期、百年為長期，

要思考如何將企業延續百年，就是立下企業之使命、文化與價值觀，並代代相傳。

第二，確保財務穩健，追求可控的成長，不過度擴張，太快速的成長會導致企業缺乏韌性，長壽企業嚴守財政紀律。

第三，不斷深化公司的核心專長，透過延伸核心專長來擴大事業版圖，不輕易進入不熟悉的產業，以避開風險。

第四，重視利益相關者的利益與關係，把屬於利益相關者的員工、股東、供應商、客戶、社會當成重要資產，重視員工、股東、供應商、社會的相關利益。這就是現今社會非常重視的ESG。

第五，注意風險，包括財務、經營和治理風險，以確保企業碰到突如其來的不確定因素時，能安然度過。

第六，以非常堅毅的態度、確保永續經營的決心，及早做好傳承接班的準備。

本書針對以上六點都有詳細說明，我相信台灣的家族企業只要能夠深讀本書，必會得到啟示，一步一步執行下，我相信你的家族企業一樣可以成為長壽企業。

我個人由研華科技總經理退休後，除了擔任公司董事外，也在「二代大學」及「MISA中華經營智慧分享協會」的傳智協會擔任業師，輔導企業二代，甚至第三代的接班傳承及專業的事業經營技巧。我深深覺得後藤老師歸納的六點企業長壽要因，非常具有啟發性，我也鼓勵企業接班人好好研讀本書，了解自己的使命與責任，就能把上一代人創造的事業，加以延續並發揚光大。

祝各位展卷愉快。

研華科技共同創辦人暨董事
何春盛

推薦序 本書是家族企業的重要參考書

　　本次受出版社邀約，為後藤先生的專書寫序，實倍感榮幸。

　　我於2012年發起台灣董事學會，從許士軍老師任首屆理事長至司徒達賢老師現任理事長，學會已成為台灣長期研究家族企業的領先機構，每年發表的〈董事會白皮書〉及〈家族企業關鍵報告〉更是華文區唯一的量化報告。

　　後藤先生曾在2018年受學會之邀來台，在我們主辦的國際年度論壇上，以「百年企業的傳承實踐者」為題，發表專題演說，內容非常精彩，令人印象深刻。

　　後藤先生在日本為研究長壽企業之代表，更為研究日本家族企業之翹楚，先後有數本重量級著作，尤其是這本《日本家族企業白皮書》更是多次更新再版，為日本家族企業的必備參考書。

　　本書秉持日本嚴謹精神，採用上市公司數據，進行普查統計，將家族企業依照股權、董事會及經營權分成6類，且以經營績效、行業、歷史為變數進行分析，以實證證明家族企業績效比非家族企業類型卓越，點出了家族企業的重要性。並為家族企業污名化「正名」，這與〈董事會白皮書〉研究方法類似。書中也點出了與台灣家族企業相似的問題：缺乏研究、實務應用和服務機構。

　　除了以數據統計描繪家族企業的輪廓外，後藤先生在書中還嘗試以個案方式延伸到各國代表性家族企業，這也與我進行多年的百年企業研究初衷相同，彼此有志一同。

　　家族企業是台灣經濟的主流體系，台灣家族企業也已經是華人中的領先者及參考對象。

　　但是家族企業學術領域不同，上層的社會科學與下層的管理科學，兩者截然不同，讓研究難以進行，家族企業因此也難以被嚴謹學術定義。

　　日本1868年的明治維新，帶動了改革商機，也帶入了創業風潮，如早期的商社三菱、三井及三得利，日本的家族企業發展先行了台灣近兩代到三代，即

使台灣與日本在歷史上有著深厚的聯繫，文化上也有著密切的相關性。然而，領先發展百年之後的日本家族企業與台灣發展模式已大不同。

例如，日本存在眾多沒有控股權、但掌控經營權的家族企業，如豐田，但我不確定台灣的去家族化現象最終會導向相同結果嗎？再者，日本有許多冠家族企業之名，無家族之實，且奉行管理資本主義的集團，如三菱，這也是日本戰後特有現象。此外，台灣家族分家的「平分主義」導致家族紛亂與日本沿襲唐宋年代的「嫡長子制」所導致的指定接班，兩者也截然不同。台灣家族企業未來的發展，是否依照日本模式、美國或歐洲的不同道路前進，仍待觀察。

終究，家族企業只是企業形態的其中之一，是一個起點、一個過程階段？還是最終的歸宿型態？甚至是家族企業有全球共用模式？我認為影響因素很多，仍有待探索。

家族企業不只要追求長壽持續，更要追求長青健康，台灣正面臨三代接班的十字路口，本書的價值在於數據背後的應用意涵。台灣家族企業仍缺乏自身解方，值得多方借鏡，本書是一本重要參考書。

台灣董事學會發起人
蔡鴻青

推薦序 進化後的家族企業

　　家族企業面貌多元，既有最典型的家業型中小企業，也有股票上市的大型企業。而日本的家族企業還存在一種特殊的型態，即家族成員長期肩負企業經營責任，卻不具企業的所有權。這種大型家族企業治理公司的機制類似一般大企業，同樣透過提名委員會等方式決定高層人事，並不會因為家族成員的身分而無條件獲得經營權，終究要看其身為領導者的經營能力。乍看之下這無異於一般大企業，不過經營上長期由家族成員中的專業經理人主導。

　　歐美的情況則大不相同。例如BMW和福特，家族成員通常會以持有特別股或設置家族辦公室（family office）等方式，掌握企業所有權，營運方面則委任專業經理人。然而，日本家族企業注重的是家族成員的經營能力，而非所有權，因此很難以一般家族企業定論。日本家族企業將「所有權」和「經營權」分開，並憑藉經營能力治理企業，因此或許可視為進化後的家族企業。

　　《日本家族企業白皮書》刻劃了上述家族企業的多元樣貌，有家業型的家族企業，也有像一般大企業般事業跨足全球的家族企業。而這些龐大家族企業與一般大企業唯一的差別，在於經營的持續性和穩定性。一般大企業的經營者每隔數年便會更迭一次，難以抱持長遠的眼光挑戰經營風險。然而，在經營風險極高的現代，管理階層必須勇於承擔風險。從這層意義來說，日本的家族大企業或許展現了家族企業進化後的姿態。

　　如今，日本家族企業經營學的研究方興未艾，而本書正好極具啟發，提供了許多提示。就促進未來相關研究的觀點下，本書也值得大力推薦。

日本家族企業學會

會長 奧村昭博

推薦序　本書猶如一場及時雨

　　家族企業網絡日本分會（Family Business Network Japan, FBN. Japan）是2002年成立的非營利組織（東京都知事立案），旨在協助家族企業永續繁榮。總會（FBN International）在1989年成立於瑞士洛桑（Lausanne），標榜「由家族而建，為家族而生」（For families, by families），目前已在33個國家成立分會，擁有來自65個國家約4,000間家族企業，共15,000名的成員。日本分會為第16個分會，協助國內外會員從事各項活動。

　　無論什麼時代，家族企業的創辦人總希望自己打下的江山能夠長存，然而現實並不容易。根據調查，企業在創辦人至第2代期間的存活率為30％，傳到第3代後降至9％，到第4代時更只剩下3％。而現代家族企業不但要煩惱事業繼承等重大課題，也面臨許多災難危機，如阪神大地震、東日本大地震，以及先前全球性的新冠疫情。

　　家族企業由三要素構成：所有權、經營權和家族。其中，家族這個要素使得家族企業的情況比一般企業複雜許多，也造成許多問題。然而，我認為也不能忽視家族企業在今日危機底下，家族成員確實能發揮強悍領導能力，率眾度過難關。

　　我在協助家族企業永續繁榮的過程，深切感受到家族企業在面對各種挑戰時，缺乏解決問題的實際對策、學術調查研究和相關分析。在如此嚴峻的經營環境下，《日本家族企業白皮書》猶如一場及時雨，為許多家族企業經營者提點了解決問題之道。

　　我想在此向參與本書出版的所有人致上謝意，期望讀者能對家族企業有更深的理解，同時期許更多家族企業能因本書而鴻圖大展。

家族企業網絡日本分會
理事長 高梨一郎

推薦序 本書讓你理解家族企業的真貌

　　首先，請容我對後藤俊夫、落合康裕兩位老師，以及本次參與出版第三部家族企業白皮書之企畫、撰稿、編輯的各位致上敬意。

　　日本的「家族企業」（Family Business, FB）正面臨前所未有的巨大危機。

　　這十餘年來，愈來愈多日本家族企業因後繼無人而黯然歇業，這已成重大社會問題。而本世紀肆虐的新冠病毒，更凸顯了日本家族企業的「脆弱」。**尤其目前家族企業經營者普遍高齡，接班人與整個企業也隨之高齡化，無力因應商業模式瞬息萬變的市場動態。**即便疫情終將趨穩，日本人口結構的「少子高齡化」問題也只會益趨嚴重，市場總需求持續減少，多數企業不得不做出改變；僅是墨守成規，一定沒辦法期待事業繼續成長。

　　然而我們也不能忽略一項事實：放眼日本與世界各國，屢屢度過難關，持續發展上百年的企業幾乎都是家族企業。這些強韌的家族企業具備足夠的「韌性」（resilience），處事「居安思危」，並能巧妙運用「家族」、「所有權」、「經營權」等家族企業三要素。

　　日本企業在繼承上雖有銀行、證券商、稅理士❶協助，然而這些協助大多限於「有形資產的繼承」；目前日本極度缺乏專業的家族企業顧問，提供「無形資產的繼承」等家族企業持續發展所需「家族企業管理」（Family Business Management, FBM）的建議。

　　日本家族企業顧問協會（The Family Business Advisors Association Japan, FBAA）是2012年成立的非營利組織，旨在協助家族企業永續發展，貢獻社會。目前會員數約有300名，其中約200名擁有家族企業顧問證照（AFBA）。

　　願日本更多家族企業能透過本書，理解並掌握家族企業真實的面貌，精準

---

❶ 編按：類似台灣負責記帳和稅務申報的記帳士。

找到自己的定位，妥善處理諸多問題，布局未來。我們日本家族企業顧問協會也願意為這樣的家族企業貢獻一份心力。

一般社團法人 日本家族企業顧問協會（https://fbaa.jp）

理事長 西川盛朗

推薦序　應重新審視家族企業的優勢

日本自1963年以來根據特別法成立的「中小企業投資育成公司」❷，至今已經投資超過5,600家公司，其中7成為家族企業。

新冠疫情替世界經濟留下慘烈的傷痕，接受投資的企業也受到不小的衝擊。然而，即使在這樣的環境下，這些企業當年度❸的財報仍可見4成的營收成長。

甚至有不少公司在逆境下創下營收歷史新高；這般化危機為轉機的大膽經營手段，證明了家族企業的力量。

近年來，有一說認為中小企業應該精簡經營規模，提高生產力與競爭力；此外，也出現「殭屍企業」一詞，但這些都只涵蓋了部分象徵性的討論，似乎忽略了日本自古以來重視的家族企業有何優點。

殭屍意謂著死亡，但我們投資的對象都是長壽企業，其中也不乏創立於江戶時代初期的公司。該公司於1629年創業，一路順應時代變遷，本業多次更迭，如今依然創下高收益。他們並不追求無限擴大事業版圖或股票上市，400年來僅僅持續服務在地所需，且每季都有盈餘。

這些企業之所以能這般成功，在於企業所有者同時也是經營者，並且抱著長遠目光經營事業。

這種經營方式與追求迅速成長的資訊科技創投不同，但我們應該正面肯定家族企業深耕在地的模式，而非把落伍的標籤貼在它們身上。

拒絕一味擴大企業規模或市值，著重永續經營在地，並連連創下高收益的地方家族企業，才是日本經濟的基礎。

將員工、顧客和回饋在地擺第一，推動在地經濟的地方家族企業，也是一種企業與社會共生的型態。未來，永續發展目標（SDGs）才是企業經營的關

❷ 譯註：日本政府為扶植中小企業，協助其穩定發展而設立的投資機構。
❸ 譯註：當年4/1至隔年3/31。

鍵所在，而非無上限的消耗地球資源。

我們應當深入探究日本家族企業引以為傲的歷史和特徵，並以日本公司的名號，成為全球永續經濟發展的典範。

為此，我們需要足以託付家族企業的次世代經營者，以及情同家人的員工。經營者需要向客戶傳達自家公司的魅力，也需要向接班人和員工大方展示現在職場比大公司和政府機構更具魅力。讓我們帶著自信，一同傳承日本式家族企業的美好。沉默不是金。

前經濟產業事務次官❹
東京中小企業投資育成公司
總經理 望月晴文

❹譯註：日本事務官的最高職位。

推薦序
本書帶你回顧過去、立足當下、展望未來

　　感謝《日本家族企業白皮書》企畫編輯委員會全體的盡心付出。本書彙整了家族企業的動向，有鑑於日本企業有99.7％屬於中小企業，且96.5％屬於家族企業，本書參考價值不言自明。如今，全世界都在追求永續的社會經濟體系與全新的資本主義，而日本企業尋無接班人與人口減少等社會問題卻日益顯著，因此扎根在地並永續經營的家族企業，更為眾人所寄予厚望。無論任何時代，企業都需要適應一變再變的社會經濟，而當今變化的速度和規模更甚以往，不過數年前的事情卻恍若隔世。在這樣的情況下，本書記錄的企業動態不僅能幫助我們回顧最近的過去，也能立足當下、展望未來。

　　本次《日本家族企業白皮書》第三版，我因擔任一般社團法人「百年經營研究機構」（以下稱本機構）的專務理事兼辦事處主任，首次參與了編撰。本機構的理念為「百年經營科學化」，參與的主要活動如：替長壽企業建檔與管理資料庫；邀請長壽企業與研究者擔任講師，舉辦研討會；巡訪日本各地考察；透過媒體和機構雜誌推廣長壽經營。據本機構調查，全日本的百年企業應超過5萬2千家，其中又有9成應屬於家族企業，因此說研究長壽企業便相當於研究家族企業亦不為過。

　　基於以上觀點，本機構也有幸在書中分享調查結果。此外，在第3章〈經營危機與家族企業〉中，也刊登了本機構主持之「百年經營研究會」的研究資料，介紹新冠疫情期間採取獨特應對措施的某些企業及內容。我想藉這個機會，向諸多願意理解並支持我們的長壽企業表示感謝，也期許讀者朋友能從各家企業面對戰後最大經濟危機的生動應對案例，更加了解家族企業的優勢，或作為自身經營上的參考。

　　實不相瞞，擔任本書審訂的後藤俊夫老師（以下稱老師），恰好是本機構的理事長。回顧13年前，2011年我與老師在一場由事業繼承學會與同志社

大學技術企業國際競爭力研究中心（Institute for Technology, Enterprise and Competitiveness, ITEC）共同舉辦的研討會上結識。當時，我參與許多企業的事業開發，但也對企業追求短期利益的經營態度存疑，認識老師後，我才了解永續經營的重要性和日本人薪火相傳的經營哲學，頗有溫故知新之感。

其後，我經常隨老師參與學術研討會，強烈體認到老師從事活動與長壽企業研究持續百年之必要。而後承蒙諸君協助，2015年本機構成立。如今眼見機構已經發展至足以積極參與本書編纂的程度，實在感慨萬分。儘管本機構離成立百年的目標尚遙不可及，今後仍希望能繼續參與本書相關事務，積極推動百年經營科學化，持續百年。

一般社團法人　百年經營研究機構
專務理事兼辦事處主任　藤村雄志

前言

　　後藤俊夫教授是我敬愛的同事，也是研究家族企業的專家，我非常榮幸，也十分感謝後藤教授邀請我為《日本家族企業白皮書》這部巨作撰寫〈前言〉。同時，我也要感謝後藤教授任職的日本經濟大學支持他的研究。

　　日本的家族企業已成全球家族企業及掌權家族的模範，總能啟發我們的研究。日本擁有最古老的家族企業，而美國一流商學院課堂上提到的重要模範企業，也包含了日本知名的家族企業，如優衣庫、龜甲萬、三得利與任天堂等；又好比名聞遐邇的豐田集團，他們創造了一套生產系統，促進全球企業提高生產效率，自身成長茁壯，卻又無須犧牲永續發展。日本對家族企業的研究，亦為全球研究帶來了貢獻。

　　日本對於家族企業長壽性的研究，已提供未來研究所需的重要見解（Goto, 2013; Goto, 2016）。其中尤其重要的，是強而有力的公司治理、社會資本與對社會資本的投資、緊密的家族情誼、掌權家族本身的穩定性、面對當代課題和市場變化的順應能力，以及家族與企業互相扶持，取資源於在地，用之於在地。當然，這些領域尚需要進一步的研究，而非關在課堂上或企業經營者、所有者之間的討論。過往研究（Nishioka, K., Gemba, K., Uenishi, K., & Kaga, A., 2018）也已證實創造共享價值（creating shared value, CSV）的效益與其無比的競爭優勢。

　　根據相關研究，日本家族企業在景氣衰退期與面對諸多經營環境改變引起之企業危機時，憑藉長遠的志向與有效的資源動員，業績表現上優於同業非家族企業（Amann, B., Jaussaud, J., & Martinez, I., 2012; Amann, B., & Jaussaud, J., 2012）。研究也發現，日本企業的國際化戰略之所以成功，關鍵在於家族成員間的緊密連結（Abdellatif, M., Amann, B., & Jaussaud, J., 2010）。關於家族企業領域中較少研究的領域，即政府政策對企業經營行為與成功之影響，也已經證實在日本，以培養接班人為目的的政策是有效的（Kamei, K., & Dana, L. P., 2012）。

為了向全球公開、推廣日本家族企業帶來的諸多啟示，未來仍有許多值得研究的主題。除了策略焦點、緊密的家族關係對商業策略的影響，以及卓越的長遠志向等核心主題之外，未來的研究也應探索更現代的議題，諸如環境永續、企業永續目標（ESG）和企業社會責任（CSR），這些牽涉多方利害關係人（multi-stakeholder）的作為，如今對於提升企業價值的重要性更勝以往。另也有研究證實，家族領導力能在實質上促進企業永續目標活動（Kim, J., Fairclough, S. & Dibrell, C., 2017）。其他研究則指出，家族發揮自身地位有助於提升ESG永續報告書的效益（Ort, V., 2020）；其符合倫理的行動和文化傳統，也可能為進一步研究提供重要線索（Astrachan, J. H., Astrachan, C. B., Campopiano, G. & Baù, M., 2020）。

本書將為家族企業研究開啟一個重要的新時代，內容對於新冠疫情衝擊、動員整個家族企業應對瘟疫的方法、家族企業的韌性，以及接班人問題和業績等難題，都有重要的貢獻。我個人也非常高興能為後藤教授的志業貢獻一份心力。

美國喬治亞州肯尼索州立大學 經營創業學院

約瑟夫・厄斯翠強（Joseph Astrachan）

美國喬治亞州肯尼索州立大學（Kennesaw State University）經營創業學院名譽教授。曾擔任考克斯家族企業中心（Cox Family Enterprise Center）的執行長。

此外，他也是康乃爾大學史密斯家族企業倡議計畫（Smith Family Business Initiative）的家族企業會院士；德國維藤／海德克大學（Witten / Herdecke University）和瑞士琉森（Lucerne）金融服務學院（Institut für Finanzdienstleistungen）的客座研究員；瑞典永雪平（Jönköping）國際商學院家族企業和領導權中心（Centre for Family Entrepreneurship and Ownership）的客座教授。

他擁有耶魯大學博士學位，研究家族企業與實際參與家族企業活動超過40年，是該領域研究的國際知名先驅，對於發展貢獻莫大。他也曾任該領域代表性學術期刊《家族企業評論》（*Family Business Review*）的第3任主編，13年來兢兢業業，功高望重。該期刊於1988年創刊，第1任主編由伊凡・蘭斯伯格（Ivan Lansberg）和凱林・格西克（Kelin Gersick）共同擔任，後由麥克斯・沃特曼（Max Wortman）接任，而厄斯翠強則於1996年繼任，任內盡心盡力，在他2009年卸任之前，已將地位提升為一流學術期刊。

此外，他更於2011年創辦了新雜誌《家族企業策略期刊》（*Journal of Family Business Strategy*）。

厄斯翠強出身航運、煤炭和醫藥品領域的家族企業，曾任19間公司的外部董事，跨足重型機械、汽車、餐廳、建材、食品製造、零售和流通、不動產、醫療保健等多種行業，目前依然擔任其中9家公司的董事。

台灣版序言

　　我打從心底為《日本家族企業白皮書》首部外文版於台灣出版感到欣喜，尤其感恩研華科技的共同創辦人何春盛先生協助牽線，大力協助此次本書在台出版。同時，亦深深感謝白桃書房、《商業周刊》與諸位人士的付出。

《日本家族企業白皮書》首部外文版在台灣出版的意義

　　《日本家族企業白皮書》始於2015年版，2022年版為第3度出版。基於台日兩國間深厚的合作關係與文化連結，本書出版至今的首部外文版本在台出版意義非凡，也教人感慨萬分。尤其台日兩國都曾遭逢地震、颱風等天災，災情期間，兩國也迅速援助彼此。如2011年3月11日發生的東日本大地震，台灣捐助日本約200萬日圓的大筆善款、約560噸的賑災物資，更派遣搜救隊；不同領域、不同年紀的人們也不吝予以慰問和鼓勵。這些超乎尋常的友情支持，每一位日本人都銘記在心。

　　此般支援不僅促使兩國締結更加友好的關係，也推動了文化和教育的交流。台灣朋友對日本文化、藝術、語言的興趣和尊重，促進雙方民眾相互了解；交換學生與文化活動也進一步加深彼此的友誼。此外，台灣和日本也是關係緊密的經貿夥伴，雙向貿易量龐大，也有日本企業在台投資。上述經貿合作為兩國的繁榮和發展奠定了基礎，而在國際事務方面，日本也極力表態支持台灣，贊同台灣參與國際組織，維護台灣國際上的政治權益。

　　在國外出版《日本家族企業白皮書》一直是我們編輯委員會藏在心中的夙願，而首度如願以償的地方，是與日本在各方面都關係密切的台灣，我們感到格外高興與感慨。

《日本家族企業白皮書》的意義與重要性

　　家族企業的定義為「備受創業家族與任何家族之影響的企業」，相關研究始於1950年代的美國，並因以下3點受到矚目：

① 家族企業占整體企業的大多數，於雇用人數、納稅額、GDP之影響力舉足輕重，是經濟社會的主角

② 家族企業的業績（尤其獲利能力和風險承擔能力）優於一般企業

③ 90％以上的長壽企業為家族企業

　　有鑑於家族企業在日本經濟上的主導地位，本委員會於2015年出版了首部《日本家族企業白皮書》，旨在喚起社會對家族企業的關注，並促進其健全的發展。本書出版之具體目標有二：一、揭示日本家族企業於質於量的實際情況，主要內容包含日本家族企業之定義、占上市企業之比例、所有權和經營權之狀況以及業績分析。二、詳述近年來日本家族企業較具特徵的接班和改革案例，主要內容包含經理人的人事狀況、股權，並從家族企業的觀點，深入探討較為矚目的接班案例、世代間對立與協調問題。

　　本書作為日本首部專門探討家族企業的白皮書，願能揭開家族企業於日本上市與非上市企業中的特質和趨勢。本書共同作者同時包含研究家族企業的學者，與實際參與家族企業事務者，以期結合理論與實務，提供獨一無二的內容。

　　為堅持上述觀點和視野，含此次在內，我們在此處將《日本家族企業白皮書》日文原書的三次出版附上副標題：

2015年版的副標題：邁向百年經營

2018年版的副標題：百年經營與治理

2022年版的副標題：前所未有的環境劇變與突破重圍的能力

副標題點出的重要主題，在每個版本都占有相當大的篇幅，搭配有助於家族企業管理的海量數據和案例，博得好評。我們計畫今後繼續定期出版，並承襲2022年版的精神，納入更多國際投書，拓展國際視野。

家族企業在台灣的重要性

家族企業在台灣與在其他國家一樣，於經濟發展上扮演了極重要的角色。以下列舉了一些理由：首先，台灣於1990年代推動經濟自由化，公營事業民營化，民間企業陸續進入金融、通訊、電力和有線電視等行業。1980年代中期以前，台灣許多大型家族企業的事業結構較為專業化，著重主要業務及相關領域。然而，政府開放民營化之後，大型家族企業明顯擴大事業版圖，家族企業在台灣國民經濟中的占比大幅增加。

此外，眾所周知，台灣經濟結構上多為中小企業。根據2018年台灣經濟部統計，台灣最高有98%的企業為中小企業，其就業人口更占全台受僱員工人數約80%。此外，台灣的中小企業也出口許多重要產品至世界各地，並且致力於提升產品品質，追求創新，國際聲譽良好。由於絕大多數中小企業為家族企業，可見家族企業對於台灣的經濟成長乃不可或缺的存在，於創造就業機會方面也具有重要地位。

家族企業的所有權、經營權握於創業家族手中，而經營者即企業所有人的優勢，在於能迅速敲定經營方針，故能靈活因應市場變化。此外，許多家族企業的成員，自創業以來始終在同一地區出生、成長，事業上員工、客戶、合作對象也大多來自當地社區。日本與許多國家也已經證實，家族企業基於上述特質，與地方社區關係緊密，提供大量就業機會，且能為地方經濟發展貢獻。

本次《日本家族企業白皮書》繁體中文版之發行，願能增進台灣對於家族企業的理解，並期許中央及地方政府能夠進一步增進支持與培育家族企業的政策。

最後，我想談談2018年，我與台灣管理學教父許士軍先生、何春盛先生的

三方會談（3月5~11日），作為繁體中文版序的結尾。當時會談主題為「日本的長壽企業」，我與所有對此議題深感興趣的台灣讀者分享，我花了20年的時間，發現5萬2千間百年長壽企業中，有9成以上屬於家族企業。這些企業百逾年來，始終與當地社區為伍，重視客戶和員工，這種腳踏實地的理念與實踐，才是長壽經營的祕訣。同時，我調查發現，台灣也有500間以上的百年企業。

讀者應該會更為吃驚的是，我大學的研究室藏有大量關於華人圈長壽企業的書籍，其中有4本是談論台灣的長壽企業，本本都闡述了經營者自身的經營理念，包含：《百年醬門》講述丸莊食品公司（創立於1909年）；《黑松百年之道：堅持夢想的腳步》論及黑松公司（創立於1925年）；其他兩本書則分別是《走一條利他的路：徐重仁的9堂共好見學課》和《利他，才是房仲該做的事：首席房產顧問葉國華這樣做，豪宅客戶黏著他》。上述四本書的共通點，在於重視回饋社會的經營理念，總結來說，即「利他經營」。

這種「利他經營」正是許多台灣人愛戴的稻盛和夫先生所提倡、奉行的，並於全球推廣的經營理念。我投入過去1/4世紀的時間鑽研長壽企業，發現放眼國際社會，日本也是無與倫比的長壽企業大國，並於比較各國企業的基礎上，得出長壽經營的真諦乃「利他經營」之結論。絕大多數長壽企業皆屬於家族企業，而長壽經營的精髓乃「利他經營」。此一事實為重要的學術研究主題，需要花費大量篇幅解釋，同時也希望本書讀者務必了解，此為家族企業的重要特徵之一。

序言

　　2020年初爆發新冠疫情以來，國外媒體對於日本的長壽家族企業讚譽有加，例如《紐約時報》於2020年12月5日刊登了一篇專題文章：〈經歷戰爭、瘟疫和王朝變遷：日本千年老舖的成功祕訣〉（This Japanese Shop Is 1,020 Years Old. It Knows a Bit About Surviving Crises）。這篇文章特別指出，日本企業長壽的主因，在於重視傳統、作風穩健，並且謹遵先人的訓誡，絕不將自身近利放在首位。

　　在這篇文章刊出之前，我接受了長達2個半小時的採訪，談論日本家族企業在社會經濟中的重要性、悠久的歷史與教訓，乃至於經營理念。新冠疫情對所有企業都造成重大打擊，家族企業也蒙受同樣巨大的損害，我想藉這個場合，誠心向所有企業表示慰問。不過家族企業平時與地方社會緊密合作的關係，在危機當前時發揮出強力的韌性，整個地區團結一心、共體時艱，國內外媒體也普遍報導了此點。

　　距離第一版《日本家族企業白皮書》出版至今已經數年。承蒙廣大讀者的支持和相關人士的努力，2015年版和2018年版佳評如潮，如今更有幸推出了第三版。

　　2018年版中，我們介紹過日本與外國對於家族企業評價的落差：國外普遍認為家族企業是國家經濟產業的主要支柱，家族企業對此也引以為傲，尤其是那些傳承了3、4代的家族企業，更是以長年支撐地方經濟為榮，也透過企業資料館與族譜，大張旗鼓推崇家族長年歷史。現在，日本也逐漸成為外國眼中的長壽企業大國，而且外國對這些長壽家族企業的評價，高得連日本人也會大吃一驚。

　　然而，日本國內對家族企業的評價卻與國外評價相反，至今評價依然偏低；日本家族企業對於自稱家族企業一事往往有所顧忌，但在海外，大眾普遍認知家族企業是國家經濟的支柱，企業也以祖先傳承的家業為榮。我認為應當

弭平這種評價差異，而且也有充分的可能性可以達成。

上述日本人的認知至今仍未改變一分一毫，而我們三度出版《日本家族企業白皮書》的宗旨之一，正是希望為家族企業爭取正當評價。具體來說，正如我們在2015年版所強調的：第一，推廣大家對日本家族企業的正確認知。第二，查明為了讓家族企業順利成長，需要了解企業需要自主努力的明確方向，並加以推進。第三，完善家族企業所需的政策。

本書取名《日本家族企業白皮書》的意圖始終明確無比。我堅信，無論企業規模大小或歷史長短，在家族影響力之下營運的企業，都是國家極其重要的財產，堪稱寶藏。無奈社會評價卻普遍低落，與實際情況存在巨大落差。我也認為，縮小上述差距是國家層次的課題，應全國齊心面對。

正如本書明列的數據所示，家族企業是支撐日本國家經濟活動的中流砥柱，然而國人對家族企業的觀感絕對算不上好；而且，家族企業面臨的事業繼承疑慮與法人所得稅的修正，都是迫在眉睫的重大課題。

考量到家族企業作為支撐國家經濟的重要地位與面臨諸問題的急迫性，家族企業的健全發展與問題的改善更應視為國家層次的議題；既然如此，首先應當公布家族企業之現況，提高社會關注度。因此，我們刻意將本書取名為《日本家族企業白皮書》，比擬中央政府機構發行的「白皮書」。

放眼國際，從社會重要性的角度來看，無論與先進國家或發展中國家相比，日本家族企業在國家經濟中所占的比重都非常高。然而以現狀來說，日本社會對家族企業的評價，明顯較美國等先進國家低落許多。我認為，消弭實際狀況與社會評價之間的落差刻不容緩。

許多人容易將家族企業與中小企業劃上等號，但這可是天大的錯誤。儘管中小企業占了家族企業的大多數，但也不乏豐田汽車這種大型企業，而且如同本書所示，日本上市企業一半都是家族企業。重點不在企業規模大小，國家應該關注家族對企業的影響，制定產業政策並修正稅制。中小企業的概念著眼於企業規模，而家族企業的概念則著眼於家族影響力，兩者是交錯的關係，而非一方包含另一方的關係。

那麼，以美國為首的先進國家社會，是否自古以來對家族企業就如此盛讚嗎？絕非如此。事實上，1970年代的美國社會相當輕侮家族企業，我也親身經歷過那段時期。1970年代，商學院的學生若說畢業後要接手家族生意，不免招來同儕訕笑。據我所知，美國社會對家族企業的觀感是在1980年代中期後才好轉，其中緊密牽涉到美國經濟克服困境的努力，以及許多知名商學院開始關注家族企業的潛力，積極推動相關培育與表揚等推廣活動。

然而本書篇幅有限，無法詳述國外在這方面的歷史演變與採取的行動。我希望強調的是，世界各國對家族企業的讚揚，有賴家族企業本身的努力不懈，輔以學術和行政等各方努力與措施累積而成。期許本書也能在端正社會輿論與從根本改善行政措施等上，貢獻微薄之力。

隨著本作再三推陳出新，加上各方欣然供稿，本次內容於品質和數量上皆有扎實的進步。雖然有些自賣自誇，但本書不僅在日本引起討論，也開始受到歐美與各國的關注。尤其本書最核心的數據統整與分析，更是歐美與各國望塵莫及的成就；本系列也成了國際間家族企業相關學會關注與欽羨的焦點。

全書架構

本書架構如下。第1章旨在提綱挈領；讀者可將第1章視為閱讀的指南針，深入挖掘自己感興趣的內容，包含家族企業的現況（第1節），家族企業的定義（第2節）和家族企業如何面對環境變化（第3節）。

第2章為本書核心，分析上市家族企業的經營狀況。文中介紹家族企業的比例與變動（第1節）、財務績效（第2節）、未持所有權的C類家族企業（第3節）、經營者屬性與財務績效（第4節），最後各行業動態（第5節）則探討了主要10種產業的財務績效和事業繼承案例。

第3章聚焦經營危機與家族企業，關注國內外家族企業的實際情況。首先介紹經營危機與長壽企業的行動（第1節）、百年經營研究機構的緊急調查（第2節）、疫情下的經營行動範例（第3節），接著會探討疫情下的外國家族企業動態（第4～6節），以及向家族企業學習危機應對策略（第7節）。

全書尾聲，也會像前兩版一樣刊載上市家族企業的業績（附錄Ⅰ），並且分成全市場、東京證券交易所（東證）一部、東證二部、地方市場和新興市場等區域。接著再列出個別上市家族企業的業績（附錄Ⅱ）。讀者閱讀內文過程可以隨時參照附錄，亦可事先翻閱數據，掌握個別企業詳細情況。

本書的特點

本書具有以下4項特點：

第一，詳實記錄現況，以日本所有上市家族企業為研究對象，詳細分析家族在所有面向和經營層面的影響程度，並將其財務績效與非家族企業比較。家族企業的業績優勢已經於先進國家與發展中國家得到論證與實證，本書的分析雖參考了過往研究，但自詡於質於量皆超乎諸研究。

以量而言，本書的分析對象包含所有日本上市企業，普查超過1,800間上市家族企業。歐美國家主要採抽樣調查，沒有普查的案例；而且論研究對象的企業數量，本書也遠遠超過國際水準。

以質而言，本書沿襲初版以來一貫的分析方法，但更加去蕪存菁。首先，我們就收益面、安全面和成長面，比較分析家族企業與非家族企業的差異，並揭示了家族企業的優勢。此外，本書根據家族於所有面向和經營層面的影響力，將家族企業分成六大類別，具體說明各自的特質，並展示這些類別隨時間產生的變化。不僅如此，本書在一定程度上也成功證實了家族屬性與業績間的相關性。

第2個特點，是連結2015和2018年版的內容，整理出所有上市家族企業過去10年的數據。然而我們絕不滿足於這短短10年，未來更計畫將研究期間延長至30年，甚至50年。本書整理了過去10年來的數據資料，可謂建立了里程碑。

單看21世紀，經營危機也是紛至沓來：2008年金融海嘯，2011年東日本大地震與歐債危機，以及堪稱史無前例的新冠疫情危機。這些嚴峻的經營環境因素都是衡量家族企業韌性的試金石，2018年版也稍微提過家族企業在危機下的強健發展。往後隨著數據規模持續擴大、完善，有望更加明確凸顯家族企業的長期特徵。

另外，對家族企業來說，事業繼承是重大活動，對業績的影響需要經過一定的時間才有辦法衡量。因此分析事業繼承時，也少不了這些整理過的長期數據。

第3個特點，是希望利用整理過的數據，強調家族企業分類方法和業績分析上的進步。關於家族企業多樣性研究的重要性與日俱增，國外也開始關注起所謂「不持有，但管理」（Not-owned, but managed）的家族企業，即家族不具備股東身分影響力，但參與經營的類型；本書自2015年版起，將這類家族企業定義為「C類」，並且關注有加。本次分析家族企業的股東結構時，範圍也從傳統的前10大股東擴展到前30大股東，可見研究的重大進步。

第4個特點，是針對家族企業在新冠疫情下所設立的專題，希望盡可能從更多面向探討。首先，我們邀請百年經營研究機構，協助緊急調查與訪談日本長壽家族企業。尤其值得注意的是，這些長壽家族企業透過穩健的經營，確保了現金及約當現金❺（cash equivalents）充裕，且基於與地方社會的緊密關係，得以與地區相互扶持，並且與整個地區一同復興（韌性）。

此外，我們也收到了關於歐洲、中東和亞洲的家族企業現況報告，書中將韌性的性質分為4個類型，並搭配實際範例講解。此外，瑞士最具代表性的私人銀行瑞銀（UBS），每年都會調查世界各地家族企業的狀況，這次瑞銀也提供本書關於新冠疫情下財富差距的調查結果。我們將以上調查跟日本狀況相比，也獲得許多啟發。

本書設定之閱讀對象

本書內容是針對學術研究與實務應用兩方面所設計和撰寫，因此，除了能當成大學與研究所教材使用，也能為家族企業之經營者、接班人，以及各種金融機構、相關中央機構、地方政府、律師、會計師和稅理士等相關人士所用。

本書在努力保持學術水準的同時，也考慮到家族企業相關人士等廣泛的讀者群，因此盡可能寫得深入淺出。期許本書能透過各機構的實際應用，以及在

---

❺ 編按：資產負債表中常看到「現金與約當現金」會計科目，約當現金是指具高流動性、變現容易且交易成本低的短期資產，例如：短期國庫券、商業票據、貨幣市場基金等。

大學課堂上作為教材等方式，發揮社會價值。然而百密難免一疏，若讀者發現內容過於艱澀或有誤，還望不吝指正。

謝辭

感謝各方在百忙之中，仍答應撰寫文章。由衷感謝日本家族企業學會會長奧村昭博、日本家族企業顧問協會理事長西川盛朗、非營利組織家族企業網絡日本分會理事長高梨一郎、百年經營研究機構專務理事藤村雄志、東京中小企業投資育成公司總經理望月晴文，以及厄斯翠強名譽教授（美國喬治亞州肯尼索州立大學）、菈妮亞・拉巴奇（Rania Labaki）副教授（法國北方高等商業學院〔EDHEC Business School〕金融與家族企業學系）、彭倩副教授（香港科技大學）。請容我在此致上深深的感謝（順序無分先後）。

此外，我也要感謝白桃書房的大矢榮一郎總經理與許多人的關照。儘管本書交稿時間大幅延誤，各位仍不遺餘力，兩肋插刀，特此深表謝意。我也要深深感謝紀伊國屋書店的高井昌史總經理兼董事長，時時著眼大局，不吝給予鼓勵與鞭策。

《日本家族企業白皮書》是諸位有志者的心血結晶，是希望能喚起大眾關注，鑑於家族企業之重要性、業績優勢與面臨諸挑戰的全民議題之作。

為不辜負一路給予協助、支持的眾人，未來我們仍將繼續精進，也衷心期待各位讀者不吝指教。

礙於篇幅，本書提及人名時原則上皆省略敬稱，還望各方海涵。

日本經濟大學研究所特聘教授
審訂負責人 後藤俊夫

本書屬於日本學術振興會科學研究補助金（新人研究，課題編號19K13805〈日本上市企業的創辦人影響力與正統性〉〔日本の上場企業における創業家の影響力や正統性にかんする研究〕，研究計畫主持人：落合康裕）的一部份。

第 **1** 章

家族企業概要

為方便讀者迅速掌握本書全貌，本章第1節先介紹家族企業的現況，第2節說明家族企業的定義，第3節則概述家族企業面臨的環境變化和應對措施。文中也以括號搭配「→」標記相關內容的頁數，方便讀者查閱。

家族企業的現況

1. 家族企業的比例

正如序言所述，《日本家族企業白皮書》之所以一再推出新版，是為盡可能詳細且長期掌握日本家族企業的實際情況，並促進相關各方建立共識：家族企業於質於量皆為產業經濟主角。而掌握家族企業實際情況的先決條件，在於明確定義家族企業（見下1節）與根據定義所調查得知的數字占比。

所有上市與非上市企業中，家族企業占了96.9%（後藤, 2006; 2012），堪稱壓倒性多數。而本書將探討焦點擺在上市家族企業，因為上市企業公開了許多數據，有利於我們詳細分析。

根據本次調查結果顯示，上市家族企業的數量占全部家族企業的49.3%，比一般企業的情況低了1.4%。詳細情況將於第2章詳述，相關概要則如圖表1-1-1所示。家族企業的比例較前次調查（52.9%）下降了2.4%，主要影響來自服務業與資通訊業等新上市企業中有67.7%屬於一般企業。觀察家族企業在不同證券市場的占比，可發現東證一部的比例最低，為44.9%；往上依序為：東證二部的56.3%，新興市場❶的53.9%，地方市場❷的68.4%，整體來說呈現上升趨勢，總和占比為49.3%，即將近一半的上市企業屬於家族企業（→第50頁）

其他企業的歷史較長、規模較大（詳見第2章第1節）。此外，由於新興市場中有很多個人創業的案例，因此目前家族企業的比例較低，但一段時間過後，當這些企業發展到事業繼承的階段，預計將有多名家族成員參與該過程，並將有一定數量的企業將發展為家族企業。

---

❶ 譯註：包含Growth市場（東證）、Next市場（名古屋證券交易所）、Ambitious（札幌證券交易）、Q-Board（福岡證券交易所）。
❷ 譯註：指不在東京證券交易所掛牌，但於其他地方（名古屋、札幌、福岡）之證券交易所掛牌。

圖表1-1-1　上市企業中家族企業的占比（2020年度）

	上市企業數	家族企業		一般企業	
		企業數	比例	企業數	比例
東證一部	2,171	975	44.9%	1,196	55.1%
東證二部	467	263	56.3%	204	43.7%
新興市場	1,032	556	53.9%	476	46.1%
地方市場	79	54	68.4%	25	31.6%
總計	3,749	1,848	49.3%	1,901	50.7%

出處：本書第51頁

　　本書依據創業家族等家族成員在企業所有面向和經營層面兩方面的影響力，將家族企業分為6個類別（詳見下節），各類家族企業的比例如下頁圖表1-1-2所示。

　　本圖表顯示了家族企業於各個證券市場中的占比；例如東證一部中，各類家族企業的比例為：A類28.1%、a類5.4%；B類5.3%，b類3.1%；C類2.4%、c類0.6%，總計下來，家族企業占了市場49.3%，非家族企業則為50.7%（→第51頁）。

　　大致來說，A和家族以股東身分持有公司，且以董事身分參與經營的a類，家族影響力最大。這種擁有公司所有權，同時又擁有經營權的企業，占全上市企業的3成以上，也占家族企業的6成以上。B和家族僅以股東身分持有公司，不以董事身分參與經營的b類；C和不以股東身分持有公司，僅以董事身分參與經營的c類則。

　　A和a類與B和b類之間的區別在於，兩組中的前者（大寫）的家族成員為最大股東，而後者（小寫）的家族成員雖非最大股東，但仍屬於主要十大股東。至於C類與c類的差別，在於前者是由家族經營者擔任總經理或董事長，而後者則是家族成員擔任其他職位。6個類別的家族影響力，由強至弱依序為A＞a＞B＞b＞C＞c。

　　此外，表中最底部的「一人公司」因目前僅由單一家族成員經營，故視同

		東證一部		東證二部		新興市場		地方市場		總計	
		企業數	比例	企業數	比例	企業數	比例	企業數	比例	企業數	比例
家族企業		975	44.9%	263	56.3%	556	53.9%	54	68.4%	1,848	49.3%
	A	611	28.1%	161	34.5%	401	38.9%	35	44.3%	1,208	32.2%
	a	117	5.4%	32	6.9%	51	4.9%	6	7.6%	206	5.5%
	B	114	5.3%	31	6.6%	61	5.9%	5	6.3%	211	5.6%
	b	68	3.1%	29	6.2%	37	3.6%	5	6.3%	139	3.7%
	C	52	2.4%	7	1.5%	5	0.5%	2	2.5%	66	1.8%
	c	13	0.6%	3	0.6%	1	0.1%	1	1.3%	18	0.5%
非家族企業		1,196	55.1%	204	43.7%	476	46.1%	25	31.6%	1,901	50.7%
	一般企業	941	43.3%	169	36.2%	173	16.8%	24	30.4%	1,307	34.9%
	一人公司	255	11.7%	35	7.5%	303	29.4%	1	1.3%	594	15.8%
總計		2,171	100.0%	467	100.0%	1,032	100.0%	79	100.0%	3,749	100.0%

資料出處：本書第51頁

非家族企業。但未來若將事業傳承給多名家族成員，屆時便判定為家族企業。換句話說，此處的一人公司可謂家族企業的種子。

2. 業績

　　日本2018年度的實質GDP年增率為0.6％，2019年度則為1.7％，兩年下來雖然速度趨緩，但仍呈現成長趨勢。然而，2020年初遭逢新冠疫情重擊，巨大影響持續至今。

　　此版與前一版相同，論獲利能力指標和風險承擔能力指標，家族企業的表現優於一般企業。先看獲利能力指標，2020年度家族企業的資產報酬率（ROA）是4.89％，高於一般企業（4.19％）；2019年度則分別為6.04％、5.29％，變化分別為-1.15％、-1.10％。股東權益報酬率（ROE）方面，2020年度分別為2.56％、3.06％；2019年度則分別為6.06％、5.61％。由此可見家族企業在資產報酬率上相對於一般企業具有優勢，但在股東權益報酬率方面則未

圖表1-1-3　全行業平均財務指標（近兩個會計年度）

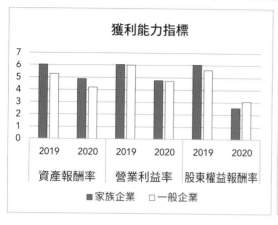

獲利能力指標

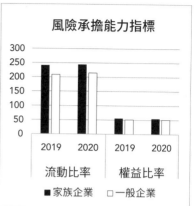

風險承擔能力指標

出處：作者根據圖表2-2-2所製作

必；過往國外研究也指出類似結果。至於營業利益率，家族企業為4.78％，一般企業為4.73％。

　　接著看風險承擔能力指標，流動比率方面，2020年度家族企業為243.54％，一般企業為214.31％；2019年度則分別為241.37％、208.18％，分別增加了2.17％、6.13％。權益比率方面，2020年度家族企業為55.26％，一般企業為51.21％；2019年度則分別為55.75％、51.01％，變化分別為0.49%和0.20％。（→第59頁）

　　比較兩年度數字，可以知道獲利能力方面，家族企業與一般企業的惡化幅度都很大；然而風險承擔能力方面，不僅惡化幅度較小，還存在少數好轉的情況，可見新冠疫情對家族企業和一般企業風險承擔能力的影響都有限。

　　以上針對家族企業在業績優勢上的分析，也包含了過去研究未曾考慮的新觀點，例如行業別和企業上市期間長短。結果顯示，論資產報酬率等獲利能力，無論製造業或非製造業（金融業除外），企業上市後短期內的獲利能力都很高，但也都會隨著時間延長而下滑，而且這個傾向不分家族企業或一般企業（→第60-63頁）。至於風險承擔能力上，則不見得會隨著上市期間延長而下降，部分甚至呈現上升的趨勢。尤其以製造業來說，家族企業和一般企業於上

市後中期的表現，相較於短期和長期，皆有較優良的趨勢（→第62頁）。

第2章後半會將上述比較結果，針對不同類別的家族企業，還有家族企業比例較高的十大行業進行分析。

圖表1-1-4簡單統整了上述分析結果與十大行業的獲利能力指標和風險承擔能力指標數據。

就整體而言，家族企業於獲利能力和風險承擔能力方面較一般企業更具優勢，但個別行業的情況則未必相同。深入探討細節，有鑑於研究對象之樣本數有限，分析上容易受到特定企業業績的影響，因此需充分參考不同行業各自的具體情況。

圖表1-1-4　家族企業的財務分析指標（2020年度）							（單位：%）
	企業數	總資產報酬率	營業利益率	流動比率	權益比率	固定比率	固定長期適合率
總計	2,426	4.56	5.13	229.37	51.05	102.74	63.65
一般企業	1,134	4.18	5.38	214.40	47.01	111.71	66.00
家族企業	1,292	4.88	4.92	241.66	54.61	95.43	61.75
營造業	49	6.54	5.28	190.43	49.62	75.88	56.84
食品業	66	4.47	4.17	225.76	58.96	96.16	72.87
化學業	75	5.69	7.58	304.57	62.64	76.72	60.10
金屬製品業	40	4.40	5.44	269.55	61.62	81.42	61.76
機械業	108	4.70	6.95	295.69	62.58	65.05	49.85
電機業	88	5.55	6.43	301.89	63.09	62.84	47.82
運輸機具業	35	2.11	2.25	188.88	47.20	122.08	78.70
資通訊業	95	10.54	10.29	300.39	63.34	61.01	45.14
批發業	143	3.81	2.85	209.04	50.67	70.84	52.70
零售業	182	2.92	-0.15	167.63	44.19	162.14	84.54
其他	411	4.66	5.61	247.39	52.93	102.92	62.06

出處：本書第96頁

3. 未持所有權的家族企業（C類）

本書依家族在企業所有面向和經營面向的影響力強弱，將家族企業分為6個類別（第1章第2節）。以往許多歐美研究定義的家族企業，皆為家族掌握企業所有權之情況。然而日本有許多家族企業是創業家族成員持股比例極低，但仍擔任有權代表公司的高層，而且這樣的情況比其他國家更為常見（入山和山野井, 2014; 小松, 2019）。

本書最初定義之家族企業，便包含家族未持所有權、但參與經營的家族企業；其後也循此定義進行實證研究，證明確實有許多家族成員未持公司所有權，但擔任總經理或董事長等經營要職的型態（稱作C類）。昔日研究從未設想過這事實，因而引來關注，如今日本國內外紛紛關注的是：為何家族不具備所有權仍能參與經營，甚至還存在「C類」這種家族成員位居經營要職的情況？

另一方面，根據過去關注家族企業長期變遷的研究指出，家族企業成立初期通常符合「三圈模型」（three circle model）中，家族、所有權和經營權三者重疊的狀況，即家族成員掌握大部份的所有權。然而隨著時間拉長，家族與所有權和經營權之間的重疊範圍減少，最終家族對所有權和經營權的影響力消失，即走上非家族企業化的發展（Franks et al., 2012; FBC, 2016; 後藤, 2016）。

基於上述情況，我們認為家族成員未持所有權、但參與經營的家族企業，可視為家族企業於非家族企業化過程的最終型態。然而，我們也查明許多家族企業維持「C類」相當長一段時間（Goto, 2022）。

其存續的關鍵為何？難不成C類家族企業中有什麼因素，保障了家族的經營權？針對上述問題，本書第2章第3節會從所有層面和經營層面探討，詳述C類家族企業的特徵。簡單來說，論所有層面，C類的大股東影響力較弱，但以下4個特點彌補了家族作為股東影響力較低的弱點：第一，前30位股東股權分散，不存在強大股東。第二，有許多銀行、保險公司、員工持股信託、客戶持股信託等穩定股東，支持管理階層。第三，對財務績效和公司治理較敏感的外

圖表1-1-5　家族企業與一般企業的經營者資歷

	調查企業數	進公司年齡（歲）	晉升董事後至升任經營者耗時（年）	進公司後至升任經營者耗時（年）	經營者（現職）上任年齡（歲）	經營者在位期間（年）	經營者目前年齡（歲）	經營者持股占全董事持股之比例
家族企業	1,292	32.94	11.02	19.85	52.77	10.50	63.22	55.2%
A	807	32.44	13.20	19.24	51.69	12.18	63.82	62.7%
a	155	33.60	7.62	18.09	51.65	9.91	61.35	48.6%
B	150	35.55	5.13	19.35	54.90	5.95	60.86	37.2%
b	102	34.23	4.63	23.11	57.06	5.73	62.81	36.8%
C	61	29.74	17.33	27.22	56.96	10.27	67.23	53.6%
c	17	31.35	6.08	23.35	54.69	5.91	60.60	24.3%
一般企業	1,134	36.48	3.98	22.42	58.92	4.93	63.81	27.8%
總計	2,426	34.59	7.73	21.05	55.65	7.90	63.49	42.5%

出處：圖表2-3-2

國機構投資人和信託帳戶的比例，是其他家族企業類別的2倍，而他們對此類企業的評價較高。第四，外國機構投資人等的監督可能會造成自身與C類家族企業的關係緊張，進而激發更好的績效（→第71-72頁）。

論經營面，也以研究證實了C類家族企業對於家族經營者有以下3個優點（→第72-73頁）：第一，家族CEO持股明顯高於其他董事。第二，董事會包含複數家族成員的比例為所有類別中最高。第三，CEO在位期間比其他類別還長。此外，C類家族企業的CEO往往年紀輕輕便進入公司，晉升董事前累積了更多經驗，因此擔任CEO的經驗較其他類別豐富（圖表1-1-5）。

儘管C類家族企業的家族並不具備主要股東身分的影響力，但對於企業所有權和經營結構仍具有深厚的影響力。此外，基於「創業家族能否持續參與家族企業經營」之研究發問，期待未來能啟發更多研究，進而廣泛探討「家族企業存續性」，如關注十大股東結構與經營者、董事會結構等代表性治理議題之考察（小松, 2019）。

（後藤俊夫）

　　日本企業多半屬於家族企業，故家族企業之於日本經濟，地位舉足輕重。家族企業相關研究的濫觴可追溯至1950年代的歐美國家，日本近年來也益發關注該研究領域，其中特別關注家族企業的事業繼承問題。另一方面，以往的研究對於家族企業的定義不盡相同。[1]因此，本節首先闡明家族企業的定義，為後續討論奠定基礎。本書對家族企業的定義，主要受到Gersick et al.（1997）提出之三圈模型的啟發。

1. 從「面向」觀點，探討家族企業

　　Gersick et al.（1997）定義之家族企業，是由家族、經營權和所有權等子系統構成，3個子系統彼此相互牽連，共同作用。家族企業有別於一般企業，需要時時調節3個子系統之間各式各樣的利害關係，是相當複雜的經營組織。比方說，家族企業既需顧及經營合乎經濟理性，另一方面也必須考量家族成員於雇用、身分認同和收入等方面的需求。基於這個前提，家族企業存在各式各樣的積極與消極面向。以積極面向來說，由於企業擁有從創辦人一代累積至今的資產、家族價值觀、目標與歷史等（Ward, 1987），可推論家族企業對於存續擁有較強烈的意願（Miller and Le Breton-Miller, 2005）。家族企業擁有長遠的經營眼光（Kenyon-Rouvinez and Ward, 2005; 加護野, 2008），從事業的持續性觀點來看，甚至具備跨世代的經營眼光（Zellweger et al., 2012），是有能力熱情追夢的經營組織（Miller and Le Breton-Miller, 2005）。

　　然而，家族企業也存在消極面向，例如家族在經營上存在排他性和僵固性（Kenyon-Rouvinez and Ward, 2005）。從組織排他性的觀點來看，企業對於家族成員與非家族成員存在差別待遇；從經營僵固性的角度來看，組織的積習

---

[1] 詳見後藤編（2012）。

圖表1-2-1 三圈模型

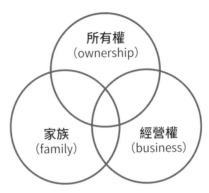

出處：引自Gersick et al.（1997）插圖（日文譯本，第14頁）

造成突破性創新較難發生。此外，由於家族企業難以受外部因素牽制，因此也存在治理不足之虞。

　　三圈模型提供了家族參與企業所有面向和經營面向相關的重要觀點。然而，家族參與程度對企業經營的影響尚待進一步釐清；即使家族在所有面向和經營面向上的占有程度或順位較低，也無法否認家族的影響力仍在。本書將評判家族參與所有面向多寡的基準，設定為家族是否完全擁有企業，或占據大股東或其他主要股東之位（例如前十大股東）；將評判家族參與經營面多寡的基準，設定則為家族成員是否擔任董事長、總經理或日本《公司法》定義之董事等職位。

2. 從「時間」觀點，探討家族企業

　　若僅從面向的角度定義家族企業，研究對象包含了新創公司的創辦人。假設新創公司的創辦人未來預計將企業所有權和經營權傳承給下一代，那麼確實可將新創公司視為家族企業的後備軍；然而，這樣的定義包含了未來的假設，不適合寫進講求嚴謹的白皮書，[2] 本書因此採用三圈模型的發展階段模型

---

[2] 本書針對創業者成立之新創公司是否屬於家族企業或一般企業，採用另一套標準。

（Gersick et al., 1997），從時間的角度探討家族企業的定義。

　　發展階段模型闡述了3個子系統隨時間演變的趨勢。首先，經營權軸代表家族企業伴隨生命週期產生的各個階段：創業、擴大／組織化、成熟。我們可以依此了解組織從尚未分化的創業階段，逐漸分化出不同部門與層級，至擴大規模的過程。第2條軸線為所有權軸，呈現資本所有狀況的發展階段，從創業階段的單一業主（創辦人），走向兄弟姊妹共同所有，再發展至遠近親屬共同所有。透過所有權軸，我們可以了解家族企業隨資本規模擴大，更多投資人（股東）陸續參與的過程。最後，家族軸代表了家族企業中，家族成員間關係的發展階段。例如，「青少年家族」（young adult family）指的是家族企業經營者與其接班人幼年至青年期的關係。之後則是接班人進入家族企業的見習階段；現任經營者與接班人共同經營階段；再到現任經營者將經營權交接給接班人的世代交替階段。透過家族軸，可以了解家族企業逐漸世代交替的過程。

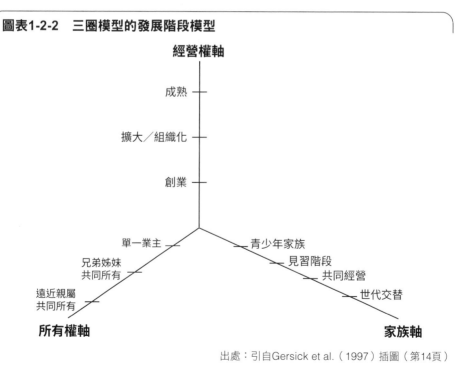

圖表1-2-2　三圈模型的發展階段模型

出處：引自Gersick et al.（1997）插圖（第14頁）

從時間觀點觀察三圈模型，可見隨時間推移，有愈來愈多家族成員參與家族企業事務，抑或家族成員繼承所有權和經營權等情形。與一般企業不同的是，家族企業通常存在家族成員同時繼承所有權和經營權，或是其中之一的情況。本書除了前述「面向」觀點，亦將「時間」觀點納入家族企業的定義。

3. 本書對家族企業之定義

基於以上論點，本書將家族企業定義為「家族成員在同一時期或不同時間點，擔任董事或占有兩名以上股東的企業」。具體來說，即在考量同一時期與時間變化觀點下，滿足下述條件：主要股東（前10位）包含家族成員（所有權面向），或法定董事包含家族成員（經營權面向）之企業定義為家族企業。此外，本書認為符合上述定義之家族企業，在不同情況下，家族成員的影響力程度也存在差異，因此以家庭企業定義為基礎，為了呈現家族企業影響力的差異，將家族企業類別分為6個類別，並詳細分析、探討家族企業現象。

本書就所有權與經營權兩軸探討家族成員對企業之影響力，並將影響力程度分為「強」、「弱」和「微弱」三大類別，每個大類又可細分為2個子類。「強」類別指在現階段，家族成員位居財務報表上所列之十大股東，並且出任1名以上董事之情形。在這個類別中，家族成員若為最大股東，則又稱「最強」；若非最大股東但屬於十大股東，則稱「強」。「最強」簡記為A，「強」簡記為a。

「弱」類別指在現階段，家族成員名列十大股東，但並無擔任董事之情形。與「強」類別相比，家族的基本影響力（所有權）相同，但缺乏經營面的影響力。在這個類別中，家族成員若為最大股東便稱「偏弱」；若非最大主要股東、但屬於十大股東，則稱「弱」。「偏弱」簡記為B，「弱」簡記為b。

「微弱」類別：指在現階段，家族成員出任1名以上董事，但不屬於十大股東之情形。與「強」類別相比，家族於經營面的影響力相同，但基本影響力（所有權）方面明顯較弱。與「弱」類別相比，因未持企業所有權，故基本影響力明顯較弱；雖然「微弱」類別於經營面具有影響力，但有鑑於所有權才

是家族影響力的基礎，故認為此類別之家族影響力比第2類別弱。在這個類別中，家族成員擔任董事長或總經理者稱「微弱」；擔任董事長或總經理以外之董事者稱「最微弱」。「微弱」簡記為C，「最微弱」簡記為c。

（落合康裕）

家族企業如何面對環境變化？

1. 新冠疫情下的課題

　　家族企業領域的主要學術期刊如下：1988年創刊的《家族企業評論》（*Family Business Review*），後有《家族企業策略期刊》（*Journal of Family Business Strategy*）、《家族企業管理期刊》（*Journal of Family Business Management*）。Rovelli et al.（2021）分析了上述3部期刊，共1,381篇論文，提出家族企業於新冠疫情下的危機管理課題：

- 家族企業的特徵是否影響危機下的管理能力、生存能力和意願？
- 家族企業應對危機的方法是否有別於非家族企業？
- 家族成員參與公司事務，是否影響公司應對新冠疫情等危機的方式？
- 危機時，家族傳統在家族企業中發揮什麼功能？
- 家族企業能否透過創新或強化傳統等方式發揮韌性，順利度過危機，妥善管理新常態？
- 面對新冠疫情，家族企業採取何種手段，適切調整人才與種種資源？
- 疫情是否有望成為家族企業革新並改善長期業績的機會？

　　以上既是未來的研究課題，也是全球家族企業面臨的現實問題。疫情導致經營環境急劇且大規模改變，可謂家族企業危機應對能力的試金石。過往研究曾比較一般企業與家族企業，推論家族企業存續與競爭優勢的重要原因，在於察覺與應對環境變化的能力。

　　Zahra et al.（2008）證實，家族企業文化的特徵之一，是對事業抱持強烈的責任感，這促成策略的彈性，家族企業因此能在激烈競爭下積極尋求新機會，勇於處理威脅。他們也明確指出，注重「盡職治理」（stewardship）的組

織文化也是影響家族承諾與策略彈性的係數。

　　適度承擔風險是事業成功的必要條件之一，因此過往有許多研究關注家族企業面對各種危機時的應對能力。2008年金融海嘯，學者指出隨市場動態與複雜性劇增，風險管理的重要性（McShane, 2018; Bromiley et al., 2015），對開發風險模型（risk model）的認識也更加重要（Angeline and Teng, 2016; Altman et al., 2010; Yang et al., 2018）。

　　另一方面，風險相當於機會，若能辨識風險，便有機會實現創新的商業解決方案。然而，中小企業的資本與人才有限，面對外部經濟衝擊時是脆弱的（Rehman and Anwar, 2019; Wright et al., 2001）。

　　雖然中小型家族企業判斷風險與決策過程快速，卻十分仰賴CEO辨識與評估風險的能力（Feltham et al., 2005）。無論風險評估成效如何，家族在危機時都無法輕易放下事業（Kellermanns et al., 2008），造成CEO在位期間延長（Kellermanns et al., 2008），對風險承擔造成不良影響（Zahram, 2005）。此外，CEO在位期間延長雖然可能導致處理與分析資訊的能力受限（Finkelstein and Hambrick, 1990），但長期擔任CEO的經驗和能力，卻能防止企業內部資訊不足造成的負面影響，並對業績產生正面影響。

　　另一項關於2008年危機下中小企業和家族企業的研究表示，這些組織在未知的時代環境下，表現出優於大型企業和非家族企業的組織韌性（Pal et al., 2014; Amann and Jaussaud, 2012）。短短12年後，新冠病毒再次帶給全球新的挑戰。面對挑戰，第一，需要評估中小企業和家族企業在先前危機中展現的優異彈性和韌性，能否在當前的新情境下，同樣有所發揮（Sullivan-Taylor and Branicki, 2011）。第二，需要考量這段期間的技術發展，在此次疫情下對中小企業和家族企業是輔助還是阻礙，並探究其內容（Messenger and Gschwind, 2016）。第三，透過與大型非家族企業比較，找出中小企業與家族企業在這種情況下展現的特長與優勢（Devece et al., 2016; Bourletidis and Triantafyllopoulos, 2014）。第四，研究疫情期間，創辦人（或家族身分所有人）與企業之間是否相互扶持，以及其是否有助於減輕性別不平等與多樣性等

組織課題，又是如何發生（Zellweger, 2017）。

　　新冠疫情對企業出了一道全新類型與內容的課題，相信未來也會出現愈來愈多關於家族企業如何克服此危機的研究，不過以下先介紹幾項初步研究。

　　Kraus et al.（2020）針對歐洲5個國家（奧地利、德國、義大利、列支敦斯登、瑞士）進行了一系列的半結構式訪談，於2021年3月26日～4月10日共進行27次。訪談結果顯示出以下3點：第一，雖然各個企業受疫情衝擊的程度不同，但各國在不同時間點的差異並不顯著。第二，企業規模明顯影響衝擊程度。第三，流動性風險在大型企業中的影響程度遠超乎中小企業。

　　此外，他們對訪談內容進行編碼，分析家族企業的危機處理策略，將處理過程分成：危機前預防、危機管理、危機後結果等三主要階段（Bundy et al., 2017），並搭配Wenzel et al.（2020）提出的4種策略性危機應對策略作為分析框架。結果顯示，家族企業於4種危機應對策略中，使用最多的策略是忍耐（persevering），其次是縮減（retrenchment）與創新（innovation）相互搭配，而退出（exit）則未受採用。忍耐策略指降低成本（Pearce and Robbins, 1993）與化繁為簡（Benner and Zenger, 2016）；忍耐策略是公司設法持續經營；創新策略則表示更新事業策略。調查結果還顯示，危機對企業文化帶來了意想不到的巨大變化，增強了企業內的團結和凝聚力，並促進數位化轉型。

　　面對新冠疫情肆虐，《家族企業評論》2020年3月號開宗明義（Payne, 2020）強調了家族之於生活的重要性，並指出在所有我們與他人的關係中，私人與公共的家族關係都是最重要且核心的一種。

　　同年6月號，他們刊登名為〈家庭中心性（centrality）〉的論文（Neubaum & Payne, 2021）。論文指出，遠距會議的進步、居家辦公普及化、零售業零接觸化、遠距教學等社交距離應對措施的發展，提醒了我們親密關係，尤其是家庭關係的重要性。

　　有鑑於家族成員在許多家族企業中都扮演著不可或缺的角色，上述社會變遷亦強調了家族與企業間唇亡齒寒的關係和必要性。數月的疫情帶給我們的教訓之一，是經濟與社會整體幸福的相關性，與「家庭中心性」的重要性。我們

依賴家族與企業間的相互關係所創造的幸福，而新冠疫情也宣告了家族企業新時代的到來，我們的研究領域之於全球更無庸置疑且不可或缺。我們為確保自身短期和長期的健康，必須時時監測與評估外界情況，許多人的工作優先順序和日常例行公事也逐漸改變。

本節開頭指出，此次經營環境的大規模劇變是衡量家族企業危機處理能力的試金石。不過家族企業從前本就屢屢面臨困難，但也一一克服了。

本節介紹了過去國外研究中主要幾項針對家族企業經歷的諸多危機，和本次新冠疫情的論題。與平時相比，上述試金石更加明確映襯出家族企業之特徵，亦凸顯日本家族企業的特質。

我們亦承襲過往研究提出的挑戰與問題意識，致力於尋求解決方案，並建立知識體系。本書處處提示了日本家族企業的特徵與新冠疫情應對措施的特色。當然，問題並非就此全數解決，未來仍面臨許多挑戰。願各位讀者閱讀本書時，能依據自身面臨之課題，適時參考本節內容。

2. 新冠疫情下的事業繼承

2020年新冠疫情爆發以來，各方面都受到巨大衝擊，損害規模堪稱「前所未有」，人們必須體認此將成為常態。然而，這種「前所未有」的危機在過去百年中發生了至少15次，所以「前所未有」或「百年一次」的形容並不恰當。

上述危機類型大略分為社會經濟危機（7次）、嚴重自然災害（3次）、產業危機（3次）和家族危機（3次）（圖表1-3-1）。光論嚴重自然災害就發生過：關東大地震（1923年）、阪神大地震（1995年）／東日本大地震（2011年），以及新冠疫情（2020年）共3次（圖表1-3-1）。

按照平均每百年發生16次的頻率計算，大約每6年就會發生1次前所未有的大危機，因此企業應視危機為常態，嚴陣以待。比起一般企業，此經營觀對家族企業，尤其對家族成員來說更加要緊。原因是：第一，家族成員的生命寄託在家族經營者的手上。第二，家族企業經營者更需要具備長遠的經營目光。

圖表1-3-1　每7年就會發生1次「前所未有」的危機

社會經濟危機

明治維新（1868）、經濟大恐慌（1929）、
第二次世界大戰戰敗（1945）、
尼克森衝擊（1971）、
石油危機（1973、1979）、
泡沫經濟破滅（1991-）、
金融海嘯（2008）

家族危機

事業繼承（平均3次）

嚴重自然災害

關東大地震（1923）、
阪神大地震（1995）／
東日本大地震（2011）、
新冠疫情（2020）

產業危機

第二次工業革命（1870-1920）
第三次工業革命（1975-2020）
第四次工業革命（現正進行中）

出處：作者編製

　　研究已證實，家族企業的經營者，尤其家族經營者往往就任時間早、在任時間長（FBC, 2018），因此必須體認到任內遭遇前所未有的危機是常態；實際上，家族經營者視危機為常態的案例並不罕見（詳見第3章第3節）。

　　前所未有的危機，正是考驗經營者素質的試金石，也是展現家族企業真正價值的時刻。本白皮書的2015與2018年版，皆將事業繼承視為重要主題之一，本次也聚焦於此，進行實證研究（詳見第2章第5節）。

　　本次焦點擺在2018年版出版後3年內的新任總經理資料，揭示家族企業之特徵。尤其以2020年，即新冠疫情期間發生的事業繼承，與2018～2019年間相較，深入了解家族企業在危機應對下的事業繼承活動有何特徵。

　　根據本白皮書依據上市企業事業繼承資料庫發現，研究期間所誕生的新任總經理人數，2018年為355位，2019年382位，2020年274位；與前一年的數據相比，2019年增加至107.6％，而2020年卻下降至71.7％，2020年的趨勢由增長轉為大幅下滑。

　　若單純觀察家族企業的新任總經理，2018年有145位、2019年有152位、2020年有104位；與前一年的數據相比，2019年增長至107.0％，2020年下降至68.4％，呈現出類似的趨勢，而家族企業和一般企業之間並無明顯差異。

　　《日本經濟新聞社》調查2020年上半季（1～6月）主要企業總經理（包含銀行行長）的交接情形，指出「實施交接的企業數量為……過去10年來最少。

新冠疫情擴大致使許多企業正常業務停滯，因此很多企業亦推遲了總經理交接的時機」。❶

另外，《日刊工業新聞社》也針對同段時期進行調查並發表報導，指出「單論該期間上市之公司，新任總經理人數降至過往10年的低點。而這些公司上市時所刊登、公布之總經理平均年齡，也較前1年增加了1.2歲（57.8歲），其中尤其值得關注現任總經理因健康問題或疫情下業績不振等原因而卸任，前任總經理因此重出江湖的案例。此外，50歲以上領導者的比例增加，平均年齡有所提高」。❷

那麼，家族企業和一般企業的新任總經理的平均年齡是否有差異？我們將新任總經理的年齡分為不到40歲、40~49歲、50~59歲、60~69歲、70歲以上等組別進行比較（圖表1-3-2），F是家族企業，NF是非家族企業。

圖表1-3-2　新總經理的年齡比例

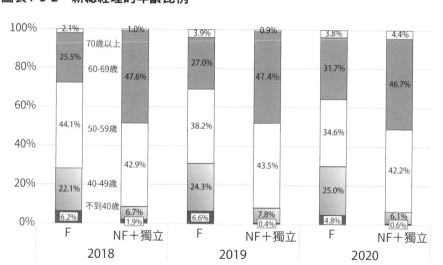

出處：作者編製

❶「社長交代，過去10年で最少に　20年上半期コロナ影響4年ぶり減の599社」日本經濟新聞，2020年7月12日。
❷「【独自調査】1-6月期の新社長は472人。コロナ響き低水準，再登板目立つ」日刊工業新聞，2020年8月22日。

以家族企業而言，2018年的比例分別為6.2％、22.1％、44.1％、25.5％、2.1％；2019年分別為6.6％、24.3％、38.2％、27.0％、3.9％；2020年則分別為4.8％、25.0％、34.6％、31.7％、3.8％。最年輕的不到40歲約占5～6％，而最年長的70歲以上約占2～4％。

以一般企業而言，2018年的比例分別為1.9％、6.7％、42.9％、47.6％、1.0％；2019年分別為0.4％、7.8％、43.5％、47.4％、0.9％；2020年則分別為0.6％、6.1％、42.2％、46.7％、4.4％。最年輕的不到40歲始終不到2％，而最年長的70歲以上原本約占1％，2020年卻飆升為4％。

換言之，家族企業相較於一般企業，在正常情況下（2018、2019年），年輕組別（不到40歲）的比例分別高出4.3％和6.2％，2020年也高出4.2％。至於高齡組別（70歲以上），正常情況下的比例雖然高出1.1％和3.0％，但2020年反而是一般企業比家族企業高了0.6％。因此整體而言，家族企業經營者的年輕比例和高齡比例都超過一般企業，但2020年面臨危急狀況時，一般企業高齡經營者的比例反倒提升，其中也不乏一度卸任的經營者重新上任的案例。

經營者屬性分析的結果證實（第2章第4節），家族企業平時便將經營交由年輕一輩負責，因此年輕經營者肩負經營責任的時間較一般企業的經營者長，累積經驗較多。企業總經理更迭的主要原因，大多是為了強化與健全化經營體制，少數可能包含推動中期經營計畫或總經理因故辭職。

至於經營者高齡上任的原因，大多是為了加強和改善經營體制，另也包含原本的總經理任期屆滿、為業績不振負責而請辭、出於個人或健康原因辭職，以及去世等。然而這些原因當然不能照單全收，必須深入掌握實際情況。

高齡經營者的上任年齡分布狀況如下：70～74歲（7人）、75～79歲（4人）、80歲以上（1人），其中也包含2018年之前上任並在本次研究期間中續任的案例。關於實際情況，仍需要往後持續分析。

（後藤俊夫）

第 **2** 章

上市家族企業的
經營分析

第2章主題為上市家族企業的經營狀況分析，也是本書的
核心內容。第1節介紹家族企業的比例與變動，第2節討論財務
績效，第3節探討未持所有權的家族企業（C類），第4節闡述
經營者屬性與財務績效，最後第5節則描述主要10個行業個別
的財務績效和事業繼承的動態。

家族企業的比例與變動

1. 家族企業占上市企業的比例

以下為家族企業占上市企業的比例。按證券市場別區分，東證一部的比例最低，為44.9％，東證二部56.3％，新興市場53.9％，地方市場68.4％，總計則為49.3％。與《日本家族企業白皮書 2018年版》的調查結果相比，家族企業在整體證券市場的比例減少了3.6％（52.9％→49.3％）。這是因為上次調查期間過後的上市企業中，有67.7％屬於一般企業，而這種趨勢特別在新上市企業數量占2/3的服務業和資通訊業中尤其明顯；關於產業結構變動如何影響家族企業的占比，有待未來持續關注。至於個別市場的情況與上次調查相比，東證一部減少了2.0％（46.9％→44.9％），東證二部減少了1.3％（57.6％→56.3％），新興市場減少了7.6％（61.5％→53.9％），地方市場減少了0.1％（68.5％→68.4％）。

與上次調查一樣，家族企業在證券市場的占比也是東證一部最低，並依東證二部、新興市場、地方市場的順序遞增，原因在於每個證券市場對於上市審查準則中規定的流通股（比例）不同；●此外，一般而言，隨著企業資產規模與市值增加，創業家族以外的投資人數量和投資額亦相對增加，進而稀釋創業家族的持股比例。因此，可以說資產規模和市值較小的新興市場與地方市場中，創業家族以外的投資人數目和投資額較少，創業家族較容易維持自身持股比例。

本書根據創業家族●等家族成員●於資本所有面向與經營面向對家族企業

● 根據日本證券交易所上市審查準則，於東證一部上市之企業，流通股比例需在35％以上，於東證二部則需在25％以上。

● 家族成員並不一定屬於創業家族，詳見第27頁。

● 本書根據《日本民法》第725條，定義「家族」為「血親六等親以內者與姻親三等親以內者」（後藤，2012）。

之影響程度，將家族企業區分為6個類別（第1章第1節，以下稱「家族企業類別」）。各類家族企業之比例如圖表2-1-2所示。

　　本次調查結果與2015和2018年版家族企業白皮書一樣，所有證券市場都有相同的狀況。六大分類中，「家族成員擔任董事」（經營面向）且「家族持股總計為最大股東」（所有面向）的「A」類占了最高的比例。其次是「家族成

圖表2-1-1　上市企業中家族企業的占比（2020年度）

	上市企業數	家族企業		一般企業	
		企業數	比例	企業數	比例
東證一部	2,171	975	44.9%	1,196	55.1%
東證二部	467	263	56.3%	204	43.7%
新興市場	1,032	556	53.9%	476	46.1%
地方市場	79	54	68.4%	25	31.6%
總計	3,749	1,848	49.3%	1,901	50.7%

出處：作者編製

圖表2-1-2　上市企業中家族企業的占比：按家族企業類別分（2020年度）

		東證一部		東證二部		新興市場		地方市場		總計	
		企業數	比例	企業數	比例	企業數	比例	企業數	比例	企業數	比例
家族企業		975	44.9%	263	56.3%	556	53.9%	54	68.4%	1,848	49.3%
	A	611	28.1%	161	34.5%	401	38.9%	35	44.3%	1,208	32.2%
	a	117	5.4%	32	6.9%	51	4.9%	6	7.6%	206	5.5%
	B	114	5.3%	31	6.6%	61	5.9%	5	6.3%	211	5.6%
	b	68	3.1%	29	6.2%	37	3.6%	5	6.3%	139	3.7%
	C	52	2.4%	7	1.5%	5	0.5%	2	2.5%	66	1.8%
	c	13	0.6%	3	0.6%	1	0.1%	1	1.3%	18	0.5%
非家族企業		1,196	55.1%	204	43.7%	476	46.1%	25	31.6%	1,901	50.7%
	一般企業	941	43.3%	169	36.2%	173	16.8%	24	30.4%	1,307	34.9%
	一人公司	255	11.7%	35	7.5%	303	29.4%	1	1.3%	594	15.8%
總計		2,171	100.0%	467	100.0%	1,032	100.0%	79	100.0%	3,749	100.0%

出處：作者編製

員擔任董事」（經營面向）且「家族持股總計為主要十大股東」（所有面向）的「a」類；然後是創辦人只參與所有面向，不參與經營面的「B」（最大股東）和「b」（前十大股東）；最後則是創辦人不屬於前十大股東，僅參與經營面的「C」（家族成員擔任總經理或董事長）和「c」（家族成員擔任總經理或董事長以外的董事）。

　　過往研究顯示，家族企業類別隨著企業上市期間延長而改變（詳見本章第3節之2）。下面將探討近期家族企業類別變動的案例。

2. 家族企業類別的變化

　　前面展示了家族企業於上市企業所占比例的摘要，以下將參考這些數據，從理論面與實務面來闡述家族企業類別隨著時間產生的變化。

　　過往研究曾提出「家族影響力衰退模型」（後藤, 2016; FBC, 2016），模擬原始家族企業於所有面向和經營面向的強大影響力減退，或直接轉變為非家族企業之過程。

圖表2-1-3 家族企業的變遷

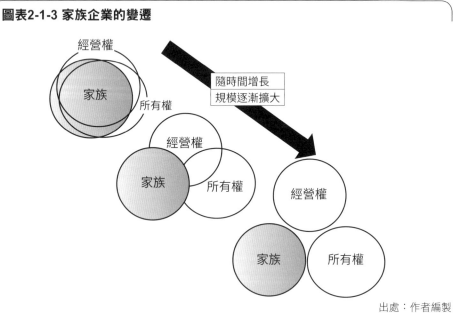

出處：作者編製

以本書開頭提及的三圈模型，即可解釋上述變遷（圖表2-1-3）。任何家族企業創立之初，家族都投入了大量人力資本和金融資本，因此三圈模型中的家族、經營權和所有權等三要素，在家族企業初期會呈現大幅重疊。

隨時間變遷，家族占據人力資本和金融資本的比例開始下降。而隨著事業規模擴大，僅依靠家族成員已難再應付人力資本和金融資本的增長，勢必需要向外籌措資源，甚至跳脫被動應對，積極引進外部資源，推動事業質與量的提升。而企業上市，即公開發行股票後，更會加速推動這種變化。

當外部資源進一步增加，最終家族於人力資本和金融資本的占比消失，在所有面向和經營面向的影響力也消失，家族企業即完成非家族企業化。

以上即是以三圈模型，解釋家族企業非家族企業化的進程。由於三圈模型簡潔描述了家族企業的特徵，因此本領域的研究經常援引該模型，但過往研究對象多限於特定時間點，少有明確說明三圈模型隨時間變遷的案例。

此外，關於家族企業的變遷，Gersick et al.（1999）進一步擴充了三圈模型，說明了家族企業從創業時期的單一業主（創辦人），到兄弟姊妹共有的階段，再到遠近親屬共有等世代交替的沿革。然而，該研究僅關注人力資本層面，闡述家族內部世代交替與相關人員的範圍擴大，但並未提及企業對外關係，也隻字未提金融資本的變化。

大家同時關注人力資本和金融資本，才能全面了解家族企業的長期變遷，並獲得本文最後提及的許多啟示。

家族企業類別的長期變遷，通常皆為家族影響力逐漸衰退的過程。除非家族成員有意識且有系統的努力，否則家族影響力幾乎必然隨時間和事業擴張而減弱，最終導致家族企業脫離家族的影響力，轉變為非家族企業。當然，並非所有家族企業最後都會走向非家族企業，家族成員若充分意識到這種宿命並有意識且有系統的持續對抗，便可能阻止非家族企業化的情況發生，長期保有家族影響力，守住家族企業的地位。

本書以「重力」和「抗力」兩詞，解釋促使或阻止家族企業非家族化的因素（第2章第3節）。以下將配合實例說明家族影響力衰退的過程，但在此之

前，我們應概略說明家族影響力於所有面向和經營面向的變化過程。其實說明該過程，也等於解釋本書是如何追蹤、調查、分析家族企業的變化。就這一點來說，也許能滿足一定讀者的期待。

我們追蹤調查家族企業中的家族股東和家族董事，結果顯示，家族影響力在所有面向和經營面向的變化，相當於家族成員作為股東和董事的地位變化。關於這一點，以下摘自2018年版白皮書的內容或可提供參考：

雖然日本上市企業皆公布了各自詳細的董事資料，卻沒有整合這些資料的資料庫。財務報表中記載了企業的沿革、相關公司的狀況、最大股東的狀況，乃至於前十大股東的姓名、持有股數和持股比例，連董事的姓名、監察人的姓名等詳細個人資料也開誠布公，但沒有一項資料有助於我們確實判斷這些人是否為創辦人及其家族成員。大多情況下，我們無法根據財務報表的資訊判定是否為創辦人及其家族成員，因此需要參考企業官方網站、企業歷史沿革與其他資料，自行建立資料庫並加以分析。（《家族企業白皮書2018年版》第3章第3節）

換言之，欲確認家族成員地位之變化，首先必須確認研究對象是否屬於家族企業，接著確認個別董事或股東是否為相關家族成員。事實上，家族成員不

圖表2-1-4　相關家族成員的查證與資訊來源

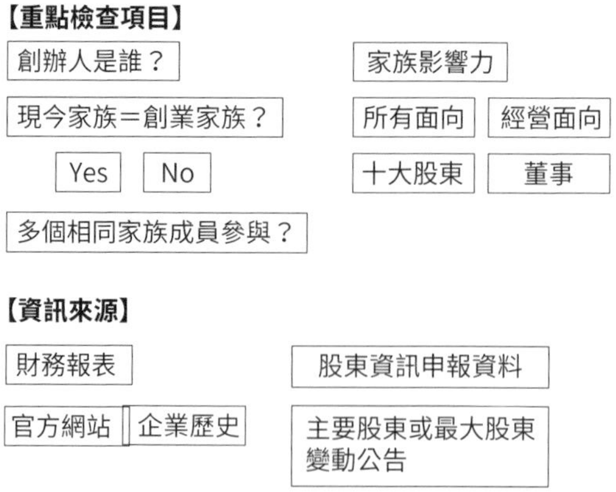

【重點檢查項目】

創辦人是誰？　　　　　　　家族影響力

現今家族＝創業家族？　　　所有面向　經營面向

　　Yes　No　　　　　　　十大股東　董事

多個相同家族成員參與？

【資訊來源】

財務報表　　　　　　　股東資訊申報資料

官方網站　企業歷史　　主要股東或最大股東
　　　　　　　　　　　變動公告

出處：作者編製

金融商品交易所上市證券之發行人（自然人或法人）取得自身發行之股票、可轉換公司債，以及其他法定有價證券比例，超過該上市公司股份總額5%時（以下簡稱取得日），應於取得日起5日內，向內閣總理大臣申報內閣府規定之持有股份相關事項、取得資金相關事項、持有目的和內閣府規定其他事項之報告書。

（註）以上文章為求便於理解，簡化了實際法條的內容。

盡然屬於創業家族，少數情況可能是創辦人創業後，將所有權或經營權轉移給了其他家族。在國外，這種轉移通常是經由併購達成；雖然日本國內相關案例較少，但仍存在東武鐵道與大正製藥等大型企業的案例，因此不容忽視。本書亦經過謹慎查證，釐清了各企業所屬家族及家族成員的身分。

　　查證過程，我們以財務報表作為重要的出發點，原因正如前述引文；不過光憑財務報表往往無法判斷創辦人及其家族成員身分，因此，本書自2015年版的準備階段，便開始參考企業官方網站、企業歷史沿革與其他資料，建立自己的資料庫，並於2018年版和2022年版的準備階段持續更新資料庫。

　　調查相關家族成員及其作為股東和經營者的地位變化時，還有其他重要的參考資訊，例如股東資訊申報資料（大量保有報告書、變更報告書❹）和主要股東或最大股東異動公告等適時開示資訊（圖表2-1-4）。

　　適時開示制度❺即「公司重大資訊公告」，由日本金融商品交易所規定，是上市公司為確保股價公正與保障投資人權益應負之義務。應公開的資訊包含：上市公司相關資訊、子公司相關資訊，以及未上市母公司等相關資訊，並於一定期間內開放公眾查閱，這對本書調查相關家族成員地位變化是非常有益的資訊來源。

　　持股超過已發行股票5%以上的股東，依法應提交大量保有報告書（圖表2-1-5），俗稱「5%規則」。這份資料除了可以當成投資人投資股票的判斷依據，也是本書調查上的參考資料，用於觀察對企業擁有影響力的自然人和法人

---

❹ 譯註：類似台灣初次取得股份應行申報事項申報書與變動申報書。
❺ https://www.jpx.co.jp/listing/disclosure/index.html。

（以股東身分）與家族成員的關係，家族或其姻親與其他股東的關係等。

　　變更報告書則是在提交大量保有報告書後，若發生股東持股比例增減超過1%之情形，或姓名、住址等大量保有報告書應記載之重要事項變動時，應向主管機關申報的修改文件（《日本金融商品交易法》第27條之25第1項）。

　　大量保有報告書與變更報告書的應填寫事項，以自然人來說包含：出生日期、職場和取得股份之目的；以法人來說，有成立日期、代表人姓名、取得股份之目的。此外，這些報告書中的「共同保有者」❻也是一項能有效確認家族關係的概念。因為這些共同取得、轉讓股票，或者行使表決權的人是實質上的共同持有人；而股東資訊中記載之夫婦關係、控制股東（擁有超過50%表決權者）與被控制公司的關係，或者擁有相同控制股東之複數被控制公司間的關係，亦視為共同持有人。

　　此外，與未上市母公司相關之適時開示的內容中，也包含「未上市母公司的財報資訊」、「主要股東或最大股東的變動」等有助於了解家族企業中家族參與狀況的資訊。

　　上市公司若為控制股東或擁有其他關係企業，則有義務在會計年度結束後的3個月內公布控制股東的相關事項；❼日本《有價證券上場規程》記述了東京證券交易所對有價證券之上市、上市後管理、終止上市及一切有關上市有價證券的義務。其中規定的「未上市母公司的財報資訊」包含：未上市母公司之成立時間、主要股東、主要董事等資訊，因此可以獲得其他途徑較難取得的重要資訊，例如掌控上市企業的家族成員。

　　至於「主要股東或最大股東的變動」，首先，主要股東乃掌握全體股東表決權10%以上的股東，❽而上市公司有義務在「主要股東或最大股東」變更時立即公告。若最大股東為法人，則應記載其代表人和主要股東，因此也是確認該公司是否與家族有關的重要資料。

（後藤俊夫）

❻ 譯註：概念同「共同取得人」。
❼ 《有價證券上場規程》第411條第1項，施行規則第412條。
❽ 《金融商品取引法》第163條第1項。

第 2 節
財務績效

1. 調查目的

我們在前兩版《日本家族企業白皮書》，嘗試針對東證一部、東證二部與地方市場（札幌、名古屋、福岡）的家族企業和一般企業進行跨市場的財務分析。當時，我們發現分析上市家族企業優勢上具顯著性的指標，而本節將新增行業性質與時間因素（以下稱「行業等因素」），接續驗證其後（2019與2020年度）與該指標相關之家族企業的業績優勢。

過往有許多歐美研究發現，家族企業的業績普遍優於一般企業，但較少著墨他們如何選擇反映家族企業特徵的財務指標等研究方法。據我之管見，過往有關家族企業業績優勢之行業間比較與時間性變化的研究中，僅指出創辦人一代的顯著性優勢（Anderson & Reeb, 2003; Miller et al., 2007等）。因此，本次研究整理了過去兩版白皮書中使用的財務指標與目標市場，更加入行業等因素的考量，試圖掌握財務指標隨時間產生的變化。

2. 前提

本研究使用的資料包含所有上市企業之財務指標（圖表2-2-1），以及最新家族企業類別、行業與上市後期間。

首先，本書選用的財務指標分成獲利能力指標與風險承擔能力指標，前者包含資產報酬率、股東權益報酬率和營業利益率等3項，後者則包含流動比率、權益比率、固定比率，以及固定長期適合率等4項（圖表2-2-1）。本書以

圖表2-2-1 財務分析上使用的各項指標

依分析目的分類	指標名稱
獲利能力指標	資產報酬率（ROA）、股東權益報酬率（ROE）、營業利益率
風險承擔能力指標	流動比率、權益比率、固定比率、固定長期適合率

上述7項指標進行分析之緣由，已於過去兩版闡明，本版不再贅述。此外，以上述指標分析時，皆排除了資料分布兩端0.05％的數據。

接著，分析市場僅限於東證一部、二部以及地方市場（不區分3個市場）；行業則分為製造業與非製造業（不含金融業）。最後，為掌握財務指標隨時間產生的變化，本次多分析了企業存續期間與財務指標的關係，會在第2章第4節細談。存續期間主要分為成立後與上市後兩大期間，本項僅針對上市後期間進行分析，將上市期間分為短期、中期和長期，並將3個期間的企業數設定為差不多的數字。分析數據來自Quick Workstation資料庫的Astra Manager。

本次研究對象共包含1,292間家族企業與1,134間一般企業，總計2,426間。至於按行業別分析，則僅以製造業和非製造業（不含金融業）為研究對象，包含1,270間家族企業與1,022間一般企業，共計2,292間企業。而分析企業上市期間時，為求嚴謹，我們又排除了經歷過組織重組的企業，因此研究對象為1,219間家族企業與971間一般企業，共計2,190間企業。

3. 分析結果

我們以上述為前提，分析2020年度和2021年度，結果如圖表2-2-2所示。

首先是獲利能力方面，2019年度的家族企業於資產報酬率、營業利益率和股東權益報酬率3項指標均優於一般企業。2020年度，家族企業於資產報酬率和營業利益率仍領先一般企業，但股東權益報酬率反而落後（見圖表2-2-2）。

過往2版《日本家族企業白皮書》已證實家族企業在資產報酬率方面，較一般企業具有優勢。過往大多外國研究也指出，家族企業在資產報酬率方面較一般企業具有優勢，然而在股東權益報酬率方面則不盡然（後藤，2012）。

2020年度爆發的新冠疫情造成大環境劇變，整體而言，兩者獲利能力指標的數值皆低於2019年度，然而家族企業之於一般企業依然保有優勢。

接著，流動比率等風險承擔能力指標方面，家族企業在2019年度、2020年度連續優於一般企業（圖表2-2-2）。且兩個年度相較之下，可見家族企業與一

圖表2-2-2 全行業平均財務指標（最近兩個會計年度的業績）

2019年度
（單位：％）

	資產報酬率（ROA）	股東權益報酬率（ROE）	營業利益率	流動比率	權益比率	固定比率	固定長期適合率
家族企業	6.04	6.06	6.06	241.37	55.75	92.68	62.21
一般企業	5.29	5.61	6.00	208.18	51.01	113.51	67.28
總計	5.70	5.86	6.04	226.50	53.63	102.01	64.4

出處：作者編製

2020年度
（單位：％）

	資產報酬率（ROA）	股東權益報酬率（ROE）	營業利益率	流動比率	權益比率	固定比率	固定長期適合率
家族企業	4.89	2.56	4.78	243.54	55.26	96.19	61.94
一般企業	4.19	3.06	4.73	214.31	51.21	109.68	66.36
總計	4.58	2.78	4.76	230.52	53.46	102.17	63.90

出處：作者編製

般企業的獲利能力皆大幅下滑，但風險承擔能力方面不僅下滑程度較小，部份案例甚至有所改善。我們可以推論，從風險承擔能力看來，新冠疫情對家族企業和一般企業的影響皆有限。

　　這裡，我們分別針對製造業和非製造業（不含金融業）的家族企業與一般企業，比較2019年度和2020年度的各項財務指標。根據本節後面的圖表2-2-3與2-2-4，可見2020年度，整體的資產報酬率（-1.12％）、股東權益報酬率（-3.08％）和營業利益率（-1.28％）等獲利能力指標的數值皆大幅下滑，而非製造業的下滑程度更甚製造業。

　　換言之，製造業的資產報酬率在2020年度減少了0.87％，非製造業則減少了1.40％，幅度更大；股東權益報酬率的部份，製造業減少了0.75％，非製造業則減少了5.53％；營業利益率部份，製造業減少了0.71％，非製造業則減少了1.88％。非製造業的下滑程度皆較嚴重，且這種趨勢不分家族企業或一般企業。

　　論獲利能力指標，股東權益報酬率的下滑程度大於資產報酬率和營業利益

率。若比較構成利潤之要素，資產報酬率與營業利益率採計稅後淨利與利息費用（營業淨利加上利息、股息等營業外收入），而股東權益報酬率則僅採計稅後淨利。因此，可推論疫情等因素對業外損益與非常損益造成負面影響，進而影響了股東權益報酬率。疫情如何影響家族企業和一般企業的獲利能力，應列為重點觀察項目。

相反地，儘管2020年度的大環境較2019年度嚴苛，風險承擔能力指標方面受到的影響卻很小，甚至可見部份改善。具體而言，流動比率方面，製造業家族企業有所改善，非製造業家族企業持平，一般企業（製造業、非製造業）有所改善；權益比率方面，製造業（家族企業、一般企業）有所改善；固定比率和固定長期適應率方面，一般企業（製造業、非製造業）與製造業家族企業均有所改善。

由此可見，新冠疫情造成的大環境變化，對獲利能力指標的影響較大，對風險承擔能力指標的影響較小。另外，非製造業在獲利能力指標方面受到的影響大於製造業。

而關於此次新增的上市期間觀點，如前文所述，將企業分為製造業和非製造業（不含金融業）兩大類別，分析企業上市後不同期間與財務指標的關係。如圖表2-2-3所示，資產報酬率等獲利能力指標顯示，企業於上市後短期內獲利能力高，隨時間逐漸下滑。這個趨勢不分製造業或非製造業，亦不分家族企業或一般企業。

具體上，資產報酬率方面，家族企業的部份，製造業短期為6.14％，中期為4.19％，長期為3.60％，以上市後短期內的表現最好，而後隨時間逐漸下滑；非製造業也呈現相同趨勢，短期為6.48％，中期為4.45％，長期為1.98％。營業利益率也是如此；但股東權益報酬率的部份，製造業家族企業表現出類似的趨勢，而非製造業和一般企業（製造業、非製造業）則無特定的趨勢。

至於風險承擔能力指標方面，則不一定能觀察到隨上市期間增長而改善的趨勢，部份反而呈現相反趨勢。尤其以製造業來說，家族企業和一般企業均有

圖表2-2-3　企業平均財務指標（按行業別、家族企業類別、上市期間別分）

2019年度　　　　　　　　　　　　　　　　　　（單位：%）

	資產報酬率（ROA）	股東權益報酬率（ROE）	營業利益率	流動比率	權益比率	固定比率	固定長期適合率
製造業	5.15	4.65	6.05	245.72	56.62	92.29	63.53
家族企業	5.41	4.73	6.30	266.35	59.54	83.57	60.96
上市後_短期	6.80	7.29	7.71	265.69	59.67	81.56	58.91
上市後_中期	5.37	4.12	6.54	292.01	63.41	74.82	57.34
上市後_長期	4.21	3.39	4.66	228.24	53.32	99.18	68.50
一般企業	4.87	4.55	5.79	223.97	53.51	101.60	66.28
上市後_短期	6.43	8.14	7.27	256.39	52.58	106.30	62.97
上市後_中期	4.93	3.59	6.10	264.01	60.03	82.29	59.90
上市後_長期	4.67	4.40	5.52	209.10	51.81	106.40	68.45
非製造業	6.30	7.14	6.02	206.45	50.49	112.30	65.47
家族企業	6.63	7.30	5.84	218.79	52.28	101.12	63.36
上市後_短期	8.35	9.34	7.10	242.50	52.41	94.95	57.15
上市後_中期	5.28	5.42	4.74	204.99	54.38	98.85	67.80
上市後_長期	3.71	4.49	3.91	155.86	44.10	139.52	77.35
一般企業	5.82	6.92	6.28	188.52	47.90	128.37	68.53
上市後_短期	8.10	8.74	8.10	235.98	52.76	95.30	57.03
上市後_中期	5.76	6.59	5.29	197.21	52.10	98.14	63.99
上市後_長期	4.22	5.75	5.61	146.30	41.08	175.67	80.78
總計	5.70	5.86	6.04	226.50	53.63	102.01	64.47

出處：作者編製

圖表2-2-4 企業平均財務指標：按行業別、家族企業類別、上市期間別分

2020年度 （單位：%）

	資產報酬率（ROA）	股東權益報酬率（ROE）	營業利益率	流動比率	權益比率	固定比率	固定長期適合率
製造業	4.28	3.89	5.35	251.54	57.20	89.07	62.46
家族企業	4.53	4.09	5.69	271.85	60.21	81.25	59.72
上市後_短期	6.14	6.04	6.83	280.12	60.87	75.52	56.36
上市後_中期	4.19	3.49	5.78	294.13	63.72	74.84	56.72
上市後_長期	3.60	3.25	4.51	230.62	54.06	96.61	67.58
一般企業	4.01	3.68	4.98	230.24	53.99	97.47	65.39
上市後_短期	5.93	5.17	7.10	252.20	52.68	102.90	61.36
上市後_中期	4.05	1.97	4.95	271.88	59.91	80.08	59.89
上市後_長期	3.77	3.97	4.73	216.00	52.50	101.68	67.40
非製造業	4.90	1.62	4.13	208.95	49.58	115.90	65.41
家族企業	5.23	1.16	3.96	218.69	50.81	109.77	63.94
上市後_短期	6.48	1.76	4.99	241.10	50.41	107.24	58.04
上市後_中期	4.45	0.11	3.36	204.19	52.87	103.59	68.31
上市後_長期	1.98	1.96	0.94	159.68	45.33	145.26	77.91
一般企業	4.42	2.29	4.40	194.43	47.76	125.01	67.59
上市後_短期	6.76	0.57	6.24	230.94	52.30	92.39	56.77
上市後_中期	4.76	3.80	3.92	204.87	51.83	94.64	63.82
上市後_長期	2.45	2.56	3.32	159.52	41.27	172.24	78.90
總計	4.58	2.78	4.76	230.52	53.46	102.17	63.90

出處：作者編製

一項特徵：上市後中期的表現優於短期與長期。

　　以上分析加入過往研究中未採納的因素（上市後期間），帶著新觀點研究家族企業之於一般企業的優勢，並獲得了一定程度的新洞見，例如製造業與非製造業之間的差異，還有財務指標隨企業存續期間增長的變化。我認為，未來在分析家族企業的業績時，也應當將上市期間與行業等因素納入考量。

　　不過，此處並未分析行業間差異和存續期間影響財務指標變化的原因；關於新冠疫情造成之環境變化對於財務指標的影響，主要僅僅探討了獲利能力和風險承擔能力的面向，但對營業額和各種損益的影響及未來的應對措施，仍需要詳細的分析。以上都是了解家族企業與一般企業於業績面向和管理面向差異的重要因素，應視為今後的研究課題。

（荒尾正和）

未持所有權的家族企業（C類）

1. 家族企業的重力與抗力

家族企業的發展以創業為起點，於商業面向上經歷事業量的擴大與質的變化，同時於家族面向也經歷事業繼承等諸多變革。過去已有學者指出研究家族企業時，關注時間因素的重要性（Sharma et al., 2004），如今各國也陸續開始研究家族企業短期或長期的變化。

尤其日本存在著眾多長壽家族企業，長期也積存了許多相關資料。多虧這項特徵，家族企業長期變化的相關研究也逐步累積。

家族企業的重力與抗力是上述研究積累的概念，能有效分析未持企業所有權的「C類」家族企業，也能廣泛應用於多方研究與分析。此處會先解釋重力和抗力的意涵，接著明確揭示兩者如何改變家族影響力，最後再補充說明家族資本如何造就兩者。

首先，重力和抗力都是用來解釋家族企業中，家族影響力變化的概念（後藤, 2016）。重力是降低家族影響力的力量，倘若家族不採取任何行動，自然會產生這股力量；名稱取自大自然的重力。

抗力則是維持家族影響力所需的力量，源自家族成員有意識與持續的努力。抗力與自然發生的重力作用方向相反，若重力大於抗力，家族影響力便會下降；若重力與抗力勢均力敵，則家族影響力得以維持；若抗力大於重力，家族影響力便會增加。然而，多項研究已證明，絕大多數的情況皆為重力大於抗力，家族企業的家族影響力以長期來說會呈現下降趨勢（後藤, 2016; Goto, 2016; FBC, 2018）。

在說明家族影響力如何變化之前，我們應先明定家族影響力的衡量標準。本書關注家族企業中家族於所有面向和經營面向的影響力，至於衡量家族影響力的標準，所有面向以家族成員持股占總發行股份之比例為準，經營面向則根

據家族成員在董事席次中所占的比例。

　　以下描述家族影響力的時間性變化。正如第2章第1節所述，家族企業的三圈模型會隨時間變遷（詳見「圖表2-1-3 家族企業的變遷」）：創立初期三圈幾乎重疊，而後家族占經營權和所有權的比例逐漸降低。以本節的觀點而言，削減家族影響力的重力會隨時間而增加；尤其在事業擴張期間，家族影響力下降得更為快速（Goto, 2016:47-49和54）。

　　此外，《日本家族企業白皮書 2018年版》曾介紹日本上市家族企業近百年變化的實證研究（FBC, 2018:119-121），針對1922年上市的114間家族企業進行長期追蹤調查，結果指出相當嚴酷的事實：93年過後，2015年只剩2間家族企業健在，其餘112間企業全數消失或轉變為非家族企業。而不用多說，非家族企業化意即家族與經營權和所有權再無關係。

　　此現象正是重力增加，降低了家族影響力的結果，尤其在事業擴張階段，重力增加的速度更快。事業規模擴大代表事業量增加、內容也更複雜，光靠家族難以供給所需人才。此外，若家族沒有足夠財力應付隨事業擴張而增加的企業資本，家族持股比例必然下降，而所有面向的家族影響力下降，便導致家族成員受任經營者的機會降低。

　　這種人才供應方面的困難，在事業繼承上特別明顯，然而這終究是重力日積月累下的結果，不應視為瞬間的現象。正如前面解釋抗力的段落所述，家族成員必須有意識與持續努力，方能維持家族影響力。

　　家族影響力的時間性變化不僅體現在人才面，也明顯體現在資金面。家族於資金面的影響力之所以減弱，原因所在多有，諸如收支失衡、手頭資金減少、為因應各種資金需求而賣出持股、為發展事業而增加投資、繼承資產時的租稅負擔、繼承時分割事業而部份繼承者出售事業等，結果便是許多家族的持股比例長期下降。這種長期下降可以分為連續、加速度和非連續3種。

　　此研究中，家族影響力於資金面的連續下降為常態且普遍的趨勢；加速度下降雖亦屬於連續性，但更顯示出事業發展速度與下降速度的關聯。家族影響力平時便呈現下降趨勢的原因，在於收支平衡改變，致使手頭資金減少，還有

應對各方面資金需求之行動；而該下降趨勢之所以加速，則是因為事業加速發展導致資金需求增加，投資金額增加。

　　至於非連續下降，是指特定情況下出現的異常下降現象，具體範例如繼承資產時的租稅負擔、繼承時分割事業而部份繼承者出售事業等。這些狀況都發生於事業繼承時，並直接造成了非連續下降。出售事業，即將自身持有事業的所有權和經營權讓渡他人，而這項決策勢必造成家族影響力於資金面的非連續性下降。

　　上述家族影響力於資金面下降之情形，都是為了因應資金枯竭而優先採取維持股東地位之外的行動，結果導致家族對企業的影響力下降。換言之，家族影響力於資金面的下降絕非與家族無關的自然現象，完全是家族決斷與行動招致的結果。也就是說，削減家族影響力的重力，不僅會被動發生，更可能因家族採取的行動或決策而加劇。尤其過往研究指出，與持股比例相對應的家族地位，長期會呈現下降趨勢，且幾乎不可逆（後藤, 2016）；由此可證，勵行資本積累且持續努力維持股東地位有多麼重要。

　　以下，我們嘗試針對重力產生之情況進行實證分析。前述提到，重力產生的原因不一而足，但此處我們專注於近年來家族企業中主要家族成員（股東或董事）死亡的案例。

　　為何選擇死亡案例作為研究對象？第一，企業經營者死亡的案例並不少見。包含非上市企業在內，企業後繼無人已成當今社會問題，甚至有調查指出，因「後繼無人」而破產的原因中，代表人「死亡」的案例占了52.4％（TSR, 2021）。第二，死亡是容易判斷的客觀事實。第三，可預期主要家族成員死亡會對家族企業造成重大影響，尤其往生者若為現任經營負責人兼大股東，則可想像其死亡將對家族於企業所有面向和經營面向造成重大影響。家族主要成員死亡，是發生於許多家族企業的嚴肅事實。因此，本研究不僅具有學術上的意義，也具有不少實務上的啟示。

　　主要家族成員死亡對家族於家族企業中的地位影響，可藉由比較主要成員死亡前後，家族成員於所有面和經營面的影響力變化來衡量，即家族股東及董

事的地位變化；亦可從家族企業類別的變化來分析。

　　就上市家族企業而言，自《日本家族企業白皮書 2018年版》的研究期間至今，即2017年度以後至本次白皮書研究期間的3年內，共發現14件主要家族成員死亡的案例（圖表2-3-1）其中，以家族企業類別變化的觀點來看，有9例的類別變動，3例轉變為非家族企業，2例維持不變。以家族股東及董事的地位變化來看，有3例僅股東地位發生變化，6例僅董事地位發生變化，3例為股東、董事兩者的地位皆發生變化，2例為毫無變化。

　　結果顯示，主要家族成員死亡不一定會改變家族企業的分類，兩者之間還存在兩項變數，可調節彼此之間關係的強弱。這兩項變數即已故主要家族成員死亡時在家族企業中的地位，和其他主要家族成員在家族企業中的地位。

　　已故主要家族成員死亡前的地位可分為3種情況：董事、股東、董事兼股

圖表2-3-1　主要家族成員死亡案例與隨之產生的重力

	公司名	逝世			家族企業類別	
		姓名	地位	年月	前次	本次
1852	淺沼組	淺沼健一	代表人、總經理	2018/6	A	a
2818	PIETRO	村田邦彥	代表人、總經理	2017/4	A	一人公司
2683	魚喜	有吉喜文	代表人、董事長	2018/12	A	B
6640	愛伯	小西英樹	代表人、總經理	2019/6	A	B
7947	FP	小松安弘	代表人、董事長	2017/5	A	B
7863	平賀	平賀豐	主要股東	2019/12	A	NFB
4792	山田顧問集團	山田淳一郎	代表人、董事長	2019/12	A	B
5186	霓塔	新田元庸	代表人、董事長	2020/2	A	B
6073	ASANTE	宗政誠	代表人、總經理	2020/2	A	B
6963	羅姆	佐藤研一郎	董事	2020/1	A	NFB
7745	艾安得	古川陽	代表人、總經理	2016/7	A	a
6852	techno7	高山充伯	董事、董事長	2018/5	A	A
9792	日醫學館	寺田明彥	代表人、董事長	2019/9	A	A
2734	sala	神野信郎	名譽顧問	2018/11	A	a

出處：作者編製

東。若生前只是董事，家族企業的分類在其死亡前可能為A／a或C／c。即使主要家族成員因死亡而退位，若其他主要家族成員遞補空缺，家族的董事地位也不會改變。若董事中不包含其他主要家族成員（即往生者是唯一擔任董事的主要家族成員），而沒有其他主要家族成員遞補空缺，那麼家族的董事地位就會改變，若往生者死亡前的家族企業類別是A／a，則會變為B／b；若為C／c，則會轉變為非家族企業。

若往生者生前只是股東，家族企業的分類在其死亡前可能為A／a或B／b。隨著該主要家族成員死亡，便會產生繼承問題，而根據其他主要家族成員支付遺產稅的能力，家族的股東地位可能有3種變化：第一，接班人有足夠的支付能力，可以維持家族在往生者死亡前的股東地位，那麼家族的股東地位和家族企業類別皆不會改變。第二，接班人支付能力不充分，則可能因出售股票而降低股東地位，家族企業類別也會發生變化，即從A轉為a或從B轉為b。第三，接班人支付能力極為不充分，則可能出售股票，無法維持家族作為十大股東的地位，導致家族企業類別可能從A轉為C／c，或非家族企業化。

最後，若往生者生前既是董事又是股東，則家族企業類別在其死亡前為A／a。假設其他主要家族成員透過晉升或遞補方式維持了家族的董事地位，根據其他主要家族成員支付遺產稅的能力，家族的股東地位可能有同上的3種變化，而家族企業的分類可能是維持A／a或從A退為a。若往生者是唯一擔任董事的主要家族成員，其死後無其他主要家族成員遞補職位，則家族的董事地位消失，而根據其他主要家族成員支付遺產稅的能力，家族的股東地位可能有3種變化：家族企業類別可能從A後退為B或b，或轉變為非家族企業。

總而言之，其他主要家族成員如何填補、繼承往生者造成的損失，決定了家族的董事和股東地位，以及家族企業類別是維持、後退抑或喪失。總而言之，關鍵在於其他主要家族成員是否擁有足夠的能力與意願填補往生者造成的人力與金融資本損失。

最後，我以家族資本的角度出發，補充說明。Danes et al.（2009）將家族擁有的所有資源皆視為家族資本，包含金融資本、人力資本、社會資本和情感

資本，我們也透過以上4種資本的觀點，提出維持家族影響力的方法。

第一，家族的金融資本是三圈模型中家族與所有權重疊的部份（資產），其中以自家公司的股票最為重要。股票是股份有限公司中影響力的法定依據，因此原則上，家族持股比例必須占整體的相對多數。誠如前文所述，長期而言家族的持股比例與其相對應的地位呈現下降趨勢，且幾乎不可逆，必須勵行資本積累並持續努力，否則難以維持股東地位（後藤，2016）。

第二，家族的人力資本是三圈模型中家族與經營權重疊的部份，即參與家族企業事務的家族成員，其中又以代表家族並肩負經營責任的董事最為重要。

第三，社會資本是指人與人的合作，是將人際關係視為資源的概念（Nahapiet & Goshal, 1998）。由於家族企業的特點之一，是家族與其他相關人等建立長期而緊密的關係，因此可視為創造社會資本的理想環境（後藤，2012:40）。以補強家族其他資本的層面來說，家族與所在社區的關係具有重要的作用。

尤其必須建立長期的信任，才能得到家族成員以外的穩定股東。超脫買賣方關係的各種社會資本，是支持家族、維持家族影響力的重要因素，也有助於家族對抗重力。

最後，上述資本的背後均存在情感資本（emotional capital）。近年來，不僅管理學開始重視情感因素，本家族企業領域也有關於情感資本（Sharma, 2004）、社會情感財富（social emotional wealth, SEW）（Gomez-Mejia et al., 2007）等的討論。社會情感財富意謂著家族企業的非財務價值基礎——家族情感資產（affective endowments）；家族企業最大的特徵，就是重視社會情感財富，並擁有維持社會情感財富的動機；而這概念也經常用於整合家族企業的各種矛盾現象。

在此，我主張金融資本、人力資本、社會等資本背後皆有情感資本，並關注上述諸資本與情感資本的關係（後藤，2017; Goto, 2016; Goto, 2021）。換言之，維持和提升情感資本，才是支撐其家族企業資本的基礎資源。就本書分析，家族影響力的下降和家族企業的變化，根本原因都包含情感資本衰退。

隨著公司歷史增長，創辦人一輩的同儕相繼離去，對公司文化、價值觀影響深遠的創辦人與後代總會漸行漸遠。為抵抗這種趨勢，家族企業平時就要建立共同價值觀，不斷加強與傳承事業上求進取的決心等情感資本。這些情感資本必須薪火相傳，否則家族的態度將愈趨消極，促使人力與金融資本退化，導致家族影響力下降。

總之，人力、金融及社會資本皆由情感資本撐腰；維持並提升情感資本，才能強化支撐整個家族企業資本的基礎資源。據本書分析，家族影響力下降和家族企業的變化，根本原因都包含情感資本衰退，進而導致人力、金融及社會資本衰退。而既然重力的根源來自情感資本有意無意的衰退，那麼發揮抗力的根本方法，便是維持並提升情感資本，如此才能從根本防止人力、金融及社會資本衰退，甚至反而增加。

（後藤俊夫）

*本段落參照後藤（2016, 2017）多所引用所撰寫。

2. C類家族企業的實際情況

1) 前言

過往的家族企業研究，都是以創業家族等家族成員掌握企業所有權為前提（即歷任經營者皆為家族成員）。因此，家族企業的定義也是以法律上的支配權（Lansberg et al., 1988: 2）為前提，提出家族最低持股比例的各種觀點：60%（Donckels & Frohlch, 1991）、過半數（Miller & Le Breton-Miller, 2005; Smyrnios & Odgers, 2002）、15%（Poza, 2004: 6）、5%（Anderson & Reeb, 2003）等。

雖然國外也有觀點提出家族未持所有權之家族企業的可能性（Chua et al., 1999: 20），只是實證或理論研究為數不多，因此未受太多關注。至於日本是依據所有權和經營權兩方面來定義家族企業，並納入未持所有權、但參與經營的型態，可分為三大類別（後藤, 2015: 56）。

《日本家族企業白皮書 2015年版》針對此點闡述得更明確。首先觀察家

族成員於所有面向和經營面向對企業的影響力程度，將家族企業分為「強」、「弱」、「微弱」三大類別，每個類別又進一步細分為兩個子類別。其中，「微弱」類別之定義為「家族成員出任1名以上董事，但不屬於十大股東形」（FBC, 2016:6），其中由家族成員擔任董事長或總經理者，稱為「C類」（FBC, 2016:6和13）。

《日本家族企業白皮書》的2015年版（FBC, 2016:13和18）與2018年版（FBC, 2018:3和24-25和116-127）持續掌握所有「C類」家族企業，相關案例研究和基礎研究也有所進展（後藤, 2016; Goto, 2021; Goto, 2023）。那麼，為何家族成員在不具備所有權的情況下，仍能獲選為企業的經營者？為了查明這個機制，本文將聚焦於上市的「C類」家族企業，從所有權、經營結構及獲利能力等角度揭示其實際情況。

2)「C類」的所有權結構

家族企業在上市後初期的組織型態，是創辦人於所有面向和經營面向參與程度皆高（A類），而後創辦人於兩方面的參與程度呈逐漸下降，最終轉變為一般企業的趨勢（FBC, 2016:18; 後藤, 2016; FBC, 2018:25-28; Goto, 2021:87-93）。依此觀點，「C類」可視為家族企業轉變為一般企業的過渡組織型態。然而，「C類」並不一定代表創辦人的參與程度降低，終將成為一般企業，實際上亦有觀察到維持「C類」狀態數代的案例（FBC, 2018:118-121, Goto, 2023）。

以下按所有面向、經營和業績三方面，介紹本次調查分析「C類」的結果。第一，論所有面向，「C類」的股東結構較為分散（圖表2-3-2）。觀察主要股東比例，「C類」的比例為36.9％，相對於「A類」的48.3％和「B類」的47.6％，較不集中。也就是說，「C類」是由相對多數的小股東所組成，並不倚重特定主要股東，因此即便是主要股東，基於股權的影響力也相對較低；而主要股東對於不具股東身分影響力的「C類」家族成員來說，股東身分的影響力也相對較低。

		散戶	一般公司	銀行、保險、證券公司	信託機構	外國公司、外國人	政府機構、地方公共團體	員工持股信託、公益法人	其他	主要股東
圖表2-3-2　各類家族企業之主要股東比例										（單位：%）
家族企業		9.3	20.6	5.5	3.3	3.2	0.4	3.9	0.2	46.5
	A	12.3	21.0	4.5	3.1	3.0	0.3	3.8	0.2	48.3
	a	4.7	18.4	8.0	3.9	4.2	0.3	4.2	0.1	43.8
	B	6.8	25.3	4.2	3.3	2.6	0.5	4.5	0.4	47.6
	b	3.4	22.0	7.1	3.0	2.6	0.5	4.1	0.2	42.9
	C	0.6	9.2	12.2	5.3	5.7	0.4	3.2	0.2	36.9
	c	1.4	13.5	8.7	4.2	4.6	1.1	2.6	0.6	36.6
一般企業		1.1	19.1	7.4	4.9	4.2	0.7	2.8	0.2	40.3
總計		5.4	19.9	6.4	4.1	3.7	0.5	3.4	0.2	43.6

出處：作者編製

　　第二，關於主要股東的分布狀況，「C類」的信託機構（信託銀行），以及外國機構投資人等外國公司或外國人所占的比例分別為5.3％和5.7％，高於「A類」的3.1％和3.0％，以及「B類」的3.3％和2.6％（圖表2-3-2），可推論「C類」在經營上可能受到信託機構和外國機構投資人的牽制和監督（治理），具有一定的緊張感。此外，銀行、保險公司的占比也高於「A類」和「B類」。

3）「C類」的經營結構

　　關於「C類」的經營結構，本次研究也有以下3點發現（圖表2-3-3）。第一，論家族經營者持股占全董事的比例，「C類」為53.6％，僅次於「A類」的62.7％，遠高於「B類」的37.2％。「C類」的家族在所有股東中的影響力相對較低，但經營者持股占了全董事過半的比例，而這是構成其影響力的因素之一。

　　第二點，論經營者在位期間，「C類」為10.27年，僅次於「A類」的12.18

年，遠長於「B類」的5.95年。而「C類」經營者，自升任董事後到就任經營者的平均歷時17.33年，是所有類別中最久。換句話說，「C類」的經營者在擔任董事和經營者的期間累積了更多的管理經驗，因而提升了其作為經營者的權威和影響力。

第三，有兩名以上家族成員擔任董事的比例，「C類」為45.9％，高於「A類」的39.3％和「a類」的27.7％，也是所有類別中最高。由此可見，「C類」的經營者於經營面的影響力頗高。

綜合以上分析結果，雖然「C類」的家族在整體股東中影響力較低，但經營者持有全董事過半的股份，作為董事與經營者的管理經驗豐富，且家族成員擔任2名以上董事的比例較高，故可以推測此類家族在管理階層中具有一定程度的影響力。另一方面，由於家族的持股比例以整個公司來說相對較低，因此可能與銀行和壽險公司等股東間培養較穩定的關係，這彌補了創業家族持股比例低落的影響。

此外，外國機構投資人和信託機構的持股比例較高，或許也促進了公司業

圖表2-3-3　家族企業與一般企業的經營者資歷

	調查企業數	進公司年齡（歲）	晉升董事後至升任經營者的時間（年）	進公司後至升任經營者的時間（年）	經營者（現職）上任年齡（歲）	經營者在位期間（年）	經營者目前年齡（歲）	經營者持股占全董事持股之比例（％）
家族企業	1,292	32.94	11.02	19.85	52.77	10.50	63.22	55.2%
A	807	32.44	13.20	19.24	51.69	12.18	63.82	62.7%
a	155	33.60	7.62	18.09	51.65	9.91	61.35	48.6%
B	150	35.55	5.13	19.35	54.90	5.95	60.86	37.2%
b	102	34.23	4.63	23.11	57.06	5.73	62.81	36.8%
C	61	29.74	17.33	27.22	56.96	10.27	67.23	53.6%
c	17	31.35	6.08	23.35	54.69	5.91	60.60	24.3%
一般企業	1,134	36.48	3.98	22.42	58.92	4.93	63.81	27.8%
總計	2,426	34.59	7.73	21.05	55.65	7.90	63.49	42.5%

出處：作者編製

績長期保持穩定。若業績良好，無論家族有無基於股東身分的影響力，主要股東也會普遍支持「C類」的型態。反過來說，即便家族鞏固了所有權，若公司業績不佳，股東仍有可能反彈，導致家族難以維持經營。

4) 業績面向因素

接著，分析「C類」的業績面因素。先看「C類」的獲利能力；論2019年度至2020年度兩年下來的平均超額資產報酬率（圖表2-3-4），雖然「C類」的-0.13％低於家族企業整體的0.30％，但也僅排在「B類」的0.59％和「A類」的0.58％之後。

若分別就製造業與非製造業分析「C類」的超額資產報酬率，前者為0.76％，後者為-2.34％。製造業「C類」的報酬率高過一般企業與其他家族企業類別，但非製造業「C類」則低於其他家族企業類別。這種製造業的良好獲利能力也反映在企業數量上：製造業有40家企業，占71.4％，而非製造業只有16家企業，占28.6％。也就是說，「C類」的製造業結構比遠高於一般企業和其他家族企業類別，這也支撐了「C類」整體的業績。「C類」的特色不僅包含上述優秀的獲利能力，長期下來表現也很穩定。

圖表2-3-5按家族企業類別和行業別，列出了企業實際成立日期（法人登記年月日）與上市日期至今的平均年數。以前者來說，「C類」製造業為82.4年，非製造業為82.5年，兩者的數字均高於家族企業整體平均的67.9年、50.9年，以及一般企業的80.9年、65.3年，顯示出「C類」家族企業長期穩定的特質；而其長期穩定性也於獲利能力方面得到了證實。至於非製造業的「C類」，則因為獲利能力指標並不總是呈現高數值，因此其穩定性仍需要進一步的研究。

綜合以上所述，可以推論「C類」製造業擁有一套機制，可以在所有權與經營結構方面維持比一般企業和其他家族企業類別更高且久的獲利能力。

圖表2-3-4　各類家族企業之超額資產報酬率、企業數、結構比

		兩年度平均超額資產報酬率（%）（2019年度～2020年度）			企業數 2020 年度			結構比 2020 年度		
		全體	製造業	非製造業	製造業	非製造業	小計	製造業	非製造業	小計
家族企業		0.30	0.19	0.41	590	680	1,270	46.5%	53.5%	100.0%
	A	0.58	0.51	0.63	319	476	795	40.1%	59.9%	100.0%
	a	-0.33	-0.50	-0.08	91	61	152	59.9%	40.1%	100.0%
	B	0.59	-0.29	1.48	72	76	148	48.6%	51.4%	100.0%
	b	-0.71	-0.18	-1.42	58	44	102	56.9%	43.1%	100.0%
	C	-0.13	0.76	-2.34	40	16	56	71.4%	28.6%	100.0%
	c	-2.06	-0.52	-4.03	10	7	17	58.8%	41.2%	100.0%
一般企業		-0.37	-0.20	-0.59	566	456	1,022	55.4%	44.6%	100.0%
總計		0.00	-0.00	0.01	1,156	1,136	2,292	50.4%	49.6%	100.0%

出處：作者編製

圖表2-3-5　家族企業存續期間：按企業類別、行業別

		製造業			非製造業			整體（不含金融業）		
		企業數	上市日期至今的時間（年）	成立日期至今的時間（年）	企業數	上市日期至今的期間（年）	成立日期至今的期間（年）	企業數	上市日期至今的期間（年）	成立日期至今的期間（年）
家族企業		576	37.8	67.9	643	25.8	50.9	1,219	31.5	58.9
	A	312	32.4	63.7	452	23.1	47.6	764	26.9	54.2
	a	88	44.9	72.5	56	32.7	59.5	144	40.1	67.5
	B	71	34.9	66.8	72	25.0	49.3	143	29.9	58.0
	b	55	42.4	71.9	40	32.1	59.2	95	38.1	66.5
	C	40	58.2	82.4	16	51.1	82.5	56	56.1	82.4
	c	10	55.9	84.0	7	60.4	88.1	17	57.8	85.6
一般企業		538	56.4	80.9	433	41.3	65.3	971	49.7	73.9
總計		1,114	46.8	74.2	1,076	32.1	56.7	2,190	39.5	65.6

註：企業數之所以與圖表2-2-3不同，是為了排除組織重組（請參見本章第4節註2）的影響。

出處：作者編製

5）結語

　　本項聚焦上市「C類」家族企業，從所有權、經營結構和業績面研究為何家族成員在未持所有權的情況下，仍能獲選為企業的經營者。

　　儘管本次調查獲得了一些新見解，但仍需要進一步的實證與理論研究。如今全球積極研究家族企業的多樣性，相信國內外對於「C類」家族企業的關注也將進一步提高。而日本不僅是相關研究的先鋒，研究對象的數量也具有優勢。儘管未來可預期國外出現更多「C類」案例，不過我們應當繼續發揮自身優勢，貢獻心力推動研究的進步。

（荒尾正和）

經營者屬性與財務績效

1. 影響經營者屬性的經營面因素

　　本節旨在揭示經營者屬性與財務績效的關係。根據過去兩版白皮書針對家族企業與一般企業的比較分析，首先可以確定家族企業在獲利能力和風險承擔能力方面具有優勢（FBC, 2016:73-80; FBC, 2018:29-32），也從經營者屬性的觀點出發，一定程度證明了該優勢的原因（FBC, 2018:41-50）。然而，關於家族企業的業績優勢及不同家族企業類別間的業績差異，先前的分析仍不算詳盡。因此，本次研究將聚焦於獲利能力，多方面探究超額資產報酬率。[1]

　　此外，上一版白皮書的調查期間設定為2016年度至2017年度，並以經營者在位期間和年齡等因素探討經營者屬性（FBC, 2018:41-50）。本次則進一步嘗試按企業存續期間別，探討經營者屬性對財務績效的影響。然而，這需要將產業結構的長期變化納入考量。眾所周知，日本的產業結構曾於經濟高度成長期經歷重大改變，第三級產業的GDP占比從1960年的38.2％增加到2005年的67.3％（日本總務省統計局, 2008）。因此，將產業區分成製造業與非製造業，調查兩者經營面向與所有面向的差異及經營者屬性、財務績效，或許可更加準確地了解家族企業的實際情況。

1）家族企業類別的時間性變化

　　首先，我們將東證一部、二部和地方市場（以下簡稱「市場」，不區分3個地方市場）中的一般企業和家族企業，區分為製造業和非製造業（不含金融業），調查其存續期間。另外，本次研究排除了較難取得資產報酬率等業績指

---

[1] 風險承擔能力指標是常用的財務分析指標，但與企業價值並無絕對關聯，本次調查亦未發現流動比率等風險承擔能力指標與風險貼水（risk premium）或資金成本（cost of capital）間的關聯。因此，本文內容將僅限於探討獲利能力指標，延續先前白皮書的討論。

標的行業，像銀行、保險和證券期貨交易業。以下是以上市期間與法人成立後的期間當成存續期間的變數，比較兩種期間的業績。

本章的時間性變化分析採用橫斷分析（cross-sectional analysis），而非時間序列分析（time series analysis），主要觀察創業時期（公司成立時期）、創業後期間，或上市時期、上市後期間；數據則取自Quick Workstation的資料庫Astra Manager。儘管研究對象可能因組織重組❷等原因而有所變動，但我們仍認為能在一定程度上掌握家族企業隨時間變化的趨勢。

圖表2-4-1顯示了各類家族企業上市後❸和公司成立後的時間平均數值。從該表可以得出以下結論：

第一，比較家族企業和一般企業的存續期間，前者上市後的存續期間為31.5年，後者為49.7年。至於公司成立後的存續期間，前者為58.9年，後者為73.9年，可見家族企業的存續期間比一般企業短了約15～18年。

第二，比較製造業和非製造業，前者上市後的存續期間為46.8年，後者為32.1年；至於公司成立後的期間，前者為74.2年，後者為56.7年，可見製造業的存續期間比非製造業長。

第三，觀察各類家族企業，A類和B類的存續期間在上市後和公司成立後皆較短，不分製造業或非製造業；尤其以非製造業來說，A類在上市後的存續期間僅為23.1年，B類為25.0年，明顯比其他類別還要短。相比之下，C類和c類的存續期間在上市後和公司成立後都明顯較長，即呈現壽命較長的特徵。

第四，比較各類家族企業的製造業和非製造業，整體來說，非製造業在上市後的存續期間和企業成立後的存續期間都較短；非製造業c類則是例外，無論上市後和企業成立後的存續期間都比製造業長。而以C類來說，製造業在上市後的存續期間為58.2年，高於非製造業的51.1年，不過企業成立後的期間則

---

❷ 為提高時間性變化分析的準確度，研究對象排除了經歷過組織重組的企業（公司成立日期與上市日期之間僅相隔數天的情況。
❸ 上市後和公司成立後的期間，是以下方日期為基準計算。
上市日期：在日本國內證券交易所上市的日期；公司成立日期：登記為股份有限公司的日期。此外，若為合併，則以存續公司的成立日期為準。

	製造業			非製造業			整體（不含金融業）		
	企業數	上市日期至今的時間（年）	成立日期至今的時間（年）	企業數	上市日期至今的期間（年）	成立日期至今的期間（年）	企業數	上市日期至今的時間（年）	成立日期至今的時間（年）
家族企業	576	37.8	67.9	643	25.8	50.9	1,219	31.5	58.9
A	312	32.4	63.7	452	23.1		764	26.9	54.2
a	88	44.9	72.5	56	32.7	59.5	144	40.1	67.5
B	71	34.9	66.8	72	25.0	49.3	143	29.9	58.0
b	55	42.4	71.9	40	32.1	59.2	95	38.1	66.5
C	40	58.2	82.4	16	51.1	82.5	56	56.1	82.4
c	10	55.9	84.0	7	60.4	88.1	17	57.8	85.6
一般企業	538	56.4	80.9	433	41.3	65.3	971	49.7	73.9
總計	1,114	46.8	74.2	1,076	32.1	56.7	2,190	39.5	65.6

出處：作者編製

平分秋色。

　　最後，比較製造業和非製造業的企業數目，兩者的家族企業都多於一般企業。以家族企業類別來看，A類的非製造業多於製造業，B類則是兩者相當。

　　過往國內外研究是針對特定時間點分析、比較家族企業和一般企業的業績，然而這麼做的前提，是兩者的結構比不會隨時間產生重大變化。但實際上，各個家族企業類別的企業數量和行業結構比，都會隨時間而大幅增減，為了精準掌握家族企業的狀況，應像本書一樣考量時間性變化的影響。換句話說，分辨家族企業與一般企業之間的差異，以及各類家族企業之間的差異時，必須釐清該差異是屬於家族企業或各個家族企業類別本身的特徵，還是家族企業或各個家族企業類別，因時間變化和行業結構比變化所導致的現象。

2）時間性變化與行業

　　本書將行業分為製造業和非製造業（不含金融業），針對現存研究對象之企業，掌握不同存續期間下的企業數量和結構比（圖表2-4-2）。此處將上

市後的存續期間分成長期、中期和短期；不同期間下的結構比，明顯因行業與家族企業類別而異。補充一點，上市後存續期間的分類方法是參考Quick Workstation的資料庫Astra Manager中的分法，並確保3個期間中的企業數差不多。

　　觀察製造業與非製造業在不同存續期間的結構比變化，上市後長期存續的部分，製造業占了整體過半數；然而論上市後中期和短期存續的情況，非製造業的數量反而漸多，總計甚至超過製造業。換句話說，上市後長期存續企業的結構比，製造業為49.4％，非製造業不足半數，只有22.3％；上市後中期存續企業的結構比，製造業和非製造都在33％左右；但上市後短期存續企業的結構比，製造業僅有17.7％，而非製造業高達43.8％，情況顛倒。

　　製造業與非製造業的時間性變化，也影響了家族企業類別的時間性變化。誠如前述，A類占整體比例較高，且非製造業的數量多於製造業，然而非製造業A類僅短期存續的數量占了58.0％，超過了一半。儘管非製造業B類短期存續的比例也高達54.2％，但由於A類的企業數量遠多於B類，因此對家族企業類別的時間性變化影響更為重大。基於以上背景，以下將探討家族企業類別隨時間產生的變化，以及該變化對業績的影響。

3）對時間性變化和各類家族企業業績造成的影響

　　先探討財務績效方面，[4]如圖表2-4-3最右欄所示，一般企業的超額資產報酬率[5]在2019年度和2020年度都是負值，而家族企業則呈現正值，較一般企業具有優勢，其中尤以「A類」和「B類」表現良好且穩定。其次，「C類」也表現良好，但是a、b、c類則與一般企業相當或稍微落後，特別是c類極度低迷。

　　接下來，我們將企業上市後的存續期間分成3組，觀察超額資產報酬率的

---

[4] 分析時，排除了資產報酬率等財務指標上分布兩端0.05％的資料。

[5] 資產報酬率是衡量企業運用資產、賺取利潤之效率的指標，反映了企業的綜合獲利能力。計算公式：資產報酬率＝稅後淨利÷總資產。稅後淨利＝稅前淨利－稅額。另外，本書所稱之超額資產報酬率，是研究對象（企業）的資產報酬率，超出東京證券交易所33個行業之平均值的程度。

時間上的變化。基本上，無論家族企業或一般企業均呈現遞減趨勢（見圖表2-4-3）。比較家族企業和一般企業，短期而言家族企業在兩個年度的數值均為正值，具明顯優勢；但長期而言，家族企業的數值不僅轉正為負，甚至落後一般企業。由此可知，家族企業的超額資產報酬率從短期到長期的遞減幅度遠大

圖表2-4-2　企業上市後存續期間與其結構比

	企業數				結構比（%）			
	上市後_ 短期存續	上市後_ 中期存續	上市後_ 長期存續	小計	上市後_ 短期存續	上市後_ 中期存續	上市後_ 長期存續	小計
製造業	197	367	550	1,114	17.7%	32.9%	49.4%	100.0%
家族企業	151	260	165	576	26.2%	45.1%	28.6%	100.0%
A	113	138	61	312	36.2%	44.2%	19.6%	100.0%
a	13	37	38	88	14.8%	42.0%	43.2%	100.0%
B	15	44	12	71	21.1%	62.0%	16.9%	100.0%
b	8	29	18	55	14.5%	52.7%	32.7%	100.0%
C	1	9	30	40	2.5%	22.5%	75.0%	100.0%
c	1	3	6	10	10.0%	30.0%	60.0%	100.0%
一般企業	46	107	385	538	8.6%	19.9%	71.6%	100.0%
非製造業	471	365	240	1,076	43.8%	33.9%	22.3%	100.0%
家族企業	335	241	67	643	52.1%	37.5%	10.4%	100.0%
A	262	162	28	452	58.0%	35.8%	6.2%	100.0%
a	21	22	13	56	37.5%	39.3%	23.2%	100.0%
B	39	28	5	72	54.2%	38.9%	6.9%	100.0%
b	12	22	6	40	30.0%	55.0%	15.0%	100.0%
C	1	6	9	16	6.3%	37.5%	56.3%	100.0%
c		1	6	7	0.0%	14.3%	85.7%	100.0%
一般企業	136	124	173	433	31.4%	28.6%	40.0%	100.0%
總計	668	732	790	2,190	30.5%	33.4%	36.1%	100.0%

註：企業數排除了組織重組的影響（請參見本章第4節與本節註1）。

出處：作者編製

於一般企業。以上趨勢在2019年度、2020年度皆同。

按家族企業類別分，2019年度A類的遞減幅度最大，從短期的1.71％下滑至長期的-1.30％（減少了3.01％）；其次是B類，由於這兩類的企業數量較

圖表2-4-3　各類家族企業之超額資產報酬率

2019年度　　　　　　　　　　　　　　　　　　（單位：％）

		上市後_短期	上市後_中期	上市後_長期	小計
家族企業		1.53	-0.14	-1.14	0.32
	A	1.71	-0.12	-1.30	0.62
	a	1.26	-0.10	-1.41	-0.26
	B	0.69	0.69	-0.86	0.51
	b	0.97	-1.67	-0.98	-0.96
	C	1.59	0.62	-0.39	-0.05
	c	-2.37	0.84	-2.05	-1.69
一般企業		0.89	-0.21	-0.73	-0.32
總計		1.36	-0.16	-0.85	0.04

出處：作者編製

2020年度　　　　　　　　　　　　　　　　　　（單位：％）

		上市後_短期	上市後_中期	上市後_長期	小計
家族企業		1.32	-0.01	-1.03	0.32
	A	1.33	-0.04	-0.89	0.53
	a	1.39	-0.08	-1.67	-0.32
	B	1.25	1.03	-1.77	0.77
	b	1.78	-1.05	-0.40	-0.29
	C	-5.20	0.43	-0.19	-0.20
	c	4.44	-4.48	-2.32	-2.43
一般企業		0.72	-0.15	-0.87	-0.41
總計		1.16	-0.05	-0.92	-0.01

出處：作者編製

多,因此也促成了家族企業在長期組別的整體表現劣於一般企業。2020年度,A類的下滑幅度也差不多,而這成了家族企業落後一般企業的主要原因。

最後,我們將所有行業分成製造業和非製造業,並按上市期間觀察各類家族企業的超額資產報酬率。圖表2-4-4總結了圖表2-4-3兩個年度的資料,並區分成製造業和非製造業兩大組別,顯示各類家族企業上市後不同存續期間的超額資產報酬率。

本表重點如下。第一,總計欄顯示,兩年度的平均超額資產報酬率方面,製造業為-0.01%,非製造業為0.04%,水準相當;但比較家族企業與一般企業,家族企業的製造業為0.18%,家族企業的非製造業為0.44%,一般企業的製造業與一般企業的非製造業則分別為-0.21%和-0.56%,對比明顯。換言之,無論製造業或非製造業,家族企業的超額資產報酬率皆為正值,普遍優於一般企業(負值),而這項優勢在非製造業尤其明顯。

圖表2-4-4 超額資產報酬率:按行業別、家族企業類別、上市後期間別

(單位:%)

| | | (2019年度與2020年度的兩年平均) | | | | (2019年度與2020年度的兩年平均) | | | |
| | | 製造業 | | | | 非製造業 | | | |
		上市後_短期	上市後_中期	上市後_長期	小計	上市後_短期	上市後_中期	上市後_長期	小計
家族企業		1.47	0.03	-0.75	0.18	1.41	-0.18	-1.92	0.44
	A	1.77	0.11	-0.94	0.50	1.41	-0.24	-1.44	0.63
	a	-0.07	0.44	-1.51	-0.48	2.13	-0.98	-1.62	0.01
	B	-1.39	0.15	-1.24	-0.41	1.95	2.01	-1.48	1.72
	b	4.71	-1.26	-0.52	-0.15	-1.05	-1.47	-1.20	-1.31
	C	3.01	1.38	0.50	0.76	-6.63	-0.75	-2.92	-2.34
	c	1.03	-0.82	-0.05	-0.52	0.00	-2.32	-4.32	-4.03
一般企業		1.31	-0.06	-0.43	-0.21	0.62	-0.29	-1.62	-0.56
總計		1.43	0.00	-0.53	-0.01	1.19	-0.22	-1.70	0.04

出處:作者編製

第二，比較短期和長期的變化時，製造業短期為1.43％，長期為-0.53％，減少了1.96％；非製造業短期為1.19％，長期為-1.70％，減少了2.89％。由此可見製造業的衰退趨勢較為緩和。若分別比較家族企業和一般企業的情況，家族企業方面，製造業短期為1.47％，中期為0.03％，長期為-0.75％；非製造業則分別為1.41％、-0.18％、-1.92％。而一般企業方面，製造業短期為1.31％，中期為-0.06％，長期為-0.43％，非製造業分別為0.62％、-0.29％、-1.62％。可見無論製造業或非製造業，一般企業的衰退趨勢皆較為緩和。

　　第三，按照家族企業類別區分時，3個類別的情況大不相同。A類製造業（0.50％）和非製造業（0.63％）都是正值；B類則分別為-0.41％、1.72％；C類分別為0.76％、-2.34％；而製造業中的C類與非製造業中的B類，分別是該行業中超額資產報酬率最高的家族企業類別。至於表現優於一般企業的家族企業類別，屬於製造業的有C、A，屬於非製造業的則有B、A、a（按優勢程度排序），並非所有類別的家族企業皆具有優勢。

　　第四，觀察各類家族企業的衰退趨勢，A類在短期、中期和長期的超額資產報酬率，製造業為1.77％、0.11％和-0.94％，非製造業則為1.41％、-0.24％和-1.44％；短期與長期的差異，製造業為-2.71％，非製造業為-2.85％，呈相同水準。B類在短期、中期、長期的超額資產報酬率，製造業分別為-1.39％、0.15％、-1.24％，非製造業分別為1.95％、2.01％、-1.48％；短期和長期的差異，製造業為0.15％，非製造業為-3.43％，非製造業的衰退趨勢較為明顯。C類製造業比較特別，上市後的超額資產報酬率整體都是正值，對製造業家族企業的業績優勢亦有所貢獻，值得留意。關於C類的情況，可參閱本章第3節的詳細討論。

4）總結

　　以上內容關注時間變化，探討了家族企業類別、行業類別，以及兩者與業績（超額資產報酬率）的關係，試圖揭示經營者屬性與財務績效的關聯。

　　總結來說，上市後長期存續的企業，業績普遍呈遞減趨勢，而非製造業的

衰退趨勢更為明顯，例如「上市後_長期」中，非製造業的超額資產報酬率也普遍低於製造業（圖表2-4-4）。兩者衰退趨勢的差異，很可能也對家族企業類別的變化造成了一定的影響。我們注意到，製造業的C類家族企業並無衰退趨勢，獲利能力長期下來維持一定的水準，這或許也對其類別維持不變具有正面影響（詳見本章第3節2.〈C類家族企業的實際情況〉）。此外，非製造業A類呈現明顯的衰退趨勢，這也可能與該類別平均存續期間較短有一定的關聯（圖表2-4-4）。

Anderson & Reeb（2003）指出，家族企業中，家族持股增加會導致資產報酬率降低，上一版《日本家族企業白皮書》也曾提及創業世代的業績優勢（FBC, 2018:43-44）。然而，以往外國的研究並未如本節一樣考量時間性變化，故本節提出的全新觀點具有重大價值，指出企業上市或成立後，超額收益會隨時間遞減，以及家族企業類別間的差異等。不過這一連串事實發生的原因，仍有待未來的研究釐清。

2. 經營者屬性與財務績效

前面我們將焦點擺在時間性變化上，探討影響經營者屬性的因素，包含不同家族企業類別、不同行業類別，以及兩者與業績（超額資產報酬率）的關係。本段落將接續前述結果，探討經營者屬性與財務績效的關係。原則上，現任經營者資歷等相關資料延續上一版的家族企業白皮書（FBC, 2018:42），採計現任經營者自進公司至升任董事或經營者歷經的時間、就任經營者後的在位期間，以及持有公司股份的狀況。

1）分析方法

本次調查方法比照前一版白皮書，先依下列形式上的標準篩選出1位最核心的經營者（以下簡稱「經營者」），並關注與該經營者相關的資料，探討家族企業與一般企業業績上的差異與其原因。因此，若難以取得足以判斷形式上經營者的資料，或該資料不易判別的情況，則排除於研究對象之外。此外，為

判斷業績，我們也不採計銀行、保險和證券期貨交易業等較難取得資產報酬率數據的行業。

我們根據2021年3月可取得之各企業董事資料，依下列條件從各企業篩選出1名形式上的經營者。

2）經營者篩選條件

經營者的判斷標準與上一版白皮書相同，主要依據對象是否有權代表公司、職位是否有權執行業務，以及其職稱頭銜等，詳細條件如下：

- ✔ 有權代表公司的董事長或總經理。
- ✔ 職稱包含「CEO」（執行長）或「最高負責人」等描述時，優先考慮該描述。
- ✔ 設有功能性委員會的公司，將召集人❻視為經營者。
- ✔ 若以上條件無法篩選出唯一的經營者，則再比較持有自家公司股票的多寡，較多者即視為經營者（僅適用於A與C類等兩類出現多位經營者的情況）。

另外，若因其他情況導致難以判斷經營者是否只有1人時，則排除於研究對象之外。

3）研究對象的資料與結果

經營者屬性資料包含：進公司年齡、目前年齡、擔任董事時間、擔任經營者時間，以及經營者持有自家公司股票占全董事持股的比例。另外，獲利能力指標則以該企業的超額資產報酬率（自身資產報酬率減去該行業平均資產報酬率）為準。上述資料皆截至2021年3月底止。

---

❻ 譯註：日本《公司法》規定「代表執行役」由董事會任命的職位，通常為總經理或副總擔任，也可由其他董事擔任。

◼1 家族企業與一般企業的資產報酬率

我們按家族企業類別，蒐集並分析經營者進公司以來的資歷、年齡、持股數等屬性資料，以及近兩個會計年度的超額資產報酬率，結果如圖表2-4-5所示。撤除無法取得數據的企業，研究對象共包含1,292間家族企業和1,134間一般企業，共2426間企業。

2019年度的超額資產報酬率上，家族企業為0.29％，一般企業為-0.34％，前者高了0.63％。觀察各類家族企業，A類為0.61％，B類為0.47％，C類為-0.05％，幾乎皆為正值，而a、b、c類則分別為-0.30％、-1.03％、-1.69％，均為負值且低於一般企業。2020年度，家族企業依然保有優勢，A、B、C類的超額資產報酬率同樣優於一般企業，a、b兩類變得與一般企業旗鼓相當，c類則依然低於一般企業。

以下將從經營者屬性的觀點，探討不同家族企業類別於業績優勢上的因素。首先會關注經營者的在位期間，接著探究其他經營者屬性，最後再將上市期間納入考量。

◼2 經營者的在位期間和業績

圖表2-4-5中的經營者在位期間，以現任經營者就任時至本次調查的時間來計算，即經營者就任時年齡與目前年齡的差距。家族企業經營者的平均在位期間為10.50年，遠超過一般企業的4.93年（2.13倍）。觀察各家族企業類別，尤其以A類的12.18年，C類的10.27年最為明顯；其他家族企業類別亦全數高於一般企業，a類為9.91年，B類為5.95年，c類為5.91年，b類為5.73年。

若經營者年輕上位，並一路任職至高齡，便代表其在位時間長期化，因此需要審慎考量經營者在位期間長短，對於業績正反兩面的影響。根據前述定義，現職即指有權代表公司的董事長、總經理或召集人，而經營者在位期間延長，也意謂著經營者高齡化。

前一版白皮書將經營者的在位期間分為未滿5年、5~10年、10~20年和20年以上，得知經營者在位期間較長的家族企業，業績通常較為優秀。而在一般

圖表2-4-5　家族企業與一般企業的經營者資歷、持股比例與業績

	企業數	進公司年齡（歲）	晉升董事後至升任經營者的時間（年）	進公司後至升任經營者的時間（年）	經營者（現職）上任年齡（歲）	經營者在位期間（年）	經營者目前年齡（歲）	經營者持股占全董事持股之比例（%）	2019年度超額資產報酬率（%）	2020年度超額資產報酬率（%）
家族企業	1,292	32.94	11.02	19.85	52.77	10.50	63.22	55.2%	0.29	0.32
A	807	32.44	13.20	19.24	51.69	12.18	63.82	62.7%	0.61	0.56
a	155	33.60	7.62	18.09	51.65	9.91	61.35	48.6%	-0.30	-0.31
B	150	35.55	5.13	19.35	54.90	5.95	60.86	37.2%	0.47	0.70
b	102	34.23	4.63	23.11	57.06	5.73	62.81	36.8%	-1.03	-0.38
C	61	29.74	17.33	27.22	56.96	10.27	67.23	53.6%	-0.05	-0.20
c	17	31.35	6.08	23.35	54.69	5.91	60.60	24.3%	-1.69	-2.43
一般企業	1,134	36.48	3.98	22.42	58.92	4.93	63.81	27.8%	-0.34	-0.40
總計	2,426	34.59	7.73	21.05	55.65	7.90	63.49	42.5%	0.01	-0.00

出處：作者編製

企業中，並未發現經營者在位期間與業績之間存在明確的關係；不過一般企業本來就很少經營者長期在位的案例（FBC, 2018:46-47）。

此外，過去國外研究雖然指出，家族企業經營者在位期間長期化對業績有正面影響，但也指出經營者在位期間超長期化與經營者高齡化對業績具有負面影響。

見圖表2-4-5的經營者（現職）上任年齡，家族企業為52.77歲，一般企業為58.92歲，差距為6.15歲。然而，目前年齡卻相差不大，分別為63.22歲和63.81歲，代表家族企業經營者上任時更年輕，也意謂著擁有更豐富的管理經驗。以上數據既顯示出年輕上任的經營者累積的豐富經驗，使得家族企業在業績上較一般企業優異，也可見經營者高齡化對業績產生不良影響的可能無異於一般企業。

經營者在位期間長短，需要考量其進公司後至就任經營者經歷的時間、晉升董事後至升任經營者的時間，甚至回顧其進公司時的年齡。首先，論經營者自進公司至就任現職的時間，家族企業為19.85年，一般企業為22.42年，家族企業比一般企業短了2.57年。論經營者自晉升董事後至升任現職的時間，家

族企業為11.02年，一般企業為3.98年，反而是家族企業比一般企業久7.04年。因此，論經營者從進公司到晉升董事的時間，家族企業為8.83年，一般企業為18.44年，家族企業比一般企業短了9.61年。至於經營者進公司時的年齡，家族企業為32.94歲，一般企業為36.48歲，家族企業年輕了3.54歲。

換言之，家族企業經營者較一般企業經營者年輕3.54歲便進入公司，早13.15年擔任董事，多累積了7.00年的經驗，年輕6.15歲就成為經營者，成為經營者後也多累積了5.57年的經驗。

以主要家族企業類別與一般企業相比，A類經營者較一般企業經營者年輕4.04歲便進入公司，早16.44年擔任董事，多累積了9.22年的經驗，年輕了7.23歲成為經營者，成為經營者後也多累積7.25年的經驗，目前年齡與一般企業經營者相近，為63.82歲。B類經營者較一般企業經營者年輕0.92歲進入公司，早5.14年擔任董事，多累積了1.12年的經驗，年輕了4.02歲成為經營者，成為經營者後也多累積1.03年的經驗，目前年齡為60.86歲，比一般企業經營者年輕2.95歲。C類經營者較一般企業經營者年輕6.74歲進入公司，早15.28年擔任董事，多累積了13.32年的經驗，年輕1.96歲成為經營者，成為經營者後也多累積了5.34年的經驗，當前年齡為67.23歲，比一般企業經營者年長3.42歲。

給予經營者影響力與存在感的因素，除了擔任董事和經營者的經驗長短，或許也包含了持股是否超過一定比例。觀察圖表2-4-5中經營者持股占全董事持股之比例，家族企業為55.2％，一般企業為27.8％。按主要家族企業類別分，由高至低依序為A類62.7％，C類53.6％，a類48.6％，B類37.2％。

對於進公司的年齡、晉升董事的時間、擔任董事的期間、就任經營者的年齡，以及經營者在位期間個別對業績的影響，需要未來進一步的研究並與過往研究比較。此外，我們認為也需要考慮各類家族企業中，家族參與所有面向與經營面向的情況。本次調查僅提供基礎數據，期待日後有機會再行報告更詳盡的分析。

❸ 製造業和非製造業的經營者在位期間

前項談到產業結構變化，對製造業和非製造業的結構比與家族企業類別所導致的影響。以下先分別探討製造業和非製造業中，經營者在位期間對業績造成的影響，然後再加入上市後期間的時間因素（圖表2-4-6）。我們將經營者在位期間，分為5年以下、5~10年以下，和超過10年。

首先，製造業方面，家族企業的經營者在位期間分布為：5年以下39.8％，5~10年23.7％，超過10年36.4％；一般企業的情況則為62.4％、28.6％、9.0％。非製造業方面，家族企業的經營者在位期間分布為：5年以下33.7％，5~10年23.1％，超過10年43.2％；一般企業的情況則為：64.9％、23.0％、12.1％。如前文所述，家族企業經營者的在位期間通常較一般企業長，而這個傾向在非製造業中更加明顯。

接著探討經營者在位期間與企業上市後期間的關係時，值得注意的是，以非製造業來說，上市後長期存續的企業中，經營者在位5年以下的比例較高。具體來說，家族企業方面，經營者在位5年以下的情況，在製造業中的整體占比為39.8％，在非製造業中上市後長期存續的組別則占46.3％，高出6.5％；一般企業方面，兩者比例分別為62.4％、71.7％，非製造業高出9.3％。換言之，正如前面所述，非製造業的經營者在位期間較製造業短，而這個傾向於上市後長期存續的組別特別明顯，不分家族企業或一般企業。

企業上市後存續時間愈長，經營者在位期間愈短的趨勢，可能一定程度上造成了上市後長期存續企業的獲利能力下降（圖表2-4-4），以及家族企業和一般企業上市後長期存續的結構比降低。關於上述影響，值得進一步詳細研究。

而非製造業方面，上市後短期存續企業的經營者在位期間，與中、長期存續的企業相比有較長的趨勢，獲利能力也相對較高。有鑑於此，可以推論經營者在位期間長短與企業獲利能力之間存在一定的關係，並能合理推斷，此關係在非製造業的家族企業中應更加明顯。

未來有關家族企業經營者之於一般企業經營者，於在位期間長短如何影響企業上市後存續期間的業績，仍需要考量以上因素，並持續調查、分析、比較。

圖表2-4-6　製造業、非製造業的經營者在位期間結構比：按上市後期間區分

	企業數				結構比（％）			
	上市後_短期	上市後_中期	上市後_長期	小計	上市後_短期	上市後_中期	上市後_長期	小計
製造業	239	367	550	1,156				
家族企業	165	260	165	590	100.0%	100.0%	100.0%	100.0%
在位5年以下	65	104	66	235	39.4%	40.0%	40.0%	39.8%
在位5年～10年以下	49	47	44	140	29.7%	18.1%	26.7%	23.7%
在位期間超過10年	51	109	55	215	30.9%	41.9%	33.3%	36.4%
一般企業	74	107	385	566	100.0%	100.0%	100.0%	100.0%
在位5年以下	44	63	246	353	59.5%	58.9%	63.9%	62.4%
在位5年～10年以下	22	33	107	162	29.7%	30.8%	27.8%	28.6%
在位超過10年	8	11	32	51	10.8%	10.3%	8.3%	9.0%
非製造業	531	365	240	1,136				
家族企業	372	241	67	680	100.0%	100.0%	100.0%	100.0%
在位5年以下	127	71	31	229	34.1%	29.5%	46.3%	33.7%
在位5年～10年以下	80	66	11	157	21.5%	27.4%	16.4%	23.1%
在位超過10年	165	104	25	294	44.4%	43.2%	37.3%	43.2%
一般企業	159	124	173	456	100.0%	100.0%	100.0%	100.0%
在位5年以下	92	80	124	296	57.9%	64.5%	71.7%	64.9%
在位5年～10年以下	37	29	39	105	23.3%	23.4%	22.5%	23.0%
在位超過10年	30	15	10	55	18.9%	12.1%	5.8%	12.1%
總計	770	732	790	2,292				

出處：作者編製

4 製造業與非製造業經營者的資歷與業績（按上市期間別、家族企業與一般企業別分

本節前半，我們探討「影響經營者屬性的經營面向因素」，列出家族企業與一般企業、非製造業與製造業的時間性變化，也關注企業上市後不同存續期間下，不同行業、家族企業與一般企業於超額資產報酬率上的演變（圖表2-4-4）。在此基礎上，後半部份介紹了「家族企業與一般企業的經營者資歷、持股比例與業績」（圖表2-4-5）和「製造業、非製造業的經營者在位期間結構比：按上市後期間區分」（圖表2-4-6）。

最後，我們將以上內容總結為圖表2-4-7「經營者的資歷與業績：按行業別、上市期間別、家族企業與一般企業別分」。本調查已經指出，企業的超額資產報酬率普遍隨上市期間延長而下降；家族企業的業績優於一般企業，且非製造業的優勢較製造業明顯（圖表2-4-4）。此外我們也指出，相較於一般企業，家族企業的經營者進入公司的年紀較輕，擔任董事和經營者的經驗較多，而家族企業的業績優勢，可能與上述經營者的資歷有關（圖表2-4-5）。

若關注家族企業業績優勢較為明顯的非製造業，根據圖表2-4-7所示，可以發現業績、上市後時間、經營者在位時間及持股比例之間存在一些有趣的傾向。具體來說，隨著上市期間延長，企業業績呈遞減，短期為1.36％，中期為-0.48％，長期為-1.64％；經營者在位時間同樣呈現遞減的傾向，分別為12.0年、10.8年、9.6年；經營者持股占董事會股份比例亦同，分別為60.1％、53.3％、47.2％。

相較於上市後中、長期的企業，上市後短期企業的經營者在位期間較長，累積經驗較多，且在董事會中的持股比例過半，意謂著其經營上的影響力和存在感較高。

未來除了驗證這些因素與業績的相關程度，還需要深入探討企業上市時間與經營者在位時間及持股比例之間的關聯性，以及經營者在位期間與持股比例之間的相關性。此外，雖然我們觀察到，隨著企業上市期間延長，經營者自進入公司到就任現職的歷時遞增，上任年齡亦有所上升，但進入公司的年齡和擔

任董事的時間則未必與企業上市期間相關。未來應解析這些因素與業績之間是否存在著相關性，甚至是否有因果關係。

總結來說，本節主要探討了家族企業的業績優勢，還有各類家族企業間的業績差異，並介紹了新發現的事實。然而我們也深刻體會到，相較於本研究主

圖表2-4-7　經營者的資歷與業績：按行業別、上市期間別、家族企業與一般企業別分

	企業數	進公司年齡（歲）	晉升董事後至升任經營者的時間（年）	進公司後至升任經營者的時間（年）	經營者（現職）上任年齡（歲）	經營者在位期間（年）	經營者目前年齡（歲）	經營者持股占全董事持股之比例（％）	2019年度超額資產報酬率（％）	2020年度超額資產報酬率（％）
製造業	1,156	33.3	7.7	23.5	56.8	7.3	64.0	41.3%	-0.00	-0.00
上市後_短期	239	37.8	8.9	17.2	55.1	7.6	62.6	49.7%	1.10	1.30
家族企業	165	34.1	11.1	19.5	53.7	8.7	62.3	56.8%	1.32	1.46
一般企業	74	46.1	4.1	12.1	58.3	5.0	63.2	33.7%	0.63	0.95
上市後_中期	367	31.1	9.8	24.6	55.6	8.7	64.3	45.4%	0.13	-0.12
家族企業	260	29.7	12.1	24.8	54.3	10.2	64.5	52.5%	0.18	-0.12
一般企業	107	34.6	4.2	24.2	58.7	5.1	63.8	28.0%	-0.01	-0.11
上市後_長期	550	32.8	5.8	25.5	58.3	6.1	64.4	34.9%	-0.57	-0.49
家族企業	165	32.0	11.0	23.0	55.0	9.5	64.4	51.4%	-0.94	-0.56
一般企業	385	33.2	3.6	26.6	59.8	4.7	64.4	27.6%	-0.41	-0.46
非製造業	1,136	35.6	8.0	18.6	54.2	8.9	63.0	45.3%	0.02	0.00
上市後_短期	531	39.0	6.9	12.6	51.6	10.2	61.6	52.9%	1.08	0.89
家族企業	372	37.0	8.6	12.9	49.9	12.0	61.8	60.1%	1.36	1.13
一般企業	159	43.6	3.1	11.8	55.5	5.9	61.2	35.0%	0.42	0.31
上市後_中期	365	32.7	10.6	22.3	55.0	9.0	63.9	45.0%	-0.45	0.01
家族企業	241	30.4	13.2	22.4	52.7	10.8	63.5	53.3%	-0.48	0.11
一般企業	124	37.1	5.6	22.2	59.3	5.3	64.6	29.0%	-0.39	-0.18
上市後_長期	240	32.6	6.2	26.1	58.7	5.9	64.6	29.2%	-1.50	-1.91
家族企業	67	31.2	11.5	23.7	54.9	9.6	64.5	47.2%	-1.64	-2.20
一般企業	173	33.1	4.1	27.0	60.2	4.5	64.6	22.2%	-1.44	-1.80
總計	2,292	34.4	7.8	21.1	55.5	8.1	63.5	43.2%	0.01	-0.00

出處：作者編製

題著眼的高度，我們似乎才剛站上起點。理想上，我們應當基於諸多要素和業績間的因果關係，闡明家族企業的業績優勢，以及得出不同家族企業類別間的業績差異。但實不相瞞，我們起初也很猶豫是否要公開這些尚未完成的期中報告，另一方面卻也期許藉由盡早公開發現的事實，促進更多家族企業的相關研究，於是決定分享這些原始數據。還望廣大讀者海涵，不吝指教。

（荒尾正和、後藤俊夫）

1. 概觀

1）前言

　　本章第2節，我們根據經營者資歷等數據，分析家族企業較一般企業在業績上具有優勢的背景因素。第5節則關注10個重點行業，個別介紹家族企業和一般企業在2020年會計年度中，表現出的行業特徵、經營者資歷、業績與事業繼承案例。本次研究的行業與《日本家族企業白皮書 2018年版》相同，包含營造業、食品、化學、金屬製品、機械、電機、運輸機具、資通訊、批發和零售，以上行業的家族企業不僅較容易掌握特徵，且企業數都超過30家。

2）用詞及其他注意事項

　　① 本次研究對象是於東證一部、二部與地方市場（不含新興市場）上市的全部企業，且將家族企業以外的企業一律視為一般企業。

　　② 家族企業類別的分類標準比照第1章第2節，然而本章僅將各行業之家族企業分為三大類：

- ・A＋a類：家族成員擔任董事且為最大股東（A類）或主要股東（a類）。
- ・B＋b類：家族成員未擔任董事，但為最大股東（B類）或主要股東（b類）。
- ・C＋c類：家族成員非主要股東，但擔任總經理或董事長（C類），抑或擔任總經理與董事長以外的董事（c類）。

3）「行業特徵」之定義

　①2）之後刊載的圖表內各項指標數值，為研究對象各指標的平均數。

　②圖表中的空欄，代表該經營指標項目可能因更改了參考的會計準則，
　　如改採國際財務報導準則（IFRS），或因其他理由而缺少數據。

4）「經營者資歷與業績」的調查方法

　依照本章第4節「經營者屬性與財務績效」的1）分析方法（第85頁）。

2. 全行業整體特徵

　　圖表2-5-1將所有上市企業分別依家族企業和一般企業，統整了各行業於2020年1個會計年度的財務狀況。首先，此處以資產報酬率作為主要的獲利能

圖表2-5-1　家族企業的財務分析指標（2020年度）

	企業數	資產報酬率（％）	營業利益率（％）	流動比率（％）	權益比率（％）	固定比率（％）	固定長期適合率（％）
總計	2,426	4.56	5.13	229.37	51.05	102.74	63.65
一般企業	1,134	4.18	5.38	214.40	47.01	111.71	66.00
家族企業	1,292	4.88	4.92	241.66	54.61	95.43	61.75
營造業	49	6.54	5.28	190.43	49.62	75.88	56.84
食品業	66	4.47	4.17	225.76	58.96	96.16	72.87
化學業	75	5.69	7.58	304.57	62.64	76.72	60.10
金屬製品業	40	4.40	5.44	269.55	61.62	81.42	61.76
機械業	108	4.70	6.95	295.69	62.58	65.05	49.85
電機業	88	5.55	6.43	301.89	63.09	62.84	47.82
運輸機具	35	2.11	2.25	188.88	47.20	122.08	78.70
資通訊業	95	10.54	10.29	300.39	63.34	61.01	45.14
批發業	143	3.81	2.85	209.04	50.67	70.84	52.70
零售業	182	2.92	-0.15	167.63	44.19	162.14	84.54
其他	411	4.66	5.61	247.39	52.93	102.92	62.06

出處：作者編製

力指標，家族企業為4.88％，比一般企業的4.18％高了0.70％。與前一版白皮書的調查結果相同，家族企業於資產報酬率上依然具有優勢。按行業別分，10個行業中共有7個行業（營造、食品、化學、金屬製品、機械、電機、資通訊）的家族企業，資產報酬率高於一般企業；而運輸機具業、批發業和零售業則低於一般企業。至於營業利益率的部份，家族企業為4.92％，反而較一般企業的5.38％低了0.46％。按行業別分，化學業、金屬製品業、機械業、電機業和資通訊業等5個行業中，家族企業高於一般企業；而營造業、食品業、運輸機具業、批發業和零售業則低於一般企業。

　　至於風險承擔能力方面，家族企業在所有指標上普遍超越一般企業。尤其權益比率的部份，除了零售業以外，其餘9個行業均為家族企業優於一般企業。同樣地，在流動比率、固定比率和固定長期適合率方面，除了運輸機具業和零售業等部份行業外，家族企業亦普遍優於一般企業。

　　單就2020年度的財報而言，家族企業與一般企業相較之下依舊保有優勢。

　　以下介紹10種家族企業數量在30間以上的主要行業，並談論整體情形（圖表2-5-2）。觀察超額資產報酬率❶，家族企業在2019年度和2020年度分別為0.24％和0.32％，皆為正值；一般企業則分別為-0.21％和-0.42％，皆為負值；由此同樣能看出家族企業在獲利能力方面優於一般企業。不過，家族企業的優勢在不同行業中呈現不同的樣貌，2019年度有7個行業（營造、食品、金屬製品、機械、運輸機具、資通訊和批發）是家族企業表現優於一般企業，2020年度則有不盡相同的7個行業（食品、金屬製品、機械、電機、運輸機具、資通訊和零售）是家族企業表現優於一般企業（參見本節後面各行業說明）。

　　接著再觀察企業上市後，各個存續期間的超額報酬率，可見家族企業於2019年度中，短期為1.46％，中期為-0.16％，長期為-1.18％，呈遞減趨勢；一般企業也存在相同趨勢。這與全行業（包含十大行業與其他行業）的整體

---

❶本書使用資產報酬率等財務指標進行分析時，皆排除了分布兩端0.05％的資料。此外，為提高分析時間性變化的準確度，研究對象亦排除了經歷過組織重組的企業（公司成立日期與上市日期之間僅相差數天的情況）。

		企業數	資產報酬率（％）	營業利益率（％）	流動比率（％）	權益比率（％）	固定比率（％）	固定長期適合率（％）	2019年度超額資產報酬率（％）	2020年度超額資產報酬率（％）
家族企業		842	4.98	4.66	242.30	55.82	91.49	61.11	0.24	0.32
	上市後_短期	315	6.44	5.33	251.95	55.03	93.41	57.25	1.46	1.27
	上市後_中期	373	4.31	4.42	245.67	58.42	86.52	62.35	-0.16	-0.06
	上市後_長期	154	3.69	3.87	214.79	51.13	99.62	66.03	-1.18	-0.69
一般企業		629	4.73	5.05	221.32	52.54	91.66	61.27	-0.21	-0.42
	上市後_短期	121	6.37	6.21	243.22	53.67	84.69	54.21	0.64	-0.13
	上市後_中期	177	4.78	5.02	247.97	57.23	78.25	58.46	-0.14	-0.04
	上市後_長期	331	4.12	4.65	199.26	49.62	101.42	65.39	-0.55	-0.73
總　　計		1,471	4.87	4.83	233.26	54.42	91.57	61.18	0.05	-0.00

出處：作者編製

情形一致（參見第2章第4節）。此外，資產報酬率和營業利益率也呈現同樣趨勢（圖表2-5-2）。以上即家族企業於各行業的優勢概觀（包含上市期間的因素）。以下將根據具體的財務指標、經營者資歷和業績，介紹個別行業的特徵和事業繼承案例。

（荒尾正和）

3. 營造業

1）行業特徵

2020年度，日本的建設投資額為63兆日圓，較前一年度減少了3.4％。前面經過連續5年增長，2019年達到65兆日圓（估計），隨後便轉而下滑。原因可能包含新冠疫情擴大，和東京奧運相關需求的高峰期已過。其中，預估政府

投資額占41％（較前1年度增長3.1％），民間投資額占59％（較前1年度減少7.3％）。而以建築、土木來說，預估建築方面的投資額較前1年度減少6.5％，土木則增長1.7％。民間對建築的投資預估較前一年度大幅下降8.1％，對土木

圖表2-5-3① 家族企業數量與業績：營造業

		企業數	資產報酬率（％）	營業利益率（％）	流動比率（％）	權益比率（％）	固定比率（％）	固定長期適合率（％）
全行業		2,426	4.56	5.13	229.37	51.05	102.74	63.65
營造業		127	6.49	5.85	208.15	52.26	64.66	50.64
	一般企業	78	6.46	6.22	219.29	53.93	57.61	46.75
	家族企業	49	6.54	5.28	190.43	49.62	75.88	56.84
	A+a	38	6.49	5.87	193.99	50.23	76.88	58.18
	B+b	8	6.96	2.09	185.43	49.43	60.25	46.13
	C+c	3	6.31	6.25	158.60	42.29	104.97	68.41

出處：作者編製

圖表2-5-3② 十大家族企業的指標：營造業　　　　（單位：百萬日圓、％）

股票代號	企業名稱	家族企業類別	營業額	資產報酬率	營業利益率	流動比率	權益比率	固定比率	固定長期適合率
1925	大和房屋工業	c	4,126,769	7.53	10.95	184.10	36.32	147.05	72.63
1812	鹿島建設	A	1,907,176	6.37	11.82	127.56	40.41	103.09	77.43
1802	大林組	a	1,766,893	5.78	11.30	127.85	40.97	107.76	80.34
1803	清水建設	A	1,456,473	5.55	9.99	141.78	42.71	109.79	75.37
1824	前田建設	A	678,059	5.18	9.34	162.17	29.07	183.51	87.82
1860	戶田建設	A	507,134	4.53	6.79	132.47	42.13	116.97	80.30
1766	東建	A	323,386	6.70	9.04	202.14	51.60	64.20	49.50
1762	高松集團	A	283,080	5.69	6.61	219.97	52.40	47.40	37.74
1883	前田道路	B	234,612	8.74	9.12	196.62	72.75	74.79	71.41
1833	奧村組	C	220,712	4.52	6.32	150.66	51.41	83.90	68.89

出處：作者編製

圖表2-5-3③　十大一般企業的指標：營造業　　　　　（單位：百萬日圓、％）

股票代號	企業名稱	家族企業類別	營業額	資產報酬率	營業利益率	流動比率	權益比率	固定比率	固定長期適合率
1928	積水房屋	—	2,446,904	7.28	9.53	213.06	50.52	63.71	48.36
1878	大東建託	—	1,488,915	9.70	21.25	169.57	33.03	135.76	66.95
1801	大成建設	—	1,480,141	7.20	11.63	147.54	44.95	74.88	61.37
1911	住友林業	—	839,881	6.26	11.75	178.27	33.68	112.44	60.87
1808	長谷工實業	—	809,438	8.37	12.34	253.54	41.35	66.98	38.75
1951	協和EXEO	—	573,339	8.06	8.76	192.19	58.11	66.99	57.61
1721	COMSYS集團	—	563,252	9.20	9.25	217.47	68.32	61.23	57.64
1944	KINDEN	—	556,273	6.73	6.78	267.67	72.04	50.56	47.88
1942	關電工	—	556,045	6.56	7.78	192.16	59.17	65.99	58.89
1893	五洋建設	—	471,058	7.02	14.02	136.86	35.00	74.02	56.52

出處：作者編製

圖表2-5-3④　核心經營者的屬性：營造業

經營者年齡分組（按行業別分）	調查企業數		進公司年齡（歲）		進公司後至升任經營者的時間（年）		上任年齡（歲）	
	一般企業	家族企業	一般企業	家族企業	一般企業	家族企業	一般企業	家族企業
營造業								
49歲以下	2	2	28.0	25.8	11.2	15.6	39.2	41.4
50〜59歲	10	15	31.1	31.2	23.4	14.2	54.5	45.4
60〜69歲	63	20	39.4	32.2	21.9	23.0	61.3	55.2
70歲以上	3	12	25.8	37.6	42.8	24.8	68.6	62.5
營造業　合計	78	49	37.5	32.9	22.6	20.5	60.1	53.4
全行業								
49歲以下	27	133	33.2	30.3	8.6	9.6	41.2	39.8
50〜59歲	189	335	34.9	31.3	18.2	14.7	53.0	46.0
60〜69歲	800	492	37.0	33.7	22.9	20.5	59.9	54.1
70歲以上	118	332	36.3	34.5	28.9	28.1	65.4	62.7
合　計	1,134	1,292	36.5	32.9	22.4	19.9	58.9	52.8

出處：作者編製

的投資則下降2.6％；而政府對建築的投資預估較前1年度增長3.0％，對土木的投資增長3.1％，可推論公共投資撐住了民間投資的下滑。

營造業共有127間上市企業，其中49間為家族企業，約占39％，遠低於全行業平均的53％。

與全行業平均業績相比，營造業於資產報酬率、營業利益率、權益比率、固定比率和固定長期適合率等財務指標中，數值較高。2018年版的白皮書中，營造業的資產報酬率雖然超過全行業平均，營業利益率卻低於平均水準。本次之所以有所改善，可歸因於全行業整體的業績惡化，以及東京奧運延期，但比賽場地與選手村等大型建設項目的交期依然算在原訂舉辦年度的緣故。

由於這些大型建案都是數年的工程，因此設計變更成本等預期外的成本，通常是於完工後結算。而許多大型建設公司之所以預期2021年度利潤減少，主因是他們最初就考量到「奧運後」都更等大型建案的設計和工期。

營造業的家族企業在資產報酬率方面較一般企業具有優勢，「B＋b」類的優勢尤為明顯。然而在權益比率等風險承擔能力指標方面，家族企業的表現較差（圖表2-5-3①）。圖表2-5-3②、③為營造業中營業額前10名的家族企業、一般企業及其各項指標。日本四大總承包商中，只有「大成建設」是一般企業，「鹿島建設」、「大林組」和「清水建設」都是家族企業。許多家族企業明顯在公共工程較多的土木營造方面具有優勢，而一般企業營收較高者，也包含以承包較多公共工程的機電、電信及電路設備安裝業。而論營收規模和資產報酬率等獲利能力方面，家族企業與一般企業的差距並不明顯。

2）經營者資歷與業績

按年齡別觀察營造業的經營者，家族企業方面，49歲以下和50～59歲的組別有17間，結構比為34.7％，相當於全行業的36.2％（圖表2-5-3④）；而60～69歲有20間（40.8％），結構比為4個組別中最高，也高於全行業的38.0％。一般企業方面，60～69歲有63間（80.8％），高於全行業的70.5％，可推論此為該行業的特徵。比較家族企業和一般企業，49歲以下和50～59歲的結構比相

圖表2-5-3⑤　核心經營者的資歷與業績：營造業

經營者 年齡分組 （按行業別分）	經營者在位期間 （年）		經營者持股占全 董事持股之比例 （％）		2019年度超額資 產報酬率（％）		2020年度超額資 產報酬率（％）	
	一般 企業	家族 企業	一般 企業	家族 企業	一般 企業	家族 企業	一般 企業	家族 企業
營造業								
49歲以下	7.7	7.6	16.1%	84.5%	-7.49	-2.75	-22.87	-3.99
50～59歲	2.9	11.5	25.1%	57.4%	1.62	-0.57	1.99	0.38
60～69歲	3.8	10.3	22.2%	40.4%	-0.16	1.11	0.50	1.20
70歲以上	4.2	13.0	41.5%	58.6%	0.95	-0.21	1.54	-2.66
營造業　合計	3.8	11.2	23.2%	51.7%	-0.07	0.12	0.13	-0.21
全行業								
49歲以下	5.4	6.1	42.0%	57.8%	-1.01	0.29	-1.65	-0.27
50～59歲	4.0	9.8	23.9%	54.9%	0.39	0.07	-0.09	-0.15
60～69歲	4.6	10.5	26.1%	48.3%	-0.49	0.37	-0.45	0.59
70歲以上	8.7	12.9	42.9%	64.7%	-0.54	0.48	-0.20	0.61
合　　計	4.9	10.5	27.8%	55.2%	-0.37	0.31	-0.39	0.32

出處：作者編製

加之後，家族企業為34.7％，一般企業僅15.4％，可以推論營造業一般企業的年輕經營者比例，相對於全行業來說較低。這一點也表現於經營者在位期間，營造業家族企業經營者的平均在位期間為11.2年，相當於全行業的平均水準（10.5年）；營造業的一般企業則僅有3.8年，低於全行業平均的4.9年。由此可見，營造業的一般企業具有經營者平均年齡較高、遞嬗時間較短的傾向。

營造業有許多歷史悠久的企業，而且業主發包時非常注重承包商的過往成績與地緣、血緣關係，參進障礙（barriers to entry）較高。營造業中，家族企業較一般企業擁有更多年輕的經營者，且大多屬於「Ａ」類。這些經營者多數並非創辦人，而是接班的第2代或第3代。

觀察超額總資產報酬率，營造業家族企業於2019年度為正值，一般企業為負值。但2020年度的情況則顛倒過來，家族企業轉負，而一般企業轉正。按

經營者年齡別分，營造業家族企業無論2019或2020年度，49歲以下組和70歲以上組均為負值，60～69歲組為正值。而一般企業方面，則以50～59歲組表現最好，兩年度分別為1.62％和1.99％。

3）事業繼承案例

2018年1月至2020年12月間，更換經營者的營造業家族企業共有13例，按家族企業類別分，A類有6例、a類4例、B類1例、b類2例。按繼承類型別分，家族內傳的有3例，家族成員傳給非家族成員的有2例，非家族間相傳的有8例。

住宅會社「TamaHome」（1419／福岡縣福岡市／A類）屬於家族內傳的案例。2018年，創辦人玉木康裕轉任董事長，長子玉木伸彌接任總經理。TamaHome決定在創業20週年之際，將事業傳承給家族中的長子，並推動2030年以前達到年營收1兆日圓的中長期目標（TamaHome官方網站）。從事綠化事業的「岐阜造園」（1438／岐阜縣岐阜市／A類）則屬於家族成員傳給非家族成員的案例。2020年，小栗達弘總經理轉任董事長，山田準專務董事升任總經理（岐阜造園官方網站）。建設公司「山浦」（1780／長野縣駒根市／A類）屬於家族內傳的案例。2019年，公司表示適逢創業100週年，為改革經營模式，追求卓越成長，決定將事業傳承給下一代，於是山浦速夫總經理轉任董事長，山浦正貴副總經理升任總經理（山浦官方網站）。

在新潟縣扎根的建築公司「福田組」（1899／新潟縣新潟市／A類）屬於非家族間相傳的案例。2019年，太田豐彥總經理卸任，常務執行董事❷荒明正紀升任總經理（福田組官方網站）；至於董事長則是由創辦人福田藤吉的親屬福田勝之擔任。1892年創立的綜合建設公司淺沼組（1852／大阪市浪速區／a

---

❷譯註：原文為「執行役員」，是有權執行公司業務並承擔責任的職位。這並非法定職稱，亦不等於日本《公司法》中的董事（役員），僅是公司依自身行事便宜所設置的職位（可能兼任法定董事，權責並無明確規定）。與第86頁譯註的「代表執行役」屬不同的概念。通常，執行董事位階由高至低分別為：總經理（社長執行役員）＞副總經理（副社長執行役員）＞專務董事（專務執行役員）＞常務執行董事（常務執行役員）＞執行董事（執行役員）。

類）屬於家族內傳的案例。2018年，淺沼健一總經理過世，淺沼誠副總經理接任總經理（淺沼組官方網站）。同樣於1892年成立的綜合建築公司大林組（1802／東京都港區／a類）屬於非家族間相傳的案例。2018年，白石達總經理卸任，蓮輪賢治專務執行董事升任總經理，全面改革業務體系，並建立工程標案相關的法令遵循制度（compliance），及早布局未來；創辦人親屬大林剛郎則留任董事長，並保持最大股東身分。

（森下綾子、川又信之）

4. 食品業

1）行業特徵

根據掌管農林漁業的中央部會「日本農林水產省」的「農業糧食相關產業經濟統計」的資料顯示，2019年日本食品製造業的國內生產額為36.8兆日圓。若加入相關流通業和外食產業在內，則為101.5兆日圓，占整體經濟活動的比例較前1年增加了0.1％，達到9.7％。食品業以中小型事業體居多，食品製造業從業人數占全製造業從業人數的比例，在許多縣市都超過1成，在北海道和沖繩縣更是超過4成。至於勞動生產力方面，根據2019年的初步統計數據顯示，

圖表2-5-4① 家族企業數量與業績：食品業

		企業數	資產報酬率（％）	營業利益率（％）	流動比率（％）	權益比率（％）	固定比率（％）	固定長期適合率（％）
全行業		2,426	4.56	5.13	229.37	51.05	102.74	63.65
食品業		106	4.55	4.33	217.66	57.55	105.63	75.48
	一般企業	40	4.68	4.60	204.30	55.21	121.26	79.78
	家族企業	66	4.47	4.17	225.76	58.96	96.16	72.87
	A+a	47	4.15	3.81	213.14	58.12	97.64	73.86
	B+b	15	5.72	5.29	234.56	60.62	96.43	72.47
	C+c	4	3.41	4.33	341.00	62.74	77.82	62.85

出處：作者編製

股票代號	企業名稱	家族企業類別	營業額	資產報酬率	營業利益率	流動比率	權益比率	固定比率	固定長期適合率
2587	三得利	A	1,178,137	6.18	6.79	104.63	49.66	141.61	105.44
2212	山崎麵包	A	1,014,741	2.60	2.12	118.11	46.26	138.64	98.41
2296	伊藤米久HD	b	842,675	6.23	8.51	183.99	62.66	67.91	62.04
2809	Kewpie	A	531,103	6.45	4.79	201.47	53.03	115.94	86.92
2897	日清食品HD	A	506,107	9.26	11.47	142.62	57.87	113.12	93.33
2593	伊藤園	A	483,360	6.76	5.23	244.77	51.03	78.67	53.48
2801	龜甲萬	A	439,411	10.22	10.74	264.59	70.27	79.89	68.30
2281	Prima火腿	b	433,572	10.47	14.59	137.23	48.30	111.74	88.09
2206	江崎格力高	A	344,048	5.72	5.44	235.23	65.21	73.17	61.54
2810	好侍食品集團	A	283,754	5.52	3.45	305.70	69.93	82.22	73.52

出處：作者編製

食品製造業的人均產值為910萬日圓，低於全製造業平均的1,300萬日圓。

食品業共有106間上市企業，其中66間為家族企業，約占62％。與其他行業相比，家族企業在食品業中的占比較大，推論是由上述特徵（中小型業者居多、北海道與沖繩縣就業人口較多等地區間差異）所致。雖然尚未公布2020年度受新冠疫情影響的統計數據，但從各公司2020年度的財務報表來看，外出、外食限制等因素助長了家用食品、加工食品、冷凍食品和熟食的買氣，但就餐飲業使用的商用食品與加工品來說，卻造成很大的負面影響。

與全行業平均業績相比，食品業的權益比率表現較優，但營業利益率仍然低於全行業平均水準。

觀察獲利能力指標，食品業家族企業在營業利益率上落後一般企業；不過風險承擔能力方面，所有類別皆與一般企業相當，其中「B+b」類更是在上述所有項目中，優於一般企業。此外，「C+c」類雖然在獲利能力指標上低於一般

股票代號	企業名稱	家族企業類別	營業額	資產報酬率	營業利益率	流動比率	權益比率	固定比率	固定長期適合率
2914	日煙	－	2,092,561	8.71	11.97	151.38	46.88	133.88	84.84
2502	朝日	－	2,027,762	3.66	6.72	41.70	34.15	247.36	134.66
2503	麒麟HD	－	1,849,545	4.34	8.24	117.50	34.10	189.94	108.76
2269	明治HD	－	1,191,765	10.42	11.09	168.39	58.24	103.14	82.59
2282	日本火腿	－	1,176,101		7.78	159.72	52.53	105.95	78.46
2802	味之素	－	1,071,453	7.46	10.25	173.98	43.34	136.41	80.79
2579	日本可口可樂	－	791,956	-1.19	-0.94	185.62	53.39	118.53	78.93
2002	日清製粉集團本社	－	679,495	4.46	4.59	219.49	63.00	103.61	79.14
2270	雪印	－	615,186	5.34	8.05	125.79	48.97	121.37	88.72
2264	森永乳業	－	583,550	6.73	9.85	107.39	44.03	149.05	97.33

圖表2-5-4③　十大一般企業的指標：食品業　（單位：百萬日圓、％）

出處：作者編製

企業，但在風險承擔能力指標上，均超過其他家族企業類別和一般企業（圖表2-5-4①）。圖表2-5-4②、③為食品業中營業額前10名的家族企業、一般企業及其各項指標，比較兩表中的十大企業，可知一般企業的整體營業額較高，不過家族企業則都是各個領域（飲料、加工肉品、麵包、泡麵等）的頂尖大企業。

2）經營者資歷與業績

　　按年齡別觀察食品業的經營者，家族企業方面以60～69歲最多，有29間，占整體的43.9％；49歲以下和50～59歲合計有24間，水準相近。至於一般企業的部份，60～69歲有26間（結構比65.0％），而49歲以下和50～59歲合計只有11間（結構比27.5％）。食品業經營者的年齡分布狀況與全行業相似，一般企業的經營者主要集中於60～69歲，不過這個傾向在家族企業中較不明顯。觀察在位時間，一般企業經營者的在位時間平均為4.5年，而家族企業則是2倍以上，為9.9年，與全行業狀況相同。食品業家族企業的經營者狀況和全行業概

圖表2-5-4④　核心經營者的屬性：食品業

經營者 年齡分組 （按行業別分）	調查企業數		進公司年齡 （歲）		進公司後至升任經 營者的時間（年）		上任年齡（歲）	
	一般 企業	家族 企業	一般 企業	家族 企業	一般 企業	家族 企業	一般 企業	家族 企業
食品業								
49歲以下	2	7	30.9	30.9	8.0	10.3	38.9	41.2
50～59歲	9	17	35.8	31.5	17.0	15.6	52.8	47.1
60～69歲	26	29	35.0	34.4	24.9	21.8	59.9	56.2
70歲以上	3	13	24.8	32.1	40.2	27.5	65.0	59.7
食品業　合計	40	66	34.2	32.8	23.4	20.1	57.6	53.0
全行業								
49歲以下	27	133	33.2	30.3	8.6	9.6	41.2	39.8
50～59歲	189	335	34.9	31.3	18.2	14.7	53.0	46.0
60～69歲	800	492	37.0	33.7	22.9	20.5	59.9	54.1
70歲以上	118	332	36.3	34.5	28.9	28.1	65.4	62.7
合　　計	1,134	1,292	36.5	32.9	22.4	19.9	58.9	52.8

出處：作者編製

圖表2-5-4⑤　核心經營者的資歷與業績：食品業

經營者 年齡分組 （按行業別分）	經營者在位期間 （年）		經營者持股占全 董事持股之比例 （％）		2019年度超額資 產報酬率（％）		2020年度超額資 產報酬率（％）	
	一般 企業	家族 企業	一般 企業	家族 企業	一般 企業	家族 企業	一般 企業	家族 企業
食品業								
49歲以下	4.9	3.5	38.7%	40.7%	-1.19	-2.28	1.03	-0.70
50～59歲	3.2	9.4	20.3%	66.3%	-0.45	2.02	0.89	0.77
60～69歲	4.4	8.9	33.9%	39.7%	-0.60	0.44	-0.74	-0.07
70歲以上	8.8	16.3	17.4%	64.1%	-0.31	-0.61	0.92	-0.03
食品業　合計	4.5	9.9	29.8%	51.6%	-0.58	0.35	-0.14	0.09
全行業								
49歲以下	5.4	6.1	42.0%	57.8%	-1.01	0.29	-1.65	-0.27
50～59歲	4.0	9.8	23.9%	54.9%	0.39	0.07	-0.09	-0.15
60～69歲	4.6	10.5	26.1%	48.3%	-0.49	0.37	-0.45	0.59
70歲以上	8.7	12.9	42.9%	64.7%	-0.54	0.48	-0.20	0.61
合　　計	4.9	10.5	27.8%	55.2%	-0.37	0.31	-0.39	0.32

出處：作者編製

況相同，明顯上任年齡較高、在位期間較長。論收益面，2019年度和2020年度，食品業一般企業的超額資產報酬率皆為負值，而家族企業皆為正值。論經營者上任年齡，50～59歲組的家族企業表現最佳。

3）事業繼承案例

　　2018年4月至2020年12月之間，更換經營者的食品業家族企業共有22例。按家族企業類別分，A類有11例、a類3例、B類2例、b類4例、C類1例、c類1例。按繼承類型別分，家族內傳的有3例，家族成員傳給非家族成員的有3例，非家族成員傳給家族成員的有5例，非家族間相傳的有11例。以下舉部份較特別的案例。

　　咖啡粉與咖啡加工品製造商「UNICAFE」（2579／東京都港區／A類）為非家族間相傳的案例，由鄉出克之接任總經理，前任總經理岩田齊卸任後也辭去董事職務。而UNICAFE的最大股東，UCC的上島豪太總經理則擔任UNICAFE的董事（UNICAFE官方網站）。

　　酒品與調味料廠商「寶控股」（2531／京都府京都市／C類）為非家族間相傳的案例。木村睦接任總經理，前總經理柿本敏男轉任副董事長（寶控股官方網站）。

　　食品製造、販賣「商石井食品」（2894／千葉縣船橋市／A類）為家族間相傳的案例。石井智康接任總經理，前總經理石井健太郎則轉任董事長，兩人都是創業家族成員。（商石井食品官方網站）

　　熟食廠商「ROCK FIELD」（2910／兵庫縣神戶市／A類）為家族成員傳給非家族成員的案例。古塚孝志接任總經理，創辦人岩田弘三原為董事長兼總經理，現已從總經理卸任，但留任董事長。（ROCK FIELD官方網站）

　　麵條廠商「東丸」（2058／鹿兒島縣日置市／A類）為家族間相傳的案例。由東勤接任總經理，前總經理東紘一郎卸任後留任董事，兩人都是創業家族成員（東丸官方網站）。

　　飲料公司「三得利」（2587／東京都港區／A類）為非家族間相傳的案

例。齋藤和弘接任總經理，前總經理小鄉三朗則轉任董事長（2020年3月卸任），創業家族成員鳥井信宏則擔任董事。

食用油與工業用油廠商「三好油脂」（4404／東京都葛飾區／c類）屬於非家族間相傳的案例。三木逸郎接任總經理兼執行長，前總經理堀尾容造轉任董事長。（日經會社情報DIGITAL 2021年8月28日官方網站）

西點廠商「不二家」（2211／東京都文京區／A類）屬於非家族間相傳的案例。河村宣行接任總經理，前總經理櫻井康文則轉任董事。（不二家官方網站）

火腿香腸製造商「丸大食品」（2288／大阪府高槻市／b類）為非家族間相傳的案例。井上俊春接任總經理，前總經理百濟德男則轉任董事長。（丸大食品官方網站）

飲料、食品和調味料製造商「可果美」（2811／愛知縣名古屋市／b類）為非家族間相傳的案例。山口聰接任總經理，前總經理寺田直行則轉任無代表權的董事長，而創業家族成員蟹江利親則是主要股東。（可果美官方網站）

食品加工製造商「福留火腿」（2291／廣島縣廣島市／A類）為非家族成員傳給家族成員的案例。創業家族成員福原治彥接任總經理，前總經理中島修治則轉任董事長。（福留火腿官方網站）

（樋口敬祐、川又信之）

5. 化學業

1）行業特徵

根據主管經濟活動的中央部會「日本經濟產業省」的工業統計調查顯示，日本化學產業在2019年的出貨額達到27.2兆日圓，占整體製造業的9％，結構比為繼運輸機具業和食品業之後的第3名。化學業是最具代表性的材料產業，業務範圍廣泛，不僅提供其他產業基礎材料，也生產最終產品，但也因此容易受到國內外景氣的影響。此外，由於化學業的產業結構上，需要大規模的工廠設施，因此設備投資與折舊也是重大影響因素。化學業的原料主要為石腦油和

天然氣，兩樣資源在日本都極度仰賴進口，因此容易受到全球市場波動的影響。化學產業的競爭力，取決於企業是否具備足夠的交涉能力，將原料市場的變動轉嫁到產品價格上，而這也直接關係到企業的獲利能力。

圖表2-5-5①　家族企業數量與業績：化學業

		企業數	資產報酬率（%）	營業利益率（%）	流動比率（%）	權益比率（%）	固定比率（%）	固定長期適合率（%）
全行業		2,426	4.56	5.13	229.37	51.05	102.74	63.65
化學業整體		180	5.75	7.68	260.52	59.58	87.62	64.34
	一般企業	105	5.79	7.75	229.05	57.39	95.40	67.36
	家族企業	75	5.69	7.58	304.57	62.64	76.72	60.10
	A+a	54	5.61	7.59	329.30	64.62	72.72	57.61
	B+b	15	5.52	7.08	226.71	54.95	90.56	66.26
	C+c	6	6.80	8.84	276.71	64.04	78.09	67.13

出處：作者編製

圖表2-5-5②　十大家族企業的指標：化學業　　（單位：百萬日圓、%）

股票代號	企業名稱	家族企業類別	營業額	資產報酬率	營業利益率	流動比率	權益比率	固定比率	固定長期適合率
8113	嬌聯	A	727,475	13.49	10.84	210.52	55.18	81.63	68.15
4631	DIC	A	701,223	5.10	4.19	202.86	38.94	131.23	71.09
4912	獅王	c	355,352	10.95	13.57	147.29	53.21	82.03	74.33
4922	高絲	A	279,389	4.46	5.34	332.80	73.12	45.83	44.74
7988	NIFCO	B	256,078	9.13	10.73	343.39	57.46	67.32	47.50
7947	FP	B	196,950	7.71	10.05	102.69	50.30	133.97	99.12
4985	EARTH製藥	c	196,045	10.19	7.44	128.90	46.13	88.83	81.25
4927	POLA ORBIS	A	176,311	6.47	2.57	509.96	83.18	46.25	43.85
4249	森六	a	155,460	4.83	0.56	131.95	51.78	95.22	81.38
4967	小林製藥	A	150,514	11.31	10.81	327.75	76.60	40.61	39.38

出處：作者編製

化學業研究對象共有180間上市企業，其中75間屬於家族企業，約占42%。

比較全行業平均和化學業整體的財務指標，除了固定長期適合率以外的項目，化學業均優於全行業平均水準。獲利能力指標方面，資產報酬率高了1.2%（前次調查則低於全行業平均0.8%）；營業利益率高了2.5%（前次調查則高了1.6%），原因推論為新冠疫情的影響；疫情促使遠端辦工情形增加，個人電腦和智慧型手機等通訊設備的需求增加，產品材料需求提升，帶動化學材料產量增加，化學產業利潤提高，總資產周轉率連帶提高。

觀察獲利能力指標，化學業家族企業在資產報酬率與營業利益率上略遜於一般企業，但風險承擔能力方面則優於一般企業。按類型別分，「C+c」類的獲利能力指標表現最好，其次是「A+a」類；風險承擔能力指標則是「A+a」類最具優勢（圖表2-5-5①）。圖表2-5-5②、③為化學業中營業額前10名的家族企業、一般企業及其各項指標，值得注意的是，化學業家族企業的前幾名，營業額規模僅有一般企業前幾名的數分之一，然而某些家族企業在特定產品的

圖表2-5-5③　十大一般企業的指標：化學業　　　　　（單位：百萬日圓、%）

股票代號	企業名稱	家族企業類別	營業額	資產報酬率	營業利益率	流動比率	權益比率	固定比率	固定長期適合率
4188	三菱化學	—	3,257,535	1.02	-0.63	120.44	23.38	282.26	100.86
4005	住友化學	—	2,286,978	3.81	4.74	145.27	25.54	236.04	98.73
4901	富士軟片	—	2,192,519	4.93	8.72	210.44	62.11	92.62	72.53
3407	旭化成	—	2,106,051	6.20	5.64	161.67	50.27	121.44	81.42
4063	信越化學工業	—	1,496,906	12.24	10.75	527.17	83.21	52.10	49.79
4452	花王	—	1,381,997	10.67	14.16	182.98	55.46	96.05	72.38
4183	三井化學	—	1,211,725	5.19	10.18	168.90	39.02	126.75	75.72
4204	積水化學工業	—	1,056,560	6.40	6.51	179.10	58.00	96.63	76.69
4004	昭和電工	—	973,700	-1.04	-16.86	175.37	18.42	364.80	100.10
4911	資生堂	—	920,888	1.31	-2.38	145.83	40.22	142.37	83.17

出處：作者編製

圖表2-5-5④　核心經營者的屬性：化學業

經營者 年齡分組 （按行業別分）	調查企業數		進公司年齡 （歲）		進公司後至升任經 營者的時間（年）		上任年齡（歲）	
	一般 企業	家族 企業	一般 企業	家族 企業	一般 企業	家族 企業	一般 企業	家族 企業
化學業								
49歲以下	1	7	42.6	28.2	3.1	12.0	45.7	40.3
50～59歲	13	14	29.2	31.8	24.1	14.0	53.3	45.7
60～69歲	82	35	33.5	33.6	26.7	20.9	60.2	54.4
70歲以上	9	19	32.3	34.7	35.5	24.0	67.7	58.6
化學業　合計	105	75	32.9	33.0	26.9	19.5	59.8	52.5
全行業								
49歲以下	27	133	33.2	30.3	8.6	9.6	41.2	39.8
50～59歲	189	335	34.9	31.3	18.2	14.7	53.0	46.0
60～69歲	800	492	37.0	33.7	22.9	20.5	59.9	54.1
70歲以上	118	332	36.3	34.5	28.9	28.1	65.4	62.7
合　　計	1,134	1,292	36.5	32.9	22.4	19.9	58.9	52.8

出處：作者編製

全球頂尖市場中則占有一席之地。

2）經營者資歷與業績

按年齡別觀察化學業的經營者，無論家族企業或一般企業，都以60～69歲的比例最高，分別為46.7%、78.1%，均高於全行業平均的38.1%、70.5%，又以家族企業高出特別多。觀察經營者在位期間，家族企業經營者平均為11.2年，一般企業為4.6年。而家族企業中，明顯可見經營者上任年齡高、在位期間特別長的傾向，60～69歲的經營者平均在位期間為9.4年，70歲以上的則為16.8年。

獲利能力方面，2019、2020兩個年度，家族企業各年齡層的超額資產報酬率幾乎皆為負值，明顯是一般企業較占優勢。原因可能包含上述化學業家族企業的特徵，如規模上不比一般企業，而是長期透過特定市場中的高市占率來維

表2-5-5⑤ 核心經營者的資歷與業績：化學業

經營者 年齡分組 （按行業別分）	經營者在位期間 （年）		經營者持股占全 董事持股之比例 （%）		2019年度超額資 產報酬率（%）		2020年度超額資 產報酬率（%）	
	一般 企業	家族 企業	一般 企業	家族 企業	一般 企業	家族 企業	一般 企業	家族 企業
化學業								
49歲以下	4.1	7.4	3.7%	57.4%	0.20	-0.23	1.41	1.80
50～59歲	3.7	10.2	22.1%	65.8%	0.95	-0.42	0.73	-0.24
60～69歲	4.4	9.4	28.5%	46.7%	-0.11	-0.40	-0.38	-0.19
70歲以上	7.4	16.8	42.7%	64.2%	2.39	-0.28	2.75	-0.37
化學業　合計	4.6	11.2	28.7%	55.8%	0.24	-0.36	0.04	-0.06
全行業								
49歲以下	5.4	6.1	42.0%	57.8%	-1.01	0.29	-1.65	-0.27
50～59歲	4.0	9.8	23.9%	54.9%	0.39	0.07	-0.09	-0.15
60～69歲	4.6	10.5	26.1%	48.3%	-0.49	0.37	-0.45	0.59
70歲以上	8.7	12.9	42.9%	64.7%	-0.54	0.48	-0.20	0.61
合　　計	4.9	10.5	27.8%	55.2%	-0.37	0.31	-0.39	0.32

出處：作者編製

持業績。商品以工業材料和中間財為主的化學業，也容易受到大環境的影響。

3）事業繼承案例

　　2018年1月至2020年12月間，有更換經營者的化學業家族企業共有20例。按家族企業類別區分，A類有7例、a類3例、B類6例、b類2例、c類2例。按繼承類型別分，家族成員傳給非家族成員的有3例，非家族成員傳給家族成員的有5例，非家族間相傳的有12例。此次調查並無家族內傳的案例。

　　工業用塑膠成型、金屬模具廠商」「高木精工」（4242／富山縣高岡市／A類）屬於非家族成員傳給家族成員的案例。2018年，高木副總經理升任總經理，前總經理八十島清吉則轉任擁有代表權的董事長（高木精工官方網站）。碳酸鈣綜合製造商「丸尾鈣」（4102／兵庫縣明石市／a類）也是非家族成員傳給家族成員的案例。2018年，專務董事丸尾治男升任總經理，前總經理源吉

嗣郎則轉任董事長（丸尾鈣官方網站）；而源吉董事長已於2019年去世（《日經新聞》2019年6月19日）。

「田中化學研究所」（4080／福井縣福井市／a類）從事製造二次電池重要組件之一的正極材料。2019年，前住友化學理事橫川和史（住友化學官方網站）接任總經理，而前總經理茂苅雅宏則轉任董事長（田中化學研究所官方網站〔1〕），屬於非家族間相傳的案例。該公司原本因為其他亞洲國家加入競爭而業績低迷，但在2016年成為住友化學的子公司（《日經新聞》2016年8月31日）。如今，他們放眼未來有望大幅成長的二次電池市場，追求提高穩定收益（田中化學研究所官方網站〔2〕）。

綜合塑膠製造商「天馬」（7958／東京都北區／B類）屬於非家族間相傳的案例。2020年，執行董事廣野裕彥接任總經理，前總經理藤野兼人卸任（天馬官方網站〔1〕）。2020年6月公司定期召開的股東會中，3名屬於創業家族成員的常務董事，董事提名遭到否決（天馬官方網站〔2〕），故目前董事會已無家族相關成員。大型生活用品製造商「獅王」（4912／東京都墨田區／B類）亦為非家族間相傳的案例，總經理濱逸夫轉任董事長、董事會議長、執行長，而專務執行董事掬川正純則接任總經理、營運長（獅王官方網站）。至於創辦人小林富次郎的親屬小林健二郎則擔任董事。

（森下彩子、川又信之）

6. 金屬製品業

1）行業特徵

根據日本經濟產業省的工業統計調查顯示，2019年日本金屬製品製造業的出貨額為15.9兆日圓，僅較前1年增加0.9％，幾乎持平。金屬製品製造業的出貨額占全製造業的4.9％，事業體數量為25,094間（較前一年減少0.4％），從業人數為61.2萬人（較前1年±0.0％）皆與前1年的水準持平。金屬製品業的事業體數量居全製造業之首（第2名為食品製造業），從業人數方面則排名第4，前3位分別為：食品製造業、運輸機具業製造業和機械設備製造業。

金屬製品性質多元，大至鋼骨、橋梁、鐵塔、鐵捲門等建築物與建材，小至罐頭、彈簧、螺絲，需求深受景氣和個人消費行為影響，例如鋼骨、橋梁的需求受到企業設備投資與公共投資狀況影響，罐頭受個人消費狀況影響，而彈簧和螺絲則受汽車、電子設備狀況的影響。此外，有許多中小企業只生產特定

圖表2-5-6①　家族企業數量與業績：金屬製品業

		企業數	資產報酬率（%）	營業利益率（%）	流動比率（%）	權益比率（%）	固定比率（%）	固定長期適合率（%）
全行業		2,426	4.56	5.13	229.37	51.05	102.74	63.65
金屬製品業		73	3.88	4.88	240.40	57.13	92.22	65.56
一般企業		33	3.25	4.21	205.96	51.68	105.30	70.16
家族企業		40	4.40	5.44	269.55	61.62	81.42	61.76
	A+a	26	4.41	5.52	284.65	65.00	69.00	55.93
	B+b	11	4.34	5.38	251.69	54.26	104.11	70.70
	C+c	3	4.51	4.97	209.12	59.24	105.90	79.54

出處：作者編製

圖表2-5-6②　十大家族企業的指標：金屬製品業　　（單位：百萬日圓、%）

股票代號	企業名稱	家族企業類別	營業額	資產報酬率	營業利益率	流動比率	權益比率	固定比率	固定長期適合率
5929	三和HD	C	427,061	9.21	12.36	182.47	47.93	74.82	55.66
5947	林內	A	344,364	8.87	8.38	333.69	68.84	48.24	44.78
5975	Topre	b	214,544	3.94	8.14	159.66	52.34	110.78	79.91
5970	G-TEKT	a	209,420	3.59	5.14	145.46	56.25	110.12	89.61
5943	NORITZ	b	183,859	2.95	-2.76	183.41	56.48	76.22	64.31
5989	H-ONE	b	163,927	2.46	4.53	123.39	41.03	145.92	92.96
3443	川田技術	a	115,545	4.07	10.07	121.90	44.84	102.00	83.31
8155	三益半導體工業	a	92,075	5.98	6.24	138.10	62.56	79.40	78.15
5909	CORONA	A	82,169	1.18	0.87	249.07	74.18	57.82	55.65
5959	岡部	b	63,127	5.23	4.62	291.92	65.10	58.11	48.06

出處：作者編製

股票代號	企業名稱	家族企業類別	營業額	資產報酬率	營業利益率	流動比率	權益比率	固定比率	固定長期適合率
5938	驪住	—	1,378,255	2.00	6.27	108.66	31.71	199.91	95.80
5901	東洋製罐HD	—	748,724	2.86	2.60	224.30	60.41	89.48	70.18
5991	日本發條	—	572,639	2.23	3.39	151.31	50.64	93.74	76.04
5932	三協立山	—	313,691	0.95	-1.99	112.40	30.48	162.76	92.21
3436	SUMCO	—	291,333	6.53	8.26	340.67	53.10	83.27	57.49
5930	文化捲門	—	173,143	6.48	10.41	195.50	50.08	84.11	59.92
5911	河橋梁	—	136,091	10.09	11.85	256.52	59.60	64.34	51.60
5902	北罐	—	109,367	0.75	-0.69	133.47	36.65	180.84	91.56
5940	不二太天	—	92,396	0.70	2.77	112.62	23.05	183.20	87.00
5992	中央發條	—	74,655	2.12	2.18	219.24	64.38	91.94	76.71

出處：作者編製

產品，這也是導致事業體數量和從業人數眾多的直接原因。金屬製品業共有73間上市企業，其中40間為家族企業，約占55％。

　　與全行業平均業績相比，金屬製品業在資產報酬率和營業利益率等獲利能力指標上略遜一籌，但在流動比率、權益比率和固定比率等風險承擔能力指標上，具備優勢。

　　金屬製品業家族企業於表中所有項目普遍優於一般企業。按類型別分，「A＋a」類在資產報酬率以外的所有項目都居首，「B＋b」類緊追在後。「C＋c」類雖然在資產報酬率上獨占鰲頭，但在固定比率和固定長期適合率方面，表現卻不如一般企業（圖表圖表2-5-6①）。圖表2-5-6②、③為金屬製品業中營業額前10名的家族企業、一般企業及其各項指標。

　　金屬製品業的前十大家族企業與前十大一般企業，營業額規模上並無太大的差異。該行業的特徵在於涉及領域廣泛，諸如居家設備、建材、罐頭等等，且大型家族企業與大型一般企業分棲於不同領域。

圖表2-5-6④　核心經營者的屬性：金屬製品業

經營者 年齡分組 （按行業別分）	調查企業數		進公司年齡 （歲）		進公司後至升任經 營者的時間（年）		上任年齡（歲）	
	一般 企業	家族 企業	一般 企業	家族 企業	一般 企業	家族 企業	一般 企業	家族 企業
金屬製品業								
49歲以下		2		27.6		8.3		35.8
50～59歲	6	11	35.9	28.6	15.4	19.4	51.3	48.0
60～69歲	20	16	30.7	27.4	28.4	30.4	59.1	57.8
70歲以上	7	11	31.4	27.1	33.4	36.5	64.7	63.6
金屬製品業 合計	33	40	31.8	27.6	27.1	28.0	58.9	55.6
全行業								
49歲以下	27	133	33.2	30.3	8.6	9.6	41.2	39.8
50～59歲	189	335	34.9	31.3	18.2	14.7	53.0	46.0
60～69歲	800	492	37.0	33.7	22.9	20.5	59.9	54.1
70歲以上	118	332	36.3	34.5	28.9	28.1	65.4	62.7
合　　計	1,134	1,292	36.5	32.9	22.4	19.9	58.9	52.8

出處：作者編製

2）經營者資歷與業績

　　按年齡別觀察金屬製品業的經營者，家族企業方面，60～69歲的比例為40.0％，稍高於全行業平均（38.0％）。一般企業方面，60～69歲的比例則為60.6％，低於全行業平均（70.5％），不算平均年齡特別高的行業。至於在位期間的部份，資料分布較為分散，家族企業經營者的平均在位期間為8.0年，一般企業為5.7年，全行業平均則分別為10.5年、4.9年。

　　比較2019年度與2020年度的超額總資產報酬率，家族企業分別為0.42％、0.52％，一般企業為-0.51％、-0.63％，家族企業明顯具優勢。按經營者年齡別區分、觀察金屬製品業家族企業的超額總資產報酬率時，2019年度中，49歲以下的經營者表現最差，50～59歲表現最好；而在2020年度，60～69歲表現最差，50～59歲表現最好。

圖表2-5-6⑤　核心經營者的資歷與業績：金屬製品業

經營者 年齡分組 （按行業別分）	經營者在位期間 （年）		經營者持股占全 董事持股之比例 （％）		2019年度超額資 產報酬率（％）		2020年度超額資 產報酬率（％）	
	一般 企業	家族 企業	一般 企業	家族 企業	一般 企業	家族 企業	一般 企業	家族 企業
金屬製品業								
49歲以下		8.8		86.3%		-0.17		0.66
50～59歲	5.3	7.5	20.5%	53.8%	-1.32	1.08	-2.81	1.75
60～69歲	5.2	7.3	26.5%	51.6%	-0.78	0.41	-0.57	-0.31
70歲以上	7.7	9.5	35.8%	61.3%	0.97	-0.13	1.07	0.47
金屬製品業 合計	5.7	8.0	27.4%	56.6%	-0.51	0.42	-0.63	0.52
全行業								
49歲以下	5.4	6.1	42.0%	57.8%	-1.01	0.29	-1.65	-0.27
50～59歲	4.0	9.8	23.9%	54.9%	0.39	0.07	-0.09	-0.15
60～69歲	4.6	10.5	26.1%	48.3%	-0.49	0.37	-0.45	0.59
70歲以上	8.7	12.9	42.9%	64.7%	-0.54	0.48	-0.20	0.61
合　計	4.9	10.5	27.8%	55.2%	-0.37	0.31	-0.39	0.32

出處：作者編製

3）事業繼承案例

2018年上半年度後，更換經營者的金屬製品業家族企業共有15例。按家族企業類別區分，A類有8例、a類3例、B類2例、b類1例、C類1例。按繼承類型別分，家族內傳的有2例，家族成員傳給非家族成員的有2例，非家族成員傳給家族成員的有1例，非家族間相傳的有10例。

精密彈簧製造商「ADVANEX」（5998／東京都北區／b類）為非家族間相傳的案例。2019年6月，加藤精也就任總經理，前總經理柴野恒雄轉任無代表權的董事長。2018年6月召開的股東大會中，創業家族成員、前董事長加藤雄一等人未獲連任，率眾對公司提出訴訟，要求撤銷股東大會之決議。不過2020年10月，日本最高法院判決公司方勝訴。

綜合廚房設備製造商「富士瑪克」（5965／東京都港區／A類）為家族內傳的案例。2018年4月，熊谷光治接任總經理，前總經理熊谷俊範轉任董事長。

另一家綜合廚房設備製造商「中西製作所」（5941／大阪市生野區／A類）同樣屬於家族內傳的案例。2018年，中西昭夫總經理卸任，由中西一真接任。

鋼鐵產品製造商「大谷工業」（5939／東京都品川區／A類）屬於非家族間相傳的案例。2018年6月，總經理清末茂卸任，鈴木和也接任。最大股東為創辦人：董事長大谷和彥，同時擔任集團旗下新事業「新大谷飯店」的總經理。（新大谷財報2019年6月28日）

工具製造商「京都機械工具」（5966／京都市伏見區／A類）屬於家族成員傳給非家族成員的案例。2019年6月，田中滋接任總經理，前總經理宇城邦英則轉任董事長。

鐵塔製造商「那須電機鐵工」（5922／東京都新宿區／A類）屬於家族成員傳給非家族成員的案例。2019年6月，鈴木智晴接任總經理，前總經理那須幹生轉任董事長。

金屬零件加工商「山王」（3441／橫濱市港北區／A類）為非家族間相傳的案例。2019年4月，前總經理鈴木啓治去世，三浦尚接任。

建築用機具材料製造、販賣商「SE」（3423／東京都新宿區／A類）為非家族間相傳的案例。2019年6月，大津哲夫總經理卸任，宮原一郎接任。

施工架製造、販賣商「ALINCO」（5933／大阪市中央區／A類）為非家族間相傳的案例。2019年12月，小山勝弘總經理卸任，小林宣夫接任。

金屬加工品製造、販賣商「MOLITEC STEEL」（5986／大阪市中央區／a類）為非家族間相傳的案例。2019年6月，門高司就任總經理，前總經理永見研二轉任董事長。

工具製造商「天龍製鋸」（5945／靜岡縣袋井市／a類）為非家族間相傳的案例。2019年6月，西藤晉吉總經理卸任，常務董事大石高彰接任。

汽車零部件製造商「三知」（3439／愛知縣春日井市／B類）為非家族間相傳的案例。2018年9月，荒木直人總經理卸任，中村和志接任。

空調、加熱設備製造商「昭和鐵工」（5953／福岡縣宇美町／B類）為非家族間相傳的案例。2020年6月，日野宏昭接任總經理，前總經理福田俊仁則

轉任會長。

　　住宅設備製造、販賣商「能率」（5943／神戶市中央區／b類）為非家族間相傳的案例。2020年10月，腹卷知接任總經理，前總經理國井總一郎轉任董事長。

　　熱水器製造商「長府製作所」（5946／山口縣下關市／C類）為非家族間相傳的案例。2019年3月，種田清隆接任總經理，前總經理橋本和洋則轉任董事顧問。

（磯部雄司、川又信之）

7. 機械業

1）行業特徵

　　根據日本經濟產業省的工業統計調查顯示，2019年機械製造業的出貨額達到39.7兆日圓（包含泛用機械器具❸、生產用機械器具❹和業務用機械器具❺的總和），較前1年減少3.7％。該調查也指出，機械製造業的出貨額占製造業總額的12.3％。事業體數量為28,613間（較前1年減少0.9％），從業人數為116萬人（較前一年±0.0％），兩者皆與前1年持平。機械製造業的事業體數量為製造業第3名，排在金屬製品業和食品業之後，從業人數同樣第3名，排在食品業和運輸機具業之後。

　　根據以上調查，機械產業中，生產用機械器具的產值最高，2019年為20.8兆日圓，較前1年下降5.4％；泛用機械器具的產值為12.1兆日圓（較前1年減少1.5％）；業務用機械器具為6.7兆日圓（較前1年減少1.9％）。

　　此外，機械製造業通常可分為：建設機械、工作機械、造船重機械等領域，每個領域都深受全球經濟波動的影響。建設機械容易受到美國和中國的建設需求與礦業機械需求影響；工作機械主要受汽車生產狀況的影響，不過近年

---

❸ 譯註：可組裝在其他機械上的機械器具，諸如發動機、泵、壓縮機、齒輪、軸承、冷凍機等。
❹ 譯註：用於生產活動的機具，像如農具、工地機具、化學機具、食品機具等。
❺ 譯註：用於服務業使用的機械器具，像事務機器、娛樂機器、醫療機器等。

來智慧型手機等電子設備需求的影響力也慢慢上升，尤其中國電子設備的生產和投資，影響力更是與日俱增；造船重機械則受全球景氣影響。

機械業共有182間上市公司，其中108間為家族企業，約占59％，高於全行業平均的53％。與全行業平均業績相比，機械業除了資產報酬率以外，其餘獲

圖表2-5-7①　家族企業數量與業績：機械業

		企業數	資產報酬率（％）	營業利益率（％）	流動比率（％）	權益比率（％）	固定比率（％）	固定長期適合率（％）
全行業		2,426	4.56	5.13	229.37	51.05	102.74	63.65
機械業		182	4.26	5.93	273.18	59.09	71.98	53.11
	一般企業	74	3.61	4.45	242.16	54.00	82.23	57.94
	家族企業	108	4.70	6.95	295.69	62.58	65.05	49.85
	A+a	78	4.81	7.56	305.24	63.73	66.19	50.17
	B+b	24	4.83	5.89	287.19	61.29	60.51	48.46
	C+c	6	2.87	3.53	215.04	52.78	68.42	51.33

出處：作者編製

圖表2-5-7②　十大家族企業的指標：機械業　（單位：百萬日圓、％）

股票代號	企業名稱	家族企業類別	營業額	資產報酬率	營業利益率	流動比率	權益比率	固定比率	固定長期適合率
6586	牧田	A	608,331	12.08	10.09	443.63	80.93	41.43	39.75
6273	速睦喜	A	552,178	10.94	9.27	929.28	89.40	32.17	31.22
6141	DMG森精機	a	328,283		1.13	96.27	35.22	170.95	104.14
6460	SEGA颯美	A	277,748	1.60	0.44	462.21	68.97	49.97	40.21
6465	星崎	A	238,314	5.51	4.78	345.41	69.35	27.78	25.29
6481	帝業技凱	a	218,998	-1.67	-3.65	469.22	57.91	69.68	47.24
6457	GLORY	C	217,423	4.57	3.19	206.19	58.58	77.63	62.63
6371	椿本精密驅動	b	193,399	3.26	4.83	235.35	60.45	87.27	66.47
6395	多田野	C	186,040	-1.27	-8.62	252.68	44.47	58.85	37.19
6146	迪思科	A	182,857	17.62	16.40	274.09	76.35	48.14	47.99

出處：作者編製

圖表2-5-7③　十大一般企業的指標：機械業　　　　　（單位：百萬日圓、%）

股票代號	企業名稱	家族企業類別	營業額	資產報酬率	營業利益率	流動比率	權益比率	固定比率	固定長期適合率
7011	三菱重工業	—	3,699,946		3.14	104.67	28.40	172.44	98.48
6367	大金工業	—	2,493,386	8.44	10.08	226.29	51.42	90.43	61.71
6301	小松	—	2,189,512	4.64	5.77	200.36	50.53	93.89	66.69
6326	久保田	—	1,853,234	5.74	8.81	159.64	46.28	105.06	75.11
6473	捷太格特	—	1,246,286	1.24	0.15	163.02	42.66	125.37	77.72
7013	石川島	—	1,112,906	1.57	4.51	123.78	16.41	294.66	85.12
6302	住友重機械工業	—	849,065	5.22	5.60	179.86	47.61	84.99	61.76
6305	日立建機	—	813,331	2.56	2.09	165.71	42.14	117.32	76.07
6471	日本精工	—	747,559	0.74	0.07	177.87	47.48	114.27	74.68
6472	NTN	—	562,847	-0.22	-7.13	166.16	20.38	205.72	66.07

出處：作者編製

利能力指標和風險承擔能力指標都優於全產業平均水準。

　　機械業家族企業於表中項目皆優於一般企業。按類型別分，「A+a」類在營業利益率、流動比率和權益比率等項目表現最為優秀；「C+c」類在家族企業中，所有獲利能力指標和風險承擔能力指標的表現最差，與一般企業相比，獲利能力指標與流動比率、權益比率也屈居劣勢，但固定比率、固定長期適合率則具有優勢（見圖表2-5-7①）。圖表2-5-7②、③為機械業中營收前10名的家族企業、一般企業及其各項指標。一般企業的前十大企業包含財閥類型的龐大企業和全球市占率相當高的優良企業，因此論規模，家族企業處於劣勢。然而，家族企業中仍不乏優良企業，如電動工具界有牧田工具、工作機械界有DMG森精機，以及在工作機械、工業用機器人領域扮演要角的直線軸承製造商帝業技凱等。

2）經營者資歷與業績

　　按年齡別觀察機械業的經營者，家族企業方面，60～69歲的比例為

36.1％，相當於全行業平均的38.1％；一般企業則為75.7％，超過全行業平均的70.5％，高齡的經營者較多。在位期間方面，家族企業經營者平均在位期間為10.0年，一般企業為4.6年，與全行業平均（10.5年、4.9年）相近。超額資產報酬率方面，家族企業在2019年度為0.24％，2020年度為0.45％，一般企業則分別為-0.36％和-0.65％，家族企業具有優勢。按經營者年齡別分，家族企業中，49歲以下的表現最低，2019年度和2020年度超額資產報酬率分別為-4.16％和-1.09％，50～59歲表現最好，則分別為1.15％和1.47％；一般企業則是70歲以上的組別較具優勢。

3）事業繼承案例

　　2018年1月以後，有更換經營者的機械業家族企業共有32例。按家族企業類別分，A類有23例、a類5例、B類2例、b類1例、C類1例。按繼承類型別分，

圖表2-5-7④　核心經營者的屬性：機械業

經營者 年齡分組 （按行業別分）	調查企業數		進公司年齡 （歲）		進公司後至升任經 營者的時間（年）		上任年齡（歲）	
	一般 企業	家族 企業	一般 企業	家族 企業	一般 企業	家族 企業	一般 企業	家族 企業
機械業								
49歲以下		8		26.1		15.9		42.1
50～59歲	11	29	26.2	28.6	29.0	17.3	55.2	45.9
60～69歲	56	39	35.6	35.4	24.5	21.5	60.2	56.9
70歲以上	7	32	31.8	30.3	34.0	34.7	65.8	65.0
機械業　合計	74	108	33.8	31.4	26.1	23.9	60.0	55.2
全行業								
49歲以下	27	133	33.2	30.3	8.6	9.6	41.2	39.8
50～59歲	189	335	34.9	31.3	18.2	14.7	53.0	46.0
60～69歲	800	492	37.0	33.7	22.9	20.5	59.9	54.1
70歲以上	118	332	36.3	34.5	28.9	28.1	65.4	62.7
合　計	1,134	1,292	36.5	32.9	22.4	19.9	58.9	52.8

出處：作者編製

圖表2-5-7⑤　核心經營者的資歷與業績：機械業

經營者 年齡分組 （按行業別分）	經營者在位期間 （年）		經營者持股占全 董事持股之比例 （%）		2019年度超額資 產報酬率（%）		2020年度超額資 產報酬率（%）	
	一般 企業	家族 企業	一般 企業	家族 企業	一般 企業	家族 企業	一般 企業	家族 企業
機械業								
49歲以下		4.0		55.3%		-4.16		-1.09
50～59歲	2.4	10.8	20.2%	55.5%	-0.11	1.15	-3.60	1.47
60～69歲	4.6	8.6	25.7%	49.6%	-0.45	-0.04	-0.53	-0.30
70歲以上	7.7	12.4	54.6%	59.0%	-0.09	0.89	3.01	0.83
機械業　合計	4.6	10.0	27.6%	54.4%	-0.36	0.24	-0.65	0.45
全行業								
49歲以下	5.4	6.1	42.0%	57.8%	-1.01	0.29	-1.65	-0.27
50～59歲	4.0	9.8	23.9%	54.9%	0.39	0.07	-0.09	-0.15
60～69歲	4.6	10.5	26.1%	48.3%	-0.49	0.37	-0.45	0.59
70歲以上	8.7	12.9	42.9%	64.7%	-0.54	0.48	-0.20	0.61
合　計	4.9	10.5	27.8%	55.2%	-0.37	0.31	-0.39	0.32

出處：作者編製

家族內傳的有11例，家族成員傳給非家族成員的有8例，非家族成員傳給家族成員的有6例，非家族間相傳的有7例。

　　精密切削工具製造商「OSG」（6136／愛知縣豐川市／a類）為非家族成員傳給家族成員的案例。前總經理兼執行長石川則男轉任董事長兼執行長，而創業家族成員大澤伸朗，則從專務執行董事升任總經理兼營運長。（OSG官方網站）

　　打樁機製造商「技研製作所」（6289／高知縣高知市／A類）為家族成員傳給非家族成員的案例。創辦人北村精男總經理轉任董事長，副總森部慎之助則接任總經理。（技研製作所官方網站）

　　螺絲緊固設備製造商「ESTIC」（6161／大阪府守口市／A類）屬於家族內傳的案例。創業家族成員鈴木弘總經理轉任董事長，其子鈴木弘英董事則接任總經理。（ESTIC官方網站）

衛生用品生產機械製造商「瑞光」（6279／大阪府攝津市／A類）為家族成員傳給非家族成員的案例。創辦家族成員和田昇總經理兼執行長轉任董事長，而副總兼營運長梅林豐志則接任總經理兼執行長。（瑞光官方網站）

變速機、減速機製造商「富士變速機」（6295／岐阜縣岐阜市／B類）為非家族間相傳的案例。前總經理河嶋謙一卸任，由山本浩司顧問接任。（富士變速機官方網站）

上下水處理設施與空調設備製造商「荏原實業」（6328／東京都中央區／b類）為非家族間相傳的案例。前董事長兼總經理鈴木久司保留董事長身分且兼任執行長，專務執行董事阿部亨則升任總經理兼營運長。（荏原實業官方網站）

商用空調機製造商「新晃工業」（6458／大阪府大阪市／A類）為非家族間相傳的案例。前總經理武田昇三轉任董事長，專務董事末永聰則接任總經理。（新晃工業官方網站）

流體控制相關的密封件製造商「日本皮拉工業」（6490／大阪府大阪市／A類）為家族內傳的案例。創業家族成員岩波清久總經理轉任董事長，其子岩波嘉信專務執行董事則接任總經理。（日本皮拉工業官方網站）

（藤原健一、川又信之）

8. 電機業

1）行業特徵

根據日本經濟產業省的工業統計速報（調查對象為從業人數4人以上的事業體）顯示，2020年全國產品的出貨總額為322.1兆日圓（較前1年減少2.9％），其中如電子零件、電子裝置、電路產品、電氣機具、資通訊機具等電機業產品的總額為39.1兆日圓（較前1年減少6.8％），占全製造業的11.7％，僅次於運輸機具業的24.3％。電機業的事業體數量為1.3萬間，從業人數為1,032萬人。

日本電機業至今仍未脫離硬體至上的觀念，生產規模精簡化的狀況也有

限，因此近年來於許多領域都落後中國、台灣、韓國等他國企業。不過，像索尼（SONY）的感測晶片、村田製作所的電容器、日本電產的精密馬達等技術水準較高的零配件，以及家電領域的松下電器、光學領域的佳能等以某項事業為核心多角化發展的企業，依然具有很大的優勢。

有鑑於日本少子高齡化現象愈趨嚴重，無法期待國內市場繼續成長，電機業併購外國企業的情形有所增加，藉以引進新技術並追求市場成長。2018年，日立製作所的美國子公司收購了在美國推行醫療保健事業的VidiStar, LLC；2019年，三菱電機則收購了瑞士的ASTES4 SA，該公司擁有板金雷射加工自動化系統的切割設備。東芝於美國發展核電事業失利後，2018年將主要的記憶體事業出售給投資基金作為重組策略。

電機業共有179間上市企業，其中88間為家族企業，約占49％。比較電機業與全行業的業績，電機業在獲利能力、風險承擔能力兩方面的指標均高於全行業平均水準。而比較電機業的家族企業與一般企業，家族企業在獲利能力和風險承擔能力指標上均具有優勢。

就風險承擔能力而言，各類家族企業間不分伯仲；但獲利能力方面，B+b類明顯遜於A+a類及C+c類，而且也較一般企業差。圖表2-5-8②、③為電機業中營業額前10名的家族企業、一般企業及其各項指標。值得注意的是，一般企業中存在較多大規模綜合電機製造商。

圖表2-5-8①　家族企業數量與業績：電機業

		企業數	資產報酬率（％）	營業利益率（％）	流動比率（％）	權益比率（％）	固定比率（％）	固定長期適合率（％）
全行業		2,426	4.56	5.13	229.37	51.05	102.74	63.65
電機業		179	5.06	5.95	276.04	57.95	74.19	52.33
	一般企業	91	4.59	5.51	252.45	52.98	85.17	56.68
	家族企業	88	5.55	6.43	301.89	63.09	62.84	47.82
	A+a	57	6.06	6.62	295.48	61.88	57.10	43.41
	B+b	19	2.69	3.33	303.29	61.57	82.69	57.92
	C+c	12	7.70	10.44	328.75	71.26	58.68	52.77

出處：作者編製

2）經營者資歷及業績

　　按年齡別觀察電機業的經營者，家族企業方面，經營者年齡分布相對均勻，其中以60〜69歲的組別最多，占44.3％；一般企業則集中於60〜69歲（74.7％）。以上傾向與全行業的情況相同，可見經營者年齡分布均勻是家族企業的特徵，而一般企業的經營者則會定期輪替。

　　觀察經營者進公司時的平均年齡，一般企業方面，電機業的平均年齡為33.7歲，全行業平均為36.5歲；而家族企業則為30.1歲和32.9歲，皆比一般企業年輕3.6歲。電機業經營者上任年齡方面，家族企業為53.9歲，一般企業為59.3歲，家族企業年輕了5.4歲。家族企業經營者從進公司到就任經營者的歷時比一般企業短了約1年，這也擴大了兩方經營者上任年齡的差距。

　　比較2019年度與2020年度的業績，電機業的家族企業方面，49歲以下組別的業績大幅改善，平均表現穩定提升，轉虧為盈；其他組別則呈現赤字。一般企業方面，雖然50〜59歲組有所改善，其他組別卻更加惡化，故整體平均下滑且呈現赤字。由此可認為，電機業中，家族企業具有優勢。此外，以全行業來看，家

圖表2-5-8② 十大家族企業的指標：電機業　　　　　（單位：百萬日圓、％）

股票代號	企業名稱	家族企業類別	營業額	資產報酬率	營業利益率	流動比率	權益比率	固定比率	固定長期適合率
6752	松下電器	b	6,698,794	4.17	7.19	139.88	37.89	112.73	75.60
7751	佳能	C	3,160,243	2.41	3.17	134.91	55.67	110.15	91.78
6981	村田製作所	C	1,630,193	13.36	13.12	372.49	78.01	66.54	59.63
6594	日本電產	A	1,618,064	7.47	11.94	162.64	48.58	112.40	76.59
6971	京瓷	B	1,526,897	3.45	3.59	283.73	74.18	88.51	75.30
6724	精工愛普生	B	995,940	4.45	5.86	241.87	47.44	76.47	49.37
7276	小糸製作所	C	706,376	7.80	7.39	313.16	68.73	45.34	42.14
6645	歐姆龍	C	655,529	8.09	7.62	318.79	73.97	50.41	46.60
6954	發那科	C	551,287	7.39	6.76	658.46	87.71	51.60	49.70
6861	基恩斯	A	538,134	14.43	10.75	1,225.36	95.17	44.52	44.46

出處：作者編製

圖表2-5-8③　十大一般企業的指標：電機業　（單位：百萬日圓、％）

股票代號	企業名稱	家族企業類別	營業額	資產報酬率	營業利益率	流動比率	權益比率	固定比率	固定長期適合率
6758	索尼集團	－	8,999,360	3.98	24.16	92.37	21.16	343.20	103.52
6501	日立製作所	－	8,729,196	4.73	15.01	129.29	29.74	167.62	93.46
6503	三菱電機	－	4,191,433	5.19	7.45	189.12	57.41	70.83	61.42
6702	富士通	－	3,589,702	8.47	15.06	145.26	45.46	90.83	73.01
6502	東芝	－	3,054,375	3.11	10.83	169.81	33.27	117.62	65.05
6701	恩益禧	－	2,994,023	4.68	13.49	155.39	35.66		81.53
6753	夏普	－	2,425,910	4.66	17.56	134.24	18.18	210.78	71.84
7752	理光	－	1,682,069	-1.82	-3.56	161.02	48.75	90.10	67.59
6762	東電化	－	1,479,008	5.58	8.59	121.94	41.79	116.39	84.20
8035	東京威力科創	－	1,399,102	23.78	26.52	309.98	71.07	40.44	37.72

出處：作者編製

圖表2-5-8④　核心經營者的屬性：電機業

經營者年齡分組（按行業別分）	調查企業數		進公司年齡（歲）		進公司後至升任經營者的時間（年）		上任年齡（歲）	
	一般企業	家族企業	一般企業	家族企業	一般企業	家族企業	一般企業	家族企業
電機業								
49歲以下	1	12	22.6	28.0	19.9	13.2	42.6	41.2
50～59歲	12	20	33.2	25.9	20.9	21.5	54.2	47.4
60～69歲	68	39	34.5	29.5	25.1	26.9	59.6	55.5
70歲以上	10	17	29.3	38.1	33.1	28.6	65.4	66.7
電機業　合計	91	88	33.7	30.1	25.4	24.1	59.3	53.9
全行業								
49歲以下	27	133	33.2	30.3	8.6	9.6	41.2	39.8
50～59歲	189	335	34.9	31.3	18.2	14.7	53.0	46.0
60～69歲	800	492	37.0	33.7	22.9	20.5	59.9	54.1
70歲以上	118	332	36.3	34.5	28.9	28.1	65.4	62.7
合　　計	1,134	1,292	36.5	32.9	22.4	19.9	58.9	52.8

出處：作者編製

圖表2-5-8⑤　核心經營者的資歷與業績：電機業

經營者 年齡分組 （按行業別分）	經營者在位期間 （年）		經營者持股占全 董事持股之比例 （％）		2019年度超額資 產報酬率（％）		2020年度超額資 產報酬率（％）	
	一般 企業	家族 企業	一般 企業	家族 企業	一般 企業	家族 企業	一般 企業	家族 企業
電機業								
49歲以下	1.1	5.2	2.4%	62.6%	2.74	1.71	-3.36	2.67
50～59歲	3.0	8.8	18.7%	51.3%	1.18	-1.67	3.49	-0.60
60～69歲	4.8	9.8	26.5%	46.6%	-0.10	0.34	-0.74	-0.08
70歲以上	8.0	9.6	36.4%	68.7%	-0.22	-0.47	-0.31	-0.11
電機業　合計	4.9	8.9	26.4%	54.0%	0.08	-0.09	-0.17	0.17
全行業								
49歲以下	5.4	6.1	42.0%	57.8%	-1.01	0.29	-1.65	-0.27
50～59歲	4.0	9.8	23.9%	54.9%	0.39	0.07	-0.09	-0.15
60～69歲	4.6	10.5	26.1%	48.3%	-0.49	0.37	-0.45	0.59
70歲以上	8.7	12.9	42.9%	64.7%	-0.54	0.48	-0.20	0.61
合　計	4.9	10.5	27.8%	55.2%	-0.37	0.31	-0.39	0.32

出處：作者編製

族企業的業績在不同年齡層的經營者之間雖然有所差距，但大致來說依然維持利潤，趨勢持平；而一般企業的業績則稍微惡化，所有組別均呈現赤字。

　　觀察經營者在位期間，電機業家族企業方面，全年齡經營者的在位期間均較一般企業長，與全行業情形相似。至於經營者持股比例方面，電機業家族企業中，全年齡經營者的持股比例也較一般企業高，同樣與全行業情形相似。若比對業績來看，可以推論家族企業經營者憑藉著領導力，創下優於一般企業的業績。

3）事業繼承案例

　　2018年1月至2020年12月間，更換經營者的電機業家族企業共有36例。按家族企業類別分，A類有18例、a類2例、B類10例、b類3例、c類3例。按繼承類型別分，家族內傳的有4例，家族成員傳給非家族成員的有10例，非家族間

相傳的有22例；此次調查中，並無非家族成員傳給家族成員的案例。

　　家族內傳的案例如：2018年的日本著名電視天線製造商「日本天線」（6930／東京都荒川區／A類），專務董事瀧澤功一升任總經理，前總經理瀧澤豐轉任具有代表權的董事長（日本天線官方網站）熱敏電阻溫度計製造商「感應電子」（6626／東京都墨田區／A類），副總石塚大助升任總經理，前總經理石塚淳也轉任專務董事（《日刊工業新聞》，2019年3月1日）；另外還有「Artiza Networks」（6778）和「santec」（6777），以上4間公司都屬於A類家族企業，就任總經理時的平均年齡為49.7歲，屬於「年輕接班」的案例。

　　家族成員傳給非家族成員的案例如：日本最大的門口對講機製造商「愛峰」（6718／愛知縣名古屋／A類），2019年打出「創業70週年，重返青春」的口號，創業家族成員市川周作總經理轉任具有代表權的董事長，執行董事加藤康次升任總經理（《日本經濟新聞》，2019年2月5日）；變壓器等電子零件的製造商「田村製作所」（6768／東京都練馬區/c類）2019年啟動新中期計畫時，也全面改革管理體制，專務董事淺田昌弘升任總經理，前總經理田中直樹轉任具有代表權的董事長（《日本經濟新聞》，2019年2月22日）。大型電子零件製造商村田製作所（6981／京都府長岡京市／c類），2020年，公司代表人兼專務董事中島規巨成為首位非創業家族成員的總經理（《日經商業週刊》電子版）；總公司同樣位於京都的日本電產（6594／京都府京都市／A類），2018年，創辦人永守重信也將事業交棒給日產汽車出身的吉本浩之。然而2020年，吉本退居副總，關潤接任新總經理。後者為非家族間相傳的案例（日本電產官方網站）。最後，非家族間相傳的案例中，有些案例是非家族成員接任總經理，但家族成員依然留任董事的情況。代表性的例子如變電設備與開關裝置製造商「正興電機製作所」（6653／福岡縣福岡市／a類），2018年福重康行將總經理的位子傳給添田英俊，而創業家族成員土屋直知始終擔任董事長。光學機器製造商「優志旺」（6925／東京都千代田區／a類）和無線通信及應用機器製造商「友利電」（6815／東京都中央區／A類）也是相同類型的案例。

（濱口正樹、宮田仁光）

9. 運輸機具業

1）行業特徵

　　根據日本經濟產業省的工業統計速報（調查對象為從業人數4人以上的事業體）顯示，2020年全國產品的出貨額為322.1兆日圓（較前1年減少2.9％），其中如車輛與車輛零部件製造商等運輸機具製造業的總額為67.9兆日圓（較前一年減少3.0％），占全製造業的21.1％，是製造業中最大的行業。運輸機具業的事業體數量為0.9萬間，從業人數為1063萬人。

　　如今減碳已成全球共識，運輸機具業的產品也慢慢從汽柴油車轉換成電動車（electric vehicle, EV）。而介於兩者間的混合動力車（hybrid vehicle, HV）在日本已臻成熟，如今日本運輸機具業的開發目標在於電動車，還有使用氫燃料的燃料電池車（fuel cell vehicle, FCV）。此外，為因應自動駕駛與數位化需求，也需要開發尖端技術與可靠的系統。

　　為此，運輸機具業更需要足夠的生產規模來保證技術與開發資金，部份企業如本田、日產選擇獨自開發新技術，部份企業如馬自達、金鈴選擇與全球最大汽車製造商豐田聯手開發。同時，資通訊業與電機業也因電動車與自動駕駛系統展開激烈競爭，使得運輸機具業與上述兩行業間的併購與合作有所增加。

　　運輸機具業共有76間上市企業，其中35間為家族企業，約占46％。比較全行業與運輸機具的業績，運輸機具業在獲利能力指標和風險承擔能力指標上落

圖表2-5-9①　家族企業數量與業績：運輸機具業

		企業數	資產報酬率（％）	營業利益率（％）	流動比率（％）	權益比率（％）	固定比率（％）	固定長期適合率（％）
全行業		2,426	4.56	5.13	229.37	51.05	102.74	63.65
運輸機具業		76	1.40	1.35	179.24	44.27	122.70	75.22
	一般企業	41	0.79	0.58	171.00	41.77	123.23	72.24
	家族企業	35	2.11	2.25	188.88	47.20	122.08	78.70
	A+a	22	2.31	2.59	200.89	46.94	129.61	79.65
	B+b	9	2.03	1.98	178.58	48.34	106.20	73.49
	C+c	4	1.23	0.97	146.05	46.05	116.39	85.20

出處：作者編製

圖表2-5-9②　十大家族企業的指標：運輸機具業　（單位：百萬日圓、%）

股票代號	企業名稱	家族企業類別	營業額	資產報酬率	營業利益率	流動比率	權益比率	固定比率	固定長期適合率
7203	豐田汽車	a	27,214,594	4.12	10.20	106.13	37.59	168.73	98.92
6902	電綜	A	4,936,725	3.13	3.43	186.15	57.49	102.23	78.25
7259	愛新	A	3,525,799	3.98	7.50	155.19	38.13	155.16	86.82
7269	金鈴汽車	C	3,178,209	6.40	9.22	127.86	41.81	111.26	93.72
7270	速霸陸	B	2,830,210	3.20	4.38	226.57	52.11	80.38	56.52
6201	豐田自動織機	A	2,118,302	3.23	4.82	163.95	49.75	140.79	87.12
7205	日野自動車	B	1,498,442	1.21	-1.37	115.66	45.01	112.38	95.14
3116	豐田紡織	A	1,272,140	7.18	9.96	177.21	39.60	101.19	64.55
7282	豐田合成	B	721,498	5.27	9.56	205.12	50.45	100.89	70.43
7240	NOK	C	596,369	2.19	-0.31	186.86	56.96	95.03	77.46

出處：作者編製

圖表2-5-9③　十大一般企業的指標：運輸機具業　（單位：百萬日圓、%）

股票代號	企業名稱	家族企業類別	營業額	資產報酬率	營業利益率	流動比率	權益比率	固定比率	固定長期適合率
7267	本田技研工業	—	13,170,519	3.22	7.69	132.61	41.43	157.91	90.12
7201	日產汽車	—	7,862,572	-0.80	-11.20	153.87	23.98	154.52	65.33
7261	馬自達	—	2,882,066	0.49	-2.69	184.44	40.51	120.82	68.13
7202	五十鈴	—	1,908,150	4.60	4.33	189.65	45.51	103.90	73.84
7012	川崎重工業	—	1,488,486	-0.13	-4.20	140.09	23.70	145.67	65.92
7272	山葉發動機	—	1,471,298	5.47	7.48	213.91	43.55	100.66	61.19
7211	三菱汽車	—	1,455,476	-4.90	-48.78	141.02	27.36	124.50	65.12
7003	三井E&S	—	663,834	-0.93	0.20	85.66	8.81	425.69	160.72
7105	三菱Logisnext	—	391,496	0.62	-4.88	129.28	15.13	310.82	79.88
7222	日產車體	—	362,869	0.46	1.11	265.82	67.10	28.68	27.64

出處：作者編製

後，獲利能力方面尤為顯著，主要原因在於內外部的銷售競爭愈演愈烈，導致企業間業績出現落差。比較運輸機具業家族企業和一般企業的業績，論風險承擔能力指標，兩者水準相當，但家族企業在獲利能力方面遠優於一般企業。

　　各類家族企業的風險承擔能力指標幾乎沒有明顯差異，不過獲利能力方面均優於一般企業，表現由高到低依序為A＋a類、B＋b類、C＋c類。圖表2-5-9②、③為運輸機具業中營業額前10名的家族企業、一般企業及其各項指標，基本上家族企業的部份幾乎被豐田集團旗下企業占據，規模遠超乎一般企業。

2）經營者資歷及業績

　　按年齡別觀察運輸機具業的經營者，家族企業的經營者年齡分布相對均勻，其中以60～69歲的比例最高，占整體42.9％；一般企業的經營者年齡則集中於60～69歲（70.7％）。以上傾向與全行業的情況相同，可見經營者年齡分布均勻是家族企業的特徵。

圖表2-5-9④　核心經營者的屬性：運輸機具業

經營者 年齡分組 （按行業別分）	調查企業數		進公司年齡 （歲）		進公司後至升任經 營者的時間（年）		上任年齡 （歲）	
	一般 企業	家族 企業	一般 企業	家族 企業	一般 企業	家族 企業	一般 企業	家族 企業
運輸機具業								
49歲以下	1	4	36.7	28.4	4.0	11.9	40.7	40.3
50～59歲	7	5	32.0	34.8	23.1	14.6	55.1	49.3
60～69歲	29	15	40.8	37.2	19.6	19.6	60.4	56.8
70歲以上	4	11	41.0	32.8	26.1	30.2	67.1	63.0
運輸機具業 合計	41	35	39.2	34.5	20.5	21.3	59.7	55.8
全行業								
49歲以下	27	133	33.2	30.3	8.6	9.6	41.2	39.8
50～59歲	189	335	34.9	31.3	18.2	14.7	53.0	46.0
60～69歲	800	492	37.0	33.7	22.9	20.5	59.9	54.1
70歲以上	118	332	36.3	34.5	28.9	28.1	65.4	62.7
合　計	1,134	1,292	36.5	32.9	22.4	19.9	58.9	52.8

出處：作者編製

觀察經營者進公司時的平均年齡，一般企業方面，運輸機具業為39.2歲，全行業為36.5歲；而家族企業方面則分別為34.5歲、32.9歲，比一般企業年輕了4.7歲、3.6歲。至於運輸機具業經營者進公司後至升任經營者的歷時，家族企業為21.3年，一般企業為20.5年，差了0.8年。由此可推算，運輸機具業家族企業經營者的上任年齡為55.8歲，比一般企業的59.7歲年輕3.9歲。

　　比較運輸機具業2019年和2020年的業績，家族企業方面，除了49歲以下組別的業績惡化，其他組別均有所改善，整體平均穩定改善並持續獲利。至於一般企業的業績，各年齡組別均出現赤字擴大的情況。因此，就業績改善幅度和維持盈餘的角度來看，家族企業表現更加良好。

　　論經營者在位期間，運輸機具業中無論哪個年齡層，家族企業都比一般企業來得長，與全行業情形相同。經營者持股比例也一樣，運輸機具業中無論哪個年齡層，家族企業的經營者都比一般企業經營者擁有更多的股權，與全行業

圖表2-5-9⑤　核心經營者的資歷與業績：運輸機具業

經營者 年齡分組 （按行業別分）	經營者在位期間 （年）		經營者持股占全 董事持股之比例 （％）		2019年度超額資 產報酬率（％）		2020年度超額資 產報酬率（％）	
	一般 企業	家族 企業	一般 企業	家族 企業	一般 企業	家族 企業	一般 企業	家族 企業
機械業								
49歲以下	2.8	4.8	8.5%	54.2%	0.13	-0.31	0.19	-1.26
50～59歲	1.8	7.1	11.4%	51.2%	-0.17	0.51	-0.82	0.94
60～69歲	3.8	6.5	26.2%	40.2%	-0.31	0.31	-0.50	0.33
70歲以上	6.6	13.6	48.8%	65.9%	0.05	0.35	-1.23	1.84
機械業　合計	3.7	8.6	25.5%	51.5%	-0.24	0.28	-0.61	0.71
全行業								
49歲以下	5.4	6.1	42.0%	57.8%	-1.01	0.29	-1.65	-0.27
50～59歲	4.0	9.8	23.9%	54.9%	0.39	0.07	-0.09	-0.15
60～69歲	4.6	10.5	26.1%	48.3%	-0.49	0.37	-0.45	0.59
70歲以上	8.7	12.9	42.9%	64.7%	-0.54	0.48	-0.20	0.61
合　　計	4.9	10.5	27.8%	55.2%	-0.37	0.31	-0.39	0.32

出處：作者編製

情形相同。若比對業績來看，可以推論家族企業在豐田集團旗下各公司經營者的領導之下，取得了優於一般企業的業績。

3）事業繼承案例

2018年1月以後，有更換經營者的運輸機具業家族企業共有13例。按家族企業類別分，A類有5例、a類3例、B類3例、b類1例、C類1例。按繼承類型別區分，家族內傳的有2例，家族成員傳給非家族成員的有2例，非家族成員傳給家族成員的有1例，非家族間相傳的有8例。

家族內傳的例子包含「南星」（3799／東京都中央區／A類）和「HI-LEX」（7279／兵庫縣寶塚市／A類）。南星的部分，2018年創業家族成員齋藤彰則總經理（後轉任副董事長）將位子傳給當年齋藤信房董事長的長子，齋藤邦彥（當時43歲）專務董事兼管理本部長。齋藤邦彥大學畢業後，在江崎格力高工作了9年，進入南星後以董事身分兼任過行銷部長、生產本部長和管理本部長。至於HI-LEX的部分，2020年，創業家族成員的寺浦實總經理（當時82歲）轉任無代表權的董事長，其長子寺浦太郎（當時43歲）專務董事升任總經理；這次經營者更替與上一次相隔了42年。寺浦太郎曾在富士P.S工作2年，進入HI-LEX後負責過印歐業務統籌，並以專務董事身分掌管全球業務本部。

非家族成員傳給家族成員的唯一案例為「富士離合器」（7296／靜岡縣濱松市／a類），其最大股東為本田技研工業（21.9%）。2020年，擔任整整7年總經理的松田年真（當時68歲）交棒給創辦家族成員齋藤善敬（第2代總經理山本佳英的女婿，當時47歲）。齋藤善敬自2009年加入公司，負責過北美業務、二輪事業與中國業務。

家族成員傳給非家族成員的範例，包含「GMB」（7214／奈良縣川西町／A組）和「NOK」（7240／東京都港區／C類）。GMB於2018年，創辦家族成員松岡信夫（董事長兼總經理）將公司傳給非家族成員的松波誠（常務董事）。松波誠起先任職於不二越，2013年加入GMB，曾任技術部總監、生產開發副本部長等職務。NOK則於2018年，領導公司超過30年的創辦家族成員

鶴正登董事長（當時73歲），將公司交給非家族成員的專務董事土居清志（當時65歲）。土居清志在公司中始終負責汽車領域的業務，也曾外派到國外，擔任過集團子公司的董事。

非家族間相傳的案例，包含豐田紡織（3116／愛知縣刈谷市／A類）、UNIVANCE（7254／靜岡縣湖西市／A類）、田中精密工業（7218／富山縣富山市／a類）、TACHI-S（7239／東京都昭島市／a類）、愛三工業（7283／愛知縣大府市／B類）、小田原機器（7314／神奈川縣小田原市／B類）、豐田合成（7282／愛知縣清須市／B類）、八千代工業（7298／埼玉縣狹山市／b類）等8間公司。豐田紡織與愛三工業的最大股東都是豐田汽車，所以前後任總經理都是從豐田汽車過來的人。八千代工業的最大股東是本田技研工業，所以前後任總經理也都是本田技研工業過來的人。觀察非家族間相傳的案例，會發現許多案例是由最大股東（上頭的最終組裝廠）派任總經理。

（平林秀樹、宮田仁光）

10. 資通訊業

1）行業特徵

根據日本經濟產業省2020年資通訊業基本調查（2019年度實績）顯示，資通訊業2019年度的營業額為51.6兆日圓（較前1年增長1.2%）。觀察行業細

圖表2-5-10① 家族企業數量與業績：資通訊業

			企業數	資產報酬率（%）	營業利益率（%）	流動比率（%）	權益比率（%）	固定比率（%）	固定長期適合率（%）
全行業			2,426	4.56	5.13	229.37	51.05	102.74	63.65
資通訊業			176	9.24	9.15	291.28	61.42	66.94	47.91
	一般企業		81	7.70	7.79	280.43	59.18	73.91	51.16
	家族企業		95	10.54	10.29	300.39	63.34	61.01	45.14
		A+a	76	10.26	10.36	292.33	63.36	58.92	44.47
		B+b	18	12.39	11.14	343.51	64.43	62.40	45.09
		C+c	1	-2.55	-10.46	120.69	41.94	194.42	96.52

出處：作者編製

項，電信業與軟體業的營業額規模較大，接下來則是資料處理服務業、網路相關服務業、傳播業等；事業體數量為2.6萬間，從業人數為165.1萬人。

智慧型手機等行動通訊設備的普及，一路推動資通訊業成長，如今在物聯網（Internet of Things：實體物件連上網路的技術）、人工智慧（Artificial Intelligenc, AI）和第5代行動通訊技術（5G）等技術日新月異的背景下，遠端辦公與大數據應用方面的市場也迅速擴張。同時，通訊與傳播的結合、隱私、安全等問題也浮上檯面。

資通訊業者為搶占急速蛻變的技術與急遽擴張的市場，積極採取跨國合作與合併等行動，美國的GAFA（Google、Amazon、Facebook、Apple）就是代表性的例子。日本企業的案例也不勝枚舉，例如2016年恩益禧（NEC）收購巴西資訊科技企業Arcon，2020年Mercari子公司收購智慧型手機支付服務Origami。

資通訊業共有176間上市企業，其中95間為家族企業，約占54%。比較全行業與資通訊業的業績，資通訊業在獲利能力指標和風險承擔能力指標上，皆

圖表2-5-10②　十大家族企業的指標：資通訊業　　　　（單位：百萬日圓、%）

股票代號	企業名稱	家族企業類別	營業額	資產報酬率	營業利益率	流動比率	權益比率	固定比率	固定長期適合率
4768	大塚商會	A	836,323	12.11	14.65	221.40	58.85	28.76	27.34
9435	光通信	A	559,429	6.95	16.08	154.41	31.30	172.39	80.12
9684	史克威爾艾尼克斯	B	332,532	14.81	11.62	353.01	72.10	21.67	20.61
9766	KONAMI	A	272,656	8.07	11.38	333.94	61.09	74.42	54.45
9749	富士軟體	A	240,953	7.36	7.41	153.25	50.73	108.56	86.34
9449	GMO	A	210,559	2.91	19.65	107.70	4.76	128.31	75.25
9468	角川	a	209,947	5.55	8.24	193.96	47.23	90.89	61.53
9418	USEN-NEXT HD	A	193,192	7.76	20.95	120.31	18.60	346.14	91.46
9470	學研HD	A	143,564	5.26	6.24	164.57	34.60	121.77	65.32
3765	GungHo	B	98,844	26.63	18.04	704.44	78.95	8.43	8.31

出處：作者編製

股票代號	企業名稱	家族企業類別	營業額	資產報酬率	營業利益率	流動比率	權益比率	固定比率	固定長期適合率
9432	日本電信電話	－	11,943,966	7.36	11.02	71.72	32.93	233.24	118.39
9433	凱訊電信	－	5,312,599	10.35	14.25	101.21	45.18	146.57	107.01
9613	恩悌悌數據	－	2,318,658	5.16	7.64	120.09	37.03	166.55	93.12
4307	野村總合研究所	－	550,337	13.42	18.23	185.47	50.34	100.81	69.49
4676	富士媒體HD	－	519,941	1.51	1.34	294.76	57.93	119.29	77.88
4739	伊藤忠CTC	－	479,878	9.77	12.53	204.67	55.06	42.81	38.66
3738	T・GAIA	－	450,863	6.77	21.91	123.67	27.37	78.46	58.85
3626	TIS	－	448,383	11.23	10.80	227.88	59.96	81.75	64.80
9719	SCSK	－	396,853	12.38	15.66	217.26	59.64	73.99	59.51
9404	日本電視台HD	－	391,335	3.89	3.08	294.05	78.97	88.87	78.56

出處：作者編製

凌駕全行業。推測是因為市場仍在成長，加上企業各自掌握的獨家技術、娛樂媒體還有制度面的進入障礙等原因，該行業因此具有較高的附加價值。

　　觀察資通訊業的家族企業類別，除去只有1間C+c類的公司，故略而不計外，B+b類在固定比率和固定長期適合率除外的各項指標，均優於A+a類，但A+a類在營業額上仍然占據較高的排名。此外，以上兩大類的業績表現均優於一般企業。資通訊業中營業額前10名的家族企業、一般企業及其各項指標如圖表2-5-10②、③所示。家族企業中有較多遊戲等娛樂媒體企業與具銷售實力堅強的企業，一般企業中則有較多經營通訊、傳播等公用事業的企業和大型企業子公司等大規模企業。

2）經營者資歷與業績

　　按年齡別觀察資通訊業的經營者，家族企業的經營者分布於各年齡層，其

中以50～59歲的33.7％和60～69歲的30.5％居多；一般企業則集中於60～69歲（56.8％）。全行業也呈現類似的情形，可見經營者分布於各年齡層是家族企業的特徵。不過資通訊業屬於相對新穎的產業，可推論有較多50～59歲的經營者為公司創辦人。

觀察經營者進公司時的平均年齡，一般企業方面，資通訊業為40.1歲，全行業為36.5歲；家族企業則分別為35.9歲和32.9歲，分別較一般企業年輕4.2歲和3.6歲。而進公司後至升任經營者的歷時，家族企業也比一般企業早了2.3年。因此，論資通訊業經營者的上任年齡，家族企業為49.3歲，較一般企業的55.8歲，年輕了6.5歲。

比較兩者於2019年度與2020年度的業績，家族企業的業績均惡化，僅有70歲以上的組別例外；但除了50～59歲組以外，家族企業依舊盈餘，整體平均也維持盈餘。一般企業方面，除了50～59歲組以外均有改善，但並非所有年齡層

圖表2-5-10④　核心經營者的屬性：資通訊業

經營者年齡分組（按行業別分）	調查企業數		進公司年齡（歲）		進公司後至升任經營者的時間（年）		上任年齡（歲）	
	一般企業	家族企業	一般企業	家族企業	一般企業	家族企業	一般企業	家族企業
資通訊業								
49歲以下	6	15	39.3	31.8	3.7	7.9	42.2	39.6
50～59歲	22	32	37.0	32.5	13.6	11.9	50.5	44.4
60～69歲	46	29	41.3	39.0	17.2	13.0	58.5	51.9
70歲以上	7	19	43.5	40.2	20.9	21.1	64.4	61.3
資通訊業 合計	81	95	40.1	35.9	15.7	13.4	55.8	49.3
全行業								
49歲以下	27	133	33.2	30.3	8.6	9.6	41.2	39.8
50～59歲	189	335	34.9	31.3	18.2	14.7	53.0	46.0
60～69歲	800	492	37.0	33.7	22.9	20.5	59.9	54.1
70歲以上	118	332	36.3	34.5	28.9	28.1	65.4	62.7
合　計	1,134	1,292	36.5	32.9	22.4	19.9	58.9	52.8

出處：作者編製

皆轉虧為盈。由此可見，資通訊業家族企業雖然在業績改善上碰到困難，但業績水準仍優於一般企業。

　　觀察經營者在位期間，家族企業各年齡層的經營者在位時間均較一般企業久，與全行業相似。持股方面，家族企業除了49歲以下的組別，各年齡層的經營者皆較一般企業持有更多股份，與全行業情形相似。若比對業績來看，可以推論資通訊業家族企業在創辦人的領導下，取得了比一般企業還要好的業績。

3）事業繼承案例

　　2018年1月以後，更換經營者的資通訊業家族企業共有39間（41例）。按家族企業類別分，A類有22間（23例）、a類2例、B類4例、b類1例、1人公司10間（11例）。按繼承類型別區分，家族內傳的有6例，家族成員傳給非家族成員的有7例，非家族成員傳給家族成員的有5例，非家族間相傳的有23例。A

圖表2-5-10⑤　核心經營者的資歷與業績：資通訊業

經營者 年齡分組 （按行業別分）	經營者在位期間 （年）		經營者持股占全 董事持股之比例 （%）		2019年度超額資 產報酬率（%）		2020年度超額資 產報酬率（%）	
	一般 企業	家族 企業	一般 企業	家族 企業	一般 企業	家族 企業	一般 企業	家族 企業
資通訊業								
49歲以下	3.7	6.7	85.4%	48.5%	-14.48	5.07	-13.34	3.91
50～59歲	5.8	11.9	29.8%	57.9%	0.58	-2.20	-1.84	-2.53
60～69歲	5.4	12.8	31.7%	40.6%	-0.74	3.17	-0.19	2.66
70歲以上	9.9	15.2	53.1%	63.7%	-5.48	3.85	-4.03	5.59
資通訊業 合計	5.8	12.0	34.7%	52.3%	-1.90	1.80	-1.96	1.67
全行業								
49歲以下	5.4	6.1	42.0%	57.8%	-1.01	0.29	-1.65	-0.27
50～59歲	4.0	9.8	23.9%	54.9%	0.39	0.07	-0.09	-0.15
60～69歲	4.6	10.5	26.1%	48.3%	-0.49	0.37	-0.45	0.59
70歲以上	8.7	12.9	42.9%	64.7%	-0.54	0.48	-0.20	0.61
合　計	4.9	10.5	27.8%	55.2%	-0.37	0.31	-0.39	0.32

出處：作者編製

類和1人公司的案例較多，推測原因是資通訊業屬於相對新興的產業。

　　家族成員為大股東且參與經營的A類家族企業，可以觀察到他們積極強化經營體制的狀況。至於目前只有創辦人擁有股份且獨自經營的「1人公司」，由於創辦人對於事業具有極大影響力，因此較少發生經營者更迭的狀況。不過觀察1人公司的11個案例，新任總經理的年齡分別為：30～39歲4人、40～49歲5人、50～59歲與60～69歲各1人，人才都相當年輕。以下介紹該行業中A類家族企業的事業繼承案例。

　　「INTERTRADE」（3747／東京都中央區／A類）的繼承狀況是，創辦人→非家族成員（共同創辦人）→創辦人。這間公司創辦於1999年，共同創辦人為西本一也（34歲）和尾崎孝博（35歲），主要事業包含：金融服務解決方案（如提供證券交易系統）、商業解決方案（如提供企業綜合管理平台）和健康護理（如策畫與銷售健康食品與化妝品）。目前西本為最大股東，持股比例為18.74％，尾崎是第3大股東，持股比例為3.19％。

　　INTERTRADE的成立宗旨為「結合金融與網路」，創業初期是由西本擔任總經理，尾崎擔任副總經理。當時恰逢「日本金融大改革」❻，大環境對於事業發展利多，但對一間尚無成績的公司來說，仍非康莊大道。他們以「削價競爭」和「穩定性」作為金融系統事業的兩大核心方針，開發的系統受到許多證券公司採用，事業蒸蒸日上。

　　然而，2008年發生金融海嘯，仰賴金融系統的商業環境急劇惡化，他們萌生危機感，發現只靠金融與系統等拿手的事業並非長久之計，於是開始摸索其他能應用現有技術的「商業解決方案事業」與跨業的「健康護理事業」。2008年開始，換尾崎擔任總經理，西本轉任董事兼事業本部長，開始推動多角化經營。此外，他們創業至今20多年間，金融系統業界也興起區塊鏈等新技術，這些革命性的技術大大改變了金融服務的常識，於是2018年又換西本擔任總經理，尾崎轉任董事，致力於擴大運用革命性技術的服務。

---

❻ 譯註：1996年～2001年，日本政府為擺脫泡沫經濟破滅的影響而實施的大規模金融改革，主張市場自由化（free）、公平化（fair）、國際化（global）。

資通訊業中有許多企業如同上述例子，包含數名共同創辦人，某些企業在面臨經營策略轉換的期間，可能會由不同的共同創辦人擔任總經理，推動事業發展。

（平林秀樹、宮田仁光）

11. 批發業

1）行業特徵

根據日本經濟產業省的商業動態統計，2020年批發業的營業額為319.1兆日圓（較前1年減少12.2％），其中機械器具與食品飲料的規模較大，礦物與金屬材料、農畜產與水產、藥妝品亦有一定規模。此外，某些交易總額甚大，但難以分類的產品、商品，則歸類為其他批發類。根據2018年日本總理府發布之《綜合統計書》所示，批發業的事業體有36.4萬間，從業人數為394萬人。

隨著網路普及，愈來愈多零售業者繞過中盤商，直接向製造商採購產品，而批發業者為因應此情形，開始致力於提高流通的附加價值，例如建構從採購原料至銷售，乃至各項服務的價值鏈。批發業的經營型態分為：業務領域廣泛的綜合貿易公司和專攻特定領域的貿易公司，其中綜合貿易公司特地針對消費者相關領域成立策略部門，強化競爭力，如2017年三菱商事收購了LAWSON，2018年伊藤忠商事收購了全家便利商店。

圖表2-5-11①　家族企業數量與業績：批發業

			企業數	資產報酬率（％）	營業利益率（％）	流動比率（％）	權益比率（％）	固定比率（％）	固定長期適合率（％）
全行業			2,426	4.56	5.13	229.37	51.05	102.74	63.65
批發業			228	3.82	2.80	198.78	48.51	78.15	54.26
	一般企業		85	3.86	2.71	181.77	44.89	90.46	56.89
	家族企業		143	3.81	2.85	209.04	50.67	70.84	52.70
		A+a	102	3.94	2.95	201.49	49.42	71.61	53.37
		B+b	35	4.01	2.97	242.88	56.96	59.45	47.63
		C+c	6	0.41	0.43	144.17	35.05	124.21	70.95

出處：作者編製

規模較小的專業商社在面對客戶與競爭企業規模不斷擴大之情形，自2000年以來開始整合食品批發、醫藥品批發等各個行業。然而目前也面臨了新的挑

圖表2-5-11②　十大家族企業的指標：批發業　　（單位：百萬日圓、%）

股票代號	企業名稱	家族企業類別	營業額	資產報酬率	營業利益率	流動比率	權益比率	固定比率	固定長期適合率
7459	MEDIPAL	C	3,211,125	2.49	4.68	123.22	31.13	96.71	82.76
2784	Alfresa	b	2,603,169	1.73	5.09	126.60	37.20	66.19	60.88
9987	SUZUKEN	A	2,128,218	0.98	1.90	128.31	37.42	61.07	57.43
8129	東邦HD	c	1,210,274	0.85	2.13	129.25	34.73	82.73	64.08
9869	加藤產業	a	1,104,695	3.48	7.54	116.28	33.82	95.86	79.93
2733	ARATA	a	834,033	4.63	9.43	138.09	35.63	77.74	58.14
8012	長瀨產業	A	830,240	3.71	5.93	194.89	51.47	72.44	56.10
7485	岡谷鋼機	A	760,443	3.61	5.63	146.78	46.62	88.99	71.44
8088	岩谷產業	A	635,590	6.40	10.93	128.44	47.58	119.59	88.09
8098	稻畑產業	a	577,583	4.88	8.63	170.65	49.20	55.38	47.97

出處：作者編製

圖表2-5-11③　十大一般企業的指標：批發業　　（單位：百萬日圓、%）

股票代號	企業名稱	家族企業類別	營業額	資產報酬率	營業利益率	流動比率	權益比率	固定比率	固定長期適合率
7451	三菱食品	－	2,577,625	2.39	5.82	116.02	28.77	77.15	67.42
9810	日鐵物產	－	2,073,240	2.78	6.48	171.30	28.93	59.37	34.99
8078	阪和興業	－	1,745,501	4.03	11.12	161.89	22.95	102.79	44.95
3107	大和紡HD	－	1,043,534	9.88	22.16	143.79	33.43	40.76	34.36
8283	PALTAC	－	1,033,275	6.05	8.51	154.70	54.06	60.03	57.60
8133	伊藤忠ENEX	－	922,557	5.00	9.20	121.81	33.36	164.76	96.66
8075	神鋼商事	－	784,160	1.85	4.06	118.70	19.48	82.71	55.89
2692	伊藤忠食品	－	656,743	2.56	4.50	132.35	40.36	68.33	60.92
8060	佳能資訊	－	545,060	6.28	6.57	350.75	68.19	36.55	31.76
8097	三愛石油	－	473,899	5.05	7.21	132.90	54.20	104.55	87.54

出處：作者編製

戰，如科技化、海外採購、人力短缺和物流成本上升等，因此亟需透過整併，擴大經濟活動的規模。

批發業共有228間上市企業，其中143間為家族企業，約占63％。比較批發業整體與全行業的平均業績，由於批發業不需要生產設備（工廠），因此固定比率與固定長期適合率方面具有優勢。然而，在業界內外競爭環境與客戶要求日益嚴格的情況下，其他風險承擔能力指標與獲利能力指標的表現較差。

批發業家族企業除了資產報酬率以外，其餘獲利能力指標和風險承擔能力指標均優於一般企業，顯示批發業中家族企業具有優勢。然而與全行業平均相比，批發業的家族企業在固定比率和固定長期適合率以外的指標上，表現均較為遜色。

放眼所有家族企業類別，B+b類於全指標皆呈現優勢，A+a類也有與之相當的水準，僅C+c類明顯落後。圖表2-5-11②、③為批發業中營業額前10名的家族企業、一般企業及其各項指標。企業規模方面，積極執行併購策略的家族企業，和以貿易公司、製造商為主的一般企業，處於相同水準。

2）經營者資歷與業績

按年齡別觀察批發業的經營者，家族企業的經營者分布於各年齡層，最多者為60～69歲（42.0％），一般企業則集中於60～69歲（71.8％），與全行業情形相同。不過49歲以下的經營者並不見於批發業一般企業，於家族企業中則占有11.2％，顯示出批發業家族企業經營者年輕化的趨勢。

觀察經營者進公司時的平均年齡，一般企業批發業為37.1歲，全行業為36.5歲，而家族企業則分別為31.4歲和32.9歲，分別較一般企業年輕了5.7歲、3.6歲。觀察批發業經營者從進公司至就任現職的歷時，家族企業為21.1年，一般企業為23.0年，家族企業短了1.9年。由此可知，家族企業經營者的平均上任年齡為52.5歲，較一般企業的60.1歲年輕了7.6歲。

比較批發業2019年度和2020年度的業績，家族企業方面，60～69歲組有所改善，其他年齡層一律惡化，整體平均業績下滑且呈現虧損。一般企業除了

經營者 年齡分組 （按行業別分）	調查企業數		進公司年 （歲）		進公司後至升任經 營者的時間（年）		上任年齡 （歲）	
	一般 企業	家族 企業	一般 企業	家族 企業	一般 企業	家族 企業	一般 企業	家族 企業
批發業								
49歲以下		16		34.1		6.1		40.2
50～59歲	9	38	37.8	28.8	15.1	17.2	53.0	45.9
60～69歲	61	60	35.7	33.1	24.0	21.4	59.7	54.5
70歲以上	15	29	42.3	30.1	24.0	33.4	66.2	63.5
批發業 合計	85	143	37.1	31.4	23.0	21.1	60.1	52.5
全行業								
49歲以下	27	133	33.2	30.3	8.6	9.6	41.2	39.8
50～59歲	189	335	34.9	31.3	18.2	14.7	53.0	46.0
60～69歲	800	492	37.0	33.7	22.9	20.5	59.9	54.1
70歲以上	118	332	36.3	34.5	28.9	28.1	65.4	62.7
合　計	1,134	1,292	36.5	32.9	22.4	19.9	58.9	52.8

出處：作者編製

經營者 年齡分組 （按行業別分）	經營者在位期間 （年）		經營者持股占全 董事持股之比例 （%）		2019年度超額資 產報酬率（%）		2020年度超額資 產報酬率（%）	
	一般 企業	家族 企業	一般 企業	家族 企業	一般 企業	家族 企業	一般 企業	家族 企業
資通訊業								
49歲以下		6.7		42.6%		0.60		0.16
50～59歲	3.3	9.6	23.7%	53.3%	0.66	1.02	1.54	0.89
60～69歲	4.7	10.4	30.1%	43.7%	-0.25	-0.46	-0.28	-0.26
70歲以上	8.6	11.8	46.3%	57.8%	-0.67	-0.07	0.31	-0.77
資通訊業 合計	5.3	10.1	32.4%	49.0%	-0.23	0.13	0.03	-0.02
全行業								
49歲以下	5.4	6.1	42.0%	57.8%	-1.01	0.29	-1.65	-0.27
50～59歲	4.0	9.8	23.9%	54.9%	0.39	0.07	-0.09	-0.15
60～69歲	4.6	10.5	26.1%	48.3%	-0.49	0.37	-0.45	0.59
70歲以上	8.7	12.9	42.9%	64.7%	-0.54	0.48	-0.20	0.61
合　計	4.9	10.5	27.8%	55.2%	-0.37	0.31	-0.39	0.32

出處：作者編製

60～69歲組以外，各年齡層均有改善，故平均業績亦有改善，稍稍轉虧為盈。因此，論收益的基本盤，家族企業在批發業中並未顯示出優勢。不過以全行業而言，家族企業的業績均有些微改善並維持盈利，一般企業的業績則些微惡化並持續虧損。

就經營者在位期間而言，批發業家族企業無論哪個年齡層的經營者，在位期間都比一般企業長，與全行業情形相同。持股方面，批發業家族企業無論哪個年齡層的經營者，都較一般企業經營者多，這也與全行業情形相同。若比對業績來看，可推論家族企業經營者雖然具有較強的領導力，但未能取得優於一般企業的業績。

3）事業繼承案例

2018年1月以後，有更換經營者的批發業家族企業共有30例。按家族企業類別分，A類有15例、a類4例、B類3例、b類6例、C類1例、c類1例。按繼承類型別分，家族內傳的有2例，家族成員傳給非家族成員的有2例，非家族成員傳給家族成員的有5例，非家族間相傳的有21例。

三菱電機集團旗下「協榮產業」（6973／東京都澀谷區／C類）的總經理水谷廣司轉任董事長，副總經理平澤潤接任總經理，屬於非家族間相傳的案例。

電子設備公司「伯東」（7432／東京都新宿區／A類）的總經理杉本龍三郎轉任董事顧問，常務執行董事阿部良二接任總經理，屬於非家族間相傳的案例。

上頭沒有母公司、不屬於任何集團的「獨立系」電子零件商社「榮電子」（7567／東京都千代田區／A類）的創辦人，總經理兼董事長染谷英雄卸下總經理一職後，留任董事長，副總經理兼財務部經理津田百子接任總經理。2018年至今，原本卸任的創辦人曾兩度再任總經理。這屬於家族成員傳給非家族成員的案例。

老字號纖維商社「三共生興」（8018／大阪府大阪市／B類）的總經理川

崎賢祥轉任董事長兼執行長，常務董事井之上明接任總經理兼營運長，屬於非家族間相傳的案例。

工業用及家用瓦斯商社「岩谷產業」（8088／大阪府大阪市／A類）的總經理谷本光博轉任董事顧問，副總經理間島寬接任總經理，屬於非家族間相傳的案例。

冷凍倉庫大廠、水產等農畜產加工與銷售公司「橫濱冷凍」（2874／神奈川縣橫濱市／b類）的總經理岩渕文雄先生轉任上席參與❼，松原弘幸董事接任總經理，屬於非家族間相傳的案例。

烘焙器皿與包裝等食品材料電商「cotta」（3359／大分縣津久見市／A類）的創辦人兼總經理佐藤成一轉任會長，其女黑須綾希子董事接任總經理，屬於家族內傳的案例。

主要經營日本東北地區的工業化學試劑商社東北化學藥品（7446／青森縣弘前市／A類）的總經理工藤幸弘轉任特別顧問，創業家族成員東康之董事接任總經理，屬於非家族成員傳給家族成員的案例。

獨立系半導體商社「丸文」（7537／東京都中央區／A類）的總經理水野象司轉任董事顧問，常務董事飯野亨接任總經理，屬於非家族間相傳的案例。

（藤原健一、宮田仁光）

12. 零售業

1）行業特徵

根據日本經濟產業省的商業動態統計顯示，2020年零售業的銷售額為146.4兆日圓（較前一年減少3.2％）。其中，食品飲料類為45兆日圓，規模遠超乎其他類別；次多的是汽車、藥妝品，營業額介於19～14兆日圓，而其他類別也大致落在10兆日圓左右的水準。根據日本總務省與經濟產業省《平成28年經濟普查——活動調查》所示，零售業的事業體數量為99.0萬，從業人數為765

---

❼ 譯註：「參與」的性質類似顧問，大多是重新聘僱資深退休員工時使用的職位。各個企業對於參與的定義與職權範圍不盡相同。「上席」則代表該職位的最高負責人。

萬人。

　　日本的零售業可區分為綜合零售業（如百貨公司、超市）與專業零售業（如藥局與家用五金商行）。綜合零售業的優勢在於一站式購物，但資產運用效率和生產力方面面臨挑戰。而專業零售業中，尤以迅銷集團這種經營型態上追求專業化的SPA模式（Speciality Retailer of Private Label Apparel，自有品牌專業零售商），以及人、物成本相對低廉的電商通路，成長特別顯著。

　　21世紀以來，零售業者逐步重組商業模式，其中又以綜合零售業和食品超市最為積極。日本大型百貨公司目前已整併為4個集團，而永旺（AEON）長年下來也收購了大榮百貨公司等過去的競爭對手，並持續將各地食品超市納入麾下。各地的食品超市為因應競爭對手與客戶規模擴大，也透過 RETAIL PARTNERS❽等形式加速地區合作。

　　零售業共有217間上市企業，其中182間為家族企業，約占84％。比較全行業與零售業的業績，零售業無論獲利能力指標或風險承擔能力指標，表現都較差。背後原因諸如日本社會少子高齡化，以國內為主要市場的零售業難以期待進一步的成長，且產品、人力、物流成本膨脹，與其他同業、新進企業、電商之間的競爭也日益激烈。

　　零售業家族企業和一般企業在獲利能力指標上各有優劣，而在風險承擔能力指標上，家族企業略優於一般企業，但兩者水準相當，家族企業並不具有明顯優勢。撇除數量較少的C+c類家族企業，兩者在風險承擔能力指標方面並無太大差異；但獲利能力指標方面，A+a類則具有明顯優勢。因此，零售業中僅有A+a類呈現家族企業的優勢。

　　圖表②、③為零售業中營業額前10名的家族企業、一般企業及其各項指標。家族企業中，僅有永旺和Seven & i屬於綜合零售商，其餘均為專業零售商。一般企業的情況則相反，專業零售商較少，而百貨公司等綜合零售商較多。規模方面，家族企業遠勝過一般企業。

---

❽ 編按：經營地區連鎖超市，包含食品、住房和服裝等零售貿易的業務活動。

	企業數	資產報酬率（%）	營業利益率（%）	流動比率（%）	權益比率（%）	固定比率（%）	固定長期適合率（%）
全行業	2,426	4.56	5.13	229.37	51.05	102.74	63.65
零售業	217	2.75	-0.14	161.82	43.78	163.52	85.80
一般企業	35	1.88	-0.07	131.60	41.67	170.44	92.58
家族企業	182	2.92	-0.15	167.63	44.19	162.14	84.54
A+a	150	3.27	0.61	172.35	44.65	162.69	83.35
B+b	30	1.72	-3.58	152.66	43.71	154.65	86.21
C+c	2	-6.12	-5.83	38.25	16.68	290.11	149.09

出處：作者編製

圖表2-5-12② 十大家族企業的指標：零售業 （單位：百萬日圓、%）

股票代號	企業名稱	家族企業類別	營業額	資產報酬率	營業利益率	流動比率	權益比率	固定比率	固定長期適合率
8267	永旺	A	8,603,910	1.39	-6.98	103.75	8.45	447.79	113.82
3382	Seven & i	A	5,766,718	5.72	6.80	120.41	38.42	134.66	89.81
9983	迅銷	A	2,008,846	7.19	9.54	255.65	39.66	79.12	43.87
9831	山田HD	A	1,752,506	7.90	8.06	172.01	51.85	98.24	73.15
3141	Welcia	A	949,652	10.41	16.41	106.32	41.20	122.45	94.83
3391	鶴羽HD	a	841,036	11.54	12.73	155.40	56.36	86.67	77.74
8282	K's HD	B	792,542	13.84	14.72	191.17	64.19	81.81	70.01
2730	愛電王	a	768,113	7.30	8.89	185.50	50.19	99.91	68.57
8194	LIFE CORPORATION	A	759,146	10.41	19.92	57.23	36.36	198.48	140.48
3222	U.S.M. HD	B	733,849	7.04	6.11	94.56	51.97	134.11	102.90

出處：作者編製

2）經營者資歷與業績

按年齡別觀察零售業的經營者，家族企業方面，經營者分布於各年齡層，70歲以上有56人，60～69歲有54人，50～59歲有49人。相反地，一般企業則集中於60～69歲（占60.0％），與全行業情形相同。可見經營者分布於各年齡層為家族企業的特徵。值得一提的是，零售業的家族企業數量遠勝過其他行業，

圖表2-5-12 ③ 十大一般企業的指標：零售業 （單位：百萬日圓、％）

股票代號	企業名稱	家族企業類別	營業額	資產報酬率	營業利益率	流動比率	權益比率	固定比率	固定長期適合率
3099	三越伊勢丹	－	816,009	-1.64	-7.87	74.75	41.89	182.44	112.48
8242	H2O RETAILING	－	739,198	-0.44	-10.52	75.48	36.45	213.32	110.53
8233	高島屋	－	680,899	-1.02	-8.20	70.44	34.27	219.85	119.23
2651	LAWSON	－	666,001	3.09	3.23	89.98	19.60	252.07	113.88
8173	上新電機	－	449,121	8.19	9.42	134.23	47.21	104.24	79.17
3086	J.FRONT	－	319,079	-1.86	-7.09	70.17	27.87	281.15	114.91
8278	FUJI	－	315,382	3.58	4.60	62.19	51.74	161.71	113.65
3197	雲雀餐飲集團	－	288,434	-5.14	-13.96	17.83	25.76	356.32	170.36
8167	RETAIL PART-NERS	－	241,844	7.84	7.19	110.87	62.57	111.98	95.98
8244	近鐵百貨店	－	218,351	-1.53	-13.66	32.99	27.26	287.01	229.88

出處：作者編製

圖表2-5-12④ 核心經營者的屬性：零售業

經營者年齡分組（按行業別分）	調查企業數		進公司年齡（歲）		進公司後至升任經營者的時間（年）		上任年齡（歲）	
	一般企業	家族企業	一般企業	家族企業	一般企業	家族企業	一般企業	家族企業
零售業								
49歲以下	1	23	40.7	30.0	3.0	9.4	43.7	39.4
50～59歲	10	49	32.2	33.4	18.8	12.4	51.0	45.8
60～69歲	21	54	39.9	34.1	18.3	16.0	58.1	50.1
70歲以上	3	56	44.8	39.2	12.9	24.0	57.7	63.2
零售業 合計	35	182	38.1	35.0	17.5	16.7	55.6	51.6
全行業								
49歲以下	27	133	33.2	30.3	8.6	9.6	41.2	39.8
50～59歲	189	335	34.9	31.3	18.2	14.7	53.0	46.0
60～69歲	800	492	37.0	33.7	22.9	20.5	59.9	54.1
70歲以上	118	332	36.3	34.5	28.9	28.1	65.4	62.7
合　計	1,134	1,292	36.5	32.9	22.4	19.9	58.9	52.8

出處：作者編製

由此可見，事業繼承上以家族內傳為主，形成家族長期掌權色彩，在零售業中特別濃厚。

觀察經營者進公司時的平均年齡，一般企業方面，零售業和全行業分別為38.1歲和36.5歲；家族企業方面則分別為35.0歲和32.9歲，年輕了3.1歲和3.6歲。觀察經營者從進公司至就任現職的時間，家族企業為16.7年，一般企業為17.5年，家族企業經營者的時間稍短了0.8年。由此可知，零售業經營者上任年齡方面，家族企業為51.6歲，一般企業為55.6歲，家族企業經營者年輕了4歲。

比較零售業家族企業2019年度與2020年度的業績，50～59歲以下的組別，業績皆惡化；60～9歲以上的組別則有所改善，整體平均亦改善，呈現盈餘。至於一般企業的業績，由於50～59歲、60～69歲等占比較大的組別惡化，故整體平均業績也惡化，出現虧損。因此，可推論在零售業中，家族企業比起一般企業具有些微優勢。此外，以全行業來看，家族企業的業績基本持平且持

圖表2-5-12⑤　核心經營者的資歷與業績：零售業

經營者 年齡分組 （按行業別分）	經營者在位期間 （年）		經營者持股占全 董事持股之比例 （％）		2019年度超額資 產報酬率（％）		2020年度超額資 產報酬率（％）	
	一般 企業	家族 企業	一般 企業	家族 企業	一般 企業	家族 企業	一般 企業	家族 企業
零售業								
49歲以下	4.8	6.2	48.3%	61.2%	-5.26	0.91	-0.28	-0.08
50～59歲	5.5	9.3	34.7%	49.8%	-0.70	-0.35	-3.41	-1.08
60～69歲	7.4	13.9	33.4%	63.3%	0.35	-0.75	0.02	0.47
70歲以上	13.6	12.2	61.0%	69.9%	1.94	0.59	5.66	0.85
零售業 合計	7.3	11.2	36.5%	61.7%	0.03	-0.01	-0.48	0.09
全行業								
49歲以下	5.4	6.1	42.0%	57.8%	-1.01	0.29	-1.65	-0.27
50～59歲	4.0	9.8	23.9%	54.9%	0.39	0.07	-0.09	-0.15
60～69歲	4.6	10.5	26.1%	48.3%	-0.49	0.37	-0.45	0.59
70歲以上	8.7	12.9	42.9%	64.7%	-0.54	0.48	-0.20	0.61
合　計	4.9	10.5	27.8%	55.2%	-0.37	0.31	-0.39	0.32

出處：作者編製

續盈利，一般企業除了60～69歲以上的組別，各年齡層業績雖有改善，但仍持續虧損。

觀察經營者在位期間，零售業家族企業的平均為11.2年，較一般企業的7.3年長，與全行業情形類似。持股方面，家族企業經營者持股達61.7%，一般企業則為36.5%，這也與全行業的情形相似。若比對業績來看，可以推論零售業家族企業的經營者能發揮領導力，取得優於一般企業的業績。

3）事業繼承案例

2018年4月以後，有更換經營者的零售業家族企業共有57例。按家族企業類別分，A類有33例、a類5例、B類13例、b類4例、C類0例、c類2例。按繼承類型別區分，家族內傳的有9例，家族成員傳給非家族成員的有16例，非家族成員傳給家族成員的有8例，非家族間相傳的有24例。以下舉特徵較明顯的案例。

服飾連鎖店「思夢樂」（8227／埼玉縣埼玉市／A類）由鈴木誠接任總經理，前總經理北島常好轉任董事長，屬於非家族間相傳的案例。此外，該公司的創業家族成員島村裕之則擔任監察人。

採購虎河豚等食材並經營餐飲業的「關門海」（3372／大阪府松原市／A類），由創業家族成員山口久美子接任總經理兼營運長，前總經理田中正則轉任董事長兼執行長，屬於非家族成員傳給家族成員的案例。

經營喪葬、墓園、室內墓園、佛壇等殯葬事業的「Nichiryoku」（7578／東京都中央區／A類），由寺村公陽接任總經理，前總經理寺村久義轉任顧問，屬於家族內傳的案例。（日經會社資訊，2021年8月29日）

經營拉麵連鎖店等外食業的「幸樂苑控股」（7554／福島縣郡山市／A類），由新井田昇接任總經理，前總經理新井田傳轉任董事長，屬於家族內傳的案例。

二手品交易業者「海德沃福」（2674／新潟縣新發田市／A類），由山本太郎接任總經理，前總經理山本善政則轉任董事長，屬於家族內傳的案例。

工作服與工作用品連鎖店「WORKMAN」（7564／群馬縣伊勢崎市／A類），由小濱英之接任總經理，前總經理栗山清治留任董事，屬於非家族間相傳的案例。創業家族成員土屋哲夫則擔任專務董事，且創業家族成員持有股份過半。

全國連鎖藥局「日本調劑」（3341／東京都千代田區／A類），由三津原庸介接任總經理，前總經理三津原博卸任，屬於家族內傳的案例。

嬰幼兒生活用品連鎖店「西松屋連鎖」（7545／兵庫縣姬路市／A類），由大村浩一接任總經理兼營運長，前總經理大村禎史則轉任董事長兼執行長，屬於家族內傳的案例。

開發與販售天然保養品的公司「HOUSE OF ROSE」（7506／東京都港區／a類），由池田達彥接任總經理兼營運長，前總經理神野晴年轉任董事長兼執行長，屬於非家族間相傳的案例。其主要股東Rose Agency，是由HOUSE OF ROSE創辦人川原暢的長子川原玄則擔任總經理。

綜合商場與超市集團永旺（8267／千葉縣千葉市／A類），由吉田昭夫接任總經理，前總經理岡田元也轉任董事長，屬於家族成員傳給非家族成員的案例。

（樋口敬祐、宮田仁光）

專欄　事業繼承上的三困境

　　事業繼承已成為現代許多中小企業與小型業者面臨的重大問題，面向相當複雜，諸如後繼無人，或接班人缺乏未來將成為經營者的自覺等。政府與民間團體亦研討了各項事業繼承措施，如併購和接班人才配對等，然而這些措施並非萬靈藥。為什麼？原因不外乎企業如人，彷彿某種生物，是由一群擁有不同價值觀的人組成的集團，內部存在錯綜複雜的情感和想法。不僅如此，事業繼承之所以困難，是因為組織本身也會形成阻礙事業繼承的困境（dilemma，即兩難的狀況）。隨事業繼承而生的困境，會在企業中引發各種衝突與磨擦。此處將討論造成事業繼承困境的三大鴻溝，並思索解決方法。

　　第一，世代之間的鴻溝。事業繼承為上一代將企業經營權傳給下一代的行為。傳棒的上一代與接棒的接班人，兩者生活的時代環境不同，因此即便為親子也擁有不同的價值觀。新聞上常見的家族企業內部世代對立往往肇因於此。通常上一代人較重視組織傳統，而接班世代則較不受傳統觀念的束縛，這般新舊兩代價值觀的差異，會造成組織的緊張或分裂，亦恐造成組織衰亡。

　　第二，家族與非家族之間的鴻溝。幾乎所有中小規模以上的家族企業，內部都同時存在家族成員與非家族成員，兩者間隔著一道無法跨越的組織性斷層，而這道斷層會在事業繼承的時刻顯現。舉個例子，過往研究指出，家族企業的負面因素之一包含任人唯親（裙帶關係）。但若將家族接班人早早晉升一事，視為企業放眼未來傳承而提供的工作機會，便可歸於正面因素。畢竟公平的待遇雖

然能提高非家族成員的工作意願與使命感，卻也可能導致繼承計畫窒礙難行。

第三，傳統與革新之間的鴻溝。此處的傳統是指企業歷史，泛指代代相傳的經營資源、品牌、招牌等，即「要保存之事物」。而革新則是指接班世代推動之新產品、新市場開發等經營上的改革行動，是「要改變的事物」。我時常用馬拉松接力賽來比喻事業繼承，「要保存之事物」即為前位選手要傳給下位選手的背帶；然而，在馬拉松接力賽中，前後兩位選手奔跑的賽道並不相同，每個區間的跑者必須善盡自己的責任（發揮自己的能力），而這部份就是「要改變之事物」，接班人應具備接下經營棒子的覺悟和責任感。在組織中，「要保存之事物」和「要改變之事物」都很重要，但兩者也很難共存。

然而，我們不能忽略，上述3種事業繼承的鴻溝也可能因妥善管理而發揮正面效益。第1項「代溝」凸顯的是世代間價值觀的差異，同時也可能顯示了接班人的獨特性。尤其在家族企業中，現任經營者與接班人是親子關係，能毫不避諱地交流意見。若換成一般企業，接班人便很難對現任經營者提出經營上的異議。此外，即使家族企業的現任經營者和接班人之間意見分歧，未來也可能出於親子關係而重修舊好。經濟學家約瑟夫‧熊彼得（Joseph A. Schumpeter）主張，創新是相異價值觀之間，產生新組合（革新）的過程。基於此定義，前述的世代對立反而可視為替組織帶來新價值觀的契機。某些日本老字號企業也鼓勵現任經營者與接班人以企業存續、成長為共同目標，針對達成手段激烈辯論。

第2項「家族與非家族之間的鴻溝」，只要組織成員確實體認

到家族成員與非家族成員的分工關係，便有機會消除組織中因晉升產生的無謂衝突。許多日本老字號企業也採用了江戶幕府時代將軍家的嫡長子繼承制度。在此制度下，唯有嫡長子才能當家，不論組織中是否存在其他能力更好的人才；然而這並不等於組織無視能力的優劣，還是會委任優秀人才擔綱輔佐當家的角色（例如總管）。如果非家族成員剛進公司時，就明白自身與家族成員間的職責分配，就能預防組織因高層人事紛爭而內耗。

面對第3項「傳統和革新之間的鴻溝」，重要的是如何讓保守與改革兩種管理方式並存。很多時候，即使接班人發起新挑戰，也會被態度保守的上一代所阻撓。據我調查，傳承數代的老字號企業，常會讓接班人先管理規模較小的組織（例如，新事業或專案小組）。對接班人來說，比起企業傳統的核心事業，新事業少了慣例和慣習，經營上反而容易作主。而且即使接班人在小型組織失敗，也不會對整個公司造成莫大影響；若成功打下新事業，也更容易取得現任經營者的認可。而且以結果來說，接班人發起的小挑戰，也可能發展成重大的創新。

既然企業就像生物，事業繼承問題就不存在立即見效的處方箋。而事業繼承措施的關鍵，在於試圖激發繼承困境的正面效果，即使得花上一些時間也無所謂。

（落合康裕）

第 3 章

經營危機與
家族企業

　　第3章聚焦於經營危機與家族企業，關注新冠疫情下國內外家族企業的現況。首先，第1節探討了經營危機與長壽企業的行動；第2節則針對長壽企業面對疫情衝擊所採取之應對措施，展開緊急調查；第3節介紹5間企業的經營行動案例。第4～6節則放眼外國，第4節關注國外富裕家族企業於疫情下的動態；第5節探討家族企業是「為何」、「如何」提高韌性，度過難關（歐洲與中東地區）；第6節則概述亞洲家族企業在新冠疫情期間的概況。最後在第7節總結，提出家族企業值得我們效仿的危機應對策略。

經營危機與長壽企業的行動

　　新冠疫情對人們來說已不陌生。儘管許多企業深陷窘境，仍有一些長壽企業腳踏實地地步步前行；第3章將探討這些克服經營危機的長壽企業，而我們在第1節，先整理幾項重點。

1. 造成經營危機的經營環境

　　為什麼長久經營事業很困難？因為舉凡技術與客戶等企業所處的經營環境會改變。一般來說，當經營環境變化，企業以往採取的方法和經驗便不再管用，例如經營實體店面的服務業在新冠疫情的處境便相當掙扎。那麼，又是什麼經營環境造就了這種經營危機？以下分別從宏觀與微觀的角度概述。

　　就宏觀環境而言，影響所有產業的因素包括：政治、經濟、社會、技術、自然。政治因素如消費稅調漲和金融寬鬆政策；經濟因素如景氣、股價、物價、利率、匯率和商品市場狀況等，具體例子像日本泡沫經濟破滅和金融海嘯；社會因素則為較廣泛的概念，包含輿論、人口結構變動、宗教、文化等，具體例子如環保意識抬頭與人口老化。這些政治、經濟和社會因素造成的影響都是逐步演變，並非突然發生。好比說，政黨輪替並不會突然發生，事前必然有跡可循，例如政黨支持率下降等。

　　接著，技術因素為技術的進步和創新，包括人工智慧、物聯網、第五代行動通訊技術、自動駕駛等。技術因素可能是漸進式的變化（進步），也可能像替代技術（alternative technology）般異軍突起，一舉改變行業結構。最後，我們也不能忘記自然因素，諸如新冠病毒等感染症、颱風、地震、海嘯、土石流等天災。自然與其他因素大相逕庭，難以預測，且會急遽改變情勢，新冠疫情就是很明顯的例子。

　　另一方面，微觀環境則好比各個業界。業界是企業間較量的場地，其中也

存在各種企業外部的因素，例如競爭企業的數量與水準的變化、往來對象的變化、客戶需求的變化、進入障礙的變化（例如，電動車製造商的崛起降低了汽車產業的參進障礙），以及替代技術的出現等。

2. 環境變化帶來的正面效益

然而，經營環境變化有時也會為企業帶來各種正面影響，即創造不同於過往領域的商機。

這次新冠疫情，日本政府呼籲企業從事活動時避免三密（密閉、密集、密切接觸），重創了需要顧客移動、上門的餐飲業。

但是飲食需求並不會因為疫情而蒸發，於是外帶和外送等新需求應運而生，即早開始提供外帶與外送服務的餐飲業者也維持了不錯的活力。根據以上案例，我們可以說餐飲業提供餐廳料理至非人群密集之環境（例如家中），創造出新價值，取得事業成功。再舉其他例子，部份迴轉壽司連鎖店為吸引家裡有小孩、但沒辦法出去玩的家庭，特別在店內設置了獨立家庭包廂，且從預

圖表3-1-1　經營環境與企業

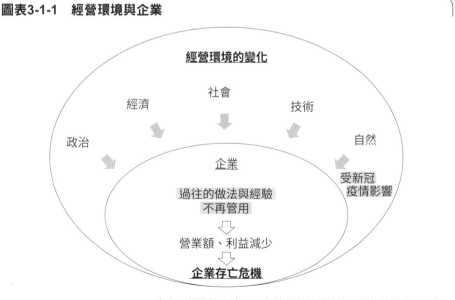

出處：根據落合（2019）著作內插圖（第14頁）稍作改編而成。

約、帶位到結帳都不會直接與他人接觸，成功吸引家庭客上門，提高了收益。

以上只是少數案例，但真要說起來，疫情造成經營環境改變，上述顧客內心的不滿（例如偶爾也想外出用餐轉換心情）更容易浮上檯面。

3. 長壽企業如何度過環境變化？

經營環境變化造成的影響不分新創公司或長壽企業，但有關鍵的差異：長壽企業擁有前人傳承的資產。長壽企業的資產不僅有人、物、財，還包含技術、品牌與客戶關係等，這些遺產都有利於接班人繼續經營企業。但對新創公司來說，則需要從零開始招募人才、籌措資金、租賃辦公室與設備等。

如果是企業接班人，則早已擁有員工、工廠和店面等現成資源，而且憑藉上一代的信譽，也較容易取得客戶的信任。以上都是前朝資源帶來的優勢；但這些遺產並非百利而無一害，接班人的思維和行動也可能因此僵化。舉例來說，品牌傳統可能會讓接班人難以開發新產品或新市場；經驗不足的年輕接班人可能也很難與經驗豐富且年長的前朝幹部打好關係，因而難以發揮領導力。因此，企業接班人想要利用現有經營資源主動做什麼也並非易事。

那麼，長壽企業的接班人如何應對新冠疫情造成的環境變化？以下針對去年日本首度緊急事態宣言期間而採取應對措施的長壽企業，進行問卷調查，並透過5間長壽家族企業探討上述問題。在此補充說明，本次調查對象皆為非上市的中小型家族企業。

（落合康裕）

緊急調查：長壽企業因應疫情之道

1. 前言

本文整理了一般社團法人百年經營研究機構（以下簡稱本機構）在日本政府首度發布緊急事態宣言期間，於2020年5月8日至15日進行為期7天的問卷調查結果。

執行問卷調查期間，正逢新冠疫情爆發，政府為防止疫情擴大，呼籲民眾減少外出與集會，經濟活動隨之停擺，財務大臣麻生太郎稱之為「日本戰後面臨最大的經濟危機」。本機構也很擔憂長壽企業的經營狀況，尋思能否出力協助，最後決定在採取具體行動之前，先慰問至今交情匪淺的11間長壽企業。

儘管時局艱困，我們仍收到了全數回覆。這些長壽企業實際的聲音一反我們的擔憂，展現出堅強的姿態，勇於適應不斷變化的社會經濟，克服困難。

日本史上也曾遭逢天花、1918年西班牙流感等瘟疫，卻鮮少有文獻研究創業百年以上的長壽企業，在危機之下如何看待危機並制定策略。而旨在將「百年經營」科學化，並視長壽企業為日本國寶的本機構，應當肩負起使命，將長壽企業雄健的姿態展現在世人眼前，於是決意執行此次問卷調查。

之後，本機構與相關人員研擬具體問卷內容，正式將本次調查定名為「緊急調查：長壽企業因應疫情之道」（以下簡稱本調查），目的在於了解長壽企業面對新冠疫情衝擊經濟，如何看待危機並加以應對。

在此，我們特別感謝許多貴人在研擬問卷的過程中不吝指教、給予支援，尤其感謝願意在短時間內迅速回覆的企業。

圖表3-2-1 問卷調查之問答形式

問題1：請問貴公司所在地區？
回答1：日本47個都道府縣的選擇題

問題2：請問貴公司創業年數？
回答2：「100年以上～不滿150年」、「150年以上～不滿200年」、「200年以上」3選1

問題3：請問貴公司行業？
回答3：「農林漁業」、「營造業」、「製造業」、「批發業」、「零售業」、「金融保險業」、「旅館飯店業」、「服務業」（不含旅館飯店業）、「不動產業」、「其他」10選1

問題4：您認為新冠疫情的影響會持續多久？
回答4：「不到1年」、「1年」、「2年」、「3年」、「5年以上」5選1

問題5：您如何看待本次新冠疫情衝擊？
回答5：「只是暫時狀態」、「是社會經濟變化的徵兆」2選1

問題6：就2020年4月底與2019年4月底的營業額相比，疫情對貴公司造成什麼影響？請從以下選項選出符合貴公司情形的答案。
回答6：「衰退50％以上」、「衰退10％以上～不滿50％」、「增減不到10％」、「成長10％以上～不滿50％」、「成長50％以上」5選1

問題7：如果方便，請告訴我們貴公司按目前資金周轉，還能維持營運多久？本回答不會以任何能辨認特定公司的形式，對外公開。
回答7：「1個月」、「3個月」、「6個月」、「1年」、「2年以上」5選1

問題8：日本中央與許多地方政府都有開放申請紓困貸款，請問貴公司是否有申請？
回答8：「知道且已申請」、「不知道且未申請」、「知道但未申請」3選1

問題9：請問貴公司針對新冠疫情衝擊，採取了哪些對策？
回答9：「改變銷售方式」、「改變生產方式」、「成立新事業」、「組織改革」、「改變供應鏈」，可複選

問題10：如果方便，請具體告訴我們貴公司最重視的對策與內容。
回答10：自由填答

問題11：面對疫情衝擊，貴公司在制定經營決策上，主要依賴什麼對象？
回答11：「上一代經營者」、「親戚」、「董事等公司幹部」、「客戶」、「專業人士」（如律師、稅理士、會計士、中小企業診斷士等）、「金融機構」、「商業公會」（如商會）、「政府機構」、「朋友」可複選

問題12：您是否願意更詳細回答第10、11題？
回答12：「是」、「否」2選1

問題13：若您願意接受我們在文章中，公開貴公司的資訊與案例，請告知希望藉此宣傳的內容。

回答13：自由填答

問題14：為了能從機構的立場，對日本國內長壽企業持續發展做出貢獻、研擬對策，若貴公司有任何煩惱，請告訴我們。

回答14：自由填答

2. 調查目的與調查方法

　　根據本機構與長壽企業的事前交流，我們發現多數長壽企業面對新冠疫情的衝擊時持正面態度，本機構也藉此重新思考自身職責與企業網絡。基於上述背景，我們將問卷調查的目的設定為：（1）了解長壽企業的實際情況，掌握呈現長壽經營永續性與強韌性特徵的優良範例當前情況；（2）為保護日本長壽企業大國的長壽企業，尋找我們能為之事；（3）在全國性經濟危機下，強化長壽企業與全國經營者的關係網絡，重新向日本長壽企業學習經營之道。

　　本調查採用公開的線上問卷服務（Google表單），並將問題數量控制在15題以下、減少開放式問題，以便受訪者能於約5分鐘內填答完畢。最後實際採用的問卷如前所示的14項問題，其中僅2題為開放式問題。

　　本調查實施期間為2020年5月8日（五）至15日（五）共7日。多虧本機構辦事處與諸位理事、顧問和參與協助通知各間長壽企業，以及各方相關人士的協助，調查才得以順利實施。

3. 調查結果

1) 回覆企業的屬性

　　本次問卷調查最後收到來自全日本22個都道府縣，共95間長壽企業的回覆。其中東京都有23間，京都府有22間，三重縣有15間，以上3個府、縣占了全數回覆的45％，此外，我們也收到來自東北到九州等日本全國各地的回覆。

　　觀察回覆企業創業至今的時間結果中，創業100年以上、但不滿150年的企業最多，有40間，占整體約42％；創業150年以上、但不滿200的企業有22間，

整體	95 間公司	
創業100年以上～不滿150年	40 間	42.1%
創業150年以上～不滿200年	22 間	23.2%
創業200年以上	33 間	34.7%

出處：作者編製

占整體約23％；創業200年以上的企業有32間，占整體約35％（圖表3-2-2）。

創業100年以上、但不滿150年的企業創業於明治時代，經歷過1918西班牙流感、太平洋戰爭和盟軍占領時期等社會經濟變革。創業150年以上、但不滿200年的企業則創業於江戶時代末期，經歷過天保改革❶與上述提及的變遷，更經歷了明治維新❷這一社會經濟的變革。創業200年以上的企業，除了上述變遷，還可能經歷影響持續約3年的安政大地震❸，甚至可能經歷享保改革❹和寬政改革❺，可謂經歷過大風大浪的長壽企業。

以行業別來看，回覆的長壽企業以「製造業」最多，有40間；其次是「零售業」創業至今的時間有18間；「服務業」（不含旅館飯店業）是12間，「批發業」有9間；以上4種行業占了整體的8成以上（圖表3-2-3）。

圖表3-2-4為按企業別區分的行業比例。創業100年以上、但不滿150年的企業共有40間，其中有34間（8成以上）屬於「製造業」、「服務業」（不含旅館飯店業）、「零售業」和「批發業」。創業150年以上、但不滿200年的企業，共有22間，其中有12間（過半數）屬於「製造業」，再加上「零售業」、「服務業」（不含旅館飯店業），3個行業共有19間，占整體的8成以上。創

❶ 譯註：1841～1843年，德川幕府為改善飢荒、通膨等嚴重社會問題，而由水野忠邦等老臣推動的社會改革，最後以失敗告終。

❷ 譯註：約發生於1860～1880年間，由日本明治天皇主導的西化運動。

❸ 譯註：1854年發生的一連串大地震。

❹ 譯註：1736年德川幕府實施的一系列社會改革，如端正綱紀、鼓勵勤儉美德、貨幣改革、獎勵栽培新作物等。

❺ 譯註：1787年～1793年，德川幕府為改善社會過度重視商業而導致農村人口減少、農地荒廢，引發飢荒等情況而實施的改革政策。

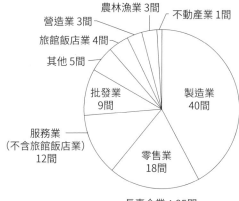

農林漁業 3間　不動產業 1間
營造業 3間
旅館飯店業 4間
其他 5間
批發業
9間
服務業
（不含旅館飯店業）
12間
製造業
40間
零售業
18間

長壽企業：95間

出處：作者編製

業200年以上的企業則有33間，其中「製造業」也是最多的行業，有12間；再加上「零售業」、「批發業」、「旅館飯店業」則共有26間，占了整體約8成（圖表3-2-4）。

圖表3-2-4　回覆長壽企業的行業結構比：按企業創業別分至今時間

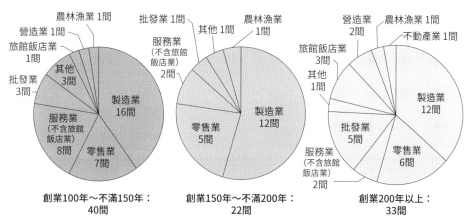

農林漁業 1間
營造業 1間
旅館飯店業
1間
批發業
3間
其他
3間
服務業
（不含旅館飯店業）
8間
製造業
16間
零售業
7間

創業100年～不滿150年：
40間

批發業 1間
其他 1間　農林漁業
1間
服務業
（不含旅館飯店業）
2間
製造業
12間
零售業
5間

創業150年～不滿200年：
22間

營造業
2間　農林漁業 1間
旅館飯店業
3間
不動產業 1間
其他
1間
製造業
12間
批發業
5間
服務業
（不含旅館飯店業）
2間
零售業
6間

創業200年以上：
33間

出處：作者編製

2） 新冠疫情影響企業的期間

　　關於企業推估新冠疫情影響時間此題，最多企業回答「2年」，共有33間，占了整體將近35%；加上回答「3年」和「5年以上」的企業，便占了整體的64%。而回答「1年」和「不滿1年」的企業則屬於少數，合計僅占36%（圖表3-2-5）。受訪的95間長壽企業中，有82間企業，即8成的企業認為疫情的影響最多持續3年，而認為影響會持續「5年以上」的企業，與認為影響「不到1年」的企業相對較少。

圖表3-2-5　預估新冠疫情影響期間

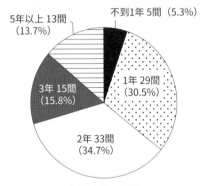

長壽企業：95間

出處：作者編製

圖表3-2-6　預估新冠疫情影響期間（按企業年齡別分）

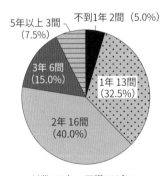
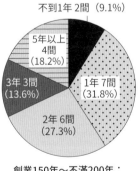
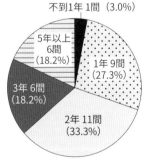

創業100年～不滿150年：40間

創業150年～不滿200年：22間

創業200年以上：33間

出處：作者編製

圖表3-2-6為不同年齡的企業對於疫情影響期間的評估狀況。創業150年以上、但不滿200年的組別中，回答「1年」的企業最多；觀察創業150年以上的長壽企業，更多企業預估影響將持續「5年以上」。

3）對於新冠疫情衝擊的見解

　　95間長壽企業中，有87間（9成以上）認為，新冠疫情「是社會經濟變化的徵兆」（圖表3-2-7）。即使按企業年齡別分別觀察，結果也雷同（圖表3-2-

圖表3-2-7　長壽企業對於新冠疫情衝擊的見解

只是暫時性的狀態
8間（8.4%）

是社會經濟變化的徵兆
87間（91.6%）

長壽企業：95間

出處：作者編製

圖表3-2-8　長壽企業對於新冠疫情衝擊的見解：按企業年齡別分

只是暫時性的狀態
4間（10.0%）

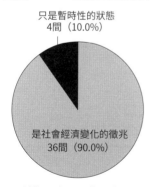

是社會經濟變化的徵兆
36間（90.0%）

創業100年～不滿150年：
40間

只是暫時性的狀態
1間（4.5%）

是社會經濟變化的徵兆
21間（95.5%）

創業150年～不滿200年：
22間

只是暫時性的狀態
3間（9.1%）

是社會經濟變化的徵兆
30間（90.9%）

創業200年以上：
33間

出處：作者編製

8）。若從另個方向解讀，可明顯看出各個組別都有一定數量的企業認為，新冠疫情衝擊「只是暫時性的狀態」。

值得一提的是，有1則回覆針對該題回答第2個選項「是社會經濟變化的徵兆」時，闡述了意見，表示「新冠疫情確實迫使社會經濟轉變，但不認為新冠疫情是什麼特殊的『社會經濟變化徵兆』」。

4）新冠疫情對營業額的影響

論新冠疫情對營業額的影響，有37間企業回答「衰退10％以上～不滿50％」，33間企業回答「衰退50％以上」，以上總共70間企業，占了95間企業的7成以上，可以明顯看出新冠疫情對營業額的負面影響（圖表3-2-9）。另外，本次調查並未收到「成長50％以上」的回答。

按企業創業至今時間別來觀察，創業100年以上～不滿150年的40間企業中，有18間企業回答「衰退50％以上」，占了整體的45％。創業150年以上～不滿200年的22間企業中，回答「增減不到10％」與「成長10％以上～不滿50％」的企業共有6間，占了整體的27％。而創業200年以上的33間企業中，並未收到「成長10％以上～不滿50％」的回答；其中有25間企業表示「衰退50％以上」或「衰退10％以上～不滿50％」，占整體7成以上（圖表3-2-10），與

圖表3-2-9　新冠疫情對長壽企業營業額造成的影響

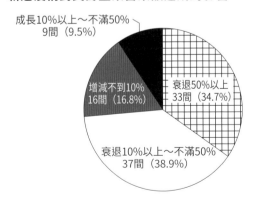

成長10%以上～不滿50%
9間（9.5%）

增減不到10%
16間（16.8%）

衰退50%以上
33間（34.7%）

衰退10%以上～不滿50%
37間（38.9%）

長壽企業：95間

出處：作者編製

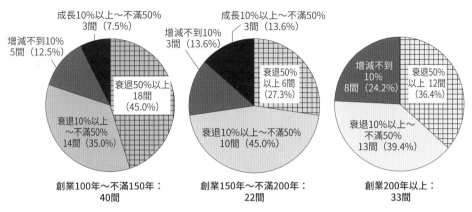

圖表3-2-10　新冠疫情對長壽企業營業額造成的影響：按企業創業至今時間

成長10%以上～不滿50%
3間（7.5%）

增減不到10%
5間（12.5%）

衰退50%以上
18間
（45.0%）

衰退10%以上
～不滿50%
14間（35.0%）

創業100年～不滿150年：
40間

成長10%以上～不滿50%
3間（13.6%）

增減不到10%
3間（13.6%）

衰退50%
以上 6間
（27.3%）

衰退10%以上～不滿50%
10間（45.0%）

創業150年～不滿200年：
22間

增減不到
10%
8間（24.2%）

衰退50%
以上 12間
（36.4%）

衰退10%以上～
不滿50%
13間（39.4%）

創業200年以上：
33間

出處：作者編製

整體情形一致。可見創業不及200年的企業，受到的影響較創業200年以上的企業少。

5）資金周轉狀況

關於資金周轉狀況1題，95間企業中有92間回答。整體而言，有31間企業回答還能撐「1年」，25間企業表示還能撐「2年以上」，共有56間企業按目

圖表3-2-11　長壽企業的資金周轉狀況與預估可維持營運期間

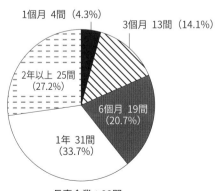

1個月 4間（4.3%）

3個月 13間（14.1%）

2年以上 25間
（27.2%）

6個月 19間
（20.7%）

1年 31間
（33.7%）

長壽企業：92間

出處：作者編製

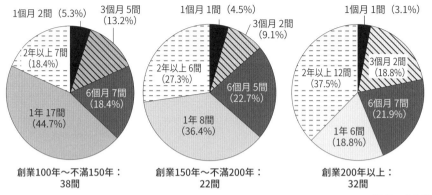

圖表3-2-12　按目前周轉狀況預估可維持營運期間：按企業創業至今時間別分

出處：作者編製

前資金周轉狀況還能維持營運1年以上，占了92間企業中的6成。然而，也有一定數量的企業回答只能再撐「1個月」或「3個月」等較短的時間（圖表3-2-11）。

　　按企業創業至今時間別分，創業100年以上～不滿150年的38間企業中，最多企業回答還能撐「1年」，共有17間，占整體約45％。創業150年以上～不滿200年的企業，結果與整體狀況相近。而創業200年以上的32間企業中，最多企業回答還能撐「2年以上」，共有12間，占整體約38％；然而次多的回答則是只能再撐「6個月」（圖表3-2-12）。

6）中央或地方政府的紓困貸款申請狀況

　　關於中央或地方政府的紓困貸款申請狀況1題，95間企業中有93間回答。整體而言，超過半數的企業回答「知道且已申請」。然而，93間企業中有41間企業，即4成以上的企業回答「知道但未申請」（圖表3-2-13）。

　　按企業創業至今時間別分，創業100年以上～不滿150年的企業，和創業150年以上～不滿兩百年的企業，結果與整體狀況相近。至於創業200年以上的31間企業中，則有16間企業，即半數以上表示「知道但未申請」（圖表3-2-14）。

圖表3-2-13　長壽企業申請中央或地方紓困貸款之狀況

不知道且未申請 3間（3.2%）

知道但未申請
41間（44.1%）

知道且已申請
49間（52.7%）

長壽企業：93間

出處：作者編製

圖表3-2-14　長壽企業申請中央或地方紓困貸款之狀況：按企業年齡別分

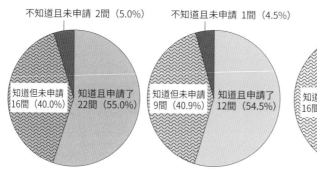

不知道且未申請 2間（5.0%）

知道但未申請
16間（40.0%）

知道且申請了
22間（55.0%）

創業100年～不滿150年：
38間

不知道且未申請 1間（4.5%）

知道但未申請
9間（40.9%）

知道且申請了
12間（54.5%）

創業150年～不滿200年：
22間

知道但未申請
16間（51.6%）

知道且申請了
15間（48.4%）

創業200年以上：
31間

出處：作者編製

7）長壽企業針對疫情衝擊所採取之對策

關於長壽企業針對疫情衝擊所採取之對策題目，95間企業中有90間回答。整體而言，高達8成的企業都有勾選「改變銷售方式」；而勾選「改變生產方式」、「成立新事業」的企業超過整體的3成。此外，論採取對策的數量，有8成的企業集中執行1~2項對策，但也有企業同時採取了5項對策（圖表3-2-15）。

長壽企業　90間（※可複選）					
採取的對策	公司數	比例	採取對策數量	公司數	比例
改變銷售方式	73	81.1%	1項	41	45.6%
改變生產方式	32	35.6%	2項	32	35.6%
成立新事業	27	30.0%	3項	10	11.1%
組織改革	24	26.7%	4項	3	3.3%
改變供應鏈	11	12.2%	5項	4	4.4%

出處：作者編製

圖表3-2-16　長壽企業針對疫情衝擊所採取之對策：按企業創業至今時間別分

採取的對策	創業100年以上 不滿150年　38間		創業150年以上 不滿200年　22間		創業200年以上 30間	
	公司數	比例	公司數	比例	公司數	比例
改變銷售方式	32	84.2%	15	68.2%	26	86.7%
改變生產方式	12	31.6%	9	40.9%	11	36.7%
成立新事業	14	36.8%	5	22.7%	8	26.7%
組織改革	9	23.7%	4	18.2%	11	36.7%
改變供應鏈	6	15.8%	2	9.1%	3	10.0%

出處：作者編製

　　按企業創業至今時間別區分，所有組別的長壽企業回答「改變銷售方式」的比例最高。不過創業100年以上～不滿150年的企業，比起創業150年以上的企業，有更高的比例採取「成立新事業」；而創業150年以上的企業，採取「改變供應鏈」的比例低於創業150年以下的企業；創業200年以上的企業，採取「組織改革」的比例高於其他組別（圖表3-2-16）。

　　從企業創業至今時間別觀察企業採取對策的數量，可見大多企業都集中執行1~2項對策，無關企業創業至今時間。不過創業100年以上～不滿150年的企業中，有較高比例同時採取了3項對策，而創業200年以上的企業則有更高比例同時採取了5項以上的對策（圖表3-2-17）。

　　關於具體上最重視哪項對策題目，95間企業中有46間回答（圖表3-2-

18）。內容包括在外出限制的情況下，強化銜接消費者的銷售通路，諸如開啟線上、郵購、快遞與零售；另外也改變了工作型態，例如實施遠端辦公制度，調整生產流程等。此外，也有許多企業考慮從根本改變整個事業，由此可見長壽企業積極適應各種環境變化的模樣。

圖表3-2-17 長壽企業針對疫情衝擊所採取之對策數量：按企業創業至今時間別分

採取的對策	創業100年以上 不滿150年　38間		創業150年以上 不滿200年　22間		創業200年以上 30間	
	公司數	比例	公司數	比例	公司數	比例
1項	16	42.1%	13	59.1%	12	40.0%
2項	13	34.2%	7	31.8%	12	40.0%
3項	6	15.8%	1	4.5%	3	10.0%
4項	2	5.3%	0	0.0%	1	3.3%
5項	1	2.6%	1	4.5%	2	6.7%

出處：作者編製

圖表3-2-18 長壽企業最重視的對策與其具體內容

創業一百年以上～不滿一百五十年的企業	製造業	・在公司能力所及範圍內，開發並製造符合目前市場需求的產品。
		・生產消毒酒精。
		・面對現有商品滯銷的狀況，研發新商品、加強經營社群媒體，努力開拓新通路。
		・實施遠端辦公、分流上班，與客戶改採視訊會議
		・維持僱傭關係
		・銷售管道轉向零售與宅配
		・加強經營零售店面。
		・提供線上課程
		・確保員工安全，透過遠端方式維持與客戶的聯繫
		・持續進行企業活動
	服務業（不含旅館飯店業）	・①遠端辦公，②透過Zoom諮詢
		・充實服務內容，希望客戶回流時感到驚喜與安心
		・優先考量員工的心情和安全，雖即早暫停營業但維持原有支薪制度。
		・充分利用國家的雇用調整助成金*等制度。

＊譯註：日本政府為維持疫情期間，各企業僱傭關係穩定而實施的補助政策。

創業一百年以上～不滿一百五十年的企業	零售業	・我們的生計全靠「製作與販賣火車便當」，但現在大家無法旅行，於是改採「訂購」等新的銷售型態。
		・成立新事業
		・改變商業模式，轉換目標客群，發展電商通路，更新供應鏈管理，行銷重點從大型電商平台轉向社群媒體，並將經營資源集中於新事業，為了推動專案改革組織，超前部屬以因應市場法規變更與疫情限制放寬
	批發業	・注重調整商品、銷售對象與銷售方式。
		・成立新事業
	其他	・我們預期皮件需求與銷售方式會大幅改變，因此投入更多資源於6年前推出自家公司產品，而非OEM*，透過社群媒體等媒體宣傳。 ・同時也準備正式啟動去年成立的新事業。
		・我們公司在餐廳方面的業績大幅衰退了97%以上，但與肉品專賣店相關的便當促銷與外送方面，業績則有所成長。
	旅館飯店業	・運用國庫與地方政府的貸款制度、雇用調整助成金、休業協力給付金**。
創業一百五十年以上～不滿兩百年的企業	製造業	・擴大線上通路與開拓新通路
		・我們公司目前以製造和批發為主，所幸全國的合作社、批發商和藥局的業績都比去年優異。我們為了應付超乎預期的訂單，現在更集中於生產主力商品。 ・此外，針對製造工序繁瑣的商品，我們在確認合法的情況下，暫停了某部門的運作，轉採臨時生產措施。 ・不過加工食品供給增加，感覺也只是消費者一時搶購的結果，不會長久持續。在當今人口逐漸減少的背景下，我們認為創造新的提案和新商品（企畫）才是應對疫情衝擊的關鍵。
		・配合遠距工作型態
		・不只是販售商品
		・預期疫情影響深遠，因此修正、改變主力事業。
		・成立官方推特帳號，有望藉此吸引更多客戶。
		・投資人手較少也能持續生產的設備
	零售業	・我們所處的地區受疫情影響較小，所以精品店的部份持續營業，也預期可以吸引到某些因百貨公司休息而無法購物的新客戶。
		・和服店無法預期顧客上門，不過兼職員工擁有和服裁縫的專業證照，因此委託他們在家裁縫和服（員工也因子女學校停課而無法來門市上班）。
		・我們正計畫建立消費者使用的電商網站，為了籌措資金，目前已向公家機關和合作銀行申請了無息貸款。
		・支援遠端辦公

* 編按：幫別人代工產品（Original Equipment Manufacturer）。
** 譯註：日本政府為鼓勵事業體配合政府防疫措施（如縮短營業時間），所實施的補助政策。

	服務業（不含旅館飯店業）	・分散風險
	其他	・加強與顧客的溝通
創業兩百年以上的企業	製造業	・我們預期社會將產生重大變革，認為必須對當前事業進行全面調整。
		・成立新事業
		・為了守護代代相傳的事業，我們必須考慮創立新事業，持續向前，否則勢必窮途末路。 ・我們致力於籌措新事業的資金，並重視守護傳統的心態。
		・在家工作，即遠端辦公。
	零售業	・不過度縮減現有事業核心，配合時局建立多角化經營體系
		・加強客戶的信賴
		・學校端客戶需要進行遠端上課，所以非常依賴我們公司。 ・我們會將教材配送至學生家，還會製作課程影片。
		・擴大線上通路，提供5公里內快遞服務，以及網路預約到店取貨服務
	旅館飯店業	・受緊急事態宣言影響，自4月15日起停用集會場地（宴會廳），4月25日至5月31日完全停業。目前優先考量員工的健康與顧客的安全，避免疫情擴大。 ・活動延至疫情結束後再辦。
		・停業
	服務業（不含旅館飯店業）	・開始經營線上通路。我們為了申請外送餐點許可，改裝了廚房，推出外帶服務。
	批發業	・首先採取貸款等各項財務對策，盡可能確保手頭資金充裕，準備長期抗戰。 ・投資數位轉型，實現業務多樣化。 ・為靈敏因應後疫情時代的社會變遷與消費者價值觀的變化，果斷革新組織。
	營造業	・守護公司（員工）和資產
	其他	・用心經營網路事業，並加強農業領域的業務

（原書註）完全按照受訪者回覆內容所轉載（以下皆同）。　　　　　　出處：作者編製

8）面對疫情危機，制定經營決策上主要依賴的對象

　　關於企業面對疫情危機，制定經營決策上主要依賴的對象題目，超過一半的企業回答「董事等公司幹部」，約3成的企業則提到「金融機構」和「專業人士」；約2成的企業回答「朋友」、「親戚」和「客戶」（圖表3-2-19左）。

　　在依賴對象的數量方面，6成以上的企業表示只依賴「1個」或「2個」，可見大多企業只依賴少數對象。然而，也有一定數量的企業表示可依賴的對象多多益善（圖表3-2-19右）。

　　按企業創業至今時間別分析，創業100年以上～不滿150年的企業與整體呈現相同傾向，創業150年以上～不滿200年的企業有半數依賴「專業人士」，而創業200年以上的企業中近半數依賴「金融機構」，約3成依賴「朋友」（圖表3-2-20）。觀察各組別依賴的對象數量，創業150年以上～不滿200年的企業傾向是依賴2個對象，而創業200年以上的企業則傾向於只依賴單一對象（圖表3-2-21）。

圖表3-2-19　長壽企業制定經營決策上主要依賴的對象

長壽企業 95間（※可複選）					
依賴對象	公司數	比例	採取對策數量	公司數	比例
董事等公司幹部	50	52.6%	1個	30	31.6%
金融機構	33	34.7%	2個	32	33.7%
專業人士	31	32.6%	3個	17	17.9%
朋友	25	26.3%	4個	11	11.6%
親戚	22	23.2%	5個以上	5	5.3%
客戶	19	20.0%			
政府機構	15	15.8%			
上一代經營者	13	13.7%			
商業公會	11	11.6%			

出處：作者編製

依賴對象	創業100年以上 不滿150年　40間		創業150年以上 但不滿200年　22間		創業200年以上 33間	
	公司數	比例	公司數	比例	公司數	比例
董事等公司幹部	23	57.5%	8	36.4%	19	57.6%
金融機構	11	27.5%	7	31.8%	15	45.5%
專業人士	12	30.0%	11	50.0%	8	24.2%
朋友	10	25.0%	5	22.7%	10	30.3%
親戚	11	27.5%	3	13.6%	8	24.2%
客戶	7	17.5%	5	22.7%	7	21.2%
政府機構	3	7.5%	7	31.8%	5	15.2%
上一代經營者	7	17.5%	1	4.5%	5	15.2%
商業公會	5	12.5%	4	18.2%	2	6.1%

出處：作者編製

圖表3-2-21　長壽企業主要依賴的對象數量：按創業至今時間別分

依賴對象數量	創業100年以上 ～不滿150年　40間		創業150年以上 ～不滿200年　22間		創業200年以上 33間	
	公司數	比例	公司數	比例	公司數	比例
1個	13	32.5%	5	22.7%	12	36.4%
2個	13	32.5%	10	45.5%	9	27.3%
3個	8	20.0%	4	18.2%	5	15.2%
4個	4	10.0%	2	9.1%	5	15.2%
5個以上	2	5.0%	1	4.5%	2	6.1%

出處：作者編製

9）長壽企業的煩惱

　　本題共收到52間企業的具體回答（圖表3-2-22）。

　　回答內容相當廣泛，包含：人才短缺、事業繼承、組織重組等與企業人事、體制相關的問題；如何因應生活型態改變、傳統文化式微導致市場縮小等時代變遷的長期問題；以及與電子商務、數位化等提高生產力相關的問題。以下擷取某些長壽企業面臨的煩惱。

圖表3-2-22　長壽企業的諸多煩惱

創業一百年以上～不滿一百五十年的企業	製造業	・培養人才
		・預測隨人口減少需求的變化，關注業界趨勢。
		・比起煩惱自己公司的事情，我們更偏向關心整個京都市茶業公會的存續與整體茶業界的狀況，並以此為前提去思考事業承繼的問題。
		・改建工廠的資金不足。
		・我們希望向國內、全世界積極展現長壽企業形象，讓大家知道從全世界的眼光出發，長壽企業有多麼「難能可貴」
		・有人力但沒人才
		・因為預測未來市場恐將縮小，正在煩惱公司是否該縮編
		・已建立穩定通路的同業很多，因此很難在各個領域開拓新通路。
		・像我們這樣的企業型態無法充分發揮長壽企業的優勢，只能與新興企業接受相同待遇。
		・技術日新月異，市場瞬息萬變，過去的經驗反而成為累贅。但外人經常以為我們是長壽企業，就認為我們很穩定，不需要支援，這一點很教人心酸。
	服務業（不含旅館飯店業）	・繼承
		・當今世道唯利是圖，愈來愈不重視道德情感（包括供應鏈）。
		・時代和環境有變化再自然不過了，但我們認為自己也必須跟著改變。重要的是選擇留下什麼，只是感覺現在的日本缺乏這方面的指標。
		・餐飲服務業的從業人員染疫風險較高，預計員工將會離職。
	零售業	・更新事業，改革文化
		・我們公司是由經營者完全掌握經營權，因此經營得愈久，股價就愈高，導致股權繼承變得很困難。
		・正所謂「積善之家，必有餘慶」，我們希望能以科學化、學術化的方式分析事業承繼的法則，並將其中的因素轉換成外顯知識。整理出永續企業價值的資料庫，並加以數值化，尋找可依循的指標與某些看不見的事物。
		・繼承事業的使命感和責任或許也算是煩惱。
	批發業	・煩惱如何更有效率傳承事業與資產
		・公司數位化與改善效率的進展緩慢
		・確保優秀的人才
	其他	・最希望有推廣自家產品的機會（例如透過網路文章協助）。
		・日本的國際地位
	旅館飯店業	・如何應對消費者生活型態與消費行為的改變，而能生存下去？
	農林漁業	・缺乏後繼者與領導人才

創業一百五十年以上～不滿兩百年的企業	製造業	・確保製造技術人員
		・如何洞悉未來，掌握特定地區的銷售能力，以及關注海外動向？ ・關於以上疑問，除了日本貿易振興機構（JETRO）和中小型組織，希望能聽取其他組織單位的意見。
		・推動組織成長，促進創新變革
		・如何確保營收和資金，以及如何提供顧客產品。
		・由於扇子部門的分工作業，我們正努力幫助每位工匠維持產線。
		・高層缺乏中長期經營的眼界。
	零售業	・雖然組織不乏長期經營觀點，心態卻短視近利
		・疫情衝擊下的未來資金周轉狀況
		・接班人
		・培養幹部
		・事業繼承規畫不完善
	其他	・第11題沒有我想選的回答選項，我認為最重要的經營判斷基準是「家訓」和「經營理念」。
	批發業	・日本人愈來愈不愛穿和服，但這是我們公司難以自行解決的問題 ・問題出在父母沒有傳承習俗，很多人從小就沒穿過和服
創業兩百年以上的企業	製造業	・事業繼承
		・我們考慮藉此精簡公司結構，也考慮精簡人力，提高收益，以傳承給下一代。
		・目前人才依舊難尋，希望新冠疫情能加速優秀人才回流鄉里
		・感覺我們公司還停留在上個時代，只靠大家庭購買糖果、餅乾的業績恐怕難以維持事業。
		・煩惱很多，但是抱怨東缺西缺也沒用，只能硬著頭皮撐過去
		・確保中小型企業有人才。
		・確保人才
		・在時代變遷下尋找自家公司定位
	零售業	・如果有什麼低價的流通管道將大有助益。
		・我們自詡為業界中不可或缺的存在，但經營狀況並不理想，所以正在考慮調漲商品定價，但遲遲無法下定決心。
	批發業	・社區經濟衰退
		・我們正全力應付新冠疫情造成的問題。
	旅館飯店業	・過去的經驗無法應對新冠疫情造成的衝擊。 ・此外，無論上哪找答案都沒有收穫，只能密切關注世界每天的動向，所以我們非常仰賴有用的資訊。
		・營收、資金周轉、人事成本
	服務業（不含旅館飯店業）	・培養人才，共享理念→希望制定內部評鑑制度。
	其他	開發新產品的系統較弱

出處：作者編製

4. 深入探討

　　本機構藉由整理具體公司名稱與所在地區等資訊，發現日本全國可能有超過52,000家創業100年以上的企業。倘若將這些企業視為長壽企業的母集合，那麼本次調查中回覆的95間企業只不過是冰山一角。此外，由於本次調查的樣本數量有限，結果顯示的趨勢難說具顯著的統計學意義。因此，我們難以根據調查結果，針對國內長壽企業方面提供科學上的建議。

　　儘管如此，我們亦自豪這些資訊相當寶貴，因為我們能藉此了解長壽企業具體上如何適應令和新時代下的社會巨變。

　　調查結果明確顯示出長壽企業以下3點特徵（其中難免包含我主觀意見，還望讀者海涵）：第一是「洞悉時代的眼光與應對能力」，第二是「引發變化的體力與判斷力」，第三是「與政府單位的距離感」。

　　從長壽企業對疫情影響期間的預測，即可窺見第1點中的「洞悉時代的眼光」。2020年1月，日本國內出現首位確診者，當來到2021年11月底，新冠病毒的影響尚存，還出現了變種，情況不容樂觀。許多長壽企業自社會開始擔憂疫情擴大之初，便預計影響將持續2年以上，此一事實也體現出長壽企業「洞悉時代的眼光」之敏銳。

　　而「應對能力」更清楚體現於具體對策上。本問卷調查是在第1次緊急事態宣言發布期間進行的，政府的長期紓困補助（申請期間從2020年5月1日～2021年2月15日）才剛開放申請。儘管如此，當時早已有許多長壽企業於銷售方式、生產方式、執行方式等業務各面向研擬特定的對策，探討具體面臨的環境變化，而付諸實行的案例也不在少數，甚至還有極少數長壽企業的營業額有所成長。

　　關於第2點中「引發變化的體力」，也可以從長壽企業的資金周轉情況推想而知。本次收到的回覆中，過半數的長壽企業表示，照目前資金周轉狀況還能維持營運1年以上。儘管並非所有長壽企業皆如此，但除此之外，便意味著長壽企業備有穩定的資金，即使面對營收下滑的艱困情況也能如此回答；而這或許也是他們能迅速改變的原因。

至於「判斷力」的部份，則能以長壽企業研擬經營決策時的諮詢對象來推測。儘管本次回答的企業大多為未上市的中小型家族企業，但其中半數以上的企業都仰賴自家董事與幹部等內部人才，意味著企業內部擁有能夠精準掌握現況並做出判斷的人才。這也使人聯想到長壽企業中，存在類似古代「總管」一般的人物。

　　包含超過40％回答知道中央和地方政府有貸款制度卻未申請的企業在內，在這場前所未有的國家級經濟危機中，許多長壽企業在經營決策上沒有仰賴商業公會、工會等職業團體或政府的結果，推敲出第3點「與政府單位的距離感」。尤其200年以上的企業，雖然占比不多，但有過半數回答知道有貸款制度卻未申請。因此可以推論企業歷史愈久，愈可能經歷過更多政治制度變化帶來的影響，但這是否影響了他們的回答，有待商榷。

　　不過，這項調查也顯示出另項重要的結果——雖然與上述論點完全相反，但長壽企業並不一定都具備強韌的體質。有些長壽企業依照當前資金狀況，只能繼續維持營運相對短期的1或3個月，也有些企業於疫情初期就因為營收大幅下滑而苦不堪言。

　　此外，長壽企業在經營的各個面向上都存在著煩惱，諸如資訊科技化、留人、育人、事業繼承、通路開拓、資產管理、資金籌措等；也有企業將人口減少與傳承日本文化等重大社會課題視為己任。我們可以從這些長壽企業的問題意識一窺，他們即使在疫情趨穩後，依然得面對經營面和社會面殘留的課題。

　　總結來說，雖然參與本調查的企業數量有限，但我們仍能透過結果，了解部份長壽企業面對社經變化的應對措施和實情。本調查是本機構首次針對長壽企業進行的系統性調查，也可視為本機構以「百年經營科學化」為使命所發起之未來活動的新基石。

　　如前所述，本機構將全日本長壽企業的資訊整理成表，並致力於建立長壽企業資料庫。我們對於實施問卷調查相當謹慎，盡可能避免造成長壽企業的負擔，但也希望能定期調查，並為受訪的長壽企業提供整理過後的結果，促進長壽企業與本機構之間於長壽經營資訊上的循環交流，如此便能期待進一步充實

資料庫，加深長壽企業與本機構的關係，擴大本機構與長壽企業之間的網絡。

此外，關於本調查中長壽企業的對策細節、經營決策的內容，以及發展至此的脈絡等具體經營過程，有待未來透過個別訪談等方式深入了解。

本機構成員包含：企業等法人與經營者等自然人，都是希望向長壽企業學習長壽經營之道的夥伴。作為這樣的組織，我們自許職責在於，揭示長壽企業面臨的具體經營課題，並且蒐集、發布資訊，促使社會更加關心個別長壽企業，和以長壽企業為中心發展的地區。

（加藤倫之）

疫情下的經營行動：日本長壽家族企業範例

1. 古曼

1）沿革

古曼是一間歷史超過1,300年的旅館，養老元年（西元717年）創立於日本兵庫縣豐岡市城崎町，其所在的城崎溫泉是山陰地區的名湯，與同縣的有馬溫泉齊名，都是日本知名的溫泉勝地。古曼與城崎溫泉淵源匪淺，甚至有人說古曼的歷史就是「城崎的歷史」。

城崎溫泉以「歷史、文學與外湯❶之鄉」聞名，全鎮視同為1座溫泉區，目前7座外湯周圍共有約40家商店與餐飲店，還有77間旅館。然而，大正14年（西元1925年）5月23日發生了北但大地震，當地建築物幾乎盡數倒塌，甚至發生火災，整區慘遭祝融，許多歷史建築和資料就此遺失，僅有1座支撐城崎溫泉歷史的「溫泉寺」倖免於難，至今仍保存著記載日生下家與城崎歷史的《曼荼羅記》和《日生下家舊記》兩份古書抄本。

根據《曼荼羅記》與《日生下家舊記》的記載，和銅元年（西元709年），日生下權守得到4位神明託夢，於是建立了祠堂供奉4位神明，並尊稱為四所明神。後來，養老元年1位法號為道智上人的高僧造訪城崎時，目睹眾生為疾病所苦，決定自行閉關，在僧人修行用的曼荼羅屋敷唸經千日，解救眾生；結果溫泉湧出，揭開了城崎溫泉的歷史。此後，日生下家便代代守護著這座溫泉。

其實「古曼」這個屋號❷，也與其前身「曼荼羅屋敷」有關。他們直到江戶時代都還是以曼荼羅屋為屋號營業，至明治時代才更改為「古曼荼羅屋」，而當地居民暱稱「古曼」，便形成了今日的屋號。此外，原本日生下家的代代

---

❶ 譯註：即公共溫泉池，而「內湯」則為私人擁有的溫泉池。
❷ 譯註：即店名，或居所、職業場所的名稱。

當家都必須繼承「權左衛門」之名，但明治時期以後廢除了襲名制，現任當家為第22代的日生下民夫。他不僅是株式會社古曼的總經理，也兼任城崎溫泉旅館協同組合（公會）理事長、城崎溫泉觀光協會副會長等職務，密切參與地區發展。

城崎溫泉過去除了北但大地震，也曾面臨旅館間的內湯之爭等重重危機，而古曼一直以來都秉持「共存共榮」的精神，扮演保護並促進城崎溫泉發展的重要角色。

2）「共存共榮」的精神

城崎溫泉的精神宗旨為「共存共榮」，具體做法如「將整個溫泉街視為旅館」，將車站當作玄關，馬路視為走廊，旅館當成客房，外湯作為大浴場，禮品店作為紀念品小舖等，遊客可以穿上浴衣，自由前往街上7座「外湯」，漫步河邊，欣賞河岸柳樹與整排3層樓高的木造旅館；而這也是城崎溫泉獨特的觀光風格。

「共存共榮」的觀念深植城崎溫泉，其背後代表大家將溫泉視為公共資源。對城崎溫泉來說，溫泉是相當寶貴的資源，如果人人競相開挖，恐會造成資源減少、水溫下降等不良影響，因此溫泉街全區不設置內湯，而是採取外湯形式共享資源。這項外湯主義也使得城崎溫泉得以維持獨特的觀光風格。

人總有利己的一面，因此要大家共享資源並不容易。生物學家加勒特・哈汀（Garrett J. Hardin）於1968年發表〈公地悲劇〉（The Tragedy of the Commons）一文（Hardin, 1968），以牛牧民共同使用的牧草地為例，闡述公共資源管理不當時，資源會遭到過度利用，造成無法挽回的損害。這項概念也適用於當前的地球環境問題，不過城崎溫泉卻憑藉著「共存共榮」的精神維持了千年，避免了公地悲劇。

不過，城崎溫泉的「共存共榮」精神也曾面臨危機。北但大地震復興期間，有旅館挖掘到泉源，並試圖以這個泉源在新建的旅館設置當地第1座內湯，結果遭控破壞傳統，甚至鬧上法庭（史稱「城崎溫泉內湯訴訟事件」）。

這場紛爭長達20多年，直到1950年才達成和解。最後該旅館雖然得以設置內湯，但規模有所限制，想要泡大澡堂的客人依然得前往傳統的外湯。如今雖然絕大多數的旅館都有內湯，但即便是大型旅館，內湯的規模也很小（湯島財產區a，2021）。

內湯訴訟事件加強了「共存共榮」的機制，後來便由湯島財產區負責管理所有泉源的使用權（包含私人土地的泉源），並建立外湯和內湯共存的原則。1972年，城崎溫泉也建立了溫泉集中配水管理設施，透過類似上下水道的管線，將泉水供應給各個外湯和旅館，確立了城崎溫泉獨一無二的「共存共榮」型態。以下補充幾個關於財產區的資訊；財產區是隸屬於市町村的特別地方公共團體，負責管理、處理市町村內的財產與公共設施。該團體成立於明治時代，現由豐岡市長擔任負責人，與11名區議會議員共同管理4座泉源的使用權與6座溫泉浴場、1棟集中配水處（湯島財產區b，2021）。

3）疫情下的地區合作

疫情爆發前，城崎溫泉吸引了非常多外國觀光客。豐岡市外國旅客總住宿人數（其中80～90％於城崎溫泉住宿）在2013年為10,457人，2019年更創下最高紀錄63,648人（豐岡觀光創新網）。這歸功於城崎溫泉本身引發的魅力之外，也因為公私部門攜手合作，建立館內外語導覽、增設WiFi裝置，整頓環境迎接觀光客；然而2021年卻因為疫情影響，外國遊客數量幾乎掛零。

城崎溫泉至今克服過數次重大危機，其一就是前面提到的北但大地震。當年地震造成300多人死亡，整個溫泉街近乎毀滅。據古曼總經理（第22代）日

圖表3-3-1　城崎地區的3項行動

（1）各企業家搶先地方政府相互合作，全町共同制定防疫對策指南
（2）所有旅館和商店共享補助申請相關資訊
（3）旅館協同社區事務局，代替高齡化的經營者或僅有少數員工的旅館，處理申請事宜

出處：作者編製

生下民夫所述（日生下，2021），溫泉是學校與整個地區的資源，所以當年町民團結一心，秉著「共存共榮」的精神，將修復溫泉視為首要任務。民眾也無償提供1成的土地，拓寬河道與道路，並在鎮上要衝建設鋼筋建築物，保護原有景觀的同時，也著手打造現代化防災建設。

疫情當前，城崎溫泉依然同心協力實踐「共存共榮」。主要是由古曼日生下總經理擔任理事長的城崎溫泉旅館協同組合，帶領大家迅速採取了以下措施（日生下，2021）。

城崎溫泉觀光協會等單位，在感染症和觀光政策專家的指導與豐岡市的協助下，制定了防疫對策指南（城崎溫泉防疫對策指南，2020），列出城崎溫泉地區各行業（住宿設施、禮品店、餐飲店、商業設施等）的防疫措施，並加入浴衣穿著方式、網路確認外湯使用人數等城崎溫泉專屬的內容。

共存共榮聽起來像國泰民安時的策略，但古曼和城崎溫泉在存亡之際，依然藉著這份精神得以存續，甚至繁榮1,300逾年。今後為迎接2025年的大阪世界博覽會，城崎溫泉也將持續共存共榮。

4）地方創生的關鍵字：共有財

疫情也給了許多商業人士重新審視自身工作方式的契機。以往人人對大城市趨之若鶩，現在反而慢慢有更多原先住在都市的人，選擇遷居鄉村（例如遠端辦公）。然而，這種趨勢並不意味著地方創生會自然而然就成功。雖然吸引外地人口流入對地方創生來說很重要，但更重要的是在地居民維護地區的行動。現在，我們更應該學習城崎溫泉的案例，效仿當地企業家如何以地方資源（共有財）為基礎，實現共存共榮。

（森下彩子、松本拓也、落合康裕）

2. 船橋屋

1）沿革

船橋屋在文化2年（1805年）創立於東京都江東區龜戶，適逢江戶幕府第

11代將軍德川家齊在位期間。該公司取創辦人渡邊勘助的出生地名，將屋號定為「船橋屋」，前5代均為小本生意，昭和27年（1952年）才登記為法人。船橋屋自創業以來都以龜戶栽培的優質小麥為原料，製造並販售關東風葛餅，目前由渡邊雅司繼承第8代當家，除了產銷葛餅、餡蜜等和菓子，也經營咖啡廳。

初代勘助最早是在下總船橋（今千葉縣船橋市）一帶，俗稱船橋大神宮的意富比神社內經營豆腐店。當時，龜戶天神社附近常有許多來參拜的遊客，卻缺乏可歇腳的茶舖，於是初代勘助便在龜戶天神社內開了「葛餅屋」，這就是船橋屋的起源。之後，第3代勘助於龜戶天神社設立了總公司（現址）。

船橋屋以現今的家訓「打造為先，販售在後」為核心思想，度過時代變遷，克服重重危機，將事業延續至今。第4、6、7代的當家皆是望族的養子。二戰前、二戰戰間乃至於戰後，是船橋屋歷史上最艱困的時期，當時是由養子與媳婦等沒有血緣關係的親屬支撐著船橋屋，因此船橋屋在事業繼承上並不堅持傳給家族成員，更加重視將招牌好好傳承下去。即便是親生子女，只要經營者判斷不適合，就會交棒給養子女，繼續守護船橋屋的招牌。

第6代當家於戰後復興時期鞠躬盡瘁，第7代當家則在日本高度經濟成長期將產線機械化，增加並穩定產量，更於百貨公司開設專櫃，成功擴大事業版圖。現在，船橋屋也在車站與商業設施中展店，還開發出前所未有的葛餅乳酸菌健康食品和與保養品等商品。

2）家訓與現代新解

創業至今已逾200年的船橋屋，擁有「招牌勝於血緣」的觀念，並秉持著初代訂立的家訓「打造為先，販售在後」，意思是「不要滿腦子想著賺錢，只要持續製作優質商品，顧客自然會支持」。多虧這條家訓衍生的思想、與他人的幫助與善緣，船橋屋的店鋪即使在東京大轟炸中燒毀殆盡，也能在1年後迅速重建，重新開業。所有員工團結一致，與顧客攜手克服困境，早早復興。

「打造人才」、「打造經營」、「打造健康」、「打造笑容」、「打造安心、安全」、「打造自信」、「打造未來」、「打造心靈」、「打造身體」、「打造歷史」、「打造社會」、「打造傳統」、「打造感動」、「打造生命」、「打造發展」、「打造愛」、「打造希望」、「打造情誼」、「打造夥伴」、「打造信賴」、「打造信用」、「打造夢想」、「打造生存價值」、「打造志向」、「打造羈絆」、「打造創新」、「打造幸福」、「打造社會性」等

出處：引用自佐藤（2021）

隨著時代變遷，現任經營者也需要在不改本質的前提下，重新詮釋前人的教誨以符合現代觀念。例如船橋屋根據現代經營環境，重新定義了「打造為先，販售在後」的教誨（圖表3-3-2）。

第7代當家也激勵員工：「我們過去每10年必定遭逢這樣的時刻（經營危機），但這時更需要我們團結一心。」前人傳承下來的話語中，藏有跨越重重困難的DNA，充滿了說服力。

3）管弦樂團型組織

船橋屋打造的組織型態很有特色，否定階級本位的金字塔結構，志在建立管弦樂團般的組織，注重個人情感引起的雀躍情感，各個店舖與部門都貫徹「先讓員工自由發揮」的原則；並且舉辦公司內部培訓和新人研習，讓全體員工了解船橋屋的歷史沿革。船橋屋尊重個人立場與多樣性，用心激發每個人的工作熱忱。

4）疫情下利用社群媒體開拓新市場

新冠疫情也對船橋屋造成了重大影響，短短1年就讓龜戶天神社決定取消歷年來熱鬧的紫藤花祭，船橋屋近半數的店面也被迫停業，這些影響都導致船橋屋的營業額較前1年下滑了35%以上。

然而，船橋屋在面對如此艱困的局面下，依然積極採取新策略與開發新產

品，努力突破僵局。例如，在行銷活動中，透過社群媒體轉播龜戶天神社內紫藤花的開花狀況，或舉辦贈送葛餅的促銷活動等。以上活動都是利用社群媒體進行，這也促使船橋屋的帳號追蹤者人數從5,500飆升至6萬人，而這些追蹤者都是潛在的網路客戶，進而為船橋屋打開了新的市場與通路。

此外，他們也為了推廣葛餅，積極開發更多新產品與業務，例如「網購刨冰」、「用喝的葛餅乳酸菌」、「化妝水」、「成立新分店」。這些新產品和業務有很多都是年輕員工提出的想法，而這也是該公司的特色之一。

5）打造後疫情時代的船橋屋

近來常有報章雜誌探討後疫情時代的變化，看來即使新冠疫情過去，世界也無法完全恢復到疫情前的狀態，餐飲業也必須調整，例如擬定防疫措施與外帶服務。即使環境瞬息萬變，船橋屋遵循家訓所鍛鍊的企業精神仍是一大優勢。即使進入後疫情時代，相信現任當家也會重新詮釋家訓，提出新的顧客價值。

（藤原健一、松本拓也、落合康裕）

3. 一條旅館

1）沿革

一條旅館是位於日本宮城縣白石市鎌先溫泉的溫泉旅館。鎌先溫泉歷史悠久，據傳源自1428年，1位農夫務農時到附近森林池畔取水，拿鎌刀分開樹根與岩石後所發現的溫泉。一條旅館現已傳至第20代當家一條一平手上。而旅館自第14代起，代代當家都承襲一平這個名號。

初代當家一條長吉為京都貴族，日本戰國時代曾效力於名將今川義元。長吉在1560年的桶狹間之戰戰敗負傷，逃往鎌先，沒想到泡了溫泉後，傷口竟在1日內痊癒，於是他決定定居於此，經營療養溫泉，即日後的一條旅館。從那時起，一條家的當家便代代經營鎌先溫泉至今。

江戶時代，仙台藩授予鎌先溫泉「湯守」一職，負責管理溫泉與旅館業

務，並允許收取費用（湯錢）作為收入，同時也有義務上繳部份收入給藩。當時，溫泉與金、銀同屬重要資源，對藩的財政影響甚鉅。而湯守也是重責大任，藩甚至會授予領地。

2）經歷東日本大地震

　　湯主一條現在的木造本館建於昭和16年（1941年），並未受到東日本大地震的影響，並於2016年登錄為日本國家有形文化財。旅館直到2003年第20代當家上任前，都有接待團體客人入住。旅館的別館共有26間客房，木造本館（療養溫泉會館）則有41間客房，總共可容納160人，然而當第20代當家上任時，生意十分慘澹，住房率僅約30％。

　　因此，第20代當家於接班的隔年，即2004年便開始改建旅館，逐步增加包廂料亭，並於2008年全面翻新旅館，將客房縮減為24間，而原為療養溫泉會館的本館則全數改建為包廂料亭。此舉成功改善了住房率；同時，他們也開始培養人才。

　　不料2011年3月11日，東日本大地震侵襲日本東北地區，造成當地斷電長達數日，旅館對外道路也坍方，只得無限期休業。然而，一條旅館為了將來恢復營業時，能夠妥善款待客人，動員全體員工進行大掃除、修繕館內，也投資設備，維護設施，並調整服務方式。當他們於災後42天重新開業時，住房率達到95％以上，營業額也恢復到與前1年近乎相同的水準，成功化危機為轉機。

3）疫情下的經營管理

　　大環境的變化來來去去，東日本大地震後9年，輪到新冠病毒侵襲。感染症對大環境的影響與地震的性質截然不同，而且範圍並不限於特定地區，波及日本全國短期住宿業。

　　面對疫情，一條旅館將心力投注於人才管理。一般來說，企業面臨前所未有的經營危機時，往往不會花心思管人，因為這並非立竿見影的經營決策。然而，由於短期住宿業的客戶滿意度是取決於員工的服務品質。

讓我們觀察一條旅館的做法。首先，他們在疫情休業期間（2020年4月8日～5月16日）持續與員工溝通。因為在休業期間，員工容易擔憂未來的工作和生活保障，而這項策略有助於解除他們對失業的憂慮，減輕壓力。

第2點是實施內部研習。一般來說，人流受限會導致營收與利潤減少，許多企業在未來不明朗的情況下，都會選擇縮減人事成本。然而，一條旅館卻反向操作。由於旅館平常營運時很難一舉培訓全員，所以他們利用停業期間投入人才教育，提升員工能力，做好準備迎接復業的那天到來。

第3點是關心員工的健康。旅館復業後，客人回流速度超乎預期，住房率迅速上升。正常來說，旅館只要還有空房都會盡可能接到客滿為止。然而，若住房率居高不下，員工的休息時間就會減少，因此館方反而限制了預約數。這也使他們得以提供更好的服務，讓顧客賓至如歸。

在新冠疫情等前路未卜的情況下，短期住宿業者通常會選擇壓低成本、降低住宿價格、提高住房率，但新冠疫情擴散以來，顧客更注重「安心、安全」的旅行；一條旅館透過人才管理而非降價，創造了「安心、安全」等嶄新的顧客價值。

4）經營危機和耐性

長壽企業的強項何在？雖然很難一語帶過，但其中之一可能是他們一路克服經營危機所累積的經驗和教訓。一條旅館走過東日本大震災，經歷新冠疫情，依然踩著穩健的步伐，拒絕立即見效的短期策略，採取具有長期效益的策略，投入人才管理。這一連串的經驗和教訓，也形塑出現代經營者面對危機仍堅定不移的經營心態。

（樋口敬祐、松本拓也、落合康裕）

4. 日本花卉公司

1）沿革

日本花卉公司（Japan Flower Corporation, JFC）是總部位於日本富山縣射

水市，在石川縣、福井縣、關東和關西地區活動的花卉流通企業。該公司創立於明治7年（1874年），原名山文青果市場，專門批發蔬果；平成8年（1996年）將鮮花部門分出來設立了日本花卉公司。

目前，日本花卉公司以北陸地區的40家連鎖花店「花松」為首，建立了7項品牌。除了花卉流通業務，也創辦花藝學校，旨在推廣花卉的樂趣與文化價值。此外，該公司於2010年收購了株式會社Creative阪急的花卉部門，為花卉業界的併購案首例；2018年更收購了伊藤忠集團的相關事業，開始經營玫瑰專賣品牌「Rose Gallery」。現今公司代表人松村吉章為第7代當家；日本花卉公司在成立後約25年內就開設了80間店鋪，引起業界廣大的關注。

1991年，松村21歲時加入了山文青果市場的花卉批發部門。當時，公司的年營業額約為1億日圓。然而，松村加入公司後的短短4年內，年營業額便增加8倍，展店數量達到20間。隔年，日本花卉公司成立，正式開始擴大花卉事業。松村加入公司後一直致力於制定經營理念與加強招聘人才。之後，公司規模擴大至50間店鋪，並試圖獨占富山縣的市場，最後市占率成長至50%。松村在加入公司的第16年，創下史上首度有花卉業者開設100家店鋪的紀錄，隔年還進軍關東地區。

2010年，日本花卉公司收購Creative阪急的花卉事業，此舉使他們的業績V字型反彈，前1年還虧損1億日圓，隔年卻創下高達35億日圓的營業額。此外，他們也收購了Rose Gallery。Rose Gallery是1家高級玫瑰專賣店，45年前由成衣商雷納恩（RENOWN）的創辦人尾上清成立，後由伊藤忠集團接手營運。日本花卉公司吸收了Rose Gallery之後，一舉躋身花卉業界五巨頭之一。

2）前人的世代與經營理念

日本花卉公司前身「山文青果市場」的第3代經營者，大正時代後期掌握了台灣香蕉在日本北陸地區的專賣權。當年，第3代經營者得知香蕉是高級且富含營養的健康食品，於是透過廣告大力推廣台灣香蕉，成功打下一番事業。松村表示：「前人告訴我們，先見之明很重要。我們從小就耳濡目染這則家

訓，因此也能在新冠病毒危機下迅速發動流通革命。」或許是因為過去累積的經驗，令他們得以將環境劇變的危機視為轉機；而這正是長壽企業的優勢。

　　但即使經營者滿懷事業熱忱，也不能一意孤行，否則將造成組織內的嚴重扭曲。實際上，日本花卉公司就曾面臨員工離職潮，據說員工當初指責公司虧待了他們，於是松村制定了12條經營理念（哲學），同時努力營造舒適的工作環境，改變言行、態度和公司風氣。後來，經營者終於能與組織整體形成共識，進而產生組織凝聚力。而對此哲學有所共鳴的員工，如今也成為公司幹部，支持著松村總經理。

3）新冠疫情與微笑花兒計畫

　　新冠疫情衝擊下，各種活動與外出行為都受到限制，鮮花需求驟降、價格下跌，導致許多花農陷入經營困境。某些花農考量到包裝與運輸成本，發現出貨也划不來，無奈之下只好丟棄自己培養的花朵。而這次的新冠疫情，更凸顯出花卉耗損（flower loss）的問題（圖表3-3-3）。

　　鮮花行業的結構屬於產品導向（product orientation），農會或市場向花農購買花卉，經由批發商送到零售商，再賣給消費者。松村表示：「我們必須設法改變，將產品導向轉為市場導向（market orientation）。」換句話說，若能轉型為接單生產的型態，就能精簡化花農將花送到消費者手中的流程，從而保

圖表3-3-3　花卉耗損範例

（1）**規格耗損**：不符合農會或市場標準，無法出貨所造成的耗損
（2）**價格耗損**：因市場價格下跌，不符生產流通成本而限制出貨量所造成的耗損（新冠疫情期間有所增加）
（3）**毛利耗損**：產品經過多個流通環節，導致交易成本增加所造成的耗損
（4）**鮮度耗損**：零售商為因應浮動需求，而準備大量庫存所導致的耗損
（5）**業務耗損**：花卉需求量較大的業務訂單取消（新冠疫情期間有所增加）
（6）**裝飾耗損**：用於活動裝飾的花卉，只使用數小時至數天便廢棄所形成的耗損

出處：作者向日本花卉公司確認後所編製

持花朵的新鮮度，大幅減少新鮮度的耗損，提升毛利率。

　　松村滿腔熱血，渴望「消除花卉耗損，幫助花農」，於是發起了「2020微笑花兒計畫」（Smile Flower Project），呼籲大眾購買無處可去的花。他們直接向花農購買花卉，並架設專門銷售的網站，而這項計畫累計已將超過500萬朵花送到許多家庭中。

　　他們還設立了「Flower Life振興協議會」，並接受日本農林水產省委託承辦「公共設施等花卉利用擴大輔助計畫」，於日本各地舉辦活動，旨在解決花卉耗損問題，並創造與花相伴的嶄新生活型態（Flower Life）。此外，他們也在全日本主要旅遊景點等20多個地點，舉辦花卉主題活動，其中還包含了日本國寶與世界遺產；另外也與業內規模最大的日比谷花壇合作，正式推出鮮花訂閱服務。

4）SDGs與日本花卉公司的流通革新

　　日本花卉公司的魄力不只展現於面對疫情這般前所未有的大環境變化，更體現於他們為解決花卉耗損問題，而提出的新流通結構。乍看之下，自身難保的情況下還要攬上負擔並不合理，但環境劇變的確使傳統方法失效，反倒催化了革新。日本花卉公司的微笑花兒計畫也呼應了SDGs的第12個目標：「促進綠色經濟，確保永續消費及生產模式」（Responsible Consumption and Production）。在後疫情時代下，日本花卉公司的努力以花卉作為媒介，潤滑生產者與消費者之間，甚至人與人之間的關係。

（藤原健一、松本拓也、落合康裕）

5. 綿善

1）沿革

　　株式會社綿善創立於天保元年（1830年），經營京都市中京區的綿善旅館；此老字號的旅館在京都赫赫有名，是曾獲京都府和京都商工會議所頒發的老舖賞。綿善旅館雖然是間老旅館，2015年卻藉由科技化改善工作效率，因而

獲選為「全日本8間產能升級模範旅館」，引起全日本的矚目。

綿善的創辦人綿屋善兵衛，原本是富山的藥商，同時也經營旅館。當時，京都的室町通一帶是和服的集散地，吸引日本各地的商人前來買賣布料。和服店會招待訪客到祇園，而善兵衛經營的旅館就位於客人回程路上，於是住宿的客人與日俱增。另外，許多從北陸地區來此採購和服的商人也成了旅館的常客，善兵衛的事業重心便逐漸從藥鋪轉向旅館。後來綿善改由小野家代代經營，現任總經理為小野善三。綿善有項傳統，家中出生的男丁在取名時，都要包含初代「善兵衛」的「善」字。

綿善旅館因交通位置的關係，主要客群包含戶外教學的學生、日本觀光客與外國觀光客。旅館很早便預見外國觀光客帶來的收入潛力，長久以來便針對此下足工夫，如在外國觀光客的客房中，安裝淋浴間等。近年，綿善旅館在外國旅客的圈子風評優異，也連續4年獲頒全球最大旅遊網站貓途鷹（TripAdvisor）的「優等證書」（Certificate of Excellence）；只有網站上評價優良的旅館，才能獲得此項殊榮。

此外，綿善也提出「員工平均年薪達到1,000萬日圓」的目標，致力於提高生產力，尤其在打造舒適的工作環境方面不遺餘力，例如年假從83天增加到105天，提供充實的研習制度（包含參訪東京迪士尼樂園），組織公司全體活動等，希望維持員工的工作熱情。該公司官網也放上總經理、女將❸與每一位房務、廚房員工的照片，展現旅館全體上下致力於提供頂級款待的服務態度。

這些都是由年輕女將小野雅世主導的行動。小野自大學畢業後，曾待過大型銀行從事法人業務，離職後協助家業，發現有必要改善工作方式與環境，於是以年輕女將身分推動各項改革。而成果正如前面所述，綿善於2015年獲選「全日本8間產能升級模範旅館」；連日本首相官邸也予以嘉許，2017年宣布綿善為企業業務改善的優良案例。

---

❸譯註：日本傳統旅館、餐館等服務業的女主人。

2）因應新冠疫情的對策

綿善旅館所在的京都，是全球數一數二的觀光都市。疫情擴大之前，日本政府就加強推動吸引外國觀光客來日的政策，因此訪日的外國人數量逐年增加，其中京都更是熱門地區。除此之外，京都也是很多日本學校戶外教學的選擇，基本需求相當穩固。綿善旅館的顧客，也有很大一部份的比例為外國觀光客和戶外教學的學生。

然而，2020年4月，日本政府為了防止疫情擴散，發布緊急事態宣言，採取各項措施，限制民眾外出、出入境、企業停業，於是外國觀光客的市場蒸發，許多學校的戶外教學也推遲或取消。

綿善旅館面對困境也採取了一些措施。首先，他們制定企畫，加深與附近居民的情誼。在新冠疫情造就的封閉狀況下，年輕女將小野雅世希望幫助當地居民過得比較開朗，於是才發起這樣的企畫。具體來說，他們開放旅館內的宴會廳作為類似私塾的空間，提供給因停課而無處可去的孩子使用，也舉辦了夏日祭典以彌補停辦的祇園祭，並提供精緻的便當慰勞水深火熱的醫護人員；這些都不是綿善旅館能隻手成就的事情，需要與當地社區合作方能實現。而這些措施得以成功，有賴綿善旅館悠久的歷史、與社區建立的情誼，以及年輕女將

圖表3-3-4 綿善旅館因應新冠疫情的對策

- 旅館私塾
- 穿上熊貓裝，販售精緻便當（小攤、宅配）
- 與附近旅館合辦午餐企畫
- 旅館夏日祭典
- 線上實習
- 線上韓語課程
- 鬼裝主題宅配服務（立春惠方卷）
- 開設YouTube頻道
- 推出綿善原創LINE貼圖
- 與當地大學生合作企畫「在家享用京都料理套組」→配送
- 年輕女將開直播節目（邀請京都各界嘉賓的談話性節目）

出處：作者引用小野（2021）和綿善官方網站資料所編製

腳踏實地的付出。

其次，綿善也與京都市內多間旅館合辦活動，例如3家旅館聯合舉辦特別企畫「超划算！春季旅館午餐巡禮」。一般來說，同一區域的旅館之間是競爭關係，然而疫情導致當地市場萎縮的情況下，各家旅館為了活絡在地，集思廣益、推出單一旅館難以實現的計畫。這是地區旅館間的優良合作範例，不僅加深了彼此的理解，也共創了能流傳後代的在地記憶。

3）邁向新常態的時代

短期住宿業是受疫情影響特別大的行業之一，很難明確回答短期住宿業在未來的後疫情時代會如何發展。然而，綿善並沒有墨守舊習，而是在年輕女將的領導下發揮巧思，挑戰各種以旅館業者身分所能做的事情。或許這些行動中，就藏著因應新常態時代的關鍵。不僅如此，疫情間各種嘗試的經驗，無疑將為年輕女將和眾員工建立自信，創造共度難關的凝聚力。

（樋口敬祐、松本拓也、落合康裕）

6. 長壽家族企業因應疫情之道帶來的啟示

2021年10月1日，日本解除了首都圈等地的緊急事態宣言。新冠疫情自2020年春天爆發，持續了約莫1.5年，至今尚不見停息的跡象。身處如此嚴厲的環境下，前述介紹的5個長壽家族企業案例多少提點了我們如何度過危機，以下將探討其中的幾項重點。

1）逆向思考

正如前面百年經營研究機構的文章（本章第2節）所示，許多長壽企業即使在緊急事態宣言期間，面對疫情衝擊的態度也較為冷靜。通常企業面臨經營危機時，都會暫緩成本較高的投資。

然而，一條旅館採取的經營決策正是逆向思考：既然疫情導致需求下降，員工有了閒暇時間，不如利用這個難得的機會投資人才教育，培訓全體員工。

一條旅館可謂為因應後疫情時代，犧牲短期利益，善用閒暇時間投資未來的優秀事例，體現出長壽企業長遠的經營視野與行動。

2）重新詮釋企業理念

長壽企業往往擁有家訓之類前人傳承下來的教誨。以三井家的家訓《宗竺遺書》為例，其中許多內容放諸現代商業仍具有參考價值。許多家訓不僅記述了立竿見影的實質解方，更包含了精神面向的方針和思維。例如，船橋屋的現代經營者重新詮釋「打造為先，販售在後」的家訓，並以各式各樣的形式實踐。通常家訓等理念在時局混亂的情況下能為企業指引前路，但也可能使企業的思維和行動趨於保守。然而船橋屋既因襲了一路傳承下來的經營行動，更用現代角度重新詮釋理念，改革經營模式。由此可見，前人傳承的理念不但能防止企業在經營危機中迷失，還可能藏著創新的啟示。

3）抓住破舊立新、再成長的機會

某些企業還能將經營危機化為成長的機會。例如日本花卉公司不僅活絡了疫情下衰退的鮮花需求，還提出解決花卉耗損等供應鏈效率低落問題的方案。他們減少花卉耗損的舉動，也是響應全球環保意識的榜樣。由此案例可見，大環境的變化雖然會造成組織整體的壓力，但也是企業再成長的機會。

4）透過「縱向」、「橫向」連結克服危機

我在落合（2021）中提到，以製酒業來說，前人累積的關係資產在經營危機下，可能具有正面效益。雖然本次介紹的5個案例與製酒業分屬不同行業，但每間企業也加強了自身與地區的情誼。

疫情容易使人與人之間的關係疏離，但京都的綿善不只維持了當地社區的聯繫，更近一步採取加深情誼的行動，例如提供醫護人員精緻便當、開放旅館宴會廳供兒童使用等。年輕女將對當地的付出，不只對她這一代的事業有益，想必也能造福後代。而本文將這種造福地方與後代的跨世代關係，稱作「縱

向」連結。

　而從城崎溫泉古曼的案例，我們看見公共財（當地的溫泉資源）造就了地區共存共榮的機制。主要構成當地社區的溫泉業者都享有溫泉資源帶來的恩惠。正因如此，該地同業之間才形成了以公共財為核心的「橫向」連結。

　這種「縱向」與「橫向」的連結，都是長壽企業寶貴的關係資產。兩種連結在疫情與所有大環境變化中，都可能對長壽企業的經營行動具有正面效益。

（落合康裕）

1. 前言

　　本節根據瑞士銀行與資誠聯合會計師事務所（PwC）的《2020年億萬富豪調查報告》（*Billionaires insights 2020*，以下簡稱「富豪報告」），介紹外國企業於新冠疫情下的動態[1]。富豪報告於2020年10月公布，是瑞士銀行和資誠聯合會計師事務所共同製作的第7份報告。

　　調查對象為個人資產超過10億美元者（以下稱「億萬富豪」），由於他們大多數是企業主及其家族成員，因此可將結果視為近似家族企業的動向。此外，由於富豪報告的調查期限截至2020年7月31日，與本白皮書一致，故有參考價值。

2. 概要

1）兩極化的V型復甦

　　截至2020年7月底，億萬富豪持有的資產總額達10.2兆美元，創下過去7次調查的新高。然而，富豪報告關注的重點是2020年4月至7月期間，各行業億萬富豪持有資產額之成長率的差異。具體而言，醫療保健、科技和製造業的成長幅度較大，而金融與房地產相對較小，呈現出兩極化的趨勢（圖表3-4-1）。

　　報告指出，新冠疫情前2年，某些企業因創新者（innovator）和顛覆者（disruptor）[2]引進了改變商業模式、產品、服務的技術，已經拉開與其他企業的差距；而新冠疫情更加強了兩極化的趨勢。

---

[1] 本文旨在提供資訊，而非提供法律、稅務、財務方面的建議。若需要此類建議，請洽律師或相關專業人士。此外，本文觀點乃作者之個人觀點，與所屬組織的觀點無關。

[2] 富豪報告將顛覆者定義為利用創新技術，從現有市場參與者手上奪取市占率的人。

圖表3-4-1 各行業億萬富翁的資產（2020年4月～7月）

行業	2020年4月	2020年7月	成長率
娛樂&媒體	168.6	204.1	+20.7%
材料	159.1	206.1	+29.6%
金融	203.5	229.1	+12.8%
其他/綜合*	222.3	268.1	+20.7%
消費&零售	237.7	300.1	+26.0%
不動產	303.1	342.5	+12.9%
製造	261.3	376.9	+44.4%
醫療保健	402.3	548.0	+36.3%
科技	400.9	565.7	+41.1%

□ 2020年4月（2020年4月7日）
▨ 2020年7月（2020年7月31日）

* 包含無法歸類於企業集團（conglomerate）的產業

出處：UBS/PwC《2020年億萬富豪調查報告》

2）3種公益人士

　　新冠疫情也對億萬富翁的公益活動造成重大影響。《富豪報告》中，將公益人士區分為：捐款者（financial donors）、製造者（makers），和影響力企業家（impact entrepreneurs）3類，並加以分析（見圖表3-4-2）。

　　根據公開資料顯示，屬於傳統公益人士的捐款者，總計捐贈了55億美元的善款，其中很大一部份是捐給在地社區，由此可見億萬富翁相當重視與地方社

會的聯繫。

　　製造者的公益活動包含：更動生產線，轉而製造醫療呼吸器等新冠疫情所需的醫療設備等。此例可見企業主將解決社會問題，視為重要的經營決策。據《富豪報告》估計，這些活動創造的價值相當於14億美元。

　　影響力企業家則針對希望影響的環境和社會方面，制定明確目標，並投入財務與人力資源加以實現。比如，將目標設定為提高疫苗接種率，因而投資資訊科技基礎建設，用來統計疫苗需求量與接種報告。這些屬於創新者的公益人士數量雖少，但也值得關注。

圖表3-4-2　億萬富翁的公益活動（2020年3月～6月）

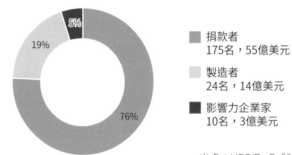

捐款者
175名，55億美元

製造者
24名，14億美元

影響力企業家
10名，3億美元

出處：UBS/PwC《2020年億萬富豪調查報告》

圖表3-4-3　億萬富翁的現況與正在計畫的行動

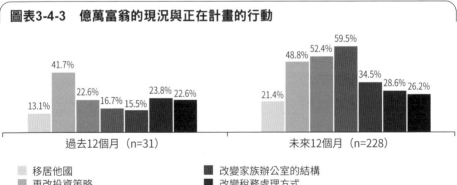

過去12個月（n=31）　　　　未來12個月（n=228）

移居他國
更改投資策略
變更公司事業計畫
加速事業繼承計畫
改變家族辦公室的結構
改變稅務處理方式
增加公益活動

出處：UBS/PwC《2020年億萬富豪調查報告》

3）加速事業繼承計畫，重新審視稅務策略

　　《富豪報告》透過對資誠聯合會計師事務所進行問卷調查和訪談，調查其協助諮詢的客戶，即億萬富翁的動態（圖表3-4-3）；而我打算針對調查結果中的兩項回答表達意見。

　　第一，加速事業承繼計畫。我認為，這是因為億萬富翁眼見身邊出現確診者，也不得不考慮自己若「遭遇不測」可能對家族與家族企業造成的風險。此外，隨著停工與居家辦公的狀況日漸普及，與家人討論的時間增加，也是加速推動承繼計畫的原因之一。

　　第二，改變稅務處理方式。各國政府都為了因應疫情而舉債，不難想見政府為了解決國債膨脹的問題，未來將調整稅制，增加億萬富翁個人和相關法人的稅負，因此億萬富翁也開始重新審視稅務策略。

3. 結語

　　《富豪報告》顯示，在新冠疫情改變社會的情況下，創新者或顛覆者因迅速應對而享有先行者優勢（first mover advantage）。同時，疫情也明顯對事業繼承計畫和稅務策略等家族策略產生了重大影響。

　　可以想見，隨著政府和中央銀行的緊急措施逐漸減少，新冠疫情對企業經營的影響將更加顯著。也有研究指出，家族企業需要重新審視過往視為優勢的事項（De Massis & Rondi, 2020: 1730），期待未來的研究繼續探討此議題。

家族企業「為何」、「如何」提高韌性，度過難關？

| 新冠疫情爆發帶來的教訓

1. 前言

　　事業傳承數代的家族企業，在危機之下往往能告捷，這次碰上新冠疫情也不例外。自2020年初歐洲大陸全面停工以來，有研究再次呈現過往有關家族企業臨危恢復力（以下稱韌性）的研究（例如，Amann & Jaussaud, 2012; Bauweraerts & Colot, 2014）。其中，《瑞士信貸家族報告》（*Crédit Suisse Family 1000*）更主張，家族企業在經濟、環境和社會各層面上的表現優於非家族企業（Klerk, 2020）。

　　本文為了推導出提供家族與非家族企業的教訓，旨在探索家族企業具備的獨特韌性模型。首先，大致介紹韌性與家族企業之間既存的概念化與實證研究，並為了統整觀點，設定程序。接著，以在世界各地活動的家族企業實例為基礎，提出韌性的共通模式。最後，則展示家族企業韌性多維模型的特殊性，作為本文結論。

2. 家族企業的韌性：放眼綜合觀點之概觀

　　韌性的相關研究尚未滲透家族企業的領域之前，主要見於心理學等其他領域，並著重於個人、家庭層面的分析。後來，研究主要關注韌性運作過程與結構之應用，並逐漸滲透到經營領域（例如，Hillmann & Guenther, 2021; Vogus & Sutcliffe, 2007），但距離概念整合還有好一段路要走（Conz & Magnani, 2020）。過去10年，只有幾篇初步研究的學術論文涉及這項主題，例如於學術期刊《創業理論與實踐》（*Entrepreneurship Theory & Practice*）中，由克里斯曼、蔡與施泰爾（Chrisman , Chua and Steier, 2011）發表的相關特集。長久以來，學者與從業人員的共識認為，一般家族企業長壽的原因在於強大的韌性，

然而對於韌性的具體定義和特徵，至今仍缺乏明確的共識。

根據家庭心理學與治療文獻中既存的定義過程顯示，韌性是面對逆境時所啟動的正向處理程序；而且在逆境下，韌性會強化系統，提高資源運用效率，使整體生命歷程向上發展（Luthar, Cicchetti & Becker, 2000; McCubbin, 2001; Walsh, 2003）。由於逆境往往會威脅現有的平衡狀態，所以這些文獻也提及了Jackson（1957）創造的概念：「家族恆定作用」（family homeostasis），指為了維持家族成員間的某種平衡狀態，家族內部各種動力會持續相互作用。

在家族企業研究領域，韌性相關研究可說是仍處於初期階段。除了探討企業主兼經營者對韌性的理解與實踐的論文之外（Conz, Lamb & De Massis, 2020），大多研究仍將重點放在組織層面的韌性（Bauweraerts & Colot, 2014; Moya, Fernandez-Perez & Lubinski, 2020等）。

若將韌性的概念應用於家族企業，可以說組織韌性沿著吸收衝擊、再生、轉化3個維度，是遭逢意外時的振作能力（Bégin & Chabaud, 2010）。第一，吸收能力是指，為確保生存，家族企業在危機中辨認限制並加以應對，從中獲取資源的能力（Bauweraerts & Colot, 2014）。第二，再生源自企業家精神，是透過創新行動修正當前業務問題或開發新事業的能力（Bauweraerts & Colot, 2014）。第三，轉化能力是指組織從不得不面對的逆境中汲取教訓，促進自身成長的能力（Bégin & Chabaud, 2010）。

通常家族代表家族企業的特徵，也與經營權和所有權體系間獨特的經濟、社會情感的相互作用有關（Gomez-Mejia, Haynes, Nunez-Nickel, Jacobson & Moyano-Fuentes, 2007; Labaki, Michael-Tsabari & Zachary, 2013）。此外，家族企業的韌性研究中，有極少數學者指出，家族的社會資本正是家族層面因素（例如，Danes & Stafford, 2011）。由於家族企業與地方社會關係緊密，擁有在地的社會情感財富（SEW）（Kurland & McCaffrey, 2020），所以從地方社會層面分析韌性也是重要檢討事項之一。

基於以上原因，從個人、家族、組織，乃至於社區等複數層面，來觀察家族企業的韌性，才能建立更全面的概念。我提議將家族企業的韌性視為動態過

程。首先，引發家族企業韌性的因素，應該是家庭成員共同體認到自身面臨足以影響系統恆定的大逆境，諸如家族成員、經營權、所有權體系交錯下產生的各種危機（Labaki, 2015）。而家族企業透過吸收資源，發揮企業家精神採取再生行動，將教訓轉化為歷史故事和價值，及運用社會資本構成的能力，才能適應逆境。最後，整體系統會復原，抑或得到強化，發展出新的平衡狀態。

從實踐與研究的觀點來看，探索家族企業內涵的質性研究，或許能更加仔細分析其韌性的特徵。

3. 個案研究：家族企業的韌性模式特徵

本段落基於過往家族企業韌性研究的限制，為解答家族企業是「如何」、「為何」提高韌性，於新冠疫情期間進行了探索性的質性研究（Yin, 2009）。

本研究針對不同世代家族企業業主和經營者，進行縝密的半結構式訪談，蒐集質性資料。訪談旨在了解不同世代家族企業業主和經營者，在疫情期間有何體認、經歷，以及對未來之展望；此外也盡可能查詢新聞稿和媒體報導等二手資料加以補充。我根據Eisenhardt（1989）的研究方法，將訪談紀錄和其他文件編碼，過濾出重要的主題，進行跨案例分析，揭示家族企業的模型，並解釋他們面對新冠疫情危機是「為何」又「如何」發揮恢復力（韌性）。

本章介紹調查中主要且部份觀察結果，聚焦於許多家族企業韌性模式中共通的4個面向（企業家活動、情感、社會、財務），並引述家族企業業主和經營者的說詞，輔以解釋❶。

1）企業家活動的韌性

新冠疫情期間，家族企業為繼續服務客戶和地方社會，改革了商業模式，展現出組織的敏捷性。他們利用現有經營資源即早改變生產線，生產口罩、酒

❶關於本文作者的詳細訪談內容，請參閱國際家族企業研究協會（The International Family Enterprise Research Academy, IFERA）官方網站上，標題為「Family businesses in times of crisis」的一系列文章，其他範例請參考Labaki（2020）。

精等防疫物資。

　　例如，法國穆里耶茲家族（Mulliez family）擁有的運動休閒零售商迪卡儂（Decathlon），在疫情期間將所有浮潛面鏡的生產線，改用來生產低成本的急救呼吸器，提供全球醫院使用。此外，他們也捐款給地方社會、中小企業和養老院，並提供其他業務上的支援。伯蘭爵（Boulanger）公司捐贈了平板電腦給養老院（EHPAD），提供長輩與家人視訊交流的管道。沙拉與可（Salad & Co）和夫人餐酒館（Bistrot Madame）等外燴公司為醫院供餐；奇雅比（Kiabi）公司分送新生兒衣物組。而歷史悠久的流通零售業者歐尚（Auchan）則重新規畫了店內通道，以便護士使用。

　　家族企業家的韌性，在遭逢疫情肆虐等多重危機的國家中也跳脫地方社會層面，以組織級的規模散布開來。黎巴嫩的費南德霍斯里集團（Fernand Hosri Group）源於1880年代，富創業精神，化傳承5代的經營經驗為實際的多角化經營；他們將這次的危機視為轉機，力圖改革組織運作流程，推出新產品和服務，開發多元新市場，致力為利害關係人創造價值。集團總經理利卡德・霍斯里（Riccardo Hosri）談道：

　　這次危機敲響了一記警鐘，讓我們意識到公司靈活性不足。我們決定建立更高效率的計畫與組織結構，打造機動性更高的結構與業務流程……藉由建構特定專業領域間的交叉共享模式，克制薪資削減，提高企業間的透明度，建立損失共享（loss-sharing）的情境。同時，在市場和營業額縮水的情況下，我們採取與競爭對手合作的方針。許多競爭對手也面臨和我們相同的困境。

　　因此，我們向競爭對手提案，由我方負責技術方面的業務，以免其他競爭對手破產。整體而言，我們以直接補足對方業務部門缺陷的方式，提供了縱橫雙向的服務。我們先從一家公司開始嘗試，結果成效不錯，於是便應用於整個集團。而員工也在接受不同業務部門的培訓時，成為各個專業領域的「集團大使」。透過這種做法，資料庫得以統一並最佳化，我們也可以基於信賴關係推薦其他產品，甚至擴大客戶的選購組合。

此外，費南德霍斯里集團也攜手信賴的機器人學合作夥伴，為學校和醫院等客戶建立以紫外線消毒技術為基礎的醫療設備組合。他們在資安與再生能源等技術領域同樣展現專業，為地方社會和公共港口提供乘客體溫篩檢器等裝置。費南德霍斯里集團也很重視環境的永續性，集團總經理對此表示：

考量到當前市場的困境，為了在保持最高生活水準的同時，創造就業機會、節省開銷，我們決定實施這些數個月前都還沒有計畫的措施。

而且，環境面的永續行動對他們身為企業家的韌性來說至關重要。印度大型企業EKKI集團，為農業、建築服務、工業、公共建設等市場提供先進的泵浦和水科技；對他們來說，新冠病毒危機成了永續行動的催化劑。第2代共同執行長坎尼什卡・阿祿木甘（Kanishka Arumugam）表示：

新冠病毒危機促使我們深思，如何為世界建立更永續的水資源解決方案，並採取多元化和數位化行動，透過多樣化組合方案管理風險，幫助我們實現進一步成長的願望……我們希望提供永續的泵浦和水科技，以解決「為每個人提供乾淨水源」這重要課題。危機當前，我們的研發部門發起了「EKKI iQtech」專案，目前正在尋找可替代現有產品的潛在永續產品和解決方案，持續摸索其他的可能。

疫情危機爆發以來，這間家族企業始終重視利害關係人（顧客、員工、社區），選擇全面改革與重建商業模式，且在善盡社會面、環境面責任之價值觀上也沒有妥協。家族企業的企業家就是憑藉這些活動產生且發展韌性。

2）情感的韌性

根據過往研究，家族企業的情感往往會在家族和企業之間來回流動，只是程度有所不同（Labaki, Michael-Tsabari & Zachary, 2013）。危機期間使人感

到焦慮，決策會麻痺或凸顯家庭成員之間的利益衝突，不過這些特徵在新冠疫情期間反倒成了優點。正如Labaki and D'Allura（2021）指出，若組織的家族治理機制完善，家族治理將成為協調、管理家族成員情感的寶貴手段。

巴西的雅克多集團（Jacto Group）是一間家族治理功能良好的企業，他們從事物流、醫療保健、工業清潔、聚合物加工、高科技農業機械設備製造、手動與電動隨身裝置製造、提供精密農業創新解決方案等業務。

雅克多集團藉由制定家族憲章與配合其他治理機構，傳承家族傳統。治理體系不僅消除了前後兩代的焦慮，形成正面情感交流，同時也提供了學習管理情感動態的寶貴機會。

此外，根據Labaki, Bernhard and Cailluet（2018）和Michael-Tsabari, Niehm, Seaman, Viellard and Labaki的研究（2018），企業家回顧家族傳統，試圖複製健全的情感調節模式，避免重蹈覆轍。雅克多集團的家族治理負責人，第3代家族成員亞莉山卓・西村（Alessandra Nishimura）表示：

說回我祖母，她是最聰明的人。她在我祖父打拚事業時，透過管理人際關係和情感創造改變。她起初創辦了週日家族聚會的儀式，並配合家庭成員的變化而演進。某方面來說，我接任了家族的情緒總管（Chief Emotional Officer），負責營運新冠疫情下的數位平台。此外，我們每年也會舉辦不同主題的家族避靜活動。透過不同主題的通訊和「全球整合報告」，分享與家族、企業、基金會相關的新聞和行動。此外，為了維護家族的精神衛生，我們制定了「關係承諾書」，規範家族成員應採取的行為和態度。

雅克多集團面對新冠病毒危機，改變了家族治理的方式。西村表示：

就家族層面而言，長輩對線上會議持懷疑態度，因此我們一直以來開會都是採實際會面的形式。不過家族成員分居各地，因此偶爾也會發生出席率不足的狀況。新冠疫情爆發時，家族才開始認真考慮嘗試線上會議。線上會議為家

族打開了新的大門，讓更多成員得以參與其中。會議成效斐然，我們也變得更常開會。第3代家族成員現在正與其他世代合作，將第4代拉進來參與，為了下個百年繼續發展我們繼承的珍貴遺產。優秀的治理結構提供我們適合討論難題的平台，保障了家族和企業的和平。不過，家族治理的成效不是靠魔法，而是持續面對並克服課題的行動。

建立家族治理系統，發展並更新組織，各個世代就能善盡增進情感韌性的職責。如此一來，家族企業的成員便能因情感促進組織團結，在危機的風暴中保持安泰。

3）社會的韌性

在家族企業中，家族成員與員工、合作夥伴、顧客和其他盟友等利害關係人之間，建構出跨世代的緊密關係（Labaki, 2017）。這種親密感能培養信賴，提供家族企業與利害關係人面對危機時，忠於彼此、相互扶持的基礎。在合作夥伴相對寬容、員工較願意共體時艱的和諧環境下，家族企業可以提高社會面的韌性。張阿順公司（Cheung Ah Seung Enterprises）就是這樣的案例，該公司位於印度洋（留尼旺島和馬約特島），提供物流運輸、起重、建設機械、維護、清理等統包解決方案（turnkey solution）、配套解決方案（package solution）。第3代經營者尚恩（Jean）和尚亞蘭（Jean-Alain）表示：

我們關心家族價值觀、員工和客戶。我們有幸與家人的朋友、供應商、客戶和合作夥伴分享意見和經驗，這有助於我們解讀經營環境的變化。

在疫情肆虐期間，維持僱傭關係與員工安全是許多家族企業的首要目標。以西班牙一間擁有漁船和工廠的垂直整合型水產集團「佩雷拉集」（Gruppo Pereira）為例，負責對外關係、業務開發的第3代經營者路易・安卓拉・佩雷

拉（Luis Andrade Pereira）表示：

新冠病毒危機初期，我們最關心的是確保全球船員和員工的個人防護裝備
（PPE）。

另一項範例，1777年成立於法國之全球拉鍊與結構零件領導企業「LISI集
團」的執行長艾曼紐・維耶拉（Emmanuel Viellard）表示：

多虧全體員工的奉獻，我們才得以重啟生產和配送，持續保障與顧客有關
的計畫。

杜拜的AHBGI（AHB Group Investments）是多角化經營：不動產、建
設、製造、貿易、醫療保健、食品飲料、通訊的企業。第4代經營者拉梅茲・
巴席利（Raméz A. Baassiri）表示：

最令人動容的是，許多原本隱身業務流程幕後的人挺身而出，率先行動，
在這陰鬱的時刻帶來一絲光明。

我們可以說，即使危機當前，家族企業與利害關係人的情感承諾
（engagement）也得以維持，甚至強化，進而加強與未來世代的社會連結，並
持續成長。

4）財務的韌性

家族企業選擇資金籌措管道的順序傾向，由低而高依序為：自有資金、負
債、金融市場；這一傾向也反映於傳統上低利率、低負債比率，以及符合長期
投資策略的流動性。然而，若危機期間延長，資金週轉上難免會碰到困難。但
在這種情況下，家族企業仍能發揮與銀行、股東還有其他投資人的信賴關係，

減輕資金運用上的壓力。LISI集團的執行長維耶拉談道：

我們不可能在短期內改變產業的根基，所以必須降低損益平衡點，調整成短期內更加穩當的財務結構。我們預期以中期而言，各個市場會逐漸恢復，但恢復速度恐怕比平時緩慢。為保護家族企業的永續性，儘管公司在2019年表現良好，2020年也在家族成員的共識下減少了發放的股息。

另一個案例是企畫與生產服裝、高級內衣的法國國際集團「西蒙佩兒」（Simone Pérèle），家族成員股東之間也達成共識，提供家族企業額外的財務支援，實現持續經營家族企業的承諾。第3代執行長馬修・郭德納（Mathieu Grodner）表示：

本集團的另一項要務，是確保公司財務健全。由於目前生產線與店面營運皆停擺，我們希望避免現金流出現問題。我們企業的股份100％掌握在家族成員手中，且股東無不關心西蒙佩兒的事業項目及永續性。在這段時間，所有股東特別提供金援，給予我們新的承諾和信任。關於當前戰略上的課題，我們為了令股東安心，也更加頻繁地進行定期溝通。此外，我們亦得到其他合作夥伴的支持，並利用法國政府在疫情下為支援企業而制定的國家融資保證機制。

由此可見，財務面的韌性，是家族企業克服危機上第4個較具特徵的指標。

4. 結論：新冠疫情的啟示──跨時代的韌性

本文討論了新冠疫情肆虐期間，展現出韌性的洲際企業案例，包括法國的穆里耶茲家族、LISI、西蒙佩兒、黎巴嫩的費南德霍斯里集團，巴西的雅克多集團，杜拜的AHBGI，留尼旺島和馬約特島的張阿順，印度的EKKI，以及西班牙的佩雷拉。這些企業分屬不同行業、不同國家，卻擁有一致的韌性模式。這些家族企業代代都克服了危機，建立韌性，並在這次新冠疫情期間也發揮了

這份韌性。

AHBGI的巴席利談到：

回顧我們家族的歷史，經歷過瘟疫、戰爭、景氣衰退等種種困難，但我們始終秉持著新方針和新事業克服重重危機。

張阿順的尚恩和尚亞蘭也說了類似的話：

根據我們（最近）的經驗，我們認為創業家族的韌性，在於承認自己的弱點並加以強化。就好比金繼❷的哲學，家族經歷的失敗也是歷史的一部份，這些經驗將引領我們走向更加均衡且安穩的未來。

家族企業與沒有控制股東的非家族企業不同，身處危機時需要處理經營權、家族、所有權等不同層面的事務。佩雷拉集團公司的西村表示：

我們認為，倘若家族關係不和平，股東關係也不會和平，無法解決危機下的經營問題。家族代表的不是「個人」，而要代表「整體」做出決策。

儘管家族企業包含的因素比非家族企業更為複雜，不過面臨危機時，也能從企業家活動、情感、社會、財務等不同層面鍛鍊多維韌性。而且，不僅家族企業，非家族企業也可受到永續資本主義的刺激。

（菈妮亞・拉巴奇❸）

---

❷ 也稱為金繕，是指修復碗盤等破損器皿的技術，其中隱含著接受缺陷和弱點再前進的哲學觀。

❸ 法國北方高等商業學院（EDHEC）金融與家族企業學系副教授，亦為該校家族企業研究中心主任。

新冠疫情期間的亞洲家族企業概觀[1]

動盪時代下的卓越努力

1. 前言

2020年初新冠病毒爆發時，誰也沒料到疫情竟會造成如此巨大的影響。各國政府與企業嘗試針對茫茫未來制定計畫，然而這場災禍推翻了所有傳統的生存方式。面對此情形，香港科技大學（HKUST）陳江和亞洲家族企業與創業研究中心（Tanoto Centre for Asian Family Business and Entrepreneurship Studies）與亞洲企業領袖協會（Asia Business Council）攜手展開了為期6個月的研究。

這項研究探討了8間企業面對疫情，採取何種獨特、創新或具有影響力的策略，其中除了淡馬錫（Temasek Holdings），其他企業都是家族企業，或者至少具有家族企業的典型特徵和許多特點。調查結果顯示，他們都重新打造了自己的公司，並且發展興旺。

這8間企業分別是：阿雅拉（Ayala Corp，菲律賓）、達越VAC（DatVietVAC GroupHoldings，越南）、溢達集團（Esquel Group，香港）、樂天集團（Lotte Group，韓國）、佑瑪集團（Yoma Group，緬甸）、富邦集團（台灣）、聯想集團（Lenovo Group，中國）和淡馬錫控股公司（新加坡）（企業概要請見後續內容）。這8間企業總計員工數超過36萬人，總資產超過6,800億美元，主要事業包含：教育、娛樂、金融服務、資訊技術、投資、不動產、零售、電信和纖維製造。

---

[1] 本論文以2020年3月發表於香港科技大學的陳江和亞洲家族企業與創業研究中心和亞洲企業領袖協會共同發表的報告書《動盪時代下的卓越努力》（*Extraordinary Endeavors in Turbulent Time*）為基礎。特此感謝本文共同作者彭倩教授與亞洲企業領袖協會項目總監楊寶蓮（Pauline Yeung）女士。共同報告書可至以下連結查閱：http://www.afbes.ust.hk/system/files/2021-03/abc-hkust_joint_research_pjt.pdf。

團隊遠端訪談了上述企業的主要決策者，研究企業如何因應疫情，以及在疫情期間採取哪些積極行動；此次訪談也調查了企業的危機管理歷史和未來展望與策略。

2. 有助於家族企業長青的3個特徵

我們的研究結果清楚顯示，具備家族企業特有資質與特徵的企業韌性更佳。簡而言之，這些企業擁有在動盪時代下也不致迷航的知識，並且展示出驚人的適應力、韌性，以及回饋社會的意志。這些通常也是亞洲家族企業的典型特徵。

1)適應力

受訪企業的生存關鍵，在於迅速適應劇變環境的能力。例如，樂天集團將事業數位化、佑瑪集團利用先前收購的Wave Money❷迅速啟用電子支付，這些企業都被迫擺脫傳統，重新思考商業模式；為了適應新冠疫情主導的新時局，所有企業都無可奈何地改變。

菲律賓的阿雅拉跳脫百年傳統，接受數位經濟；香港棉襯衫大廠溢達集團投入口罩生產。這些企業能迅速適應情況，有以下值得關注的重要因素。

第一，許多企業原本就在研發上有所投資。無論是因為這種企業基因使然，還是企業家精神使然，部份家族企業早就為多元化策略保留了資金，讓下一代有辦法探索新想法。因此，他們能夠採納新技術，迅速創新，重塑事業，從而在疫情下占有巨大優勢。例如，中國的聯想迅速將投資目標轉向虛擬實境學習與線上學習；新加坡的淡馬錫將資源轉而投入生產醫療用品；越南的達越VAC則將事業焦點轉向快速成長的媒體與科技事業。

第二，這些企業往往擁有一套井然有序的家族企業架構，和能夠加速決策

---

❷原書譯註：最通用的預付型電子錢包，用於支付線上遊戲與音樂下載等網路服務費用。參見第221頁。

的靈活管理與治理結構，這意味著他們在危機時能夠迅速臨機應變。台灣的富邦企業集團，至今依然保持每週跨世代午餐會的傳統，在會上討論新想法，並做出經營決策。這也方便他們隨時就董事會層面迅速做出決策。

2）韌性

韌性即逢危復原的能力，是許多長壽家族企業驚人的共同特點。這些企業經歷過重重考驗、困難和危機。正如諺語所說：凡殺不死我的，必使我更強大。

換句話說，他們存活的事實，就證明了韌性有多強。例如，阿雅拉成立於1830年代，克服過無數戰爭和天災，是屢戰屢勝的企業模範之一；他們正是憑藉創新和適應才得以存活至今。同樣地，淡馬錫之所以能在此次疫情爆發時執行更為適切的管理體系、測溫系統與追蹤接觸史，也是因為他們有處理SARS、H1N1、MERS❸的經驗。

這些企業還有項饒富趣味的特色，就是他們往往擁有更加正面且長遠的人生觀，將危機視為暫時性的狀態。他們也培養出自信和靈活性，面對各種狀況都能無所畏懼，應付自如。因此，他們具有韌性與化危機為轉機的信心，能將短期計畫輕易轉換為長期計畫，加以實行，創造利潤。

達越VAC是很好的例子。他們於疫情爆發時收購其他企業，擴充自身持有平台，站穩了文化潮流引導者的地位，掌握進一步發展媒體事業的機會。

家族企業之所以能承受市場波動，在風險警示與管理方面也有較佳的表現，其中原因之一是態度保守。大多數亞洲家族企業都會限制事業規模（的過度擴大❹），作為自我防衛機制，抵禦外部衝擊。

他們在景氣好時，也會確保手頭現金與資產充裕，絕不增加借款；他們將不景氣之時視為執行合併、收購和整合等既有事業策略的良機。樂天集團就是

---

❸原書譯註：SARS即嚴重急性呼吸道症候群（2003年正式發表），H1N1為新型A型流感（2009年），MERS是中東呼吸症候群冠狀病毒感染症（2012年）。
❹括弧內文字為原書英翻日之譯註。

如此，他們的網購應用程式LotteOn原本計畫花2年開發，但疫情使韓國的網購需求急劇增長，加速了業務發展。富邦銀行也有類似情況，他們利用電信事業這棵「搖錢樹」，成功推動了B2C業務，如momo（信用卡❺）的成長。

差點忘了提最重要的一點，支撐這些極強韌性的關鍵因子，是企業對員工的堅貞。企業在景氣好的時候，從不過度招聘人才，因此在不景氣時也不需要大量裁員。多年以來，員工的忠誠度一直是企業成長的基石，而這在很多情況下也為企業帶來優勢。

溢達集團、佑瑪集團和阿雅拉集團都明確表現出維護員工的立場。即使如聯想這種創辦人所稱「沒有家族的家族企業」❻，也有將員工視同家人對待的機制與保障。

3）回饋社會

亞洲家族企業最常見的特質，莫過於參與慈善活動。事實上，發起慈善活動也是家族企業在危機下表現出的明顯特徵之一。根據我們的調查，所有企業都慷慨地奉獻他們所處的社會，無一例外。實際上，有些人的慷慨甚至無遠弗屆。

聯想就是其中之一。柳傳志董事長捐贈了大量電腦和電子學習資源給中國湖北省的弱勢族群，這項善行很快就經由公司內部擴及全球。新加坡國營企業淡馬錫也積極投入和資助多項研究和醫療項目，為對抗病毒做出全球性的努力。在此期間，公司高層自主減薪，成為新加坡的善行先驅，❼而這些先驅行動肯定會留下深遠的影響。

---

❺ 括弧內文字為原書英翻日之譯註。

❻ 聯想的創辦人兼董事長柳傳志雖然認為家族企業較一般企業具有優勢，但也指出企業承傳上的困難，因此制定了一項事業繼承計畫，稱為「沒有家族的家族企業」，將非家族成員的幹部視為家族一員，加以培養成接班人。他為自己的子女則準備充足的資金，以便他們有意時可以創立自己的事業。

❼ 例如，新加坡報業控股公司（SPH）的董事會成員自願減薪10%。https://jp.reuters.com（2020年3月26日）

在亞洲，捐贈行為的背後是淵遠流長且根深柢固的儒家和佛教文化，亞洲家族企業非常推崇這項傳統，也將其視為跨世代保護家族遺產的方法。家族成員積極參與慈善活動，既可以大大造福社會，又有助於促進家族內部和諧。而他們之所以能實現此點，也有賴多年來建立的健全財務能力。實際上，阿雅拉、溢達和佑瑪至今在環保、女性賦權與濟貧等重大社會問題上的貢獻，遠遠超乎新冠疫情下的付出。

確實，慈善活動是這些企業反映和重新定義自己對所處社會之價值觀和承諾的絕佳機會。他們不僅可以藉此強化自身的遺產和聲譽，還能重新思考傳統上慈善活動與社會責任的界線。

至於達越VAC，則是有能力藉由媒體創造正面影響；而樂天集團則藉由「開放式創新」（open innovation）幫助其他身處困境的小型企業。無論如何，亞洲的家族企業都具備助人的熱忱。

3. 個別公司概要

以下簡單介紹本次我們調查的家族企業。

1) 阿雅拉（菲律賓；創立於1834年，❽不動產業界大型財團）：因應疫情的過程，重塑數世紀以來的商業模式

阿雅拉是菲律賓歷史悠久的企業集團之一，也是上市家族企業。阿雅拉至今依然健在的事實，便證明了無論其面臨任何危機皆能展現出強大的韌性。他們自19世紀末以來，已將慈善活動納入核心價值，即使2020年上半季淨利無可避免地下降，他們仍找到了變革與生存的方法，甚至成立救災基金會，成為全國性救援活動的主要參與者。

論內部，企業將員工的安全擺第一，並分配資源支援那些咬牙苦撐的商業夥伴。他們持續投資能促進長期開發的項目，例如加速建立普惠金融❾與推動

---

❽ 創業年等資訊皆為英翻日譯者落合康裕所加。
❾ 原書譯註：原文為Financial Inclusion，指打造一套人人參與經濟活動時，皆有使用權利的金融服務。

事業數位化。

　　他們承諾未來將繼續回應社會需求，尋找新方法重塑數個世紀前的商業模式，以因應新型態的數位化經濟，恢復獲利。

2）達越VAC（越南；創立於1944年，娛樂、媒體等）：運用娛樂力量為善

　　以娛樂媒體通訊產業來說，達越VAC屬於歷史較短的非上市家族企業。然而他們用4年的時間，從大型媒體企業搖身一變成為大型媒體科技企業。該公司的董事長兼執行長表示，疫情帶來的重大結果之一，是影響了他們的企業文化。改變家族企業的組織文化，通常需要數10年的時間，但此次管理階層為了應付疫情，短短在幾週內就改變思維和態度。

　　除了推出官方應用程式BlueZone以封鎖病毒傳播外，還打造線上串流平台VieOn，持續開發影集與綜藝節目，打造了越南社會的文化現象。這驚人的成功，幫助達越VAC成立與收購其他企業，擴充現有平台，構築事業基石，並強化了商品。

　　該公司在2020年成立了3項新事業，並在2021年上半季穩住事業根基。同時，他們希望在這段生活壓力特別重的時期，利用全新的數位影響力來實現公益。

3）溢達集團（香港、中國；創立於1978年，成衣大廠）：在公共衛生危機下，推出可重複使用的口罩

　　溢達集團是1970年代末成立於香港的非上市家族企業，曾克服SARS等諸多災難與課題，而這份危機韌性，源自於深深扎根於家族內部對於事業永續的責任感。他們這次得以成功挺過危機的原因，包含：他們轉換事業方針，生產可重複使用的口罩；專注於創新，將最大重點擺在維持事業與員工的健康上，並設法服務社區，同時積極開拓機會，維持公司收益的精神。

　　疫情爆發時，他們優先考量員工與社區的福祉，出於這種價值觀，他們發現了生產口罩的新機會。此外，非上市的性質也是一項明確優勢，這使得他們

在決策上靈活有效率，得以維持韌性。此外，家族企業的典型特徵也包含有辦法承受短期的損失，不必擔心因此失去股東的信任。

溢達集團證明了代代相傳的家族價值觀，能夠幫助企業在困境下為成功奠定基礎。確實，這種價值觀正是所謂「溢文化」（eCulture）的總和，即環境意識（environment）、開拓求新（exploration）、卓越理念（excellence）及幫助他們跨越此次困境的學習精神（education）。

4）樂天集團（韓國；創立於1948年，糖果食品等財團）：吸收後疫情時代的「新規範」

樂天集團是上市家族企業，也是韓國第5大企業集團。他們成功度過新冠疫情環節的原因，是加速推動過去許多的數位創新行動，並確立著眼長期開發計畫的新事業。

首先，疫情加速了樂天集團的數位轉型，尤其加速開發電子商務應用程式Lotte On更是其中的關鍵。樂天始終秉持「開放式創新」的精神，習於向外獲取創意與解決方案；他們也確信新的合作夥伴能促進長期的發展。

此外，該集團也藉機回顧過去，省思事業存在的價值、創造的價值、曾經的付出與過往的教訓，從而思考如何適應、改變，成為贏家。這一點明顯體現於，為了高階主管群提供前瞻性見解，集團內研究部門與多個樂天學院（LOTTE Academy）共同研究、分析疫情並編寫手冊的舉動。

雖然Lotte On並非獨一無二的數位轉型案例，不過樂天集團判斷，數位化對韓國來說並不是新革命，只是讓疫情前便已經存在的趨勢加速發展，而韓國比其他國家做足了迎接後疫情時代「新規範」的準備；這樣的結論也給予了他們前進的信心。

5）佑瑪集團（緬甸；創立於1962年，不動產業界財團）：在社交距離時代，加速普惠金融的發展

佑瑪集團是1962年創立的上市家族企業，至今主要憑藉著家族企業的性質

跨越許多風風雨雨；即使面對當前疫情，佑瑪仍然持續成長，也與許多家族企業相同，在危機時期執行併購的決策。

不過Wave Money的收購案其實發生於疫情爆發前，[10]這樁收購案真正凸顯出行動支付技術在緬甸推動普惠金融上的重要性。不過佑瑪是在2020年的考驗下才正式發布、使用與實際推廣行動支付。

緬甸大部份的人口都無法接觸到任何形式的銀行，因此Wave Money的普及對緬甸全國與佑瑪來說舉足輕重。佑瑪長久以來承諾為善社會，致力提高企業透明度，極力打擊貪腐，專注於政府官方合作夥伴的職責，協助政府對抗病毒。此外，他們也全力實現自身使命：「為全體國民建設更美好的緬甸」。

過去1年半以來，該家族制定出更有系統的家族協議，以黑紙白字記錄下家族共識的決策，乃至於資產信託、捐贈部份年營收給社會事業。新冠疫情成了佑瑪集團決意服務國家的正向時機。

6）聯想（中國；創立於1984年，電腦製造商）：成為教育技術界的冠軍，實現全球虛擬學習環境

聯想集團是於1984年成立的跨國企業（在香港上市）。創始人柳傳志標榜企業為「沒有家族的家族企業」，經營方式如同家族企業，許多員工也投資了公司不少金額。聯想致力於發展全球虛擬學習環境的教育技術，開發結合線上與線下教學的混合型教室，也提供網絡安全、虛擬實境等跨設備的教育解決方案。

聯想隨著執行長的領導和慈善活動，於疫情期間摸索影響全球的技術和教育解決方案；並利用自身豐富的資源與專業知識，加速推動虛擬學習轉型，重塑在地乃至全球的未來教育模式。

疫情擴大，開始封城時，聯想現任董事長兼執行長楊元慶，以個人名義捐

---

[10] 原書譯註：Wave Money為是數位貨幣營運商。佑瑪集團此前已經持有Wave Money49%的股份，並在2020年6月宣布以7,650萬美元的價格，從挪威Telenor手上購得剩下的51%股份。

款、執行中國湖北省貧困學生的社福計畫「Lenovo E-Classroom」，發送平板電腦和有效期限3個月的數據卡給弱勢學生，提供虛擬學習機會。此舉隨後透過全公司發展為全球性的活動，造福社會之餘，也促成了許多為迎接社會虛擬學習新時代的事業。

聯想的慈善活動包含捐贈北美地區硬體設備、捐贈米蘭貧困學生與荷蘭難民筆記型電腦等，展現出亞洲企業的全球影響力，值得我們關注。

7）富邦集團（台灣；創立於1961年，金融業）：運用手機建構封阻疫情的資訊系統

富邦集團是1961年成立的家族企業集團，旗下包括富邦金融控股、台灣大哥大、momo購物網等公司。台灣在疫情爆發初期的確診案例之所以少之又少，主因之一是建立了一套名為智慧型電子圍籬系統（Intelligent Electronic Fence System, IEFS）的手機資訊追蹤系統。富邦集團旗下的電信事業台灣大哥大，與政府和其他通訊業者合作，在這個共同項目中貢獻良多。

富邦在疫情期間，自始至終都展現出顯著的適應力與韌性，這得歸功於家族企業的共通特性，即勤奮且積極的管理團隊，因而得以著重於未來事業，加速推動現有的創新行動和計畫。

事實上，台灣大哥大總經理林之晨表示，新冠疫情加速了數位化，並促進B2C事業（momo購物網）的發展。雖然電信事業為明顯的獲利來源，然而推動集團成長的「超新星」卻是momo購物網。林之晨認為，正因為台灣大哥大屬於富邦集團，才能發揮這些能力掌握新機會。

8）淡馬錫（新加坡；創立於1974年，投資業）：運用專業投資知識與多元網絡支援抗疫

淡馬錫是1974年成立的全球投資公司，雖然屬於新加坡國營企業，不過是以家族企業的方式營運。他們因應疫情的多項行動中，對醫療方面的投資機敏無比，且充分發揮了創新性。淡馬錫善用網路與專業知識，解決了棉花棒、檢

測設備和口罩等全球醫療物資短缺問題，備受讚譽。

　　淡馬錫在疫情期間不斷面對與中小企業合作的課題，這不僅有助於提升地方的生產能力，也使得中小企業能夠在艱困的商業環境下成長。淡馬錫因應疫情的行動，例如提供糧食援助計畫、建構心理衛生入口網站，供應35國以上的個人防護裝備等，這都無疑促使世人重新思考慈善活動和社會責任的傳統界線。

（彭倩、金樂琦⓫）

⓫ 彭倩（Winnie QianPeng）副教授為香港科技大學陳江和亞洲家族企業與創業研究中心主任。金樂琦（Roger King）兼任教授為該中心的創始人。兩位的資歷請見書末（共同作者簡介）。

第 7 節
向家族企業學習危機應對策略

　　本章作為日本家族企業白皮書之特輯，聚焦於新冠疫情期間各家族企業的實際情況。論日本國內，我們經由百年經營研究機構的緊急調查，與日本長壽家族企業的案例介紹，揭示了世代間共有的強烈危機意識與迅速採取的應對手段，以及家族企業在疫情危機下的韌性。此外，我們也收到有關國外家族企業的寶貴報告。觀察歐亞各國含大企業在內的家族企業如何面對疫情，再綜觀瑞士銀行與資誠聯合會計師事務所針對富裕階級的研究報告，更能清楚比較日本與外國家族企業之間的異同，獲得寶貴的見解。

　　基於上述原因，本節作為第3章內容的總結，先歸納家族企業的危機應對策略有何值得效仿之處，並深入探討家族企業的本質。其中的重點，包含：在新冠危機中不追求短期利益，世代間共有的強烈危機意識與迅速採取的應對手段，緊密社區關係造就的韌性。接著以「家族企業為誰存在」為題，談及明確界定內部與外部利害關係人的重要性與意義，並在此基礎上強調後疫情時代的利他經營。

　　我已指出「新冠疫情危機是考驗家族企業本質的試金石」。這場突如其來的危機既凸顯了家族企業的優勢，也暴露其弱點。此外，我們還能從中預見家族企業的未來。望讀者能綜覽全文，理解我想表達的內容。

1. 不追求短期利益

　　危機當前，經營者不得避戰（金川，2011），也正是這種時刻才能發揮企業日累月積的真正價值。2020年初新冠疫情爆發時，國外媒體盛讚日本歷史悠久的家族企業，《紐約時報》（*The New York Times*）刊登了一篇頭條：〈經歷戰爭、瘟疫和王朝變遷：日本千年老鋪的成功祕訣〉。[1]該文章強調，企業長期生存的重要因素，包含對傳統和安全的重視，不以自身短期利益為優先的

警惕，以及對前人教誨的敬重。

在這篇文章刊出之前，我接受了長達2.5小時的採訪，談論日本家族企業在社會經濟中的重要性、悠久的歷史與教訓，乃至於經營理念。《紐約時報》也配合他們獨家採訪的長壽企業案例，編撰了這篇報導。

報導開頭放了一張與版面同寬的照片，拍的是京都市北區今宮神社內的茶屋「一文字屋和輔」。這間長保二年（西元1000年）創業的茶屋簡稱「一和」，現由第25代女將長谷川奈生繼續堅守傳統。一和茶屋發祥於平安時代中期，即紫式部撰寫《源氏物語》的年代，至今已延續千逾年，歷史色彩濃厚，現已登錄為日本景觀重要建造物。

第25代女將以竹籤精心串起拇指大小的麻糬，並用炭火烘烤而成的烤麻糬，是京都知名的和菓子之一，傳說吃了能免除疾病侵擾。烤麻糬的做法都是代代口傳心授，一家血脈守護這個味道超過千年。做法看似簡單，其實有學問，據說熟悉串籤得花上3年，掌握火侯則耗時10年。好比說，在女主人的巧手下，即使採直火烘烤，竹籤也不會燒焦。而且無論是麻糬或自製的味噌醬汁都不含任何防腐劑，全是有機、無添加的安全天然食品。

長谷川家族在二戰之前擁有田地，每逢戰亂或飢荒，他們也持續為民付出。此外，根據傳說，長谷川家族在室町時代持續了約11年的應仁之亂（應仁元年〔1467年〕至文明9年〔1477年〕）期間，也持續發放麻糬給大眾。現在他們仍與今宮神社結下深厚的關係，今宮祭神轎用的供品，就是長谷川家族蒸製的糯米。

今宮神社原本就是專司祛病的神社。平安時代，京都瘟疫頻傳，據傳今宮神社便是長保3年（1001年）洛中爆發瘟疫時，民眾奉疫神的啟示而創建來祭祀、祈求神明鎮壓疫病的神社。烤麻糬的起源，便是源自祭典後人們撤下供奉的麻糬，串在竹籤上烤過後、供參拜者食用的習慣；竹籤也是用神社注連繩上的竹子製成。另外，由於茶聖千利休過去也在茶會上使用一和的烤麻糬，因此

❶This Japanese Shop Is 1,020 Years Old. It Knows a Bit About Surviving Crises.2020/12/02, https://www.nytimes.com/.

一和附近也有與千利休頗具淵源的大德寺，每月28日的利休忌日，千家人員前來參拜。

長谷川奈生與兄弟、堂妹，自幼便在祖父母（第23代）的口述下學習烤麻糬的技術。每逢繁忙的正月時節，便會一家大小全員出動，一起串麻糬。等到她到了開始思考事業繼承的年紀時，才意識到這麼做其實是為了以防萬一，確保所有人都有能力繼承家業；這正是長壽企業獨特的風險管理方式之一。10年前，她從生病的母親手上繼承了女將的身分，第25代當家則由長谷川奈生的兄長，長谷川檢一擔任。

他們既不增加產品種類，不在客流量更多的市區開設分店，也不開放訂購；可以外帶，但建議當天食用完畢。他們沒有任何成長策略，對多元客戶需求也沒興趣。詢問他們為何不採取經營學教科書上的方法，增加產品種類、在繁華地段開設分店時，第25代當家解釋道：「因為我們希望傳承麻糬的意涵。」他們優先考量如何窮極本質，拒絕有礙此舉的數量擴張。以結果論而言，這成了最佳的風險應對策略，也是其千年來屹立不搖的祕訣。

以上詳細介紹了存續千年以上的長壽家族企業。❷《紐約時報》由此歸納長壽企業的成功關鍵，在於「不將短期利益擺在第一位的自我警惕，與代代相傳的家訓」。危機是考驗企業真正價值的試金石（Goto, 2021）。為深入了解家族企業於新冠疫情下展現的本質，以下將探討家族企業之危機對策的特徵、新冠疫情與韌性、對於內外利害關係人的判斷等主題。

2. 建立共同危機意識與應對措施

家族企業面臨的危機不一而足，但大致可分為社經環境下的危機、自然災害、技術革新等家族外部因素造成的危機，以及與經營策略相關的危機、家族成員不和與鬥爭等家族內部肇因於事業繼承的危機。

雖然家族企業面臨上述各種危機，不過應對的共通之處，都是希望將企業

---

❷本段落引用了許多岸本（2018）與沼野（2020）之觀點，我特此感謝。

順利傳給下一代，並抱持長期發展下去的強烈渴望（Ward, 1987: xxiii）。

為一償夙願，整個家族面對未知情況必須抱持強烈的危機意識，並代代傳承這份耐心。Poza（2013）指出，忍耐資本是許多家族企業競爭優勢的重要來源之一，並警告輕視耐心恐減損家族經營的壽命，前一代創造的價值也將立即消失。相反地，重視基於長遠目光的永續經營心態，才是家族企業的競爭優勢，也是許多家族企業追求的目標。

誠如以上所述，家族企業面臨各種危機時展現的首要共通點是追求長青。這恐怕是地球上最難實現的任務，但幾乎所有的家族企業都為了這一目標而努力奮鬥（Ward, 1987: 1）。

第2項共通點是，家族企業在面對危機的態度上，不是強烈傾向迴避，就是無所畏懼。這項課題通常攸關經營策略的危機，內容涉及各種新策略、新產品、新事業和新投資，可歸納為隨著創新行動而來的危機。

傳統研究上的主流觀點，認為家族企業傾向回避危機（例如，Fernandez & Nieto, 2005）。原因在於，策略上的慣性（Meyer & Zucker, 1989）、家族企業代代對於存續的重視（Chua et al., 1999）、傾向避免破產或失去控制權（Mishra & McConaughy, 1999; Naldi et al., 2007）等，且回避風險之傾向和所有權集中（Chandler, 1990），抑或所有權和治理結構（Fama, 1980; Fama & Jensen, 1983; Jensen Meckling, 1976）有關。此外，Zahra（2005）主張，家族的所有權／參與通常能促進風險承擔，但創始人長期擔任執行長的情況反而會導致企業傾向回避危機。

相反地，也有實證研究指出促進風險承擔的因素，包含業績（Mahto & Khanin, 2015）和經營者屬性（Wang & Poutziouris, 2010）。另一些研究認為，某些家族企業因畏懼家族聲譽受損，而傾向避免危機（Bartholomeusz & Tanewski, 2006）。但我們或許也可以基於同一個理由，主張家族企業可能因畏懼家族聲譽受損，而主動選擇承擔風險。有鑑於此，家族企業面對危機的傾向仍需要謹慎的分析。

那麼，相較於家族內部因素引發的危機，家族企業在面對自然災害等家族

外部因素引發的危機時，反應又是如何？雖然家族外部因素引發的危機，性質上並不在家族企業的控制中，在此討論或許稍嫌牽強，但我依然主張家族企業面臨外部因素危機時，也存在兩種迥異的態度。

簡言之，可以分成主動應對與被動應對。前者傾向將外部因素危機，視為新商機或改革自我的機會，因此即便身處逆境，也能咬緊牙關、靜待事態轉好，並盡己所能求生。至於後者，通常會採取收斂或撤退等策略。

若將前者歸類為風險承擔型，後者歸類為風險回避型，那麼家族企業在危急存亡之秋，例如面臨自然災害等外部因素危機時，會採取哪一種態度？我以上述為依據，推論家族企業更傾向於前者的風險承擔型，而非後者。詳見下個段落的內容。

3. 新冠疫情危機與韌性

Kraus et al.（2020）是首個以實證研究，探討歐洲5國家族企業在新冠疫情期間所受影響的團隊。他們指出家族企業為了在短期內適應危機，採取了3種策略❸，且長期下來變得比危機前更加強大。其次，無論何種行業或企業規模，大多企業都調整了商業模式，以順應瞬息萬變的大環境。再者，危機引發了無意識而重大的企業文化變革。另外，家族企業內部也觀察到更緊密的團結和凝聚力；數位化也有所進展。由此可見，許多家族企業面對危機的做法屬於風險承擔型，而新冠危機也為企業帶來了新型態、新內容的挑戰。

Amore et al.（2021）以義大利上市企業為對象，研究新冠疫情期間，家族在所有面向和統御面向的參與，對企業股價和財務績效有何影響。他們發現，疫情期間由家族股東控制的企業，表現比其他企業好非常多；這個情況在家族成員為控制股東又擔任執行長的企業中尤為明顯。而以行業來說，家族企業在勞動密集型產業更具有業績上的優勢。

De Massis & Rondi（2020）在〈新冠疫情與家族企業研究的未來〉

---

❸ 請參照本書第1章第3節。

（COVID-19 and the future of family business research）一文中，對過往該領域研究堪稱核心的5個基本前提提出質疑。這些前提是關於家族企業生存與存在的原因、意義和方針的假設。

第一，假設事業承繼為家族內部的事情（Cabrera-Suárez et al., 2001）。第二，假設家族在企業中的存在，可以維持企業與內外利害關係人之間穩定、可靠的長期關係，並產生獨特的社會資本（Arregle et al., 2007）。第三，假設家族企業重視非經濟性目標與社會情感財富，且社會情感財富的構成因子包含：家族管理和影響力、家族與企業步調的同一性、具有約束力的社會關係、情感依戀，以及透過繼承王朝而更新的羈絆（Gómez-Mejía et al., 2007）。第四，假設家族企業對未來懷抱志向並追求跨世代的成長（Miroshnychenko et al., 2020）。第五，假設家族擁有忍耐資本（Sirmon & Hitt, 2003），不傾向短期內解散清算，輕視資產與流動性問題。

我並不否定研究新冠疫情危機期間，社經變化如何影響上述5項假設的必要性，但研究方向是否應該轉換，仍需審慎判斷。

Conz & Magnani（2020）為了獲得有關企業恢復力（韌性）的動態觀點，系統性的回顧了2000年至2017年間發表的66篇文獻。他們指出，過往研究將韌性視為組織對威脅的適應能力，由迴避、吸收、彈性、學習、重生等一系列模式構成，並強調過往有關組織面臨生命威脅時的恢復力之研究極為有限。此外，Conz & Magnani（2020）也提出組織面對生命威脅時表現之「適應型韌性」（adaptive resilience）的概念，用以對比過往研究提出之有限的吸收型韌性（absorptive resilience）（Mithani, 2020）。

幾乎同一時期，Tierney（2020）也對「由災害當中與過後之行動所構成」的適應型韌性提出質疑，認為這類型的韌性同時包含了既有韌性機能的動員，與因應災害相關需求而發展出的新型態行動與社會組織兩者。他也分別探討了企業於災害發生時立刻展現的韌性，以及災後恢復等不同情境下的韌性。

日本國內，關等人（2020）以企業家精神研究的觀點，持續追蹤新冠疫情期間中小企業企業家的活動歷程。雖然是從中小企業角度出發，但這些企業家

從認知危機、如何看待危機、如何應對危機等一系列活動歷程，揭示了企業克服危機的實際情況，這一點相當寶貴。

赤尾（2021）著眼於新冠疫情如何改變經營型態，研究都市機能中生產、流通、銷售、服務等人際相關活動停止期間，所有行業如何為防範染疫而避免「三密」（密閉、密集、密切接觸）。雖然其中並無關於家族企業的描述，但有關持續營運計畫（BCP）、遠端辦公等工作型態轉換、經營型態變化、各種創新行動與價值觀翻新等事項方面，有望闡明家族企業與一般企業間的異同。

4. 家族企業為誰存在？

過往研究並未徹底釐清家族企業利害關係人的定義。Freeman（1984）將利害關係人定義為「對公司欲達成目標可能產生影響，或受到影響的群體或個人」，並鎖定16種常見的利害關係人，進一步區分為主要利害關係人（primary：對企業目標產生影響者）和次要利害關係人（secondary：受企業目標影響者）。

然而，他明確的常見分類並未包含「家族」。儘管利害關係人的概念也用於家族企業的情境，指涉範圍卻不甚明確。此外，Harvey & Evans（1994）將銀行家、投資人、供應商、流通業者和董事會成員稱為外部利害關係人，但並未明確說明內部利害關係人。

據我所知，Sharma（2001）首次區分了家族企業的內部和外部利害關係人。他將員工、股東和（或）以家族成員身分，參與公司事務的人定義為內部利害關係人；於雇用、所有權或家族成員方面與企業沒有直接關係，但對企業長期存續與繁榮具有影響力的利害關係人，界定為外部利害關係人。

由於過往研究較關注創業者、接班世代、女性，以及非家族員工等4類內部利害關係人，上述區分顯得格外重要。Chrisman et al.（2002）評價此觀點，開啟了研究內外利害關係人團體之間代理（agency）關係的新途徑。

我也認為區分內部與外部利害關係人非常重要，因此認同Sharma（2001）觀點的先驅性，但也必須指出其中的侷限。第一，將員工、股東和家

族參與者統稱為內部利害關係人。後文會談到，非家族員工與股東及家族參與者的利害和價值觀可能不一致，故將兩者一視同仁未免牽強。

第二，是Sharma（2001）關注的主題僅限於劃分利害關係人的類型，並未深入探討各利害關係人之間的利害衝突。這一點明顯體現於Sharma（2001）進一步發展上述論點，將利害關係人區分為72個類別，並繪製成概念圖的舉動，及其對利害關係人互利共生關係較為關心的態度。

基於以上諸多考量，我希望指出區分內外利害關係人的2個重要性。第一，區分內部與外部利害關係人有助於排除過往研究中隱含之模糊因素（例如盡職治理），對於釐清論點有莫大幫助。

過往研究指出，家族企業在盡職治理方面與一般企業不同（Davis et al., 1997; Miller & Le Breton-Miller, 2006等），並預設家族企業更加落實盡職治理（Chrisman, 2019; James et al., 2017）。然而，員工的信任、承諾和社會動機等高度盡職治理的特徵，亦普遍存在於非家族企業（Neubaum et al., 2017）；此外，過往也無人研究家族企業中，非家族員工的角色及其對盡職治理的貢獻（Davis et al., 2010; Hernandez, 2012）。

Bormannet al.（2021）研究了家族企業中，促進非家族員工盡職治理的策略，但並未提及盡職治理是偏向內部還是外部利害關係人。故可推論，若明確界定盡職治理的指向，將能大幅推進研究的進展。

此推論乃是基於Gómez-Mejía et al.（2011）針對社會情感財富舉出的第3個特徵：「家族所有者之間的利他行為」；這是基於內部利害關係人的期望，滿足家族成員福祉需求的行為。

觀察家族企業的發展階段，初期基礎立於大量家族的人力與財務資本（後藤, 2012: 64-68; FBC, 2016: 4-5），所以可能需要重視內部利害關係人的期望。然而，隨著時間拉長，家族影響力於所有權軸和經營權軸會發生質與量的變化，長期下來，家族對家族企業的影響力呈下降趨勢（FBC, 2018: 120-127）。

在內部利害關係人比例減少的改變下，若繼續像以前一樣重視其需求，那麼企業得不到多數非家族員工的支持也不足為奇。即使大股東能透過施壓，維

持以家族為重的各種政策，但占多數的非家族員工也會漸漸不再支持，進而擴大家族成員和非家族員工間的鴻溝。

我認為區分家族企業內外部利害關係人重要的第二個理由，是這可能成為家族企業能否蒸蒸日上的分水嶺。若家族持續關注內部利害關係人，就很難在質的方面脫離創業之初的家業精神，在量的方面也很有可能阻礙事業擴張。因為這種心態，造成家族企業難以獲得非家族員工和外部利害關係人的支持，即使於量方面企業的規模擴大，非家族員工和外部利害關係人的支持也較難大幅擴張。

相反地，將非家族員工等外部利害關係人納入視野，便有機會促進家族企業於質於量皆獲得飛躍性的發展。論公司內部，可以縮減家族成員與非家族員工之間的鴻溝，增強家族企業的凝聚力，促進自發性服務於所屬組織利益的盡職治理精神。而企業與外部利害關係人的關係也可預見類似的發展。

本段落標題為「家族企業為誰存在？」答案正是如此；當家族企業將非家族員工等外部利害關係人納入視野，獲得外部利害關係人的認同，具體表現出企業為外部利害關係人而存在的態度時，家族企業將不再只為家族而生，而是昇華成為外部利害關係人而生的社會實體。

接下來，我們稍微觀察，家族成員在影響力減少過程中各階段的角色。首先，家族成員在人數上雖占少數，但仍以股東身分保持一定地位的階段中，家族以大股東身分肩負著支撐經營的職責；這種影響力在家族將企業託付非家族成員經營時更為重要，因為缺乏股東影響力的非家族經營者，經營眼光可能傾於短淺，所以家族大股東和非家族經營者之間的信賴關係極其重要。

接著，在家族連股東地位也失去的階段（C類家族企業，詳見第2章第3節），家族的存在意義是否會消失？在這個階段，家族仍可能作為象徵性的存在，代表至今累積的企業文化或理念，繼續發揮一定的價值。而且，正因為家族缺乏股東影響力，成為企業文化、理念的象徵，發揮利害關係人願意予以尊重的價值，才能爭取他人認同其存在價值。

變成少數派的家族成員，只要行動上繼續以家族企業的繁榮為優先，而非

直接滿足家族成員的願望，家族就得以維持自身在家族企業的存在感。而這也能提升家族信譽，長期下來有助於家族價值提升。

5. 後疫情時代與利他經營

　　想必現在已經沒多少人認為疫情過後社會還會恢復原樣，不過後疫情時代對人類來說是未知的世界，難以看清各種社會變遷的面貌、人們內心深處的思緒，以及生活方式，即價值觀的變革，許多人因此為此感到不安。

　　有兩個原因，讓許多經營者對後疫情時代的社會與經營不安。第一是對爆發新冠病毒的現代社會不安。不只是對病毒本身不安，正因為人類肆虐生態系，縮短了人與野生動物間的距離，才導致野生動物身上的病毒開始感染人類（山本，2011），所以這次的疫情可謂經濟至上的社會下，人類的移動所引發的後果。

　　微軟創辦人比爾・蓋茲（Bill Gates）在2015年的演講中，曾警告世人：「如果未來幾10年內發生1起死亡超過1,000萬人的事件，那麼很有可能是傳染性很強的病毒，而不是戰爭。」[4]他在當時就「預言」了新冠疫情。我們應該將新冠疫情視為自然界對人類的傲慢敲響的警鐘，未來不能凡事只考慮人類的方便，而要謙卑地面對大自然。

　　不安的第2個原因，是長久以來對現代資本主義的不安。盎格魯－撒克遜型（Anglo-Saxon），尤其是美國華爾街型資本主義，往往在股東壓力下追求短期利益最大化，結果就是不時傳出經營者優先考慮股東利益而解雇員工，進而獲得高額報酬的情事，導致長期以來人們忽視地球環境與對有限資源的保護。

　　其實，第1項與第2項原因之間息息相關，而原先較深層因第2項造成的不安，被疫情引發的第1項不安所激發。在新冠疫情爆發的前1年，美國知名企

---

[4] "Coronavirus: Bill Gates predicted pandemic in 2015." Mercury News, March 25, 2020. https://www.mercurynews.com/2020/03/25/coronavirus-bill-gates-predicted-pandemicin-2015。

業家組成的商業圓桌會議（Business Roundtable）發表了反省聲明（2019年8月）。由於企業家對於「公民對企業日益高漲的懷疑」感到危機，所以表示企業不應一味地追求股東利益，應該重視員工、公平對待供應商、保護環境、重視道德。這項聲明意味著企業拋棄股東至上主義，重回「過去數10年的正統企業價值觀」，即更加重視利害關係人的權益。

次年，美國經濟研究聯合會（Conference Board）發起主題為「後疫情時代如何復甦」的「全球經營幹部意識調查」❺（C-Suite Challenge，調查期間為2020年5～6月）。44個國家1,316名（包含日本的155名）執行長中，大多（日本70.1%／全球63.5%）認為後疫情時代的課題為，「重新定義企業使命，滿足顧客、員工、供應商、社區與股東等所有利害關係人的利益」（日本生產性本部, 2020）。而正是因為上述第1與第2項原因間的關聯，以及原本隱藏在底層的第2項不安被新冠疫情挑起，進而放大第1項不安，才促使企業面對重新定義自身使命的基本課題。

在這樣的背景下，許多媒體一再報導後疫情時代社會與價值觀的議題。日本也是如此；我也曾於東京電視台的節目❻提出以下主張。

全球同時面臨危機的經驗，將使人們更加認同經濟活動的目的不在金錢，而是造福人類。而日本企業尊重員工、顧客、地方社會與地球有限資源的經營方式，或許也將重新受到重視。這也會成為企業觀念的轉捩點，從個人利益至上的「利己主義」轉向考慮他人幸福的「利他主義」，並且動搖以股東利益至上的「股東資本主義」（shareholder capitalism）……長壽企業之所以能持續經營超過百年，就是因為重視「利他行為」。許多企業都在煩惱未來如何經營，但我得說：「答案其實近在眼前！」長壽企業正是後疫情時代下，經營管理方法與思維的榜樣。

---

❺ https://www.jpc-net.jp/research/detail/005140.html。
❻「各界名人感言接力：對疫情的想法」（各界で活躍する人のリレー・メッセージ：コロナに思う）2020年7月7日。

在諸多媒體論調中，法國經濟學家兼思想家賈克‧阿塔利（Jacques Attali）在日本NHK節目中發表的內容[7]引發了廣大迴響。

瘟疫之下，團結的規範不再，利己主義橫行，提高了經濟世界中孤立主義滋長的風險，排外的民粹主義崛起。在這種情況下，我們有必要擴大合理的團結網絡；而面對這次危機，我們應當呼籲人們轉向「利他主義」……。在面對瘟疫如此重大的危機，我們必須回歸人類「為他人而活」的本質。世人要明白合作比競爭更有價值，全人類是命運共同體，而從今以後改以利他主義為理想，才是人類生存的關鍵。

他於2006年出版的著作《未來簡史》（*A Brief History of the Future*）已預言了利他主義的到來；他也在《金融風暴後的世界》（*World after the financial crisis*，2009）一書中預言「未來10年內恐將爆發瘟疫」，並稱利他主義為「最佳的理性利己主義」。

奧古斯特‧孔德（Auguste Comte，1798-1857）創造了「利他主義」（altruism）一詞，作為對抗利己主義的概念（稻場等人，2007）；Sorokin（1950）將其整理成一門有系統的學問，並二分為狹義的單邊性和廣義的雙邊性。狹義的利他主義不求回報，廣義的利他主義則是期望回報而採取符合對方利益的行動。阿塔利的理性利己主義是為了實現自身利益，屬於後者。經電視節目主持人確認，雙邊性利他主義「並非為他人利益而犧牲一切，而是保護他人同時保護自己」。

此外，德國哲學家馬庫斯‧加布里埃爾（Markus Gabriel）參與了日本朝日電視台[8]的節目，他提倡倫理資本主義的言論也引起關注。他談到「新冠病

---

[7] 「急速訪談 因瘟疫而改變的世界～歷史帶給我們什麼樣的教訓～」（緊急対談 パンデミックが変える世界～歴史から何を学ぶか～）2020年4月4日。

[8] 「報導STATION 『未來就從現在開始』」（報道ステーション「未来をここから」）2021年7月14日。

毒蔓延使人們一同採取了符合倫理的行為」，並評論「這可能是歷史上首次觀察到全球人類行為完全同步的現象」。雖然新冠疫情對資本主義未來走向的影響仍有待謹慎地分析，但他仍主張「危機促進倫理進步」、「以倫理道德為世界價值觀核心的『倫理資本主義』將變得更加重要」（Gabriel, 2021），而這些主張與阿塔利的論點不謀而合。

上述論點，都提示了後疫情時代下，經營管理和思維的範本。實際上，許多家族企業長期以來都力行以上觀念，而長壽家族企業也正體現了此點（本章第2～3節）。危機這塊試金石所點明的：不追求短期利益、跨世代的強烈危機共識與應對措施、地區團結型韌性、重視外部利害關係人，以及長期實踐基於上述要點的利他主義——都可謂源源不斷的寶貴教訓。

6. 結語

本節作為第3章內容的總結，先是介紹日本長壽家族企業的案例，指明其特徵，並試圖探索家族企業的本質。接著談到跨世代的強烈危機共識與迅速應對危機的措施，家族企業在新冠疫情危機下的韌性，並提問「家族企業是為誰存在」，釐清內部和外部利害關係人的重要性與意義；最後則承先啟後，強調後疫情時代的利他經營。

原本應該將本章第2～3節的日本長壽家族企業，與第4～6節中介紹之海外家族企業針對新冠疫情採取的應對行動加以比較並闡述，無奈目前內容已嚴重超出篇幅限制，只好割捨。不過我撰寫本節過程中，仍時時銘記著前者的案例；至於後者，尤其比較分析日本與國外家族企業韌性的特點亦非常重要，期許未來假以其他機會再行詳述。願諸位讀者閱讀各節時，能參照本節關於外部利害關係人的判別基準與利他主義的內容，相信如此不僅能加深對各節的理解，也更能理解我想表達的內容。

日本長壽家族企業展現的諸多特徵，究竟是家族企業之普遍性質因長壽而強化的結果，還是因日本社會或歷史的特殊性而形成，仍是有待研究的課題。

（後藤俊夫）

資料

本書最後與前兩版一樣，統整了整體上市家族企業的業績（附錄Ⅰ），並按整體市場、東證一部、東證二部、地方市場、新興市場的順序介紹；接著再一舉列出個別上市家族企業的業績（附錄Ⅱ）。附錄用途多元，可作為閱讀本文過程的參考數據，亦可直接閱讀數據以掌握個別企業的詳細情況。

附錄1是「日本上市家族企業業績一覽」，分別為：1. 全市場、2. 東證一部、3. 東證二部、4. 地方市場、5. 新興市場

附錄2是「日本上市家族企業：個別業績（依股票代號），分別為：1. 1000號～3999號、2. 4000號～6999號、3. 7000號以上

本書收錄之企業範圍

以下有必要闡明本書收錄企業的財務報表期間與收錄範圍。

首先，本書收錄之財務報表期間為2020年4月1日～2021年3月31日，理由在於大多數日本上市企業是於3月底進行（會計）年度結算。需要注意的是，資料內容不一定完全符合此範圍。我們盡可能在定稿之前補充家族企業主要事項的相關資訊。

其次，本書收錄的企業為2019年4月1日～2020年3月31日期間已上市的企業，家族企業類別也是以上述期間內的狀態為準。因此，2020年4月1日後上市的企業並不在分析範圍之內。

各家族企業的分類，是由日本日本家族企業白皮書企畫編輯委員與部份作者，以及日本家族企業事業承繼研究所代表大山美和共同進行。

附錄 I

資料出處：日本家族企業白皮書企畫編輯委員會根據附錄 II 編製

註一）本委員會取得了所有上市企業的數據，惟礙於篇幅限制，附錄 II 僅刊登了家族企業的數據。

附錄 II

資料出處：日本家族企業白皮書企畫編輯委員會根據本書第1章所定義與分類之家族企業類別，以及Quick Astra Manager的資料所編製

註一）挑選截至令和2年（2020年）3月31日前，已發行普通股之上市企業，運用Quick Astra Manager截至令和3年（2021年）8月23日前登記的財務數據。

註二）以下數值的定義以Quick Astra Manager為準。

（1）營業額／銷售額：商品銷售額、產品銷售額、工程款、運輸（海運、鐵

路等）、倉儲、廣播、電力瓦斯、娛樂（電影、旅館等）等服務業公司之營業收入，與信用交易、證券金融、證券信託 商品期貨等營業收益

（2）**營業利益**：營業淨利＋利息、股息收入

（3）**股東權益**：

> 日本標準：「資產」－「權證」－「非控制權益」
>
> 美國標準：「股本」、「資本公積」、「保留盈餘」、「累積其他綜合損益項目」、「庫藏股（減項）」的總金額
>
> 國際會計標準：屬於母公司所有者的資本

（4）**資產報酬率**：｛營業利益×12÷結算月數｝÷｛（期初資產總額＋期末資產總額）÷2）｝

（5）**流動比率**：流動資產÷流動負債

（6）**權益比率**：股東權益÷總資產

（7）**固定比率**：固定資產÷股東權益

（8）**固定長期適合率**：固定資產÷（固定負債＋股東權益）

（9）**平均投資報酬率（60個月）**：60個月的月投資報酬率*平均（截至2021年3月）

（10）**市值**：股價×發行股數**

---

*：月投資報酬率：股價‧指數－投資組合風險衡量指標－本益比

**：市值是根據2021年3月31日收盤價與股票數計算得出

附錄1 日本上市家族企業業績一覽

(單位：間，%)

資產報酬率 全市場

行業別	公司數	家族企業類別 A	a	B	b	C	c	小計	一般企業	一人公司	家族企業整體平均	家族企業類別 A	a	B	b	C	c	小計	一般企業	一人公司
玻璃、土石製品業	59	18	5	2	1	2	2	30	29		3.45	2.41	0.21	4.68	0.33	6.17		4.82	3.10	5.55
橡膠製品業	19	5	1	4				10	9		4.31	3.66	8.17	1.12					4.32	4.29
服務業	483	171	12	15	13	1	2	214	82	187	0.80	3.87	6.01	1.47	6.57	-12.86	-7.13	-0.34	5.08	3.38
其他金融業	33	5	1	1				7	18	8	3.84	3.47	7.91	0.69				4.02	-1.51	8.62
其他製造業	110	54	12	7	6	3		82	21	7	3.43	3.70	6.22	0.91	2.52	2.33		3.14	4.71	3.66
紙漿、紙業	26	7	2	2	4		1	16	10		4.63	2.76	5.40	7.88	4.45		5.00	5.10	2.29	
醫藥品業	64	18	3	2	3	3		29	25	10	-3.91	2.15	-7.02	8.34	2.15	-7.57		-0.39	-7.29	-18.13
批發業	328	130	27	22	19	5	1	204	106	18	2.83	3.33	3.55	3.24	1.88	0.32	0.85	2.20	2.14	7.33
化學業	212	59	12	16	5	5	2	99	108	5	5.36	5.20	2.79	6.10	5.57	4.37	10.57	5.77	5.75	2.53
海運業	13	2	1			1		5	8		-0.30	0.76	-2.16		1.20			0.04	-0.04	-1.32
機械業	229	81	24	16	14	6		141	84	4	4.71	4.50	3.79	3.87	6.00	2.87		4.21	3.65	8.29
金屬製品業	94	31	9	6	4			57	35	2	3.63	4.60	3.09	0.55	4.91	5.85	1.84	3.47	3.54	4.64
銀行業	85				5			5	80		0.00				0.00			0.00	-4.90	
空運業	5							0	5		-4.90									
營造業	173	52	9	11	5		1	80	85	8	5.60	6.27	6.92	8.03	1.49	5.69	7.53	5.99	6.47	2.38
礦業	6							0	6		3.24									
零售業	350	188	20	28	15	2	1	254	45	51	-3.61	3.06	0.86	2.55	-5.90	-21.46	-6.62	-4.59	-0.15	-1.20
證券、期貨交易業	39	12	2	2	2			18	12	9	2.93	-1.52	0.00	3.26	1.23			0.74	-0.80	15.39
資通訊業	475	120	9	22	7	1		159	118	198	6.66	8.93	7.34	11.95	6.31	-2.55		6.40	6.92	7.73
食品業	126	47	10	9	9	3	1	79	42	5	3.59	3.37	5.07	5.52	5.88	3.61	2.81	4.38	4.47	-1.97
農林漁業	11	9						9	2		4.31	4.54						4.54	4.07	
精密機械業	50	12	5	4	5		1	27	18	5	1.56	4.29	8.76	4.72	5.98		-2.22	4.31	1.74	-12.35
石油、煤炭製品業	11	1		1				2	9		4.13	3.93		3.14				3.54	5.32	
纖維製品業	54	13	3	1	2	2	1	22	32		-3.35	-0.63	6.27	-9.75	-7.59	1.80	-13.93	-3.97	0.36	
運輸及倉儲業	40	8	4	2		3		17	21	2	5.62	5.19	8.93	2.51		4.29		5.23	3.30	9.49
鋼鐵業	45	8	1	2	1	2		14	31		3.42	3.27	4.94	1.89	2.00	6.97		3.81	3.66	2.37
電力及燃氣供應業	24	2						2	21	1	3.57	4.68						4.68	4.50	2.32
電機業	244	67	14	19	6	11	2	119	102	23	3.95	5.98	3.24	2.49	2.09	2.40	8.57	4.13	4.50	
非鐵金屬業	34	7	2	2	2			13	21		4.30	3.46	4.30	4.21	4.97			4.24	4.54	
不動產業	138	43	4	6	3	1		57	32	49	5.49	4.89	7.37	8.63	5.23	5.20		6.26	3.19	3.94
保險業	13	3	1					4	9		9.21	6.57	11.97					9.27	9.10	
輸送用機具業	90	21	8	10	3	4		46	44		1.89	3.63	1.83	2.81	0.92	1.23		2.08	0.90	
陸運業	66	14	5	2	2	3	1	27	37	2	3.75	3.96	1.64	3.68	2.31	3.32	6.85	3.63	0.36	7.84
總計	3,749	1,208	206	211	139	66	18	1,848	1,307	594	2.85	3.81	4.35	3.63	2.63	0.60	1.36	3.20	2.56	2.96

(單位：間，%)

營業利益率 全市場

行業別	公司數	家族企業類別 A	a	B	b	C	c	小計	一般企業	一人公司	家族企業整體平均	家族企業類別 A	a	B	b	C	c	小計	一般企業	一人公司
玻璃、土石製品業	59	18	5	2	1	2	2	30	29		3.94	3.75	-0.62	4.28	0.22	8.67		3.96	3.38	7.32
橡膠製品業	19	5	1	4				10	9		6.00	7.60	9.57	1.36					6.18	5.47
服務業	483	171	12	15	13	1	2	214	82	187	-0.15	1.61	6.26	0.61	6.12	-12.11	0.00	16.91	4.42	11.72
其他金融業	33	5	1	1				7	18	8	13.37		37.13	8.34						-9.17
其他製造業	110	54	12	7	6	3		82	21	7	4.09	3.35	5.76	2.06	3.01	4.15		3.67	6.28	4.00
紙漿、紙業	26	7	2	2	4		1	16	10		5.83	3.37	6.70	10.76	5.86		5.87	6.45	2.45	
醫藥品業	64	18	3	2	3	3		29	25	10	-1205.47	-49.90	-449.58	15.83	-128.01	-155.65		-153.46	-3542.77	-4128.24
批發業	328	130	27	22	19	5	1	204	106	18	1.78	2.50	2.38	2.31	1.20	0.44	0.36	1.53	-0.57	5.60
化學業	212	59	12	16	5	5	2	99	108	5	4.94	7.33	4.07	6.35	8.46	7.37	9.11	7.12	7.68	-10.86
海運業	13	2	1			1		5	8		-0.14	2.54	-6.53		6.70		-0.25	0.61	-3.16	
機械業	229	81	24	16	14	6		141	84	4	4.92	7.38	4.77	-6.78	6.65	3.53		3.11	4.40	14.51
金屬製品業	94	31	9	6	4			57	35	2	4.86	5.44	4.33	0.35	6.63	6.51	1.90	4.19	4.95	9.10
銀行業	85				5			5	80		15.50				13.84			13.84	7.71	
空運業	5							0	5		7.71									
營造業	173	52	9	11	5		1	80	85	8	3.61	5.69	6.05	6.34	-10.09	5.05	8.65	3.62	6.25	0.95
礦業	6							0	6		8.37								8.37	
零售業	350	188	20	28	15	2	1	254	45	51	-4.74	0.63	-1.75	-0.75	-9.13	-12.49	-7.40	-5.15	-1.46	-5.60
證券、期貨交易業	39	12	2	2	2			18	12	9	2.07	16.05	12.96	26.21	-78.78			-5.89	8.17	27.79
資通訊業	475	120	9	22	7	1		159	118	198	5.18	8.95	8.60	12.85	4.85	-10.46		4.96	5.87	5.56
食品業	126	47	10	9	9	3	1	79	42	5	3.05	3.16	4.47	6.49	4.70	4.90	2.61	4.39	4.38	-6.30
農林漁業	11	9						9	2		3.50	4.69						4.69	2.31	
精密機械業	50	12	5	4	5		1	27	18	5	-9.25	7.73	11.63	8.58	6.70		-4.62	6.01	-14.72	-80.04
石油、煤炭製品業	11	1		1				2	9		4.15	3.07		3.44				3.26	6.28	
纖維製品業	54	13	3	1	2	2	1	22	32		-4.15	-0.02	3.93	-12.18	-11.92	1.99	-9.28	-4.58	-1.54	
運輸及倉儲業	40	8	4	2		3		17	21	2	4.50	4.25	3.58	1.77		4.77		3.59	4.03	8.61
鋼鐵業	45	8	1	2	1	2		14	31		3.77	4.14	5.59	2.28	1.95	6.84		4.16	1.85	
電力及燃氣供應業	24	2						2	21	1	11.41	5.90						5.90	5.92	22.41
電機業	244	67	14	19	6	11	2	119	102	23	4.31	6.26	2.19	3.51	1.81	5.71	9.16	4.77	5.52	0.28
非鐵金屬業	34	7	2	2	2			13	21		3.97	3.50	3.38	6.01	4.40			4.32	2.56	
不動產業	138	43	4	6	3	1		57	32	49	7.81	7.34	13.81	9.43	5.71	5.56		8.37	12.31	0.53
保險業	13	3	1					4	9		8.98	4.94	11.49					8.22	10.50	
輸送用機具業	90	21	8	10	3	4		46	44		1.84	3.64	2.13	2.87	0.85	0.97		2.09	0.60	
陸運業	66	14	5	2	2	3	1	27	37	2	2.68	1.36	-2.96	7.84	2.21	4.01	8.13	3.43	-3.94	4.81
總計	3,749	1,208	206	211	139	66	18	1,848	1,307	594	-32.47	3.05	-10.76	5.01	-6.95	-5.32	2.01	-0.96	-103.34	-217.07

流動比率 全市場 （單位：間，%）

行業別	公司數	家族企業類別								一般企業	一人公司	家族企業整體平均	家族企業類別								一般企業	一人公司
		A	a	B	b	C	c	小計				A	a	B	b	C	c	小計		
玻璃、土石製品業	59	18	5	2	1	2	2	30	29		259.58	258.38	217.34	487.60	137.50	305.23	193.81	266.64	217.19	
橡膠製品業	19	5	1	4				10	9		203.66	155.28	231.59	226.46				204.45	201.28	
服務業	483	171	12	15	13	1	2	214	82	187	230.18	267.64	255.17	230.28	317.81	78.17	151.86	216.82	227.65	312.84
其他金融業	33	5	1	1				7	18	8	279.68	234.25	658.04	118.94				337.08	209.65	177.51
其他製造業	110	54	12	7	6	3		82	21	7	251.94	308.82	315.02	156.36	197.23	325.30		260.55	240.21	220.64
紙漿、紙業	26	7	2	2	4		1	16	10		194.65	198.51	190.46	269.37	188.47		104.83	190.33	216.26	
醫藥品業	64	18	3	2	3	3		29	25	10	971.99	439.87	1855.23	1651.35	1017.87	486.21		1090.11	678.05	675.37
批發業	328	130	27	22	19	5	1	204	106	18	191.66	209.59	175.56	258.06	200.76	147.16	129.25	186.73	192.58	220.31
化學業	212	59	12	16	5	5	2	99	108	5	284.34	332.29	304.32	265.58	180.47	312.34	138.00	255.52	226.34	515.27
海運業	13	2	1		1		1	5	8		72.02	89.04	75.88		26.36		51.81	60.77	117.00	
機械業	229	81	24	16	14	6		141	84	4	424.02	339.29	258.78	324.57	276.02	215.04		282.74	260.88	1293.56
金屬製品業	94	31	9	3	11	2	1	57	35	2	267.89	315.76	256.55	173.32	302.08	252.67	122.01	237.07	220.07	500.63
銀行業	85				5			5	80		0.00				0.00			0.00	0.00	
空運業	5								5		192.14								192.14	
營造業	173	52	9	11	5	2	1	80	85	8	203.40	220.24	236.49	188.36	203.26	145.85	184.10	196.38	222.25	226.65
礦業	6							0	6		301.19								301.19	
零售業	350	188	20	28	15	2	1	254	45	51	157.12	176.28	168.60	144.98	181.33	71.34	37.85	130.06	150.77	165.83
證券、期貨交易業	39	12	2	2	2			18	12	9	210.93	163.16	164.83	143.73	142.93			153.67	277.46	373.46
資通訊業	475	120	9	22	7	1		159	118	198	300.88	312.54	307.66	376.59	287.68	120.69		281.03	315.64	385.36
食品業	126	47	10	9	9	3	1	79	42	5	237.60	205.17	216.75	280.19	214.70	407.32	142.02	244.36	199.56	235.10
農林漁業	11	9						9			201.35	216.65						216.65	186.06	
精密機械業	50	12	5		4		1	27	18	5	460.93	345.67	314.45	301.98	510.32		409.15	376.31	316.82	1028.14
石油、煤炭製品業	11	1		1				2	9		151.50	102.73		188.45				144.59	163.32	
纖維製品業	54	13	3	1	2	1		22	32		216.97	328.55	186.12	80.82	197.63	275.51	206.42	212.51	243.77	
運輸及倉儲業	40	8	4	2		3		17	21	2	199.61	245.01	205.50	201.53		146.78		199.84	174.86	223.46
鋼鐵業	45	8	1	2	1	2		14	31		223.17	248.36	210.73	237.76	192.73	195.24		216.97	254.22	
電力及燃氣供應業	24	2						2	21	1	200.59	133.47						133.47	119.15	349.15
電機業	244	67	14	19	6	11	2	119	102	23	312.28	332.14	277.20	347.58	276.79	314.60	273.00	303.55	271.11	405.83
非鐵金屬業	34	7	2	2	2			13	21		205.58	203.09	162.34	265.03	183.34			203.45	214.10	
不動產業	138	43	4	6	3	1		57	32	49	330.15	292.09	413.61	271.82	430.75	255.20		332.69	268.52	379.09
保險業	13	3	1					4	9		274.68	159.48	586.19					372.83	78.37	
輸送用機器業	90	21	8	10	3	4		46	44		180.56	236.06	152.26	218.56	158.92	146.05		182.37	171.52	
陸運業	66	14	5	2	2	3	1	27	37	2	141.35	151.61	138.00	233.32	133.42	116.60	175.94	158.16	96.45	85.35
總計	3,749	1,208	206	211	139	66	18	1,848	1,307	594	251.93	240.72	316.10	293.95	259.06	215.86	165.72	246.73	218.92	409.13

權益比率 全市場 （單位：間，%）

行業別	公司數	家族企業類別								一般企業	一人公司	家族企業整體平均	家族企業類別								一般企業	一人公司
		A	a	B	b	C	c	小計				A	a	B	b	C	c	小計		
玻璃、土石製品業	59	18	5	2	1	2	2	30	29		56.60	57.13	50.58	79.08	47.33	65.40	39.82	56.56	56.88	
橡膠製品業	19	5	1	4				10	9		52.28	38.47	60.25	55.37				51.36	55.01	
服務業	483	171	12	15	13	1	2	214	82	187	47.42	49.80	51.20	54.15	56.58	16.48	52.24	46.74	48.48	50.46
其他金融業	33	5	1	1				7	18	8	24.62	28.81	39.84	6.56				25.07	16.45	31.43
其他製造業	110	54	12	7	6	3		82	21	7	55.89	57.86	62.07	58.23	57.47	57.83		58.69	55.71	42.03
紙漿、紙業	26	7	2	2	4		1	16	10		51.46	50.25	48.16	68.86	56.62		36.01	51.98	48.82	
醫藥品業	64	18	3	2	3	3		29	25	10	71.98	67.80	70.26	81.38	78.69	58.45		71.31	73.23	74.06
批發業	328	130	27	22	19	5	1	204	106	18	45.01	49.65	44.78	56.56	50.82	35.12	34.73	45.28	45.68	42.77
化學業	212	59	12	16	5	5	2	99	108	5	57.89	64.13	58.58	62.46	49.92	67.40	49.69	58.69	56.84	54.16
海運業	13	2	1		1		1	5	8		28.34	18.76	34.33		20.18		41.30	28.64	27.16	
機械業	229	81	24	16	14	6		141	84	4	59.15	65.43	53.92	67.63	56.18	52.78		59.19	55.18	62.94
金屬製品業	94	31	9	3	11	2	1	57	35	2	59.15	66.56	52.70	41.62	61.01	70.45	36.80	54.86	52.95	67.10
銀行業	85				5			5	80		5.42				5.52			5.52	5.31	
空運業	5							0	5		36.53								36.53	
營造業	173	52	9	11	5	2	1	80	85	8	47.62	51.57	51.54	54.03	41.30	45.28	36.32	46.67	45.65	46.31
礦業	6							0	6		65.62								65.62	
零售業	350	188	20	28	15	2	1	254	45	51	35.70	44.93	42.90	43.14	45.92	10.00	28.77	35.94	39.95	29.97
證券、期貨交易業	39	12	2	2	2			18	12	9	36.57	37.19	38.33	29.90	36.10			35.38	41.65	36.27
資通訊業	475	120	9	22	7	1		159	118	198	58.03	61.57	60.69	67.80	56.08	41.94		57.61	59.92	58.25
食品業	126	47	10	9	9	3	1	79	42	5	56.83	55.60	56.75	57.05	64.80	67.25	49.19	58.44	54.15	49.83
農林漁業	11	9						9			43.11	51.03						51.03	35.19	
精密機械業	50	12	5		4		1	27	18	5	58.49	58.09	52.64	62.79	77.05		55.76	61.27	57.78	45.32
石油、煤炭製品業	11	1		1				2	9		43.15	29.10		57.38				43.24	42.97	
纖維製品業	54	13	3	1	2	1		22	32		49.96	58.04	50.48	28.93	59.75	72.92	28.47	49.77	51.16	
運輸及倉儲業	40	8	4	2		3		17	21	2	51.70	54.10	43.49	47.28		55.19		50.01	52.38	57.79
鋼鐵業	45	8	1	2	1	2		14	31		59.79	66.50	54.71	62.25	57.13	63.84		60.88	54.33	
電力及燃氣供應業	24	2						2	21	1	36.93	70.87						70.87	33.01	6.92
電機業	244	67	14	19	6	11	2	119	102	23	59.53	60.93	58.96	61.00	55.74	61.54	69.33	61.25	53.28	55.48
非鐵金屬業	34	7	2	2	2			13	21		55.45	52.49	49.27	75.45	49.85			56.77	48.57	
不動產業	138	43	4	6	3	1		57	32	49	43.25	38.17	36.34	45.66	68.22	38.09		45.30	39.67	36.62
保險業	13	3	1					4	9		48.79	42.44	88.00					65.27	15.84	
輸送用機具業	90	21	8	10	3	4		46	44		47.82	54.85	54.84	48.65	46.05			48.98	41.99	
陸運業	66	14	5	2	2	3	1	27	37	2	50.06	45.09	50.01	72.15	54.75	47.30	62.72	55.34	36.92	31.52
總計	3,749	1,208	206	211	139	66	18	1,848	1,307	594	48.39	51.53	51.95	55.83	54.35	48.94	44.37	50.58	45.86	46.27

固定比率　全市場　　　　　　　　　　　　　　　　　　　　　　　　　　　　　　　　　　　　　（單位：間，%）

行業別	公司數	家族企業類別							一般企業	一人公司	家族企業整體平均	家族企業類別							一般企業	一人公司
		A	a	B	b	C	c	小計				A	a	B	b	C	c	小計		
玻璃、土石製品業	59	18	5	2	1	2	2	30	29		92.36	107.86	143.35	45.16	116.00	71.51	77.23	93.52	85.44	
橡膠製品業	19	5	1	4				10	9		99.04	148.06	63.08	88.61				99.92	96.40	
服務業	483	171	12	15	13	1	2	214	82	187	155.20	123.02	104.96	122.07	70.59	412.59	168.28	166.92	130.74	109.39
其他金融業	33	5	1	1				7	18	8	135.09	81.32	13.54	76.75				57.20	285.94	217.90
其他製造業	110	54	12	7	6	3		82	21	7	84.83	87.36	69.92	96.88	78.39	73.13		81.14	82.83	105.32
紙漿、紙業	26	7	2	2	4		1	16	10		120.71	119.70	59.52	117.91			179.05	119.38	131.00	
醫藥品業	64	18	3	2	3	3		29	25	10	47.84	73.52	57.51	33.50	45.61	33.93		48.81	53.87	36.95
批發業	328	130	27	22	19	5	1	204	106	18	168.12	190.24	65.60	57.13	73.88	132.50	82.73	100.35	116.94	625.94
化學業	212	59	12	16	5	5	2	99	108		83.69	79.82	82.37	72.13	98.96	74.00	85.43	82.12	96.92	79.92
海運業	13	2	1		1		1	5	8		287.09	255.03	231.51		472.85		215.93	293.83	260.12	
機械業	229	81	24	16	14	6		141	84	4	66.15	67.51	81.43	60.87	57.41	68.42		67.13	78.09	49.31
金屬製品業	94	31	9	3	11	2	1	57	35	2	99.43	69.43	91.75	125.10	87.22	81.06	155.58	101.69	101.51	83.77
銀行業	85					5		5	80		0.00					0.00		0.00	0.00	
空運業	5							0	5		139.55								139.55	
營造業	173	52	9	11	5	2	1	80	85	8	79.85	81.12	53.02	57.74	86.91	83.93	147.05	84.96	56.92	72.12
礦業	6							0	6		98.02								98.02	
零售業	350	188	20	28	15	2	1	254	45	51	237.94	180.83	145.82	156.80	129.97	246.90	290.11	191.74	171.61	581.49
證券、期貨交易業	39	12	2	2	2			18	12	9	43.56	51.86	49.10	17.99	49.37			42.08	52.48	40.57
資通訊業	475	120	9	22	7	1		159	118	198	90.67	83.22	67.28	53.40	68.05	194.42		93.27	69.29	99.00
食品業	126	47	10	9	9	3	1	79	42	4	103.33	107.80	115.77	118.65	78.44	67.04	110.18	99.65	126.64	102.12
農林漁業	11	9						9	2		110.30	112.01						112.01	108.60	
精密機械業	50	12	5	4	5		1	27	18	5	72.41	77.38	98.78	77.73	44.36		59.50	71.55	76.96	72.17
石油、煤炭製品業	11	1		1				2	9		148.41	198.88		78.01				138.44	168.35	
纖維製品業	54	13	3	1	2	2	1	22	32		108.70	111.49	72.97	203.78	75.63	78.64	87.45	104.99	130.95	
運輸及倉儲業	40	8	4	2		3		17	21	2	117.74	119.78	82.08	151.38		134.00		121.82	145.79	73.36
鋼鐵業	45	8	1	2	1	2		14	31		81.48	77.14	72.78	80.43	72.87	91.45		78.94	94.17	
電力及燃氣供應業	24	2						2	21	1	517.82	113.98						113.98	299.66	1139.83
電機業	244	67	14	19	6	11	2	119	102	23	74.79	62.91	55.07	80.09	108.28	61.16	46.25	68.96	99.95	84.63
非鐵金屬業	34	7	2	2	2			13	21		80.62	84.81	93.07	39.44	75.71			73.26	110.04	
不動產業	138	43	4	6	3	1		57	32	49	79.64	122.57	64.17	35.04	39.83	23.76		57.07	153.86	118.27
保險業	13	3	1					4	9		150.46	204.02	38.29					121.15	209.09	
輸送用機具業	90	21	8	10	3	4		46	44		113.24	109.40	135.37	89.94	106.75	116.39		111.57	121.60	
陸運業	66	14	5	2	2	3	1	27	37	2	165.15	164.72	150.01	115.34	120.26	195.80	102.57	141.45	246.64	225.91
總計	3,749	1,208	206	211	139	66	18	1,848	1,307	594	122.84	115.59	89.57	84.37	98.92	112.03	129.09	101.25	127.27	206.21

固定長期適合率　全市場　　　　　　　　　　　　　　　　　　　　　　　　　　　　　　　　　　（單位：間，%）

行業別	公司數	家族企業類別							一般企業	一人公司	家族企業整體平均	家族企業類別							一般企業	一人公司
		A	a	B	b	C	c	小計				A	a	B	b	C	c	小計		
玻璃、土石製品業	59	18	5	2	1	2	2	30	29		64.55	66.42	81.55	40.44	81.99	59.94	53.13	63.91	68.38	
橡膠製品業	19	5	1	4				10	9		67.44	80.03	53.73	64.71				66.15	71.30	
服務業	483	171	12	15	13	1	2	214	82	187	70.31	64.87	68.31	53.19	45.26	116.92	96.22	74.13	68.12	49.58
其他金融業	33	5	1	1				7	18	8	39.66	67.77	6.48	26.53				33.63	48.96	48.45
其他製造業	110	54	12	7	6	3		82	21	7	58.68	58.94	53.06	70.23	60.56	52.45		59.05	60.94	54.60
紙漿、紙業	26	7	2	2	4		1	16	10		76.08	75.46	74.18	52.57	75.74		99.45	75.48	79.05	
醫藥品業	64	18	3	2	3	3		29	25	10	39.69	57.76	47.39	31.57	43.30	27.17		41.44	41.97	28.70
批發業	328	130	27	22	19	5	1	204	106	18	66.40	147.25	50.26	42.22	55.68	72.33	64.08	71.97	59.77	39.66
化學業	212	59	12	16	5	5	2	99	108		61.31	58.24	56.13	57.58	68.59	61.64	77.79	63.33	67.91	42.60
海運業	13	2	1		1		1	5	8		110.08	112.27	108.94		115.41		114.68	112.83	99.11	
機械業	229	81	24	16	14	6		141	84	4	50.21	49.94	57.23	50.76	45.48	51.33		50.95	55.74	41.01
金屬製品業	94	31	9	3	11	2	1	57	35	2	71.85	54.30	67.78	81.72	62.14	70.93	96.77	72.27	68.14	73.05
銀行業	85					5		5	80		0.00					0.00		0.00	0.00	
空運業	5							0	5		64.35								64.35	
營造業	173	52	9	11	5	2	1	80	85	8	53.44	53.93	44.72	48.80	52.50	66.30	72.63	56.48	46.58	42.09
礦業	6							0	6		76.98								76.98	
零售業	350	188	20	28	15	2	1	254	45	51	95.72	81.69	76.50	90.06	68.50	122.94	148.20	97.98	91.79	86.08
證券、期貨交易業	39	12	2	2	2			18	12	9	34.46	43.98	42.16	16.64	46.09			37.21	29.88	28.00
資通訊業	475	120	9	22	7	1		159	118	198	52.09	43.04	49.45	40.82	47.47	96.52		55.46	48.63	38.71
食品業	126	47	10	9	9	3	1	79	42	4	72.63	73.66	77.04	79.19	68.89	57.11	80.06	72.66	80.78	64.30
農林漁業	11	9						9	2		65.23	71.18						71.18	59.27	
精密機械業	50	12	5	4	5		1	27	18	5	46.34	47.90	48.24	56.32	40.01		40.84	46.66	52.81	38.26
石油、煤炭製品業	11	1		1				2	9		89.37	100.88		71.60				86.24	95.63	
纖維製品業	54	13	3	1	2	2	1	22	32		70.94	72.65	56.29	123.34	63.85	70.04	39.40	70.93	70.99	
運輸及倉儲業	40	8	4	2		3		17	21	2	75.06	68.99	54.22	90.47		93.47		76.79	87.67	55.51
鋼鐵業	45	8	1	2	1	2		14	31		64.68	65.68	58.69	63.21	60.07	74.37		64.40	66.06	
電力及燃氣供應業	24	2						2	21	1	94.51	98.37						98.37	97.16	88.00
電機業	244	67	14	19	6	11	2	119	102	23	50.08	45.17	43.25	52.45	62.50	54.32	45.01	50.45	55.40	42.55
非鐵金屬業	34	7	2	2	2			13	21		58.81	63.18	72.76	32.76	58.61			56.83	66.76	
不動產業	138	43	4	6	3	1		57	32	49	60.11	54.73	44.23	23.66	35.85	14.09		30.30	66.37	37.57
保險業	13	3	1					4	9		79.74	78.00	38.04					58.02	123.20	
輸送用機具業	90	21	8	10	3	4		46	44		76.77	70.16	88.00	64.54	79.76	85.20		77.53	72.95	
陸運業	66	14	5	2	2	3	1	27	37	2	95.29	87.78	89.16	91.98	89.16	98.01	81.86	89.66	105.43	118.97
總計	3,749	1,208	206	211	139	66	18	1,848	1,307	594	64.52	70.11	59.18	58.36	62.06	67.25	79.29	63.94	68.12	53.56

平均投資報酬率（60個月） 全市場　　　（單位：間，%）

行業別	公司數	家族企業類別							一般企業	一人公司	家族企業整體平均	家族企業類別							一般企業	一人公司
		A	a	B	b	C	c	小計				A	a	B	b	C	c	小計		
玻璃、土石製品業	59	18	5	2	1	2	2	30	29		1.31	1.78	1.02	2.53	-0.47	1.05	1.84	1.29	1.40	
橡膠製品業	19	5	1	4				10	9		0.45	0.73	0.36	0.40				0.49	0.33	
服務業	483	171	12	15	13	1	2	214	82	187	0.87	1.42	0.70	1.50	0.92	0.16	-0.42	0.71	1.14	1.57
其他金融業	33	5	1	1				7	18	8	0.28	0.54	0.13	-0.29				0.12	1.00	0.04
其他製造業	110	54	12	7	6	3		82	21	7	0.77	0.80	1.32	0.35	1.16	0.14		0.76	0.99	0.63
紙漿、紙業	26	7	2	2	4		1	16	10		1.10	1.02	1.00	1.96	0.97		1.23	1.24	0.42	
醫藥品業	64	18	3	2	3	3		29	25	10	1.09	0.75	0.23	0.92	0.87	1.30		0.81	1.30	2.28
批發業	328	130	27	22	19	5	1	204	106	18	1.08	1.07	1.51	0.94	0.94	0.64	0.04	0.86	1.14	2.39
化學業	212	59	12	16	5	5	2	99	108	5	1.35	1.27	1.18	1.16	1.61	1.41	1.20	1.30	1.36	1.64
海運業	13	2	1		1		1	5	8		0.81	0.95	0.98		1.06			0.81	0.80	
機械業	229	81	24	16	14	6		141	84	4	1.44	1.30	1.24	1.33	1.74	0.61		1.25	1.22	2.60
金屬製品業	94	31	9	3	1	2	1	57	35	2	1.41	1.21	1.06	0.69	1.16	0.59	1.22	0.99	0.89	4.45
銀行業	85				5			5	80		-0.08				-0.16			-0.16	0.00	
空運業	5							0	5		0.54								0.54	
營造業	173	52	9	11	5	2	1	80	85	8	1.13	1.46	1.31	1.52	0.96	1.26	0.53	1.17	1.07	0.91
礦業	6							0	6		0.44								0.44	
零售業	350	188	20	28	15	2	1	254	45	51	0.62	0.66	0.70	0.78	0.56	-0.05	0.78	0.57	0.31	1.22
證券、期貨交易業	39	12	2	2	2			18	12	9	1.36	0.53	0.48	1.26	0.94			0.80	0.81	4.16
資通訊業	475	120	9	22	7	1		159	118	198	1.64	2.06	1.40	1.69	1.11	1.26		1.50	1.83	2.14
食品業	126	47	10	9	9	3	1	79	42	5	0.59	0.79	0.65	0.70	0.66	0.89	0.20	0.65	0.68	0.20
農林漁業	11	9						9	2		0.71	0.92						0.92	0.50	
精密機械業	50	12	5	4	5		1	27	18	5	1.39	1.02	2.61	1.51	2.60		-0.20	1.51	0.82	1.38
石油、煤炭製品業	11	1		1				2	9		0.91	1.36		0.36				0.86	1.02	
纖維製品業	54	13	3	1	2	1		22	32		0.72	0.44	5.37	-0.90	-0.08	0.68	-1.07	0.74	0.58	
運輸及倉儲業	40	8	4	2		3		17	21	2	0.73	0.57	0.87	0.40		0.71		0.64	0.87	0.98
鋼鐵業	45	8	1	2	1	2		14	31		0.85	1.35	0.70	0.53	1.27	0.60		0.89	0.68	
電力及燃氣供應業	24	2						2	21	1	0.36	0.62						0.62	0.47	0.00
電機業	244	67	14	19	6	11	2	119	102	23	1.48	1.93	1.13	1.35	0.76	0.79	2.56	1.42	1.39	1.95
非鐵金屬業	34	7	2	2	2			13	21		1.25	2.28	1.27	0.54	0.84			1.23	1.30	
不動產業	138	43	4	6	3	1		57	32	49	1.57	0.89	1.42	2.47	1.37	2.60		1.75	0.79	1.44
保險業	13	3	1					4	9		0.70	0.95	0.00					0.48	1.14	
輸送用機具業	90	21	8	10	3	4		46	44		0.60	1.33	0.86	0.46	0.25	0.30		0.64	0.37	
陸運業	66	14	5	2	2	3	1	27	37	2	1.09	1.01	1.09	0.59	0.69	0.87	1.25	0.92	0.43	2.76
總計	3,749	1,208	206	211	139	66	18	1,848	1,307	594	0.93	1.10	1.13	0.95	0.95	0.78	0.67	0.90	0.85	1.72

資產報酬率 東證一部　　　（單位：間，%）

行業別	公司數	家族企業類別							一般企業	一人公司	家族企業整體平均	家族企業類別							一般企業	一人公司
		A	a	B	b	C	c	小計				A	a	B	b	C	c	小計		
玻璃、土石製品業	33	5	3	2			1	11	22		4.32	6.12	4.43	4.68		5.10		4.08	5.27	
橡膠製品業	11		1	3				4	7		4.77		8.17	1.77				4.97	4.36	
服務業	228	79	7	10	6	1	1	104	40	84	3.20	6.77	7.79	9.28	5.34	-12.86	-7.47	1.48	7.79	8.97
其他金融業	25	3	1	1				5	15	5	6.07	6.39	7.91	0.69				5.00	2.78	12.57
其他製造業	52	22	4	4	2	3		35	15	2	5.78	6.40	6.97	6.24	4.51	2.33		5.29	6.25	7.73
紙漿、紙業	12	1	1	1	2		1	6	6		2.30	-0.90	0.14	4.06	3.70		5.00	2.40	1.79	
醫藥品業	36	14	2	1	1	2		20	15	1	12.54	6.82	4.24	10.74	12.51	15.12		9.89	6.59	31.73
批發業	180	62	13	14	8	3	1	101	73	6	4.22	4.55	3.73	5.05	3.06	2.49	0.85	3.29	4.08	9.98
化學業	146	32	5	7	3	3	2	52	92	2	6.23	6.81	3.61	6.21	4.59	4.64	10.57	6.07	5.76	7.69
海運業	8	1	1		1			3	5		0.46	1.18	-2.16		1.20			0.07	1.63	
機械業	140	40	14	10	11	6		81	57	2	4.80	5.63	3.19	4.24	4.84	2.87		4.15	3.71	9.17
金屬製品業	42	6	4		6	2		18	22	2	4.37	5.62	2.98		3.25	5.85		4.43	3.86	4.64
銀行業	80				5			5	75		0.00				0.00			0.00	0.00	
空運業	3							0	3		-9.30								-9.30	
營造業	100	23	5	4	2	1	1	36	61	3	5.70	7.04	6.26	7.22	5.73	4.52	7.53	6.38	6.71	0.62
礦業	6							0	6		3.24								3.24	
零售業	199	118	12	12	6		1	149	29	21	1.18	3.44	3.92	3.44	-4.06		-6.62	0.02	2.38	5.80
證券、期貨交易業	23	6	2	1				9	9	5	2.20	0.44	0.00	0.00				0.15	1.01	9.55
資通訊業	231	65	4	11	4	1		85	64	82	8.32	10.84	4.38	17.45	7.27	-2.55		7.48	9.04	11.77
食品業	84	26	7	3	5	2	1	44	36	4	4.62	4.22	4.77	7.86	6.78	4.84	2.81	5.21	4.48	1.23
農林漁業	7	5						5	2		4.07	4.08						4.08	4.07	
精密機械業	33	5	5	4	1		1	16	15	2	5.24	5.96	8.76	4.72	8.65		-2.22	5.17	5.09	5.71
石油煤炭製品業	9	1		1				2	7		4.80	3.93		3.14				3.54	7.32	
纖維製品業	40	8	2	1	1	2	1	15	25		-2.61	-1.27	5.18	-9.75	-1.40	1.80	-13.93	-3.23	1.07	
運輸及倉儲業	24	4	2	1		2		9	13	2	6.44	7.83	9.71	2.73		4.69		6.24	4.16	9.49
鋼鐵業	31	4	1	2	1	1		9	22		4.47	4.54	4.94	1.89	2.00	12.52		5.18	0.94	
電力及燃氣供應業	22							0	21	1	3.01								3.66	2.37
電機業	159	35	9	11	5	10	2	72	80	7	5.16	6.83	5.24	3.25	0.89	7.53	8.57	5.39	4.69	4.29
非鐵金屬業	24	3	2	1	1			7	17		5.99	8.65	4.30	6.23	7.05			6.56	3.74	
不動產業	72	24	2	3	2			31	18	23	5.21	5.07	5.75	5.79	7.43	4.97		5.81	2.96	5.07
保險業	8	2						2	6		6.43	12.86						12.86	0.00	
輸送用機具業	59	8	7	6			4	25	34		2.26	3.96	2.14	3.19			1.23	2.63	0.77	
陸運業	44	9	1			3	1	14	29	1	4.94	6.47	7.79			3.32	6.85	6.11	0.16	5.08
總計	2,171	611	117	114	68	52	13	975	941	255	3.95	5.37	4.62	4.66	4.26	3.52	1.09	4.36	3.33	8.08

営業利益率 東證一部 (單位：間，%)

行業別	公司數	家族企業類別							一般企業	一人公司	家族企業整體平均	家族企業類別							一般企業	一人公司
		A	a	B	b	C	c	小計				A	a	B	b	C	c	小計		
玻璃、土石製品業	33	5	3	2		1		11	22		5.81	8.03	0.23	4.28		9.10		5.41	7.41	
橡膠製品業	11		1	3				4	7		5.87		9.57	2.29				5.93	5.74	
服務業	228	79	7	10	6	1	1	104	40	84	3.47	6.05	10.05	7.18	1.63	-12.11	0.00	2.13	6.46	8.52
其他金融業	25	3	1	1				5	15	5	17.77	13.08	37.13	8.34				19.52	11.19	19.13
其他製造業	52	22	4	4	2	3		35	15	2	6.78	6.67	6.03	7.08	6.81	4.15		6.15	8.12	8.62
紙漿、紙業	12	1	1	1	2		1	6	6		2.68	-1.22	-0.05	4.17	5.39		5.87	2.83	1.92	
醫藥品業	36	14	2	1	1	2		20	15	1	20.73	10.92	6.39	11.91	17.10	23.80		14.02	15.10	59.87
批發業	180	62	13	14	8	3	1	101	73	6	3.42	3.34	2.40	4.69	2.33	1.23	0.36	2.39	2.95	10.06
化學業	146	32	5	7	3	3	2	52	92	2	7.70	8.85	4.84	7.43	7.73	7.55	9.11	7.59	7.86	8.18
海運業	8	1	1		1			3	5		1.99	5.18	-6.53		6.70			1.78	2.61	
機械業	140	40	14	10	11	6		81	57	2	6.35	9.49	4.38	5.82	6.01	3.53		5.84	4.53	10.67
金屬製品業	42	6	4		6	2		18	22	2	5.90	7.23	3.29		4.33	6.51		5.34	4.96	9.10
銀行業	80			5				5	75		15.79			13.84				13.84	17.75	
空運業	3							0	3		8.54								8.54	
營造業	100	23	5	4	2	1	1	36	61	3	5.63	6.31	5.20	5.97	7.86	5.84	8.65	6.64	6.54	-1.36
礦業	6							0	6		8.37								8.37	
零售業	199	118	12	12	6		1	149	29	21	-2.06	0.91	0.59	0.79	-9.49		-7.40	-2.92	0.02	0.17
證券、期貨交易業	23	6	2	1				9	9	5	18.97	18.84	12.96	19.08				16.96	12.22	31.77
資通訊業	231	65	4	11	4	1		85	64	82	7.54	10.49	7.62	16.41	6.01	-10.46		6.02	9.29	13.44
食品業	84	26	7	3	5	2	1	44	36	4	4.48	4.29	3.70	9.67	4.73	7.00	2.61	5.33	4.40	-0.53
農林漁業	7	5						5	2		3.74	5.17						5.17	2.31	
精密機械業	33	5	5	4	1			16	15	2	7.67	10.23	11.63	8.58	12.95		-4.62	7.75	6.82	8.07
石油、煤炭製品業	9	1		1				2	7		4.85	3.07		3.44				3.26	8.04	
纖維製品業	40	8	2	1	1	2	1	15	25		-2.69	-2.49	3.78	-12.18	-1.86	1.99	-9.28	-3.34	1.23	
運輸及倉儲業	24	4	2	1		2		9	13	2	4.58	4.64	3.13	1.52		4.49		3.44	5.10	8.61
鋼鐵業	31	4	1	2	1	1		9	22		5.05	7.35	5.59	2.28	1.95	12.04		5.84	1.05	
電力及燃氣供應業	22							0	21	1	14.16								5.92	22.41
電機業	159	35	9	11	5	10	2	72	80	7	6.22	8.49	6.18	4.58	-0.16	10.70	9.16	6.49	5.57	5.23
非鐵金屬業	24	3	2	1	1			7	17		6.12	9.76	3.38	9.45	6.37			7.24	1.64	
不動產業	72	24	2	3	2			31	18	23	7.66	8.63	10.67	9.65	3.81			8.19	15.27	-2.10
保險業	8	2						2	6		5.63	11.27						11.27	0.00	
輸送用機具業	59	8	7	6		4		25	34		2.31	4.70	2.57	2.85		0.97		2.77	0.47	
陸運業	44	9	1			3	1	14	29	1	3.86	4.53	6.36			4.01	8.13	5.76	-4.15	4.26
總計	2,171	611	117	114	68	52	13	975	941	255	6.81	6.92	6.20	6.05	4.75	5.23	2.05	6.29	5.92	11.80

流動比率 東證一部 (單位：間，%)

行業別	公司數	家族企業類別							一般企業	一人公司	家族企業整體平均	家族企業類別							一般企業	一人公司
		A	a	B	b	C	c	小計				A	a	B	b	C	c	小計		
玻璃、土石製品業	33	5	3	2		1		11	22		344.01	432.08	195.04	487.60		383.14		374.46	222.19	
橡膠製品業	11		1	3				4	7		224.02		231.59	236.32				233.96	204.15	
服務業	228	79	7	10	6	1	1	104	40	84	240.50	237.23	239.55	248.70	388.50	78.17	195.79	231.32	214.45	321.58
其他金融業	25	3	1	1				5	15	5	286.80	273.12	658.04	118.94				350.03	201.15	182.74
其他製造業	52	22	4	4	2	3		35	15	2	250.45	290.63	298.43	181.66	215.41	325.30		262.29	230.68	211.06
紙漿、紙業	12	1	1	1	2		1	6	6		146.29	130.09	116.59	246.41	150.90		104.83	149.76	128.93	
醫藥品業	36	14	2	1	1	2		20	15	1	305.96	338.12	175.09	204.96	234.76	506.31		291.85	350.11	332.36
批發業	180	62	13	14	8	3	1	101	73	6	192.25	204.21	178.69	253.62	180.42	149.53	129.25	182.62	177.80	264.45
化學業	146	32	5	7	3	3	2	52	92	2	302.40	313.26	367.24	239.87	186.22	284.20	138.09	254.81	228.72	661.60
海運業	8	1	1		1			3	5		65.92	67.62	75.88		26.36			56.62	93.81	
機械業	140	40	14	10	11	6		81	57	2	256.37	334.40	267.26	281.57	267.32	215.04		273.11	228.32	200.70
金屬製品業	42	6	4		6	2		18	22	2	280.21	318.29	148.75		252.47	252.67		243.05	208.47	500.63
銀行業	80			5				5	75					0.00				0.00	0.00	
空運業	3							0	3		180.19								180.19	
營造業	100	23	5	4	2	1	1	36	61	3	196.92	189.32	159.90	191.11	194.72	150.66	184.10	178.30	211.02	294.56
礦業	6							0	6		301.19								301.19	
零售業	199	118	12	12	6		1	149	29	21	139.34	175.26	166.32	167.69	144.96		37.85	138.42	131.12	152.14
證券、期貨交易業	23	6	2	1				9	9	5	267.25	175.70	164.83	171.12				170.55	233.39	591.20
資通訊業	231	65	4	11	4	1		85	64	82	266.43	289.52	374.52	406.19	266.85	120.69		291.55	268.31	402.66
食品業	84	26	7	3	5	2	1	44	36	4	266.43	236.09	232.09	392.99	176.95	505.95	142.02	281.02	192.01	253.30
農林漁業	7	5						5	2		191.86	197.65						197.65	186.06	
精密機械業	33	5	5	4	1			16	15	2	243.25	224.41	314.45	301.98	575.58		409.15	269.96		154.97
石油煤炭製品業	9	1		1				2	7		159.87	102.73		188.45				145.59	188.44	
纖維製品業	40	8	2	1	1	2	1	15	25		220.54	276.71	194.22	80.82	259.69	275.51	206.42	215.56	250.38	
運輸及倉儲業	24	4	2	1		2		9	13	2	171.73	280.78	156.33	99.42		107.02		160.89	163.34	223.46
鋼鐵業	31	4	1	2	1	1		9	22		230.58	313.29	210.73	237.76	192.73	227.00		236.30	201.97	
電力及燃氣供應業	22							0	21	1	234.15								119.15	349.15
電機業	159	35	9	11	5	10	2	72	80	7	329.28	312.27	271.87	345.00	252.04	339.90	273.00	299.01	249.00	591.15
非鐵金屬業	24	3	2	1	1			7	17		151.41	251.47	162.34	0.00	144.12			139.48	199.12	
不動產業	72	24	2	3	2			31	18	23	297.51	313.88	264.26	259.21	263.35			275.17	245.18	439.17
保險業	8	2						2	6		121.63	243.25						243.25	0.00	
輸送用機具業	59	8	7	6		4		25	34		175.89	236.14	152.84	176.37		146.05		177.85	168.03	
陸運業	44	9	1			3	1	14	29	1	135.21	151.72	176.44			116.60	175.94	155.17	96.45	94.08
總計	2,171	611	117	114	68	52	13	975	941	255	220.96	246.76	298.97	229.91	230.18	232.43	181.49	219.16	192.21	327.42

権益比率 東證一部　（單位：間，%）

行業別	公司數	A	a	B	b	C	c	小計	一般企業	一人公司	家族企業整體平均	A	a	B	b	C	c	小計	一般企業	一人公司
玻璃、土石製品業	33	5	3	2		1		11	22		64.85	72.15	49.78	79.08		67.49		67.12	55.76	
橡膠製品業	11		1	3				4	7		58.45		60.25	59.55				59.90	55.56	
服務業	228	79	7	10	6	1	1	104	40	84	48.60	53.28	47.45	62.66	67.12	16.48	36.99	47.33	51.09	53.75
其他金融業	25	3	1	1				5	15	5	25.23	27.24	39.84	6.56				24.55	16.58	35.96
其他製造業	52	22	4	4	2	3		35	15	2	59.99	61.44	62.09	67.42	59.51	57.83		61.66	60.03	51.60
紙漿、紙業	12	1	1	1	2		1	6	6		40.49	26.87	28.28	71.39	42.74		36.01	41.06	37.66	
醫藥業	36	14	2	1	1	2		20	15	1	71.34	66.54	56.36	67.29	74.30	81.69		69.24	72.75	80.46
批發業	180	62	13	14	8	3	1	101	73	6	46.32	49.71	45.32	60.98	45.37	37.02	34.73	45.52	43.91	53.54
化學業	146	32	5	7	3	3	2	52	92	2	59.07	65.18	63.17	61.52	44.82	66.53	49.67	58.48	57.37	64.26
海運業	8	1	1		1			3	5		23.32	9.30	34.33		20.18			21.27	29.49	
機械業	140	40	14	10	11	6		81	57	2	56.67	70.57	55.55	65.79	55.61	52.78		60.06	51.75	44.67
金屬製品業	42	6	4			6	2	18	22	2	61.79	69.63	55.11			54.77	70.45	62.49	53.68	67.10
銀行業	80					5		5	75		5.42					5.52		5.52	5.32	
空運業	3							0	3		36.09								36.09	
營造業	100	23	5	4	2	1	1	36	61	1	50.56	47.32	47.58	54.58	55.52	51.41	36.32	48.79	54.08	57.66
礦業	6							0	6		65.62								65.62	
零售業	199	118	12	12	6		1	149	29	21	40.29	46.49	43.93	44.36	37.65		28.77	40.24	44.17	36.65
證券、期貨交易業	23	6	2	1				9	9	5	39.83	45.16	38.33	46.46				43.32	31.33	37.85
資通訊業	231	65	4	11	4	1		85	64	82	59.55	63.30	65.30	75.79	51.97	41.94		59.66	59.70	58.83
食品業	84	26	7	3	5	2	1	44	36	4	58.30	61.15	59.06	67.13	58.28	68.97	49.19	60.63	54.75	47.86
農林漁業	7	5						5	2		44.61	54.03						54.03	35.19	
精密機械業	33	5	5	4	1		1	16	15	2	56.96	61.28	52.64	62.79	73.95		55.76	61.28	66.09	33.33
石油、煤炭製品業	9	1			1			2	7		44.70	29.10			57.38			43.24	47.61	
纖維製品業	40	8	2	1		1		15	25		52.90	54.81	60.19	28.93	72.20	72.92	28.47	52.92	52.80	
運輸及倉儲業	24	4	2	1		2		9	13	2	49.22	60.58	43.78	34.29		44.64		45.82	54.25	57.79
鋼鐵業	31	4	1	2	1	1		9	22		61.91	71.69	54.71	62.25	57.13	73.72		63.90	51.96	
電力及燃氣供應業	22							0	21	1	19.96								33.01	6.92
電機業	159	35	9	11	5	10	2	72	80	7	63.31	63.99	57.32	67.96	52.32	71.64	69.33	63.76	52.69	71.26
非鐵金屬業	24	3	2	1	1			7	17		56.52	52.69	49.27	91.18	44.40			59.39	45.07	
不動產業	72	24	2	3	2			31	18	23	42.81	38.02	46.10	42.14	58.09			46.09	35.26	37.24
保險業	8	2						2	6		30.41	50.37						50.37	10.44	
輸送用機具業	59	8	7	6		4		25	34		44.26	46.72	41.99	46.59		46.05		45.34	39.95	
陸運業	44	9	1			3	1	14	29	1	44.35	50.26	51.42			47.30	62.72	52.93	34.44	19.94
總計	2,171	611	117	114	68	52	13	975	941	255	47.99	52.46	50.35	57.67	54.00	54.13	44.36	50.53	45.10	48.24

固定比率 東證一部　（單位：間，%）

行業別	公司數	A	a	B	b	C	c	小計	一般企業	一人公司	家族企業整體平均	A	a	B	b	C	c	小計	一般企業	一人公司
玻璃、土石製品業	33	5	3	2		1		11	22		74.76	53.07	127.87	45.16		57.96		71.02	89.71	
橡膠製品業	11		1	3				4	7		81.77		63.08	83.28				73.18	98.96	
服務業	228	79	7	10	6	1	1	104	40	84	145.34	121.59	91.22	72.33	49.95	412.59	199.33	157.84	106.02	109.72
其他金融業	25	3	1	1				5	15	5	86.89	69.61	13.54	76.75				33.53	226.35	48.21
其他製造業	52	22	4	4	2	3		35	15	2	76.78	69.66	70.63	67.44	96.55	73.13		75.48	79.57	80.51
紙漿、紙業	12	1	1	1	2		1	6	6		163.66	221.05	192.85	55.98	163.17		179.05	162.42	169.88	
醫藥業	36	14	2	1	1	2		20	15	1	64.38	80.09	85.69	64.08	62.12	40.63		66.52	67.75	50.28
批發業	180	62	13	14	8	3	1	101	73	6	68.98	73.05	70.77	44.25	84.63	68.10	82.73	70.59	90.60	37.69
化學業	146	32	5	7	3	3	2	52	92	2	82.68	72.74	60.35	78.46	110.77	82.76	85.43	81.75	97.20	73.73
海運業	8	1	1		1			3	5		244.72	0.00	231.51		472.85			234.79	274.53	
機械業	140	40	14	10	11	6		81	57	2	67.59	50.97	76.46	65.20	62.00	68.42		64.61	88.69	61.38
金屬製品業	42	6	4			6	2	18	22	2	85.57	56.21	89.31			103.67	81.06	82.56	99.42	83.77
銀行業	80					5		5	75		0.00					0.00		0.00	0.00	
空運業	3							0	3		141.47								141.47	
營造業	100	23	5	4	2	1	1	36	61	1	75.03	77.02	65.84	48.30	72.26	83.90	147.05	82.40	61.42	44.43
礦業	6							0	6		98.02								98.02	
零售業	199	118	12	12	6		1	149	29	21	186.89	153.65	129.73	181.81	175.61		290.11	186.18	167.88	209.45
證券、期貨交易業	23	6	2	1				9	9	5	43.61	46.17	49.10	33.53				42.93	59.71	29.52
資通訊業	231	65	4	11	4	1		85	64	82	80.19	58.56	46.52	29.42	87.41	194.42		83.27	77.85	67.17
食品業	84	26	7	3	5	2	1	44	36	4	97.27	93.33	100.38	80.21	85.21	81.15	110.18	91.74	120.20	107.53
農林漁業	7	5						5	2		105.72	102.84						102.84	108.60	
精密機械業	33	5	5	4	1		1	16	15	2	78.14	68.40	98.78	77.73	47.67		59.50	70.42	75.09	119.83
石油、煤炭製品業	9	1			1			2	7		144.49	198.88			78.01			138.44	156.59	
纖維製品業	40	8	2	1		1		15	25		107.11	111.14	86.75	75.32		54.67	78.45	87.45	105.20	
運輸及倉儲業	24	4	2	1		2		9	13	2	123.29	80.14	87.31	202.78		154.17		131.10	141.95	73.36
鋼鐵業	31	4	1	2	1	1		9	22		78.41	65.54	72.78	80.43	72.87	75.06		73.33	103.80	
電力及燃氣供應業	22							0	21	1	719.74								299.66	1139.83
電機業	159	35	9	11	5	10	2	72	80	7	77.35	59.15	66.47	68.90	120.43	61.16	46.26	70.39	86.86	109.59
非鐵金屬業	24	3	2	1	1			7	17		78.70	57.92	93.07	17.35	102.17			67.63	122.99	
不動產業	72	24	2	3	2			31	18	23	95.20	104.27	105.09	50.66	42.42			75.61	200.01	68.77
保險業	8	2						2	6		33.21	66.42						66.42	0.00	
輸送用機具業	59	8	7	6		4		25	34		122.25	119.90	134.38	112.03		116.39		120.67	128.57	
陸運業	44	9	1			3	1	14	29	1	182.54	142.48	93.83			195.80	102.57	133.67	264.98	295.57
總計	2,171	611	117	114	68	52	13	975	941	255	118.54	88.84	92.00	79.91	108.76	106.96	126.33	94.51	122.10	147.91

固定長期適合率　東證一部

行業別	公司數	家族企業類別						小計	一般企業	一人公司	家族企業整體平均	家族企業類別						小計	一般企業	一人公司
		A	a	B	b	C	c					A	a	B	b	C	c			
玻璃、土石製品業	33	5	3	2		1		11	22		57.05	47.16	74.35	40.44		52.76		53.68	70.56	
橡膠製品業	11		1	3				4	7		63.22		53.73	65.52				59.62	70.41	
服務業	228	79	7	10	6	1	1	104	40	84	70.48	65.49	65.74	59.97	42.53	116.92	93.01	73.94	68.42	51.79
其他金融業	25	3	1	1				5	15	5	36.34	53.63	6.48	26.53				28.88	48.44	46.60
其他製造業	52	22	4	4	2	3		35	15	2	56.96	54.07	53.62	56.29	67.53	52.45		56.79	62.08	52.65
紙漿、紙業	12	1	1	1	2		1	6	6		90.14	104.41	105.65	52.91	86.41		99.45	89.77	92.01	
醫藥品業	36	14	2	1	1	2		20	15	1	56.30	62.37	70.51	60.24	60.31	39.03		58.49	52.18	49.47
批發業	180	62	13	14	8	3	1	101	73	6	51.03	55.45	49.59	39.17	56.97	55.61	64.08	53.48	56.19	31.14
化學業	146	32	5	7	3	3	2	52	92	2	63.05	58.79	50.16	63.62	69.22	66.64	77.79	64.37	67.70	50.45
海運業	8	1	1		1			3	5		113.24	121.83	108.94		115.41			115.39	106.79	
機械業	140	40	14	10	11	6		81	57	2	50.78	43.30	54.27	52.28	48.14	51.33		49.86	60.73	45.43
金屬製品業	42	6	4		6	2		18	22	2	68.25	49.74	76.77		69.24	70.93		66.67	69.75	73.05
銀行業	80				5			5	75		0.00							0.00	0.00	
空運業	3							0	3		69.26								69.26	
營造業	100	23	5	3	2	1	1	36	61	3	54.42	55.85	55.89	43.25	59.76	68.89	72.63	59.38	49.79	29.33
礦業	6							0	6		76.98								76.98	
零售業	199	118	12	12	6		1	149	29	21	93.92	82.92	76.65	94.21	87.19		148.20	97.83	94.21	74.04
證券、期貨交易業	23	6	2	1				9	9	5	34.07	41.98	42.16	30.99				38.37	29.73	25.50
資通訊業	231	65	4	11	4	1		85	64	82	51.63	44.33	36.59	27.87	55.91	96.52		52.24	54.28	45.92
食品業	84	26	7	3	5	2	1	44	36	4	72.37	71.75	76.75	66.62	73.15	66.37	80.06	72.45	81.32	62.97
農林漁業	7	5						5	2		65.83	72.39						72.39	59.27	
精密機械業	33	5	5	4	1		1	16	15	2	50.09	52.75	48.24	56.32	39.87		40.84	47.60	52.38	60.21
石油、煤炭製品業	9	1		1				2	7		85.55	100.88		71.60				86.24	84.16	
纖維製品業	40	8	2	1	1	2	1	15	25		72.01	89.49	64.56	123.34	51.46	70.04	39.40	72.13	71.25	
運輸及倉儲業	24	4	2	1		2		9	13	2	78.86	58.23	61.68	111.62		97.82		88.29	88.29	55.51
鋼鐵業	31	4	1	2	1	1		9	22		62.77	56.07	58.69	63.21	60.07	68.97		61.40	69.65	
電力及燃氣供應業	22							0	21	1	92.58								97.16	88.00
電機業	159	35	9	11	5	10	2	72	80	7	52.64	45.03	50.89	56.29	66.28	54.32	45.01	52.97	56.93	46.40
非鐵金屬業	24	3	2	1	1			7	17		56.87	47.38	72.76	17.25	75.29			53.17	71.68	
不動產業	72	24	2	3	2			31	18	23	44.16	38.75	51.18	29.60	36.94			39.12	77.14	31.33
保險業	8	2						2	6		24.46	48.93						48.93	0.00	
輸送用機具業	59	8	7	6		4		25	34		79.06	75.86	85.60	75.49		85.20		80.54	73.13	
陸運業	44	9	1			3	1	14	29	1	93.43	87.00	68.73			98.01	81.86	83.90	105.98	119.01
總計	2,171	611	117	114	68	52	13	975	941	255	63.27	63.58	62.31	57.69	64.30	67.32	76.57	62.40	66.30	54.67

平均投資報酬率（60個月）　東證一部

行業別	公司數	家族企業類別						小計	一般企業	一人公司	家族企業整體平均	家族企業類別						小計	一般企業	一人公司
		A	a	B	b	C	c					A	a	B	b	C	c			
玻璃、土石製品業	33	5	3	2		1		11	22		1.77	2.25	0.75	2.53		1.91		1.86	1.40	
橡膠製品業	11		1	3				4	7		0.30		0.36	0.24				0.30	0.31	
服務業	228	79	7	10	6	1	1	104	40	84	0.86	1.45	0.81	1.37	0.60	0.16	-0.56	0.64	1.28	1.78
其他金融業	25	3	1	1				5	15	5	0.29	0.57	0.13	-0.29				0.14	1.05	0.00
其他製造業	52	22	4	4	2	3		35	15	2	0.89	0.82	0.98	0.68	1.72	0.14		0.87	0.97	0.93
紙漿、紙業	12	1	1	1	2		1	6	6		0.55	0.05	0.40	0.41	1.10		1.23	0.64	0.10	
醫藥品業	36	14	2	1	1	2		20	15	1	1.26	0.40	0.64	0.92	1.47	1.94		1.07	0.99	2.45
批發業	180	62	13	14	8	3	1	101	73	6	1.12	1.28	1.32	1.09	0.66	0.69	0.04	1.15	1.15	2.75
化學業	146	32	5	7	3	3	2	52	92	2	1.37	1.20	1.22	1.10	1.29	1.61	1.20	1.27	1.28	2.08
海運業	8	1	1		1			3	5		1.08	1.00	0.98		1.06			1.01	1.28	
機械業	140	40	14	10	11	6		81	57	2	1.45	1.34	0.93	1.15	1.29	0.61		1.06	1.11	3.69
金屬製品業	42	6	4		6	2		18	22	2	1.48	0.68	1.60		0.69	0.59		0.89	0.85	4.45
銀行業	80				5			5	75		-0.06				-0.16			-0.16	0.04	
空運業	3							0	3		-0.02								-0.02	
營造業	100	23	5	4	2	1	1	36	61	3	0.83	1.07	1.05	0.99	0.73	0.52	0.53	0.82	0.96	0.75
礦業	6							0	6		0.44								0.44	
零售業	199	118	12	12	6		1	149	29	21	0.76	0.63	0.81	0.11	0.60		0.78	0.59	0.48	1.90
證券、期貨交易業	23	6	2	1				9	9	5	0.75	0.37	0.48	-0.16				0.23	0.58	2.49
資通訊業	231	65	4	11	4	1		85	64	82	1.84	2.03	1.84	1.65	2.03	1.26		1.76	1.73	2.36
食品業	84	26	7	3	5	2	1	44	36	4	0.60	0.86	0.51	1.06	0.68	0.78	0.20	0.68	0.60	0.14
農林漁業	7	5						5	2		0.50	0.49						0.49	0.50	
精密機械業	33	5	5	4	1		1	16	15	2	1.62	1.01	2.61	1.51	2.84		-0.20	1.56	1.09	2.50
石油煤炭製品業	9	1		1				2	7		0.91	1.36		0.36				0.86	1.01	
纖維製品業	40	8	2	1	1	2	1	15	25		0.30	0.45	1.46	-0.90	1.03	0.68	-1.07	0.27	0.43	
運輸及倉儲業	24	4	2	1		2		9	13	2	0.64	0.90	0.55	-0.26		0.49		0.49	0.91	0.98
鋼鐵業	31	4	1	2	1	1		9	22		0.90	1.71	0.70	0.53	1.27	0.58		0.96	0.60	
電力及燃氣供應業	22							0	21	1	0.24								0.47	0.00
電機業	159	35	9	11	5	10	2	72	80	7	1.35	1.87	1.41	0.95	0.66	1.18	2.56	1.44	1.32	0.88
非鐵金屬業	24	3	2	1	1			7	17		1.24	2.35	1.27	0.13	1.26			1.25	1.20	
不動產業	72	24	2	3	2			31	18	23	1.01	0.85	0.91	1.19	0.84			0.95	0.80	1.48
保險業	8	2						2	6		1.07	1.25						1.25	0.90	
輸送用機具業	59	8	7	6		4		25	34		0.71	1.46	0.99	0.53		0.30		0.82	0.25	
陸運業	44	9	1			3	1	14	29	1	1.31	1.39	1.47			0.87	1.25	1.24	0.44	2.45
總計	2,171	611	117	114	68	52	13	975	941	255	0.89	1.11	1.01	0.70	1.15	0.80	0.54	0.87	0.80	1.79

資產報酬率 東證二部　　　　　　　　　　　　　　　　　　　　　　　　　　　　　（單位：間，%）

行業別	公司數	A	a	B	b	C	c	小計	一般企業	一人公司	家族企業整體平均	A	a	B	b	C	c	小計	一般企業	一人公司
玻璃、土石製品業	13	5	1			1	1	8	5		4.08	5.04	2.00			7.25	1.17	3.87	4.95	
橡膠製品業	6	4						4	2		4.03	4.02						4.02	4.04	
服務業	41	12	2		1	3		18	18	5	1.68	1.06	9.96	-14.48	11.52			2.01	-2.65	4.69
其他金融業	1							0		1	-0.73									-0.73
其他製造業	20	10	5			3		18	2		1.42	-0.26	1.82		2.01			1.19	2.12	
紙漿、紙業	5	4						4	1		2.20	2.85						2.85	1.55	
醫藥品業	2	1						1			4.25	1.80						1.80		6.70
批發業	45	16	4	5	6	2		33	10	2	1.84	2.46	1.68	6.06	0.77	-2.95		1.61	2.53	2.30
化學業	32	10	4	4	1	1		20	12		4.82	4.57	2.59	5.14	5.00	5.76		4.61	5.87	
海運業	4	1					1	2	2		-0.04	0.35					0.04	0.19	-0.52	
機械業	40	17	5	1	1			24	16		6.02	5.02	4.24	-0.73	18.05			6.64	3.54	
金屬製品業	28	12	3	1		2		19	9		3.24	5.22	1.74	0.50	8.42		1.84	3.55	1.74	
銀行業	0							0												
空運業	2							0	2		8.32								8.32	
營造業	22	5	1	1		1		9	12	1	4.62	4.18	3.43	8.35	0.00	6.87		4.57	5.69	3.85
礦業	0							0												
零售業	39	15	1	8	4	1		29	6	4	-0.28	2.45	5.52	1.13	6.42	-5.62		1.98	-0.37	-11.48
證券、期貨交易業	3	1						1	1	1	-3.46	-8.09						-8.09	-6.60	4.30
資通訊業	29	4	1	3				8	15	6	4.54	9.33	10.91	0.67				6.97	2.18	-0.41
食品業	21	12		1	3	1		17	4		3.75	3.52		4.36	3.22	1.17		3.07	6.48	
農林漁業	0							0												
精密機械業	2				1			1	1		9.27				10.79			10.79	7.76	
石油、煤炭製品業	2							0	2		-1.69								-1.69	
纖維製品業	12	4	1			1		6	6		-2.25	-0.12	8.46		-13.77			-1.81	-3.55	
運輸及倉儲業	10	3		1				4	6		1.99	1.41		2.29				1.85	2.28	
鋼鐵業	8	2						2	6		0.86	-0.37						-0.37	2.09	
電力及燃氣供應業	2	2						2			4.68	4.68						4.68		
電機業	32	7	3	3				13	10	9	1.88	6.69	-6.65	3.59				1.21	3.79	1.96
非鐵金屬業	6	1			1			2	4		3.45	-0.10			2.89			1.39	7.57	
不動產業	15	5	1	1				7	3		7.56	3.70	8.53	19.05				10.43	1.95	4.57
保險業	0							0												
輸送用機具業	16	6			1	2		9	7		0.36	0.34			1.24	-1.07		0.17	0.92	
陸運業	9	2						2	7		-1.48	-3.70						-3.70	0.73	
總計	467	161	32	31	29	7	3	263	169	35	2.58	2.24	4.17	2.86	4.17	2.08	1.02	2.52	2.33	1.58

營業利益率 東證二部　　　　　　　　　　　　　　　　　　　　　　　　　　　　　（單位：間，%）

行業別	公司數	A	a	B	b	C	c	小計	一般企業	一人公司	家族企業整體平均	A	a	B	b	C	c	小計	一般企業	一人公司
玻璃、土石製品業	13	5	1			1	1	8	5		4.85	7.95	1.85			8.24	0.90	4.74	5.31	
橡膠製品業	6	4						4	2		6.51	8.52						8.52	4.51	
服務業	41	12	2		1	3		18	18	5	1.47	-2.17	12.17	-14.73	9.06			1.08	0.52	3.97
其他金融業	1							0		1	-14.55									-14.55
其他製造業	20	10	5			3		18	2		0.70	-2.42	2.31		1.53			0.47	1.37	
紙漿、紙業	5	4						4	1		2.19	2.99						2.99	1.39	
醫藥品業	2	1						1			6.13	2.37						2.37		9.89
批發業	45	16	4	5	6	2		33	10	2	1.09	2.34	1.29	1.60	0.47	-0.73		0.99	1.31	1.38
化學業	32	10	4	4	1	1		20	12		7.16	6.84	2.96	5.66	8.32	12.16		7.19	7.04	
海運業	4	1					1	2	2		-0.71	-0.10					-0.25	-0.18	-1.77	
機械業	40	17	5	1	1			24	16		5.74	7.68	4.82	-1.46	13.08			6.03	4.58	
金屬製品業	28	12	3	1		2		19	9		4.03	6.54	1.87	0.52	11.19		1.90	4.41	2.13	
銀行業	0							0												
空運業	2							0	2		6.88								6.88	
營造業	22	5	1	1		1		9	12	1	0.09	4.16	5.92	6.96	-29.86	4.26		-1.71	5.40	3.78
礦業	0							0												
零售業	39	15	1	8	4	1		29	6	4	-3.21	-1.51	2.39	-5.20	-3.50	-4.26		-2.42	-0.53	-9.83
證券、期貨交易業	3	1						1	1	1	-11.75	-12.76						-12.76	-29.10	6.63
資通訊業	29	4	1	3				8	15	6	3.28	11.87	9.85	-1.34				6.79	0.64	-4.61
食品業	21	12		1	3	1		17	4		3.21	2.40		3.82	2.74	0.71		2.42	6.38	
農林漁業	0							0												
精密機械業	2				1			1	1		8.62				13.16			13.16	4.09	
石油煤炭製品業	2							0	2		0.12								0.12	
纖維製品業	12	4	1			1		6	6		-7.01	2.49	4.23		-21.97			-5.08	-12.78	
運輸及倉儲業	10	3		1				4	6		2.87	3.70		2.02				2.86	2.90	
鋼鐵業	8	2						2	6		-0.29	-2.90						-2.90	2.31	
電力及燃氣供應業	2	2						2			5.90	5.90						5.90		
電機業	32	7	3	3				13	10	9	1.54	6.42	-11.89	4.55				-0.31	5.05	3.56
非鐵金屬業	6	1			1			2	4		2.80	-0.27			2.42			1.08	6.24	
不動產業	15	5	1	1				7	3	5	6.27	4.41	7.50	15.16				9.02	-1.17	5.46
保險業	0							0												
輸送用機具業	16	6			1	2		9	7		0.54	-0.20			1.75	-0.51		0.35	1.11	
陸運業	9	2						2	7		-8.37	-12.68						-12.68	-4.07	
總計	467	161	32	31	29	7	3	263	169	35	1.24	2.06	3.48	1.48	0.47	3.40	0.85	1.63	0.76	0.57

流動比率 東證二部

（單位：間，%）

行業別	公司數	家族企業類別							一般企業	一人公司	家族企業整體平均	家族企業類別							一般企業	一人公司
		A	a	B	b	C	c	小計				A	a	B	b	C	c	小計		
玻璃、土石製品業	13	5	1			1	1	8	5		191.74	192.28	80.94			227.32	266.26	191.70	191.89	
橡膠製品業	6	4						4	2		179.45	167.69						167.69	191.22	
服務業	41	12	2	1	3			18	18	5	224.09	198.59	468.35	54.35	195.75			229.26	164.24	263.26
其他金融業	1							0		1	0.00									0.00
其他製造業	20	10	5		3			18	2		243.17	262.37	320.11		176.09			252.85	214.11	
紙漿、紙業	5	4						4	1		137.59	161.98						161.98	113.20	
醫藥品業	2	1					1	1			309.51	294.65						294.65		324.38
批發業	45	16	4	5	6	2		33	10	2	219.30	208.90	214.18	325.87	259.12	143.59		230.33	187.90	195.51
化學業	32	10	4	4	1	1		20	12		298.18	369.92	254.25	256.08	138.61	531.48		310.07	238.74	
海運業	4	1					1	2	2		108.31	110.45					51.81	81.13	162.68	
機械業	40	17	5	1	1			24	16		236.23	319.90	173.39	201.28	192.14			221.68	294.44	
金屬製品業	28	12	3	1	2		1	19	9		229.88	341.63	170.69	101.34	454.89		122.01	238.11	188.74	
銀行業	0							0												
空運業	2							0	2		210.08								210.08	
營造業	22	5	1	1	1	1		9	12	1	239.19	164.99	638.20	180.79	148.78	141.04		254.76	262.47	138.02
礦業	0							0												
零售業	39	15	1	8	4	1		29	6	4	119.46	180.14	62.47	99.32	225.84	38.66		121.29	133.90	95.88
證券、期貨交易業	3	1						1	1	1	204.89	270.07						270.07	195.48	149.14
資通訊業	29	4	1	3				8	15	6	291.63	235.08	350.23	215.91				267.07	311.06	345.89
食品業	21	12		1	3	1		17	4		231.43	153.08		212.24	266.94	210.06		210.58	314.93	
農林漁業	0							0												
精密機械業	2			1				1	1		252.68			294.34				294.34	211.03	
石油、煤炭製品業	2							0	2		75.42								75.42	
纖維製品業	12	4	1		1			6	6		199.59	293.52	169.91		135.57			199.67	199.35	
運輸及倉儲業	10	3		1				4	6		215.31	205.29		303.63				254.46	137.00	
鋼鐵業	8	2						2	6		146.40	116.05						116.05	176.75	
電力及燃氣供應業	2	2						2			133.47	133.47						133.47		
電機業	32	7	3	3				13	10	9	285.96	270.48	309.60	263.59				281.22	283.22	302.91
非鐵金屬業	6	1			1			2	4		227.70	186.53			222.55			204.54	274.01	
不動產業	15	5	1	1				7	3	5	293.05	263.20	163.03	139.43				188.56	390.68	508.92
保險業	0							0												
輸送用機具業	16	6		1	2			9	7		201.19	230.28		229.16	159.90			206.45	185.42	
陸運業	9	2						2	7		114.36	128.62						128.62	100.11	
總計	467	161	32	31	29	7	3	263	169	35	200.67	218.37	259.64	198.60	220.81	215.36	146.69	211.95	208.00	232.39

權益比率 東證二部

（單位：間，%）

行業別	公司數	家族企業類別							一般企業	一人公司	家族企業整體平均	家族企業類別							一般企業	一人公司
		A	a	B	b	C	c	小計				A	a	B	b	C	c	小計		
玻璃、土石製品業	13	5	1			1	1	8	5		51.92	66.83	20.23			63.31	49.39	49.94	59.85	
橡膠製品業	6	4						4	2		47.26	41.45						41.45	53.08	
服務業	41	12	2	1	3			18	18	5	47.28	46.08	73.01	8.07	54.14			45.33	44.46	57.89
其他金融業	1							0		1	17.27									17.27
其他製造業	20	10	5		3			18	2		50.55	53.57	65.47		53.64			57.56	29.54	
紙漿、紙業	5	4						4	1		53.14	47.71						47.71	58.57	
醫藥品業	2	1					1	1			66.82	71.11						71.11		62.52
批發業	45	16	4	5	6	2		33	10	2	49.33	52.61	48.95	58.45	64.20	32.27		51.30	48.64	40.20
化學業	32	10	4	4	1	1		20	12		61.51	65.23	56.62	51.83	51.79	85.32		62.16	58.28	
海運業	4	1					1	2	2		35.87	28.22					41.30	34.76	38.09	
機械業	40	17	5	1	1			24	16		56.84	59.29	49.79	60.56	53.11			55.69	61.46	
金屬製品業	28	12	3	1	2		1	19	9		51.43	71.50	35.63	34.45	82.98		36.80	52.27	47.23	
銀行業	0							0												
空運業	2							0	2		37.20								37.20	
營造業	22	5	1	1	1	1		9	12	1	47.48	56.78	84.36	53.49	12.64	39.15		49.28	52.07	33.83
礦業	0							0												
零售業	39	15	1	8	4	1		29	6	4	29.23	37.71	13.33	40.43	60.93	4.58		31.39	29.59	18.02
證券、期貨交易業	3	1						1	1	1	48.64	61.51						61.51	62.06	22.34
資通訊業	29	4	1	3				8	15	6	60.17	63.80	78.24	39.35				60.46	54.75	64.73
食品業	21	12		1	3	1		17	4		62.25	50.54		66.54	70.93	63.81		62.96	59.42	
農林漁業	0							0												
精密機械業	2			1				1	1		53.71			61.75				61.75	45.68	
石油、煤炭製品業	2							0	2		26.75								26.75	
纖維製品業	12	4	1		1			6	6		44.77	59.93	31.05		47.30			46.09	40.82	
運輸及倉儲業	10	3		1				4	6		53.06	56.45		60.27				58.36	42.47	
鋼鐵業	8	2						2	6		51.43	51.96						51.96	50.89	
電力及燃氣供應業	2	2						2			70.87	70.87						70.87		
電機業	32	7	3	3				13	10	9	55.99	56.78	66.45	53.57				58.93	54.68	48.36
非鐵金屬業	6	1			1			2	4		57.05	52.35			55.31			53.83	63.48	
不動產業	15	5	1	1				7	3	5	40.52	45.11	38.12	35.00				39.41	49.10	35.25
保險業	0							0												
輸送用機具業	16	6		1	2			9	7		52.72	56.89		51.21	52.16			53.42	50.62	
陸運業	9	2						2	7		41.43	35.78						35.78	47.07	
總計	467	161	32	31	29	7	3	263	169	35	49.05	54.40	50.86	47.17	55.45	48.08	42.49	52.51	48.69	40.04

固定比率 東證二部 　　　　　　　　　　　　　　　　　　　　　　　　　　　（單位：間，%）

行業別	公司數	家族企業類別							一般企業	一人公司	家族企業整體平均	家族企業類別							一般企業	一人公司
		A	a	B	b	C	c	小計				A	a	B	b	C	c	小計		
玻璃、土石製品業	13	5	1			1	1	8	5		109.76	74.81	270.12			85.07	45.97	118.99	72.85	
橡膠製品業	6	4						4	2		112.40	137.38						137.38	87.43	
服務業	41	12	2	1		3		18	18	5	195.04	139.14	38.89	734.05	45.22			239.32	167.30	45.65
其他金融業	1							0		1	0.00									0.00
其他製造業	20	10	5			3		18	2		86.18	96.14	74.15		76.38			82.22	98.06	
紙漿、紙業	5	4						4	1		120.81	125.49						125.49	116.13	
醫藥品業	2	1						1		1	72.35	81.14						81.14		63.57
批發業	45	16	4	5	6	2		33	10	2	84.29	69.27	57.74	59.92	60.43	229.11		95.29	84.66	28.87
化學業	32	10	4	4	1	1		20	12		82.81	69.05	100.37	94.03	100.73	49.40		82.72	83.27	
海運業	4	1					1	2	2		231.69	255.03					215.93	235.48	224.11	
機械業	40	17	5	1	1			24	16		64.60	77.92	102.58	55.65	25.69			65.46	61.17	
金屬製品業	28	12	3	1	2		1	19	9		109.77	60.08	117.20	171.05	39.51		155.58	108.68	115.23	
銀行業	0							0												
空運業	2							0	2		136.66								136.66	
營造業	22	5	1	1	1	1		9	12	1	81.20	98.25	48.60	52.90	91.43	83.95		75.03	41.58	151.66
礦業	0							0												
零售業	39	15	1	8	4	1		29	6	4	187.65	218.63	558.03	134.95	50.07	0.00		192.34	182.81	169.05
證券、期貨交易業	3	1						1	1	1	59.19	85.82						85.82	47.41	44.35
資通訊業	29	4	1	3				8	15	6	71.00	57.26	34.33	149.99				80.53	55.45	57.96
食品業	21	12		1	3	1		17	4		83.86	107.17		72.59	70.03	38.81		72.15	130.72	
農林漁業	0							0												
精密機械業	2			1				1	1		63.11			65.77				65.77	60.46	
石油、煤炭製品業	2							0	2		209.49								209.49	
纖維製品業	12	4	1		1			6	6		108.10	100.03	68.27		96.60			88.30	167.50	
運輸及倉儲業	10	3		1				4	6		139.52	141.57		99.98				120.77	177.02	
鋼鐵業	8	2						2	6		94.64	108.33						108.33	80.95	
電力及燃氣供應業	2	2						2			113.98	113.98						113.98		
電機業	32	7	3	3				13	10	9	63.29	56.74	20.42	70.38				48.18	74.61	94.32
非鐵金屬業	6	1			1			2	4		73.51	116.26			49.25			82.76	55.03	
不動產業	15	5	1	1				7	3	5	77.74	100.28	43.16	34.11				59.18	100.15	111.03
保險業	0							0												
輸送用機具業	16	6		1	2			9	7		95.82	108.09		72.22	105.69			95.33	97.29	
陸運業	9	2						2	7		191.13	206.01						206.01	176.24	
總計	467	161	32	31	29	7	3	263	169	35	107.57	112.15	117.99	138.60	67.45	81.06	139.16	110.29	111.68	76.65

固定長期適合率 東證二部 　　　　　　　　　　　　　　　　　　　　　　　　（單位：間，%）

行業別	公司數	家族企業類別							一般企業	一人公司	家族企業整體平均	家族企業類別							一般企業	一人公司
		A	a	B	b	C	c	小計				A	a	B	b	C	c	小計		
玻璃、土石製品業	13	5	1			1	1	8	5		69.33	61.23	125.50			67.12	32.11	71.49	60.70	
橡膠製品業	6	4						4	2		74.71	75.03						75.03	74.40	
服務業	41	12	2	1		3		18	18	5	43.87	70.29	37.00	0.00	40.47			36.94	77.84	37.63
其他金融業	1							0		1	0.00									0.00
其他製造業	20	10	5			3		18	2		58.08	61.15	58.72		61.10			60.32	51.38	
紙漿、紙業	5	4						4	1		87.94	80.98						80.98	94.91	
醫藥品業	2	1						1		1	58.09	67.38						67.38		48.81
批發業	45	16	4	5	6	2		33	10	2	53.00	46.64	44.82	47.92	53.23	97.40		58.00	58.13	22.86
化學業	32	10	4	4	1	1		20	12		62.62	56.08	62.47	65.30	79.66	47.30		62.66	64.91	
海運業	4	1					1	2	2		101.26	102.71					114.68	108.70	86.39	
機械業	40	17	5	1	1			24	16		49.50	55.25	68.70	50.26	24.86			49.77	48.42	
金屬製品業	28	12	3	1	2		1	19	9		72.33	52.42	65.13	108.05	38.51		96.77	72.18	73.09	
銀行業	0							0												
空運業	2							0	2		56.97								56.97	
營造業	22	5	1	1	1	1		9	12	1	53.54	73.45	46.03	46.89	29.63	63.70		51.94	32.97	82.10
礦業	0							0												
零售業	39	15	1	8	4	1		29	6	4	115.93	82.34	127.88	89.91	54.24	149.98		100.87	85.24	221.94
證券、期貨交易業	3	1						1	1	1	45.85	66.02						66.02	46.46	25.07
資通訊業	29	4	1	3				8	15	6	52.48	50.36	33.95	93.80				59.37	35.13	49.14
食品業	21	12		1	3	1		17	4		61.59	77.34		63.86	62.28	38.59		60.52	65.91	
農林漁業	0							0												
精密機械業	2			1				1	1		50.11			58.17				58.17	42.04	
石油煤炭製品業	2							0	2		135.79								135.79	
纖維製品業	12	4	1		1			6	6		61.75	57.77	39.76		76.23			57.92	73.25	
運輸及倉儲業	10	3		1				4	6		83.48	86.50		69.33				77.91	94.61	
鋼鐵業	8	2						2	6		76.79	89.67						89.67	63.91	
電力及燃氣供應業	2	2						2			98.37	98.37						98.37		
電機業	32	7	3	3				13	10	9	42.16	39.00	19.53	49.98				36.17	55.64	46.67
非鐵金屬業	6	1			1			2	4		54.93	77.03			41.92			59.48	45.84	
不動產業	15	5	1	1				7	3	5	45.37	53.11	34.00	32.41				39.84	58.29	49.03
保險業	0							0												
輸送用機具業	16	6		1	2			9	7		67.51	72.36		51.06	78.72			67.38	67.92	
陸運業	9	2						2	7		96.57	91.29						91.29	101.86	
總計	467	161	32	31	29	7	3	263	169	35	66.55	69.75	58.73	59.14	53.77	77.35	81.19	67.61	67.38	58.32

平均投資報酬率（60個月） 東證二部 （單位：間，%）

行業別	公司數	家族企業類別							一般企業	一人公司	家族企業整體平均	家族企業類別							一般企業	一人公司
		A	a	B	b	C	c	小計				A	a	B	b	C	c	小計		
玻璃、土石製品業	13	5	1			1	1	8	5		1.21	1.73	1.52			0.19	1.83	1.32	0.80	
橡膠製品業	6	4						4	2		0.47	0.53						0.53	0.40	
服務業	41	12	2	1	3			18	18	5	0.36	0.73	0.43	-0.86	1.61			0.48	0.14	0.07
其他金融業	1							0		1	-1.56									-1.56
其他製造業	20	10	5		3			18	2		0.62	0.30	0.88		0.89			0.69	0.41	
紙漿、紙業	5	4						4	1		0.49	0.57						0.57	0.41	
醫藥品業	2	1						1		1	1.74	-0.16						-0.16		3.64
批發業	45	16	4	5	6	2		33	10	2	0.81	0.98	0.67	0.87	1.14	0.49		0.83	1.16	0.38
化學業	32	10	4	4	1	1		20	12		1.44	0.99	1.06	1.52	1.78	1.41		1.35	1.89	
海運業	4	1					1	2	2		0.46	0.90					0.24	0.57	0.23	
機械業	40	17	5	1	1			24	16		2.58	1.09	1.76	1.48	7.25			2.90	1.31	
金屬製品業	28	12	3	1	2		1	19	9		0.97	1.19	0.85	0.40	1.36		1.22	1.00	0.81	
銀行業	0							0												
空運業	2							0	2		1.37								1.37	
營造業	22	5	1	1	1	1		9	12		1.31	0.54	1.29	2.03	1.86	2.00		1.54	1.47	0.00
礦業	0							0												
零售業	39	15	1	8	4	1		29	6	4	0.22	0.54	0.01	0.44	1.39	-0.89		0.30	-0.45	0.49
證券、期貨交易業	3	1						1	1	1	1.59	-0.20						-0.20	4.30	0.66
資通訊業	29	4	1	3				8	15	6	2.28	3.22	0.87	2.35				2.15	2.65	2.32
食品業	21	12				1		17	4		0.86	0.97		0.14	0.55	1.11		0.69	1.52	
農林漁業	0							0												
精密機械業	2			1				1	1		1.78			3.40				3.40	0.15	
石油、煤炭製品業	2							0	2		1.05								1.05	
纖維製品業	12	4	1		1			6	6		3.41	0.41	13.18		-1.19			4.13	1.24	
運輸及倉儲業	10	3		1				4	6		0.65	0.14		1.07				0.61	0.75	
鋼鐵業	8	2						2	6		0.21	-0.21						-0.21	0.64	
電力及燃氣供應業	2	2						2			0.62	0.62						0.62		
電機業	32	7	3	3				13	10	9	1.52	1.67	0.51	1.04				1.07	1.30	3.08
非鐵金屬業	6	1			1			2	4		1.96	3.73			0.41			2.07	1.74	
不動產業	15	5	1	1				7	3	5	1.42	0.54	2.44	0.57				1.19	1.73	1.79
保險業	0							0												
輸送用機具業	16	6			1	2		9	7		0.61	1.27			0.04	0.27		0.52	0.85	
陸運業	9	2						2	7		0.51	0.55						0.55	0.46	
總計	467	161	32	31	29	7	3	263	169	35	1.07	0.91	1.96	0.85	1.59	0.72	1.09	1.10	1.09	1.09

資產報酬率 地方市場 （單位：間，%）

行業別	公司數	家族企業類別							一般企業	一人公司	家族企業整體平均	家族企業類別							一般企業	一人公司
		A	a	B	b	C	c	小計				A	a	B	b	C	c	小計		
玻璃、土石製品業	3	2			1			3			0.19	0.04			0.33			0.19		
橡膠製品業	0							0												
服務業	5	3	1				1	5			-3.51	4.66	-8.41				-6.79	-3.51		
其他金融業	1							0	1		0.56								0.56	
其他製造業	1	1						1			2.94	2.94						2.94		
紙漿、紙業	2	1						1	1		3.55				5.57			5.57	1.54	
醫藥品業	0							0												
批發業	11	5	2	1	1			9	2		4.36	4.03	2.50	10.69	1.71			4.73	2.86	
化學業	4	2	1					3	1		4.55	4.15	2.36					3.25	7.15	
海運業	0							0												
機械業	4	2		1				3	1		0.26	-1.36		3.04				0.84	-0.90	
金屬製品業	5	1		1	1			3	2		3.85	1.19		0.96	9.88			4.01	3.34	
銀行業	5							0	5		0.00								0.00	
空運業	0							0												
營造業	9	4						4	5		6.15	7.24						7.24	5.07	
礦業	0							0												
零售業	4	4						4			-0.98	-0.98						-0.98		
證券、期貨交易業	0							0												
資通訊業	4	2						2	2		3.32	5.13						5.13	1.51	
食品業	5	1	1	2	1			5			5.46	-0.14	10.10	2.51	9.36			5.46		
農林漁業	0							0												
精密機械業	0							0												
石油煤炭製品業	0							0												
纖維製品業	1	1						1			2.41	2.41						2.41		
運輸及倉儲業	2				1			1	1		2.93				3.48			3.48	2.38	
鋼鐵業	2					1		1	1		2.63					1.43		1.43	3.82	
電力及燃氣供應業	0							0												
電機業	4	3						3	1		5.63	6.51						6.51	4.74	
非鐵金屬業	0							0												
不動產業	1	1						1			3.77	3.77						3.77		
保險業	0							0												
輸送用機具業	1	1						1			2.12	2.12						2.12		
陸運業	5	2	1					3	1	1	1.11	0.32	-10.10					-4.89	3.63	10.60
總計	79	35	6	5	5	2	1	54	24	1	2.44	2.63	-0.71	4.30	5.37	2.45	-6.79	2.61	2.75	10.60

營業利益率　地方市場　　　　　　　　　　　　　　　　　　　　　　　　　　　　　　　　　　　　　（單位：間，%）

行業別	公司數	家族企業類別							一般企業	一人公司	家族企業整體平均	家族企業類別							一般企業	一人公司
		A	a	B	b	C	c	小計				A	a	B	b	C	c	小計		
玻璃、土石製品業	3	2			1			3			1.18	2.15			0.22			1.18		
橡膠製品業	0							0												
服務業	5	3	1				1	5			-4.69	5.88	-19.94				0.00	-4.69		
其他金融業	1							0	1		1.70									1.70
其他製造業	1	1						1			2.69	2.69						2.69		
紙漿、紙業	2				1			1	1		4.16				6.52			6.52	1.81	
醫藥品業	0							0												
批發業	11	5	2	1	1			9	2		3.05	3.95	0.55	7.97	0.79			3.32	2.00	
化學業	4	2	1					3	1		6.00	9.70	2.35					6.03	5.94	
海運業	0							0												
機械業	4	2			1			3	1		0.03	-3.49		5.50				1.00	-1.91	
金屬製品業	5	1		1	1			3	2		4.61	2.85		0.40	9.96			4.40	5.22	
銀行業	5							0	5		12.69								12.69	
空運業	0							0												
營造業	9	4						4	5		5.22	6.32						6.32	4.12	
礦業	0							0												
零售業	4	4						4			-0.73	-0.73						-0.73		
證券、期貨交易業	0							0												
資通訊業	4	2						2	2		5.06	7.65						7.65	2.47	
食品業	5	1	1	2	1			5			6.30	-0.28	12.95	2.07	10.46			6.30		
農林漁業	0							0												
精密機械業	0							0												
石油、煤炭製品業	0							0												
纖維製品業	1	1						1			9.67	9.67						9.67		
運輸及倉儲業	2				1			1	1		3.81				5.34			5.34	2.28	
鋼鐵業	2				1			1	1		4.01				1.63			1.63	6.38	
電力及燃氣供應業	0							0												
電機業	4	3						3	1		5.94	6.35						6.35	5.53	
非鐵金屬業	0							0												
不動產業	1	1						1			4.04	4.04						4.04		
保險業	0							0												
輸送用機具業	1	1						1			2.59	2.59						2.59		
陸運業	5	2	1					3	1	1	-1.54	-0.32	-14.42					-7.37	3.23	5.35
總計	79	35	6	5	5	2	1	54	24	1	3.61	3.69	-3.70	3.99	5.59	3.48	0.00	3.28	3.96	5.35

流動比率　地方市場　　　　　　　　　　　　　　　　　　　　　　　　　　　　　　　　　　　　　（單位：間，%）

行業別	公司數	家族企業類別							一般企業	一人公司	家族企業整體平均	家族企業類別							一般企業	一人公司
		A	a	B	b	C	c	小計				A	a	B	b	C	c	小計		
玻璃、土石製品業	3	2			1			3			142.27	147.03			137.50			142.27		
橡膠製品業	0							0												
服務業	5	3	1				1	5			172.46	135.60	273.85				107.93	172.46		
其他金融業	1							0	1		225.76								225.76	
其他製造業	1	1						1			166.80	166.80						166.80		
紙漿、紙業	2				1			1	1		538.87				237.30			237.30	840.43	
醫藥品業	0							0												
批發業	11	5	2	1	1			9	2		195.62	225.03	123.28	161.78	171.79			170.47	296.20	
化學業	4	2	1					3	1		284.59	495.55	214.47					355.01	143.76	
海運業	0							0												
機械業	4	2			1			3	1		403.75	273.38		743.06				508.22	194.80	
金屬製品業	5	1		1	1			3	2		124.63	0.00		117.40	125.30			80.90	255.84	
銀行業	5							0	5		0.00								0.00	
空運業	0							0												
營造業	9	4						4	5		202.60	188.68						188.68	216.51	
礦業	0							0												
零售業	4	4						4			102.88	102.88						102.88		
證券、期貨交易業	0							0												
資通訊業	4	2						2	2		382.39	301.77						301.77	463.01	
食品業	5	1	1	2	1			5			190.49	135.47	282.36	97.41	246.73			190.49		
農林漁業	0							0												
精密機械業	0							0												
石油煤炭製品業	0							0												
纖維製品業	1	1						1			848.33	848.33						848.33		
運輸及倉儲業	2				1			1	1		270.07				226.28			226.28	313.87	
鋼鐵業	2				1			1	1		464.75				163.49			163.49	766.01	
電力及燃氣供應業	0							0												
電機業	4	3						3	1		226.01	231.53						231.53	220.48	
非鐵金屬業	0							0												
不動產業	1	1						1			147.50	147.50						147.50		
保險業	0							0												
輸送用機具業	1	1						1			78.82	78.82						78.82		
陸運業	5	2	1					3	1	1	143.79	207.14	220.34					213.74	71.04	76.62
總計	79	35	6	5	5	2	1	54	24	1	252.97	230.35	222.86	279.91	183.72	194.88	107.93	238.26	308.29	76.62

行業別	公司數	A	a	B	b	C	c	小計	一般企業	一人公司	家族企業整體平均	A	a	B	b	C	c	小計	一般企業	一人公司
玻璃、土石製品業	3	2			1			3			41.85	36.37			47.33			41.85		
橡膠製品業	0							0												
服務業	5	3	1				1	5			63.64	42.38	81.05				67.49	63.64		
其他金融業	1							0	1		6.69								6.69	
其他製造業	1	1						1			67.84	67.84						67.84		
紙漿、紙業	2				1			1		1	75.52					65.36		65.36	85.68	
醫藥品業	0							0												
批發業	11	5	2	1	1			9	2		49.69	52.52	34.94	58.70	40.62			46.69	61.69	
化學業	4	2	1					3	1		57.11	86.24	36.51					61.38	48.57	
海運業	0							0												
機械業	4	2			1			3			69.00	56.72			87.66			72.19	62.62	
金屬製品業	5	1		1		1		3			51.13	86.95		35.19		32.61		51.58	49.77	
銀行業	5							0	5		5.15								5.15	
空運業	0							0												
營造業	9	4						4	5		54.97	53.58						53.58	56.35	
礦業	0							0												
零售業	4	4						4			26.91	26.91						26.91		
證券、期貨交易業	0							0												
資通訊業	4	2						2	2		64.33	53.13						53.13	75.53	
食品業	5	1	1		1		1	5			57.41	43.54	78.03		29.08		78.97	57.41		
農林漁業	0							0												
精密機械業	0							0												
石油、煤炭製品業	0							0												
纖維製品業	1	1						1			76.39	76.39						76.39		
運輸及倉儲業	2						1	1	1		75.91					76.28		76.28	75.55	
鋼鐵業	2						1	1	1		71.77					53.96		53.96	89.58	
電力及燃氣供應業	0							0												
電機業	4	3						3			58.41	58.25						58.25	58.56	
非鐵金屬業	0							0												
不動產業	1	1						1			19.74	19.74						19.74		
保險業	0							0												
輸送用機具業	1	1						1			23.61	23.61						23.61		
陸運業	5	2	1					3	1	1	48.26	41.36	70.60					55.98	37.97	43.10
總計	79	35	6	5	5	2	1	54	24	1	50.73	51.60	60.23	52.66	52.98	65.12	67.49	53.99	54.90	43.10

行業別	公司數	A	a	B	b	C	c	小計	一般企業	一人公司	家族企業整體平均	A	a	B	b	C	c	小計	一般企業	一人公司
玻璃、土石製品業	3	2			1			3			179.62	243.24			116.00			179.62		
橡膠製品業	0							0												
服務業	5	3	1				1	5			118.12	127.65	89.48				137.23	118.12		
其他金融業	1							0	1		245.61								245.61	
其他製造業	1	1						1			95.11	95.11						95.11		
紙漿、紙業	2				1			1		1	42.99					59.82		59.82	26.16	
醫藥品業	0							0												
批發業	11	5	2	1	1			9	2		76.81	73.65	73.83	68.42	53.76			67.42	114.38	
化學業	4	2	1					3	1		71.12	67.71	70.12					68.92	75.53	
海運業	0							0												
機械業	4	2			1			3	1		67.59	108.07			36.87			72.47	57.82	
金屬製品業	5	1		1		1		3	2		106.35	26.84		127.26	145.89	100.00		100.00	125.40	
銀行業	5							0	5		0.00								0.00	
空運業	0							0												
營造業	9	4						4	5		59.85	70.18						70.18	49.52	
礦業	0							0												
零售業	4	4						4			229.67	229.67						229.67		
證券、期貨交易業	0							0												
資通訊業	4	2						2	2		98.64	111.11						111.11	86.16	
食品業	5	1	1		2		1	5			114.37	109.18	64.89		213.60		69.82	114.37		
農林漁業	0							0												
精密機械業	0							0												
石油煤炭製品業	0							0												
纖維製品業	1	1						1			50.40	50.40						50.40		
運輸及倉儲業	2						1	1	1		86.76					93.78		93.78	79.74	
鋼鐵業	2						1	1	1		75.02					107.85		107.85	42.20	
電力及燃氣供應業	0							0												
電機業	4	3						3	1		48.90	42.56						42.56	55.24	
非鐵金屬業	0							0												
不動產業	1	1						1			25.34	25.34						25.34		
保險業	0							0												
輸送用機具業	1	1						1			302.96	302.96						302.96		
陸運業	5	2	1					3	1	1	154.70	169.55	85.49					127.52	207.52	156.24
總計	79	35	6	5	5	2	1	54	24	1	107.14	115.83	76.76	111.54	89.06	100.81	137.23	107.22	89.64	156.24

固定長期適合率 地方市場　　　　　　　　　　　　　　　　　　　　　　　　　　　　　　（單位：間，%）

行業別	公司數	家族企業類別						小計	一般企業	一人公司	家族企業整體平均	家族企業類別						小計	一般企業	一人公司
		A	a	B	b	C	c					A	a	B	b	C	c			
玻璃、土石製品業	3	2			1			3			84.85	87.71			81.99			84.85		
橡膠製品業	0							0												
服務業	5	3	1				1	5			85.52	76.51	80.62				99.44	85.52		
其他金融業	1							0	1		26.07								26.07	
其他製造業	1	1						1			81.95	81.95						81.95		
紙漿、紙業	2				1			1	1		38.71				52.72			52.72	24.70	
醫藥品業	0							0												
批發業	11	5	2	1		1		9	2		61.42	60.45	66.57	63.74		40.06		57.71	76.27	
化學業	4	2	1					3	1		56.61	64.06	40.07					52.07	65.69	
海運業	0							0												
機械業	4	2			1			3	1		52.94	69.42		35.57				52.50	53.84	
金屬製品業	5	1			1	1		3	2		65.73	24.33		84.56	92.60			67.16	61.42	
銀行業	5							0	5		0.00							0.00		
空運業	0							0												
營造業	9	4						4	5		50.55	58.36						58.36	42.74	
礦業	0							0												
零售業	4	4						4			108.31	108.31						108.31		
證券、期貨交易業	0							0												
資通訊業	4	2						2	2		65.03	58.28						58.28	71.78	
食品業	5	1		1	2	1		5			77.39	77.58	62.93	101.65	67.40			77.39		
農林漁業	0							0												
精密機械業	0							0												
石油、煤炭製品業	0							0												
纖維製品業	1	1						1			41.50	41.50						41.50		
運輸及倉儲業	2						1	1	1		77.87					84.77		84.77	70.96	
鋼鐵業	2						1	1	1		60.64					79.78		79.78	41.50	
電力及燃氣供應業	0							0												
電機業	4	3						3	1		41.86	36.23						36.23	47.49	
非鐵金屬業	0							0												
不動產業	1	1						1			14.05	14.05						14.05		
保險業	0							0												
輸送用機具業	1	1						1			111.99	111.99						111.99		
陸運業	5	2	1					3	1	1	96.02	76.21	74.52					75.37	114.42	118.93
總計	79	35	6	5	5	2	1	54	24	1	61.86	65.43	64.95	71.38	66.95	82.28	99.44	67.39	53.61	118.93

平均投資報酬率（60個月） 地方市場　　　　　　　　　　　　　　　　　　　　　　　　　（單位：間，%）

行業別	公司數	家族企業類別						小計	一般企業	一人公司	家族企業整體平均	家族企業類別						小計	一般企業	一人公司
		A	a	B	b	C	c					A	a	B	b	C	c			
玻璃、土石製品業	3	2			1			3			0.42	1.30			-0.47			0.42		
橡膠製品業	0							0												
服務業	5	3	1				1	5			0.23	0.77	0.19				-0.29	0.23		
其他金融業	1							0	1		1.21								1.21	
其他製造業	1	1						1			0.48	0.48						0.48		
紙漿、紙業	2				1			1	1		0.65				1.06			1.06	0.24	
醫藥品業	0							0												
批發業	11	5	2	1		1		9	2		0.81	0.87	0.54	1.08		0.46		0.74	1.09	
化學業	4	2	1					3	1		1.00	1.31	0.24					0.77	1.46	
海運業	0							0												
機械業	4	2			1			3	1		0.38	0.15		0.70				0.43	0.27	
金屬製品業	5	1			1	1		3	2		1.48	0.15		0.49	4.43			1.69	0.85	
銀行業	5							0	5		-0.49							-0.49		
空運業	0							0												
營造業	9	4						4	5		1.19	1.39						1.39	0.99	
礦業	0							0												
零售業	4	4						4			0.22	0.22						0.22		
證券、期貨交易業	0							0												
資通訊業	4	2						2	2		0.80	1.25						1.25	0.34	
食品業	5	1	1		2	1		5			0.90	0.48	1.64		0.59	0.89		0.90		
農林漁業	0							0												
精密機械業	0							0												
石油煤炭製品業	0							0												
纖維製品業	1	1						1			0.00	0.00						0.00		
運輸及倉儲業	2						1	1	1		0.47				0.55			0.55	0.39	
鋼鐵業	2						1	1	1		0.90				0.62			0.62	1.17	
電力及燃氣供應業	0							0												
電機業	4	3						3	1		1.51	1.65						1.65	1.36	
非鐵金屬業	0							0												
不動產業	1	1						1			0.00	0.00						0.00		
保險業	0							0												
輸送用機具業	1	1						1			0.83	0.83						0.83		
陸運業	5	2	1					3	1	1	0.86	0.23	-0.05					0.09	0.20	3.07
總計	79	35	6	5	5	2	1	54	24	1	0.66	0.69	0.51	0.72	1.28	0.58	-0.29	0.70	0.70	3.07

行業別	公司數	家族企業類別 A	a	B	b	C	c	小計	一般企業	一人公司	家族企業整體平均	家族企業類別 A	a	B	b	C	c	小計	一般企業	一人公司
玻璃、土石製品業	10	6	1				1	8	2		3.58	-2.08	-2.24				8.46	1.38	10.20	
橡膠製品業	2	1		1				2			0.69	2.20		-0.83				0.69		
服務業	209	77	2	4	4			87	24	98	0.40	1.36	3.95	-12.12	4.68			-0.53	6.08	-1.54
其他金融業	6	2						2	2	2	-8.70	-0.91						-0.91	-32.58	7.38
其他製造業	37	21	3	3	1			28	4	5	2.04	2.80	12.56	-6.21	0.05			2.30	0.98	2.03
紙漿、紙業	7	2	1	1	1			5	2		7.22	4.40	10.65	11.70	4.84			7.90	4.52	
醫藥品業	26	3	1	1	2	1		8	10	8	-22.10	-19.52	-29.54	5.94	-3.04	-52.95		-19.82	-28.10	-27.47
批發業	92	47	8	2	4			61	21	10	-1.49	1.95	4.44	-18.82	1.25			-2.79	-4.46	6.68
化學業	30	15	2	5	1	1		24	3	3	3.42	2.33	-0.06	6.72	9.07	2.19		4.05	4.58	-0.91
海運業	1							0	1		-17.62								-17.62	
機械業	45	22	5	4	2			33	10	2	4.96	2.59	4.91	4.46	6.40			4.59	4.00	7.41
金屬製品業	19	12	2	1	2			17	2		4.31	3.77	5.33	0.18	3.91			3.30	8.35	
銀行業	0							0												
空運業	0							0												
營造業	42	20	3	6	2			31	7	4	5.09	5.69	9.18	8.51	-2.75			5.16	6.56	3.33
礦業	0							0												
零售業	108	51	7	8	5	1		72	10	26	-9.18	2.69	-4.61	2.56	-15.13	-37.31		-10.36	-6.86	-5.62
證券、期貨交易業	13	5		1	2			8	2	3	6.71	-0.19		3.26	1.23			1.43	-0.45	29.71
資通訊業	211	49	4	8	3			64	37	110	6.65	6.54	9.41	8.60	5.04			7.40	5.16	5.12
食品業	16	8	2	3				13	2	1	-0.87	0.92	3.59	5.56				3.36	0.35	-14.78
農林漁業	4	4						4			5.12	5.12						5.12		
精密機械業	15	7			3			10	2	3	-11.05	3.10			3.49			3.29	-26.40	-24.39
石油、煤炭製品業	0							0												
纖維製品業	1							0	1		-1.82								-1.82	
運輸及倉儲業	4	1	2					3	1		4.42	5.99	8.15					7.07	-0.89	
鋼鐵業	4	2						2	2		4.25	4.37						4.37	4.13	
電力及燃氣供應業	0							0												
電機業	49	22	2	5	1	1		31	11	7	-3.96	4.32	4.09	0.14	8.08	-48.88		-6.45	3.73	0.80
非鐵金屬業	4	3		1				4			0.83	-0.55		2.20				0.83		
不動產業	50	13	1	2	1	1		18	11	21	5.29	5.10	9.39	5.24	5.75	5.20		6.14	3.80	2.53
保險業	5	1	1					2	3		7.12	0.28	11.97					6.12	9.10	
輸送用機具業	14	6	1	3	1			11	3		3.24	6.73	-0.39	2.58	4.89			3.45	2.37	
陸運業	8	1	3	2	2			8			3.36	3.95	3.51	3.68	2.31			3.36		
總計	1,032	401	51	61	37	5	1	556	173	303	0.07	2.04	3.38	1.76	2.36	-26.35	8.46	1.56	-1.89	-0.65

行業別	公司數	家族企業類別 A	a	B	b	C	c	小計	一般企業	一人公司	家族企業整體平均	家族企業類別 A	a	B	b	C	c	小計	一般企業	一人公司
玻璃、土石製品業	10	6	1				1	8	2		2.49	-2.79	-5.62				7.02	-0.46	11.36	
橡膠製品業	2	1		1				2			1.25	3.93		-1.42				1.25		
服務業	209	77	2	4	4			87	24	98	-3.35	-2.18	2.08	-11.97	10.66			-0.35	6.28	-24.97
其他金融業	6	2						2	2	2	-7.90	-2.57						-2.57	-34.85	13.73
其他製造業	37	21	3	3	1			28	4	5	2.17	2.66	11.18	-4.63	-0.14			2.27	1.82	2.15
紙漿、紙業	7	2	1	1	1			5	2		9.65	6.42	13.46	17.35	6.13			10.84	4.58	
醫藥品業	26	3	1	1	2	1		8	10	8	-2372.19	-351.13	-1361.54	19.76	-200.56	-514.55		-481.60	-8879.59	-5317.71
批發業	92	47	8	2	4			61	21	10	-3.27	1.32	3.35	-15.40	0.13			-2.65	-12.78	3.77
化學業	30	15	2	5	1	1		24	3	3	1.28	4.10	5.24	5.39	10.79	2.04		5.51	4.98	-23.56
海運業	1							0	1		-34.80								-34.80	
機械業	45	22	5	4	2			33	10	2	-0.52	4.41	5.76	-42.68	7.01			-6.37	4.01	18.35
金屬製品業	19	12	2	1	2			17	2		6.63	3.66	10.10	0.13	7.31			5.30	11.94	
銀行業	0							0												
空運業	0							0												
營造業	42	20	3	6	2			31	7	4	1.60	5.23	7.53	6.49	-18.16			0.27	6.57	1.98
礦業	0							0												
零售業	108	51	7	8	5	1		72	10	26	-7.68	0.71	-6.36	1.60	-13.18	-20.71		-7.59	-6.17	-9.62
證券、期貨交易業	13	5		1	2			8	2	3	2.23	18.46		33.35	-78.78			-8.99	8.59	29.54
資通訊業	211	49	4	8	3			64	37	110	5.76	6.76	9.03	13.27	3.30			8.09	1.84	0.38
食品業	16	8	2	3				13	2	1	-3.63	1.07	2.93	7.14				3.72	0.12	-29.40
農林漁業	4	4						4			4.08	4.08						4.08		
精密機械業	15	7			3			10	2	3	-79.01	5.95			2.47			4.21	-185.70	-138.78
石油、煤炭製品業	0							0												
纖維製品業	1							0	1		-3.39								-3.39	
運輸及倉儲業	4	1	2					3	1		2.39	4.39	4.03					4.21	-1.26	
鋼鐵業	4	2						2	2		5.85	4.74						4.74	6.96	
電力及燃氣供應業	0							0												
電機業	49	22	2	5	1	1		31	11	7	-3.86	2.87	5.38	0.51	11.65	-44.16		-4.75	5.62	-8.88
非鐵金屬業	4	3		1				4			0.54	-1.51		2.58				0.54		
不動產業	50	13	1	2	1	1		18	11	21	9.67	6.36	26.41	6.22	9.50	5.56		10.81	11.40	2.23
保險業	5	1	1					2	3		6.87	-1.38	11.49					5.06	10.50	
輸送用機具業	14	6	1	3	1			11	3		2.63	6.22	-0.92	3.29	3.58			3.04	0.99	
陸運業	8	1	3	2	2			8			3.03	3.81	-2.25	7.84	2.21			3.03		
總計	1,032	401	51	61	37	5	1	556	173	303	-87.55	-10.15	-66.25	2.57	-13.89	-114.36	7.02	-16.86	-377.53	-365.39

流動比率　新興市場

（單位：間，％）

行業別	公司數	A	a	B	b	C	c	小計	一般企業	一人公司	家族企業整體平均	A	a	B	b	C	c	小計	一般企業	一人公司
玻璃、土石製品業	10	6	1				1	8	2		240.56	194.81	420.63				121.36	245.60	225.43	
橡膠製品業	2	1			1			2			151.28	105.67		196.89				151.28		
服務業	209	77	2	4	4			87	24	98	255.35	313.96	87.34	228.22	303.32			233.21	291.38	307.87
其他金融業	6	2						2	2	2	203.63	175.95						175.95	265.28	169.68
其他製造業	37	21	3	3	1			28	4	5	259.04	356.77	328.64	131.06	224.32			260.20	288.99	224.47
紙漿、紙業	7	2	1		1	1		5	2		258.98	305.77	264.32	292.33	214.76			269.29	217.70	
醫藥品業	26	3	1	1	2	1		8	10	8	1852.22	963.14	5215.52	3097.74	1409.42	446.01		2226.37	1071.57	762.12
批發業	92	47	8	2	4			61	21	10	190.19	215.17	164.23	165.49	161.12			176.50	236.34	198.79
化學業	30	15	2	5	1	1		24	3	3	265.56	326.03	292.10	309.19	205.10	177.58		262.00	131.17	417.72
海運業	1							0			141.59							141.59		
機械業	45	22	5	4	2			33	10	2	699.59	367.17	320.44	358.28	365.84			352.93	399.42	2386.42
金屬製品業	19	12	2		2			17	2		406.05	288.62	600.95	301.23	386.48			394.32	452.97	
銀行業	0							0												
空運業	0							0												
營造業	42	20	3	6	2			31	7	4	231.02	275.93	230.23	187.80	239.03			233.25	255.28	197.86
礦業	0							0												
零售業	108	51	7	8	5	1		72	10	26	175.20	183.25	187.67	156.59	189.38	104.02		164.18	217.88	187.64
證券、期貨交易業	13	5			1	2		8	2	3	222.24	126.74		116.35	142.93			128.67	494.71	230.49
資通訊業	211	49	4	8	3			64	37	110	342.53	348.88	230.17	396.15	315.45			322.66	389.88	374.62
食品業	16	8	2	3				13	2	1	180.13	191.50	130.24	311.88				211.21	104.73	162.32
農林漁業	4	4						4			240.40	240.40						240.40		
精密機械業	15	7			3			10	2	3	826.73	414.95			560.56			487.76	721.16	1610.25
石油、煤炭製品業	0							0												
纖維製品業	1							0	1		344.77							344.77		
運輸及倉儲業	4	1		2				3	1		297.66	225.60	254.66					240.13	412.71	
鋼鐵業	4	2						2	2		531.34	283.28						283.28	779.40	
電力及燃氣供應業	0							0												
電機業	49	22	2	5	1	1		31	11	7	327.14	394.39	252.58	402.62	400.56	61.55		302.34	425.46	352.85
非鐵金屬業	4	3			1			4			212.63	160.24		265.03				212.63		
不動產業	50	13	1	1	2	1		18	11	21	452.92	274.10	962.38	356.92	765.56	255.20		522.93	273.39	282.39
保險業	5	1	1					2	3		246.75	75.70	586.19					330.95	78.37	
輸送用機具業	14	6	1	3	1			11	3		210.22	267.95	148.20	299.40	156.97			218.13	178.59	
陸運業	8	1	3	2	2			8			137.56	85.63	97.89	233.32	133.42			137.56		
總計	1,032	401	51	61	37	5	1	556	173	303	353.69	295.45	567.10	410.87	363.19	208.87	121.36	337.84	349.92	524.31

權益比率　新興市場

（單位：間，％）

行業別	公司數	A	a	B	b	C	c	小計	一般企業	一人公司	家族企業整體平均	A	a	B	b	C	c	小計	一般企業	一人公司
玻璃、土石製品業	10	6	1				1	8	2		54.72	43.45	83.31				30.25	52.33	61.86	
橡膠製品業	2	1			1			2			34.70	26.57		42.84				34.70		
服務業	209	77	2	4	4			87	24	98	42.68	47.11	27.61	44.39	42.60			40.43	47.13	47.25
其他金融業	6	2						2	2	2	26.25	31.17						31.17	20.38	27.20
其他製造業	37	21	3	3	1			28	4	5	52.28	55.69	56.39	45.99	64.86			55.73	52.58	38.20
紙漿、紙業	7	2	1		1	1		5	2		67.21	67.01	68.04	66.33	75.65			69.26	58.99	
醫藥品業	26	3	1	1	2	1		8	10	8	72.51	72.55	98.07	95.46	80.88	11.96		71.78	73.96	74.70
批發業	92	47	8	2	4			61	21	10	40.38	48.26	44.27	19.85	44.19			39.14	48.88	36.82
化學業	30	15	2	5	1	1		24	3	3	56.11	58.21	62.06	72.27	63.34	52.11		61.60	37.35	47.43
海運業	1							0			-6.39							-6.39		
機械業	45	22	5	4	2			33	10	2	65.02	61.63	53.46	68.99	60.84			61.23	63.98	81.21
金屬製品業	19	12	2		2			17	2		66.57	58.38	73.46	55.22	71.97			64.76	73.83	
銀行業	0							0												
空運業	0							0												
營造業	42	20	3	6	2			31	7	4	50.13	54.76	47.19	53.75	41.42			49.28	62.75	40.92
礦業	0							0												
零售業	108	51	7	8	5	1		72	10	26	36.64	44.88	45.38	43.69	46.83	15.41		39.24	33.92	26.40
證券、期貨交易業	13	5			1	2		8	2	3	37.67	22.77		33.16	36.10			24.07	77.85	38.28
資通訊業	211	49	4	8	3			64	37	110	59.86	59.44	51.69	67.48	61.55			60.04	61.55	57.46
食品業	16	8	2	3				13	2	1	47.53	46.65	38.05	62.46				49.05	32.80	57.71
農林漁業	4	4						4			47.28	47.28						47.28		
精密機械業	15	7			3			10	2	3	61.75	55.82			83.19			69.50	54.68	53.31
石油煤炭製品業	0							0												
纖維製品業	1							0	1		72.09							72.09		
運輸及倉儲業	4	1		2				3	1		42.88	21.14	43.20					32.17	64.31	
鋼鐵業	4	2						2	2		71.85	70.64						70.64	73.06	
電力及燃氣供應業	0							0												
電機業	49	22	2	5	1	1		31	11	7	43.01	57.76	55.11	50.17	72.83	-39.51		39.27	55.83	48.86
非鐵金屬業	4	3			1			4			56.03	52.34		59.72				56.03		
不動產業	50	13	1	1	2	1		18	11	21	45.09	37.19	15.04	56.26	88.47	38.09		47.01	44.30	36.28
保險業	5	1	1					2	3		47.10	26.57	88.09					57.33	26.63	
輸送用機具業	14	6	1	3	1			11	3		52.88	64.06	41.15	72.56	41.65			54.86	44.98	
陸運業	8	1	3	2	2			8			48.54	24.57	42.68	72.15	54.75			48.54		
總計	1,032	401	51	61	37	5	1	556	173	303	49.73	48.30	54.43	55.94	60.65	15.61	30.25	51.02	51.55	47.47

行業別	公司數	家族企業類別 A	a	B	b	C	c	小計	一般企業	一人公司	家族企業整體平均	家族企業類別 A	a	B	b	C	c	小計	一般企業	一人公司
玻璃、土石製品業	10	6	1				1	8	2		94.87	135.93	63.03				108.48	102.48	72.05	
橡膠製品業	2	1			1			2			147.69	190.77		104.60				147.69		
服務業	209	77	2	4	4			87	24	98	135.42	121.76	219.97	93.41	120.57			138.92	144.46	112.38
其他金融業	6	2						2	2	2	441.46	98.88						98.88	753.07	472.42
其他製造業	37	21	3	3	1			28	4	5	91.70	101.36	61.92	136.13	48.14			86.89	87.42	115.25
紙漿、紙業	7	2	1	1	1			5	2		66.06	60.96	46.55	63.07	85.50			64.02	74.24	
醫藥品業	26	3	1	1	2	1		8	10	8	23.90	40.32	1.15	2.92	37.35	20.53		20.45	33.06	31.96
批發業	92	47	8	2	4			61	21	10	333.68	402.94	59.07	134.71	77.58			168.57	229.48	1098.31
化學業	30	15	2	5	1		1	24	3	3	89.31	103.69	107.55	45.76	61.75	72.34		78.22	150.03	84.05
海運業	1							0	1		0.00								0.00	
機械業	45	22	5	4	2			33	10	2	58.43	85.86	74.17	57.37	48.06			66.36	47.87	37.25
金屬製品業	19	12	2	1	2			17	2		63.90	88.93	58.43	76.99	56.28			70.16	38.88	
銀行業	0							0												
空運業	0							0												
營造業	42	20	3	6	2			31	7	4	67.22	83.74	33.14	64.84	99.29			70.25	49.30	73.00
礦業	0							0												
零售業	108	51	7	8	5	1		72	10	26	283.80	228.13	114.53	138.41	123.14	246.90		170.22	176.70	958.79
證券、期貨交易業	13	5		1	2			8	2	3	35.32	51.91		2.45	49.37			34.58	22.49	50.36
資通訊業	211	49	4	8	3			64	37	110	81.58	116.92	96.26	50.15	42.25			76.40	58.91	124.97
食品業	16	8	2	3				13	2	1	154.94	155.60	195.05	109.16				153.27	234.39	80.49
農林漁業	4	4						4			123.47	123.47						123.47		
精密機械業	15	7			3			10	2	3	64.89	83.79			36.13			59.96	99.25	40.40
石油、煤炭製品業	0							0												
纖維製品業	1							0	1		58.87								58.87	
運輸及倉儲業	4	1	2					3	1		121.39	212.94	76.85					144.90	74.39	
鋼鐵業	4	2						2	2		61.57	69.16						69.16	53.98	
電力及燃氣供應業	0							0												
電機業	49	22	2	5	1	1		31	11	7	79.56	73.64	55.71	110.54	47.53	0.00		57.48	222.29	47.21
非鐵金屬業	4	3		1				4			81.37	101.23		61.52				81.37		
不動產業	50	13	1	2	1	1		18	11	21	73.95	172.41	3.35	12.09	34.64	23.76		49.25	97.20	174.21
保險業	5	1	1					2	3		196.33	341.63	38.29					189.96	209.09	
輸送用機具業	14	6	1	3	1			11	3		93.33	64.47	142.31	51.66	108.89			91.83	99.34	
陸運業	8	1	3	2	2			8			174.62	272.63	190.24	115.34	120.26			174.62		
總計	1,032	401	51	61	37	5	1	556	173	303	117.81	137.81	86.19	75.32	70.40	72.71	108.48	99.59	128.61	233.40

行業別	公司數	家族企業類別 A	a	B	b	C	c	小計	一般企業	一人公司	家族企業整體平均	家族企業類別 A	a	B	b	C	c	小計	一般企業	一人公司
玻璃、土石製品業	10	6	1				1	8	2		69.17	79.71	59.20				74.16	71.03	63.62	
橡膠製品業	2	1			1			2			78.65	95.02		62.28				78.65		
服務業	209	77	2	4	4			87	24	98	60.40	62.94	101.20	36.24	52.95			63.33	60.78	48.30
其他金融業	6	2						2	2	2	68.15	89.23						89.23	64.01	51.21
其他製造業	37	21	3	3	1			28	4	5	59.24	61.89	42.88	88.80	45.03			59.65	61.45	55.38
紙漿、紙業	7	2	1	1	1			5	2		56.34	49.94	42.72	52.23	77.42			55.58	59.41	
醫藥品業	26	3	1	1	2	1		8	10	8	17.93	33.01	1.15	2.90	34.02	3.44		15.06	26.65	23.59
批發業	92	47	8	2	4			61	21	10	96.76	311.84	49.98	38.54	60.66			115.25	71.43	48.12
化學業	30	15	2	5	1		1	24	3	3	58.32	57.71	66.40	42.96	55.62	60.96		56.73	87.20	37.36
海運業	1							0	1		86.13								86.13	
機械業	45	22	5	4	2			33	10	2	46.43	56.13	54.04	50.87	41.18			50.56	39.72	36.60
金屬製品業	19	12	2	1	2			17	2		50.28	60.95	53.76	52.55	49.27			54.13	34.85	
銀行業	0							0												
空運業	0							0												
營造業	42	20	3	6	2			31	7	4	44.58	45.96	25.66	52.82	56.68			45.28	44.70	41.66
礦業	0							0												
零售業	108	51	7	8	5	1		72	10	26	78.03	76.59	68.90	83.97	57.48	95.90		76.57	88.91	74.46
證券、期貨交易業	13	5		1	2			8	2	3	28.82	41.97		2.29	46.09			30.11	22.28	31.48
資通訊業	211	49	4	8	3			64	37	110	42.86	40.10	66.19	38.76	36.22			45.32	43.09	32.77
食品業	16	8	2	3				13	2	1	82.26	73.87	85.11	81.90				80.29	100.83	69.59
農林漁業	4	4						4			69.67	69.67						69.67		
精密機械業	15	7			3			10	2	3	40.87	44.44			34.01			39.23	61.41	23.62
石油煤炭製品業	0							0												
纖維製品業	1							0	1		50.95								50.95	
運輸及倉儲業	4	1	2					3	1		53.69	59.55	46.75					53.15	54.77	
鋼鐵業	4	2						2	2		53.12	60.90						60.90	45.34	
電力及燃氣供應業	0							0												
電機業	49	22	2	5	1	1		31	11	7	37.19	48.56	44.49	45.49	43.64	0.00		36.43	44.79	33.40
非鐵金屬業	4	3		1				4			61.31	74.36		48.26				61.31		
不動產業	50	13	1	2	1	1		18	11	21	28.98	51.50	0.56	10.37	33.69	14.09		22.04	50.96	41.68
保險業	5	1	1					2	3		89.43	107.06	38.04					72.55	123.20	
輸送用機具業	14	6	1	3	1			11	3		73.97	53.41	104.84	47.13	81.83			71.80	82.61	
陸運業	8	1	3	2	2			8			98.22	110.88	100.85	91.98	89.16			98.22		
總計	1,032	401	51	61	37	5	1	556	173	303	60.06	73.74	55.41	48.96	52.69	34.88	74.16	60.46	61.21	43.28

行業別	公司數	A	a	B	b	C	c	小計	一般企業	一人公司	家族企業整體平均	A	a	B	b	C	c	小計	一般企業	一人公司
玻璃、土石製品業	10	6	1				1	8	2		1.88	1.58	1.36				1.86	1.60	2.70	
橡膠製品業	2		1		1			2			1.18	1.51		0.85				1.18		
服務業	209	77	2	4		4		87	24	98	1.54	1.52	1.05	2.71	0.89			1.54	1.65	1.39
其他金融業	6	2						2	2	2	0.89	0.50						0.50	0.52	1.64
其他製造業	37	21	3	3	1			28	4	5	1.04	1.17	2.51	-0.10	0.87			1.11	1.34	0.43
紙漿、紙業	7	2	1	1	1			5	2		1.92	2.42	1.61	3.52	0.61			2.04	1.46	
醫藥品業	26	3	1	1	2	1		8	10	8	0.94	2.70	-0.58	0.00	0.56	0.02		0.54	1.87	2.02
批發業	92	47	8	2	4			61	21	10	1.34	0.86	2.26	0.03	1.35			1.13	1.07	2.43
化學業	30	15	2	5	1	1		24	3	3	1.61	1.61	2.46	0.89	2.40	0.77		1.63	1.95	1.21
海運業	1							0	1		-0.47								-0.47	
機械業	45	22	5	4	2			33	10	2	1.61	1.49	1.51	2.12	1.25			1.59	1.79	1.52
金屬製品業	19	12	2	1	2			17	2		1.12	1.61	0.32	1.17	0.74			0.96	1.76	
銀行業	0							0												
空運業	0							0												
營造業	42	20	3	6	2			31	7	4	1.51	2.27	1.74	1.84	0.74			1.65	1.39	1.07
礦業	0							0												
零售業	108	51	7	8	5	1		72	10	26	0.67	0.81	0.63	1.96	-0.33	0.79		0.77	0.24	0.62
證券、期貨交易業	13	5			1	2		8	2	3	2.43	0.87		2.68	0.94			1.50	0.10	7.55
資通訊業	211	49	4	8		3		64	37	110	1.35	2.08	0.77	1.44	0.18			1.12	1.74	1.88
食品業	16	6			2	5		13	2	1	0.48	0.33			0.61	0.60		0.51	0.52	0.36
農林漁業	4	4						4			1.46	1.46						1.46		
精密機械業	15	7		3				10	2	3	0.79	1.03		2.26				1.64	-0.74	0.62
石油、煤炭製品業	0							0												
纖維製品業	1							0	1		0.53								0.53	
運輸及倉儲業	4	1			2			3	1		0.91	0.00			1.19			0.60	1.54	
鋼鐵業	4	2						2	2		1.44	1.46						1.46	1.42	
電力及燃氣供應業	0							0												
電機業	49	22	2	5	1	1		31	11	7	0.93	2.15	0.79	1.17		-3.10		0.68	1.93	1.18
非鐵金屬業	4	3			1			4			1.20	1.44		0.95				1.20		
不動產業	50	13	1	2	1	1		18	11	21	2.29	1.13	0.00	8.20	2.44	2.60		2.87	0.51	1.16
保險業	5	1			1			2	3		0.75	0.37						0.19	1.87	
輸送用機具業	14	6	1	3	1			11	3		0.51	1.31	0.02	0.48	0.22			0.51	0.55	
陸運業	8	1		3	2	2		8			0.78	0.49	1.35	0.59	0.69			0.78		
總計	1,032	401	51	61	37	5	1	556	173	303	1.17	1.32	1.03	1.70	1.00	0.21	1.86	1.18	1.14	1.67

附錄2 日本上市家族企業：個別業績（依股票代號）

股票代號	名稱	市場別	行業別	家族企業類別	家族姓氏	會計年度	營業額	資產報酬率(ROA)	營業利益率	權益比率	流動比率	固定比率	固定長期適合率	月平均投資報酬率(60個月)	市值(億日圓)
1333	Maruha Nichiro	東證一部	農林漁業	A	中部	2021/03	862,585	3.22	1.88	26.81	140.77	162.57	78.70	0.73	1382
1376	Kaneko Seeds	東證一部	農林漁業	A	金子	2020/05	58,179	3.30	2.56	43.60	152.08	45.63	42.04	0.73	168
1377	阪田種子	東證一部	農林漁業	A	坂田	2020/05	61,667	6.50	12.13	82.20	474.84	50.46	47.39	1.29	1754
1379	好菇道	東證一部	農林漁業	A	水野	2021/03	73,889	6.14	8.14	54.01	115.26	135.49	95.38	0.21	696
1380	秋川牧園	新興市場	農林漁業	A	秋川	2021/03	6,417	5.09	4.13	35.68	117.20	159.87	90.10	1.66	51
1381	Axyz	新興市場	農林漁業	A	伊地知	2020/06	19,770	15.97	13.84	85.73	521.16	44.97	43.71	0.93	155
1382	HOB	新興市場	農林漁業	A	高橋	2020/06	3,230	2.40	0.74	48.25	234.51	22.86	17.80	0.30	7
1383	Berg Earth	新興市場	農林漁業	A	山口	2020/10	5,197	-2.96	-2.39	19.48	88.73	266.19	127.08	1.66	28
1384	Hokuryo	東證一部	農林漁業	A	米山	2021/03	13,060	1.23	1.16	63.51	105.32	120.06	98.46	0.03	61
1400	Ruden	新興市場	營造業	A	西岡	2020/12	2,626	2.30	2.67	79.95	823.27	7.70	7.45	2.86	34
1401	MBS	新興市場	營造業	A	山本	2020/05	3,345	9.36	8.46	71.72	250.92	53.30	50.74	4.00	56
1407	West	新興市場	營造業	A	吉川	2020/08	61,987	8.76	11.59	24.72	248.77	73.01	26.92	3.77	1027
1413	HINOKIYA集團	東證一部	營造業	A	黑須、近藤	2020/12	114,365	9.44	5.80	29.10	155.03	85.35	54.00	1.69	294
1418	Inter Life	東證一部	營造業	b	天井	2021/02	14,823	2.07	1.23	46.18	158.51	72.20		1.35	47
1419	Tama Home	東證一部	營造業	A	玉木	2020/05	209,207	10.41	4.72	20.82	109.69	123.69	79.83	2.32	384
1429	日本AQUA	東證一部	營造業	a	中村	2020/12	21,872	12.14	8.67	47.47	140.11	59.60	58.10	1.57	226
1430	First-corporation	東證一部	營造業	A	中村	2020/06	23,418	9.20	5.73	33.88	210.85	2.85	1.82	-0.08	72
1431	Lib Work	新興市場	營造業	A	瀨口	2020/06	6,036	4.35	2.39	57.11	250.97	38.50	31.92	0.00	120
1433	Besterra	東證一部	營造業	A	吉野	2021/01	3,682	3.92	3.37	42.99	269.47	118.90	62.48	1.52	139
1438	岐阜造園	地方	營造業	A	小栗	2020/09	3,853	7.37	7.37	70.64	288.03	45.76	42.26	0.00	23
1439	安江工務店	新興市場	營造業	A	安江	2020/12	5,396	0.81	0.54	32.51	179.81	102.88	53.64	0.00	13
1440	Yamazen Homes	新興市場	營造業	A	前野	2020/06	6,360	0.56	0.31	9.88	133.02	361.70	169.17	0.00	8
1443	技研Holdings	東證二部	營造業	A	佐佐木	2021/03	9,361	8.35	12.84	57.56	186.73	83.97	66.83	0.00	50
1444	Nissou	新興市場	營造業	A	前田	2020/07	2,729	20.95	7.22	77.76	436.55	5.22	5.21	0.00	18
1445	HIKARI	新興市場	營造業	A	倉地	2020/08	2,953	2.60	1.63	10.89	129.73	299.15	68.05	0.00	8
1448	SPAE VALU	東證一部	營造業	A	森岡	2021/03	77,510	0.63	0.02	32.61	105.28	152.45	95.35	0.00	283
1450	田中建設工業	東證一部	營造業	B	田中	2021/03	9,011	23.57	15.90	68.21	271.52	24.95	24.52	0.00	114
1452	横濱Wright	新興市場	營造業	A	浜口	2021/02	1,754	1.46	1.43	51.37	303.93	74.33	47.96	0.00	9
1711	SDS	東證一部	營造業	b	中村	2021/03	844	-50.00	-29.86	12.64	148.78	91.43	29.63	1.86	25
1712	Daiseki	東證一部	營造業	A	伊藤	2021/02	14,906	5.64	8.09	61.40	89.59	130.32	107.54	1.05	138
1717	明豐Facility	東證一部	營造業	A	坂田	2021/03	4,240	16.49	21.44	70.98	521.13	20.96	18.02	1.84	86
1718	美樹工業	新興市場	營造業	A	三木	2020/12	27,260	4.80	4.78	49.00	135.72	128.74	95.19	0.26	43
1723	日本電技	東證一部	營造業	A	島田	2020/03	34,079		13.45	70.85	253.75	46.47	44.75	2.48	328
1724	SYNCLAYER	新興市場	營造業	A	山口	2020/12	10,892	8.62	7.02	35.28	129.13	97.89	70.06	3.57	31
1726	Br. Holdings	東證一部	營造業	A	藤田	2021/03	38,797	10.33	7.85	36.90	151.55	49.63	40.01	2.15	271

股票代號	名稱	市場別	行業別	家族企業類別	家族姓氏	會計年度	營業額	資產報酬率(ROA)	營業利益率	權益比率	流動比率	固定比率	固定長期適合率	月平均投資報酬率(60個月)	市值(億日圓)
1730	麻生裝潢	新興市場	營造業	B	麻生	2021/03	4,623	6.32	4.65	42.19	141.29	110.76	75.01	3.05	20
1738	NITTOH	地方市場	營造業	A	中野	2021/03	8,618	5.42	3.84	58.89	186.95	76.56	63.84	0.74	18
1739	ＳＥＥＤＨ	新興市場	營造業	a	小池	2020/06	24,847	6.78	6.39	20.91	156.70	35.19	18.00	3.14	42
1758	太洋基礎	新興市場	營造業	A	豐住	2021/03	13,308	6.07	4.46	72.44	274.49	51.49	48.36	1.17	39
1762	高松集團	東證一部	營造業	A	高松	2021/03	283,080	5.69	4.31	52.40	219.97	47.40	37.74	0.19	838
1764	工藤建設	東證二部	營造業	A	工藤	2020/06	18,650	5.08	3.61	29.85	98.10	192.96	101.46	0.30	28
1766	東建集團	東證一部	營造業	A	左右田	2020/04	323,386	6.70	3.96	51.60	202.14	64.20	49.50	0.82	997
1768	SONEC	東證一部	營造業	A	渡邊	2021/03	16,298	10.84	7.44	67.48	280.36	21.75	21.10	0.64	64
1770	藤田工程	東證一部	營造業	A	藤田	2021/03	26,250	7.14	6.84	55.14	190.45	46.12	41.79	1.80	116
1780	山浦	東證一部	營造業	A	山浦	2021/03	24,829	6.66	5.59	69.54	251.99	36.06	35.69	1.35	195
1783	Asia Gate	新興市場	營造業	b	小原、李	2020/09	2,474	-7.57	-37.55	36.66	319.55	126.38	55.81	0.13	27
1787	NAKABOHTEC	新興市場	營造業	a	中川	2021/03	13,013	11.88	9.80	66.24	350.59	22.92	20.03	2.39	167
1788	三東工業	新興市場	營造業	B	中川	2020/06	5,703	2.33	1.60	63.05	207.54	41.84	40.88	0.75	16
1789	ETS・HD	新興市場	營造業	A	德原	2020/09	5,700	3.48	2.60	52.26	224.23	27.55	23.32	2.38	50
1793	大本組	東證一部	營造業	A	大本	2021/03	73,360	4.21	5.11	72.57	332.05	30.80	29.18	1.24	296
1795	Masaru	新興市場	營造業	a	苅谷	2020/09	11,409	8.89	6.40	54.42	183.40	41.30	38.94	1.18	34
1798	守谷商會	新興市場	營造業	B	守谷	2021/03	36,841	3.16	2.42	38.87	133.60	63.49	56.57	1.09	47
1802	大林組	東證一部	營造業	A	大林	2021/03	1,766,893	5.78	6.97	40.97	127.85	107.76	80.34	0.33	7323
1803	清水建設	東證一部	營造業	A	清水	2021/03	1,456,473	5.55	6.88	42.71	141.78	109.79	75.37	0.39	7065
1807	佐藤渡邊	新興市場	營造業	B	渡邉	2021/03	39,918	8.70	6.75	55.20	177.19	72.71	60.83	2.08	99
1810	松井建設	東證一部	營造業	A	松井	2021/03	87,579	4.52	3.36	57.14	177.73	61.15	55.12	0.58	229
1811	錢高組	東證一部	營造業	A	錢高	2021/03	105,792	3.42	4.35	48.65	139.06	85.65	71.77	0.71	379
1812	鹿島	東證一部	營造業	A	鹿島、渥美、石川	2021/03	1,907,176	6.37	6.67	40.41	127.56	103.09	77.43	0.74	8305
1814	大末建設	東證一部	營造業	B	三澤	2021/03	56,490	5.54	3.92	47.16	185.02	27.65	24.60	0.94	101
1824	前田建設	東證一部	營造業	A	前田	2021/03	678,059	5.18	6.83	29.07	162.17	183.51	87.82	0.75	1860
1827	中野不動產	東證一部	營造業	A	大島	2021/03	116,046	2.16	1.40	42.49	141.09	60.16	56.12	-0.01	137
1828	田邊工業	東證二部	營造業	A	田邊	2021/03	38,123	8.35	6.96	53.49	180.79	52.90	46.89	2.03	94
1833	奧村組	東證一部	營造業	C	奧村	2021/03	220,712	4.52	5.84	51.41	150.66	83.90	68.89	0.52	1167
1840	土屋 HD	東證二部	營造業	A	土屋	2020/10	28,739	-2.37	-1.74	58.90	146.14	89.90	78.02	-0.08	34
1841	3U建設	新興市場	營造業	A	馬場	2021/03	7,499	0.67	1.08	83.11	486.99	67.06	61.30	0.67	37
1847	ICHIKEN	東證一部	營造業	B	韓	2021/03	88,624	8.96	5.37	45.52	192.52	38.31	30.56	1.19	149
1852	淺沼組	東證一部	營造業	a	淺沼	2021/03	138,934	5.58	3.81	45.03	208.93	37.62	28.22	1.62	362
1860	戶田建設	東證一部	營造業	A	戶田	2021/03	507,134	4.53	5.46	42.13	132.47	116.97	80.30	1.15	2617
1866	北野建設	東證一部	營造業	A	北野	2021/03	75,265	4.63	3.68	51.55	129.25	85.82	78.80	0.46	173
1867	植木組	東證一部	營造業	A	植木	2021/03	48,847	5.54	5.21	50.40	151.13	72.98	63.35	0.88	107

股票代號	名稱	市場別	行業別	家族企業類別	家族姓氏	會計年度	營業額	資產報酬率(ROA)	營業利益率	權益比率	流動比率	固定比率	固定長期適合率	月平均投資報酬率(60個月)	市值(億日圓)
1870	矢作建設工業	東證一部	營造業	b	山田	2021/03	106,615	6.31	6.91	42.08	155.00	63.27	50.56	0.58	375
1879	新日本建設	東證一部	營造業	A	金綱	2021/03	101,785	11.43	13.66	64.72	265.14	16.27	15.90	1.54	542
1883	前田道路	東證一部	營造業	B	前田	2021/03	234,612	8.74	8.84	72.75	196.62	74.79	71.41	1.16	1911
1892	德倉建設	地方市場	營造業	A	德倉	2021/03	54,460	6.11	4.70	36.97	146.11	73.02	54.07	1.91	77
1897	金下建設	東證二部	營造業	a	金下	2020/12	10,960	3.43	5.92	84.36	638.20	48.60	46.03	1.29	141
1899	福田組	東證一部	營造業	A	福田	2021/03	185,764	6.53	4.79	51.41	174.21	49.88	45.09	0.45	506
1904	大成溫調	新興市場	營造業	A	水谷	2021/03	48,633	3.28	2.68	59.97	172.80	52.99	52.51	1.72	139
1921	巴	東證一部	營造業	b	野澤	2021/03	23,222	5.15	8.82	68.96	234.44	81.25	61.80	0.88	163
1925	大和房屋工業	東證一部	營造業	c	石橋	2021/03	4,126,769	7.53	8.65	36.32	184.10	147.05	72.63	0.53	21593
1929	日特建設	東證一部	營造業	A	麻生	2021/03	67,955	10.59	7.88	55.07	223.35	33.85	29.49	1.72	365
1960	SUN TEC	東證二部	營造業	A	八幡	2021/03	41,656	-0.10	-0.36	68.42	203.51	64.24	60.85	0.81	121
1966	高田工業所	東證二部	營造業	C	高田	2021/03	47,794	6.87	4.26	39.15	141.04	83.95	63.70	2.00	77
1975	朝日工業社	東證一部	營造業	a	高須	2021/03	70,435	3.26	3.17	47.09	144.90	63.08	57.69	1.15	208
1979	大氣社	東證一部	營造業	B	上西	2021/03	202,548	5.66	5.77	52.89	190.28	52.44	46.44	0.65	1065
1992	神田通信機	新興市場	營造業	B	佐藤	2021/03	6,545	6.99	7.59	54.96	195.65	75.30	59.09	1.51	31
1994	高橋幕牆	新興市場	營造業	A	高橋	2021/03	7,367	6.24	11.38	75.92	311.47	54.45	50.93	0.29	53
1999	才田HD	地方市場	營造業	A	才田	2020/06	7,608	10.06	9.37	47.81	133.65	85.37	73.28	1.13	15
2009	鳥越製粉	東證一部	食品業	A	鳥越	2020/12	21,870	2.30	3.37	81.75	445.48	61.25	56.44	0.63	241
2053	中部飼料	東證一部	食品業	a	平野	2021/03	181,356	6.52	2.97	67.79	261.44	53.70	48.59	1.49	436
2055	日和產業	東證二部	食品業	C	中橋	2021/03	39,900	1.17	0.71	63.81	210.06	38.81	38.59	1.11	74
2058	東丸	地方市場	食品業	A	東	2021/03	12,215	-0.14	-0.28	43.54	135.47	109.18	77.58	0.48	44
2107	東洋精糖	東證一部	食品業	A	秋山	2021/03	12,892	7.59	6.41	84.16	564.45	36.84	35.33	0.59	66
2122	Interspace	新興市場	服務業	A	河端	2020/09	24,880	4.93	1.82	55.43	191.15	29.35	28.96	1.85	84
2124	JAC Recruitment	東證一部	服務業	A	田崎	2020/12	21,614	26.57	23.77	76.36	365.20	24.92	24.63	2.38	781
2136	HIP	東證一部	服務業	A	田中	2021/03	5,006	5.14	5.15	59.91	244.25	50.65	42.46	1.65	33
2139	中廣	東證一部	服務業	A	後藤	2021/03	6,551	-	-4.46	44.44	135.51	71.27	63.90	-0.49	26
2152	幼兒活動研究會	新興市場	服務業	A	山下	2021/03	5,498	3.81	6.84	68.30	584.34	48.31	37.27	1.11	119
2153	E・J HD	東證一部	服務業	A	小谷	2020/12	30,394	10.43	9.82	65.17	228.49	52.17	47.82	1.30	113
2154	夢BeNEX	東證一部	服務業	B	中山	2020/06	81,755	14.85	5.71	46.17	147.93	59.91	54.52	1.98	402
2157	腰高HD	東證一部	服務業	A	腰高	2020/08	43,303	1.99	2.65	51.42	131.38	134.44	90.37	1.80	377
2163	ARTNER	東證一部	服務業	A	關口	2021/03	7,174	21.55	12.36	70.46	492.17	15.12	12.93	2.90	92
2164	地域新聞社	新興市場	服務業	B	近間	2020/08	3,258	-20.37	-8.96	8.64	160.43	146.61	27.77	4.46	15
2169	CDS	東證一部	服務業	A	芝崎	2020/12	7,900	8.75	9.52	79.14	266.90	56.31	56.25	1.14	91
2172	INSIGHT	新興市場	服務業	A	淺井	2020/06	2,327	1.57	0.69	51.13	223.78	48.30	37.31	1.07	5
2173	博展	新興市場	服務業	A	田口	2021/03	7,272	-13.31	-8.07	21.88	124.27	59.61	43.48	2.20	32

股票代號	名稱	市場別	行業別	家族企業類別	家族姓氏	會計年度	營業額	資產報酬率(ROA)	營業利益率	權益比率	流動比率	固定比率	固定長期適合率	月平均投資報酬率(60個月)	市值(億日圓)
2176	Ina Research	新興市場	服務業	A	中川	2021/03	2,929	5.47	7.00	25.56	117.27	159.46	82.36	1.03	22
2179	成學社	新興市場	服務業	A	太田	2021/03	11,641	0.31	0.21	28.99	89.78	213.50	107.54	0.10	49
2180	SUNNY SIDE UP	新興市場	服務業	A	高橋・次原	2020/06	14,094	7.47	2.98	37.28	209.01	71.12	41.50	2.75	113
2181	PERSOL HD	東證一部	服務業	B	篠原	2021/03	950,722	7.07	2.78	40.98	162.76	93.22	66.64	1.15	5122
2185	CMC	新興市場	服務業	A	佐々	2020/09	17,071	9.49	10.65	77.86	523.15	39.08	35.28	1.97	140
2186	Sobal	新興市場	服務業	A	推津	2021/02	7,531	5.83	3.33	75.27	392.45	24.75	23.56	1.92	76
2196	Escrit	東證一部	服務業	A	岩本	2021/03	12,941	-25.93	-49.46	21.28	77.29	302.46	110.44	0.35	62
2198	IKK	東證一部	服務業	A	金子	2020/10	8,746	-20.09	-45.52	44.07	74.29	178.51	110.66	0.64	196
2206	江崎格力高	東證一部	食品業	A	江崎	2020/12	344,048	5.72	5.38	65.21	235.23	73.17	61.54	-0.34	3105
2208	BOURBON	東證二部	食品業	A	吉田	2021/03	118,443	5.41	3.53	64.11	169.68	85.42	74.67	0.75	610
2211	不二家	東證一部	食品業	A	飯島	2020/12	99,085	3.65	2.52	67.59	207.79	74.11	68.52	0.48	606
2212	山崎麵包	東證一部	食品業	A	飯島	2020/12	1,014,741	2.60	1.72	46.26	118.11	138.64	98.41	-0.33	3798
2215	第一屋製麵包	東證一部	食品業	a	細身	2020/12	24,021	-2.35	-1.92	44.12	91.43	155.01	104.54	-0.13	68
2218	日糧製麵包	地方市場	食品業	B	飯島	2021/03	17,325	1.33	1.04	33.13	96.48	203.08	101.81	0.48	45
2220	龜田製菓	東證一部	食品業	A	古泉	2021/03	103,305	6.35	5.44	62.67	112.94	115.62	98.17	0.41	1076
2221	岩塚製菓	新興市場	食品業	A	槙	2021/03	22,167	3.89	0.82	73.40	235.39	121.78	93.61	0.06	259
2222	壽SPIRITS	東證一部	食品業	A	河越	2021/03	23,204	-11.13	-12.45	77.20	410.08	64.30	56.60	2.97	2238
2224	COMO	新興市場	食品業	B	舟橋	2021/03	6,514	9.42	6.52	39.87	75.05	175.03	116.81	0.29	94
2226	湖池屋	新興市場	食品業	a	小池	2020/06	37,739	4.60	2.68	54.95	154.64	87.74	73.11	1.01	251
2229	卡樂比	東證一部	食品業	b	松尾	2021/03	266,745	11.98	10.15	73.38	289.95	65.86	61.10	-0.39	3779
2230	五洋食品產業	新興市場	食品業	A	舛田	2020/05	2,044	2.59	3.18	21.14	105.85	302.35	97.10	1.01	16
2266	六甲奶油	東證二部	食品業	a	塚本	2020/12	54,948	3.46	3.53	48.68	91.71	114.24	107.78	0.47	388
2268	三一冰淇淋	新興市場	食品業	B	飯島	2020/12	17,441	3.36	3.43	56.02	146.55	105.27	81.91	0.02	379
2281	Prima火腿	東證一部	食品業	b	竹岸	2021/03	433,572	10.47	4.95	48.30	137.23	111.74	88.09	1.94	1763
2286	林兼產業	東證一部	食品業	A	中部	2021/03	44,366	2.38	1.39	32.55	112.21	161.16	96.34	-0.40	58
2288	丸大食品	東證一部	食品業	A	小森	2021/03	234,152	0.01	-0.14	57.71	120.12	105.46	90.89	-0.10	455
2291	福留火腿	東證二部	食品業	A	福原	2021/03	25,326	-1.28	-0.96	27.42	89.75	219.94	108.14	0.06	68
2293	瀧澤火腿	新興市場	食品業	A	瀧澤	2021/03	30,404	0.67	0.19	27.42	92.02	190.35	108.66	0.70	66
2294	柿安本店	東證一部	食品業	A	赤塚	2021/02	37,289	6.76	3.52	78.67	334.44	48.50	46.81	0.96	310
2296	伊藤米久.HD	東證一部	食品業	b	伊藤	2021/03	842,675	6.23	2.85	62.66	183.99	67.91	62.04	0.00	2168
2300	Kyokuto	新興市場	服務業	A	牧平	2021/03	4,884	-13.62	-12.78	64.89	109.77	123.00	97.83	0.24	28
2301	學情	東證一部	服務業	A	中井	2020/10	5,720	10.64	20.77	91.34	836.55	50.85	49.76	0.92	151
2304	CSS	新興市場	服務業	A	野口	2020/09	11,962	-18.34	-8.96	45.91	159.59	92.69	66.49	-0.17	15
2305	Studio Alice	東證一部	服務業	A	木村	2021/02	36,352	13.22	13.01	67.89	278.58	75.54	64.68	0.19	349
2307	CROSS CAT	東證一部	資通訊業	b	佐藤	2021/03	9,626	8.71	5.12	55.48	199.77	61.93	51.19	2.35	106

股票代號	名稱	市場別	行業別	家族企業類別	家族姓氏	會計年度	營業額	資產報酬率(ROA)	營業利益率	權益比率	流動比率	固定比率	固定長期適合率	月平均投資報酬率(60個月)	市值(億日圓)
2309	CMIC HD	東證一部	服務業	A	中村	2020/09	76,098	3.07	3.42	26.39	128.27	220.40	104.27	0.13	255
2317	systena	東證一部	資通訊業	A	逸見	2021/03	60,871	21.45	13.15	65.92	262.20	21.32	21.20	3.31	2493
2329	東北新社	新興市場	資通訊業	A	植村	2021/03	52,874	2.80	4.54	78.69	387.74	49.67	46.73	0.67	343
2331	ALSOK	東證一部	服務業	A	村井	2021/03	469,920	8.36	7.91	57.64	219.30	91.47	72.37	0.04	5337
2332	Quest	新興市場	資通訊業	B	内田	2021/03	11,181	13.50	7.86	71.87	317.72	30.47	29.04	1.61	79
2335	CUBE SYSTEM	東證一部	資通訊業	A	崎山	2021/03	14,788	13.62	7.94	68.57	307.72	33.82	31.08	1.81	180
2336	富士科技解決方案	新興市場	資通訊業	A	高井	2021/03	2,090	5.52	2.11	8.80	197.59	211.27	31.71	0.00	4
2344	平安典禮服務	新興市場	服務業	A	相馬	2021/03	8,344	2.75	11.03	57.49	806.36	122.00	72.87	0.89	129
2349	NID	新興市場	資通訊業	A	小森	2021/03	17,684	10.17	10.57	73.38	578.77	41.02	34.24	1.08	183
2351	ASJ	新興市場	資通訊業	A	丸山	2021/03	2,506	1.26	2.00	65.72	144.67	98.13	85.48	7.36	101
2353	日本駐車場開發	東證一部	不動產業	A	巽	2020/07	22,979	9.83	11.63	27.44	322.20	143.17	54.21	-0.07	422
2359	CORE	東證一部	資通訊業	A	種村	2021/03	20,785	11.41	9.78	66.62	183.99	67.83	64.56	0.65	224
2370	MEDINET	新興市場	服務業	A	木村	2020/09	783	-22.08	-118.26	90.70	1,440.66	27.64	26.69	0.65	141
2372	I'ROM GROUP	東證一部	服務業	A	森	2021/03	12,906	6.18	8.28	41.53	187.89	116.71	66.96	2.90	300
2373	CARE 21	新興市場	服務業	A	依田	2020/10	33,984	3.93	3.98	14.09	109.77	521.17	96.91	2.08	104
2376	SCiNEX	新興市場	服務業	a	村田	2021/03	12,984	2.33	2.14	51.18	342.45	105.67	62.46	0.15	45
2385	總醫研HD	新興市場	服務業	A	梶本	2020/06	9,312	15.34	11.24	75.71	436.60	6.56	6.55	2.70	139
2388	Wedge HD	新興市場	其他金融業	A	此下	2020/09	7,750	1.31	4.41	12.92	119.04	159.96	149.76	0.38	54
2395	新日本科學	東證一部	服務業	A	永田	2021/03	15,110	6.66	16.74	42.56	124.05	141.04	88.94	1.98	291
2398	津久井HD	東證一部	服務業	A	津久井	2021/03	93,249	3.58	3.10	31.67	172.51	220.24	85.71	1.33	667
2402	amana	新興市場	服務業	A	進藤	2020/12	17,268	-13.63	-8.82	-8.96	81.93		184.87		-0.40	33
2404	鐵人化計畫	東證二部	服務業	B	日野	2020/08	5,532	-14.48	-14.73	8.07	54.35	734.05	239.55	-0.86	36
2406	ARTE SALON HD	新興市場	服務業	B	吉原	2021/03	7,867	1.47	1.56	32.42	54.57	210.25	101.22	1.18	52
2415	Human	新興市場	服務業	A	佐藤	2021/03	85,811	6.51	3.15	28.84	144.55	66.70	43.59	1.47	105
2418	塚田全球HD	東證一部	服務業	A	塚田	2020/12	27,114	-11.38	-42.32	26.31	159.45	274.99	87.61	-1.37	123
2424	BRASS	東證一部	服務業	A	河合	2020/07	7,987	-8.68	-12.38	18.84	61.74	418.96	119.83	0.00	27
2425	Care Service	新興市場	服務業	A	福原	2021/03	8,686	9.45	3.50	57.67	238.49	43.89	36.84	4.20	35
2429	WORLD HD	東證一部	服務業	A	伊井田	2020/12	143,571	7.53	4.35	36.12	196.70	38.56	25.61	1.71	344
2440	Gurunavi	東證一部	服務業	A	瀧	2021/03	16,181	-39.54	-45.87	68.68	289.86	20.48	20.12	-1.32	300
2445	高宮	東證一部	服務業	A	高宮	2021/03	38,812	2.78	4.09	32.33	127.38	172.82	86.70	1.07	286
2449	PRAP Japan	東證二部	服務業	A	矢島	2020/08	4,759	4.56	5.06	82.02	740.45	13.25	12.62	0.90	64
2452	CMIND	新興市場	資通訊業	A	竹内	2021/03	276	-7.97	-8.70	35.82	259.26	61.30	36.00	0.00	2
2462	LIKE	東證一部	服務業	A	岡本	2020/05	51,072	5.79	3.92	25.32	119.42	200.41	104.56	3.15	326
2469	日比野	新興市場	服務業	A	日比野	2021/03	30,523	-11.86	-13.34	21.52	116.54	193.67	84.44	1.32	167
2475	WDB	東證一部	服務業	A	中野	2021/03	44,126	17.87	11.58	71.24	368.62	20.98	19.84	2.31	520

股票代號	名稱	市場別	行業別	家族企業類別	家族姓氏	會計年度	營業額	資產報酬率(ROA)	營業利益率	權益比率	流動比率	固定比率	固定長期適合率	月平均投資報酬率(60個月)	市值(億日圓)
2479	JTEC	新興市場	服務業	A	藤本	2021/03	2,771	-2.96	-2.02	45.05	360.44	19.62	11.84	0.65	15
2480	System Location	新興市場	服務業	A	千村	2021/03	1,136	14.45	38.38	82.54	905.93	42.19	37.65	2.27	55
2481	TOWNNEWS社	新興市場	服務業	A	宇山	2020/06	2,810	3.44	4.38	89.55	611.38	60.98	59.00	0.01	22
2487	CDG	東證一部	服務業	a	藤井	2021/03	11,620	7.85	4.74	71.40	353.45	17.98	17.98	0.30	98
2488	JTP	新興市場	服務業	A	森	2021/03	6,310	8.96	5.56	60.79	338.82	25.90	20.95	1.84	50
2531	寶控股	東證一部	食品業	C	大宮	2021/03	278,443	7.55	7.76	51.12	325.42	78.92	57.32	1.38	3009
2540	養命酒製造	東證一部	食品業	C	塩澤	2021/03	10,383	2.12	6.24	86.83	686.49	83.38	75.43	0.18	314
2551	MARUSAN-AI	地方市場	食品業	A	佐藤	2020/09	29,466	3.69	3.10	25.04	98.34	224.11	101.50	0.69	90
2573	北海道可口可樂	東證二部	食品業	b	栗林	2020/12	51,443	1.75	1.65	84.50	351.95	62.42	60.93	0.65	299
2587	三得利	東證一部	食品業	A	鳥井／佐治	2020/12	1,178,137	6.18	8.16	49.66	104.63	141.61	105.44	-0.34	11279
2590	DyDo	東證一部	食品業	A	高松	2021/01	158,227	3.91	3.54	51.78	210.49	94.67	65.24	0.28	873
2593	伊藤園	東證一部	食品業	A	本庄	2020/04	483,360	6.76	4.13	51.03	244.77	78.67	53.48	1.82	7383
2594	KEY COFFEE	東證一部	食品業	A	柴田	2021/03	52,602	-5.32	-4.70	67.76	230.26	58.25	53.97	0.36	483
2597	UNICAFE	東證一部	食品業	A	上島	2020/12	14,609	-2.01	-2.16	40.56	198.38	107.47	60.92	0.43	151
2612	角屋製油	東證一部	食品業	a	小澤	2021/03	35,100	8.18	8.61	80.13	383.06	56.78	53.05	1.11	396
2652	MANDARAKE	東證二部	零售業	A	古川	2020/09	9,017	1.63	2.85	46.95	212.12	87.40	56.83	-0.43	36
2653	永旺九州	新興市場	零售業	B	岡田	2021/03	348,184	2.37	0.90	23.61	55.74	296.59	151.61	0.34	661
2654	ASMO	東證二部	零售業	A	長井	2021/03	18,849	7.44	3.51	69.03	321.20	22.60	21.30	0.22	89
2656	Vector	新興市場	零售業	a	梶並	2021/02	867	-4.57	-8.07	76.57	387.94	25.31	24.47	3.23	56
2659	SAN-A	東證一部	零售業	A	折田	2021/02	202,766	5.36	4.51	73.26	166.38	89.10	84.47	0.00	1326
2664	河內藥品	東證一部	零售業	A	河内	2021/03	284,492	5.54	3.71	51.92	127.31	110.44	86.29	1.01	708
2666	AUTOWAVE	新興市場	零售業	A	広岡・廣岡	2021/03	7,063	1.48	1.67	41.69	217.98	172.82	82.66	0.58	18
2668	Tabio	東證二部	批發業	A	越智	2021/02	11,505	-13.13	-9.40	51.41	206.28	90.47	62.79	0.24	71
2669	Kanemi	新興市場	零售業	b	三輪	2021/02	75,529	1.55	0.62	77.03	280.53	50.21	49.49	-0.04	294
2670	ABC MART	東證一部	零售業	B	三木	2021/02	220,267	6.45	8.86	87.35	606.33	33.36	33.15	0.25	5002
2674	海德沃福	東證一部	零售業	A	山本	2021/03	21,270	4.83	3.74	71.78	228.76	69.53	64.09	-0.48	116
2675	DYNAC	東證二部	零售業	B	鳥井	2020/12	19,696	-47.05	-30.86	-44.35	27.70			-0.38	80
2678	愛速客樂	東證一部	零售業	a	今泉	2020/05	400,376	5.16	2.20	30.11	149.31	83.32	50.57	0.67	1796
2681	GEO HD	東證一部	零售業	A	遠藤	2021/03	328,358	2.78	1.31	42.76	277.03	77.23	43.69	-0.15	504
2683	魚喜	東證二部	零售業	B	有吉	2021/02	10,825	7.98	1.90	25.23	120.52	113.10	70.12	-0.17	26
2685	愛德利亞	東證一部	零售業	A	福田	2021/03	183,870	0.87	0.42	53.12	125.61	86.55	80.67	0.36	974
2686	G-FOOT	東證一部	零售業	B	岡田	2021/02	65,849	-25.05	-18.53	9.95	98.03	178.17	110.51	-0.82	170
2687	CVS Bay Area	東證一部	服務業	A	泉澤	2021/02	7,318	-4.69	-7.46	35.40	103.52	208.90	98.83	-0.54	21
2689	OLBA HEALTHCARE	新興市場	服務業	A	前島	2020/06	107,896	2.75	0.86	21.62	112.30	95.55	70.38	0.46	85
2693	YKT	新興市場	服務業	A	山本	2020/12	11,777	3.28	2.73	50.43	275.18	68.25	45.33	2.75	37

股票代號	名稱	市場別	行業別	家族企業類別	家族姓氏	會計年度	營業額	資產報酬率(ROA)	營業利益率	權益比率	流動比率	固定比率	固定長期適合率	月平均投資報酬率(60個月)	市值(億日圓)
2694	燒肉坂井HD	新興市場	零售業	A	稻吉	2021/03	19,733	-9.93	-9.47	38.13	101.29	186.17	99.84	-0.19	163
2695	藏壽司	東證一部	零售業	A	田中	2020/10	135,835	0.59	0.26	51.87	124.68	129.01	96.37	1.47	1302
2698	Can Do	東證一部	零售業	A	城戶	2020/11	73,034	5.50	2.13	44.15	122.80	115.52	85.10	0.47	309
2700	木德神糧	新興市場	批發業	A	木村	2020/12	107,596	0.26	-0.04	31.51	129.26	83.69	61.96	0.28	58
2705	大戶屋HD	新興市場	零售業	C	三森／窪田	2021/03	16,139	-37.31	-20.71	15.41	104.02	246.90	95.90	0.79	201
2708	久世	新興市場	批發業	A	久世	2021/03	37,854	-12.84	-6.17	19.49	102.78	173.58	94.96	0.26	30
2715	elematec	東證一部	批發業	B	豐田	2021/03	180,218	5.69	3.03	53.71	208.98	11.00	10.74	0.56	431
2722	IK	東證一部	零售業	A	飯田	2020/05	18,483	8.37	3.19	37.97	203.37	39.31	25.73	4.63	51
2726	PAL GROUP HD	東證一部	零售業	A	井上	2021/02	108,522	1.36	1.27	41.00	157.08	59.12	46.82	1.01	751
2730	愛電王	東證一部	零售業	a	久保	2021/03	768,113	7.30	3.49	50.19	185.50	99.91	68.57	1.13	1388
2733	ARATA	東證一部	批發業	a	畑中	2021/03	834,033	4.63	1.38	35.63	138.09	77.74	58.14	1.61	884
2734	sala	東證一部	零售業	A	神野	2020/11	211,702	3.25	2.81	32.14	129.01	178.84	86.62	0.34	372
2735	watts	東證一部	零售業	A	平岡	2020/08	52,795	8.24	3.35	48.65	169.92	48.93	43.16	0.38	131
2736	festaria	新興市場	零售業	A	貞松	2020/08	8,428	-5.94	-5.91	10.14	143.19	242.26	52.59	-0.92	15
2742	Halows	東證一部	零售業	A	佐藤	2021/03	151,942	9.13	5.00	48.53	100.31	142.85	100.07	0.49	601
2747	北雄LUCKY	新興市場	零售業	A	桐生	2021/02	40,913	2.58	1.13	27.88	50.44	260.18	159.25	0.56	39
2750	石光商事	新興市場	批發業	B	石光	2021/02	40,512	3.50	2.25	34.96	186.76	75.57	52.22	0.76	35
2751	TENPOS HD	東證一部	零售業	A	森下	2021/03	29,195	10.99	5.90	61.70	321.19	43.81	42.09	0.58	274
2752	FUJIO FOOD	東證一部	零售業	A	藤尾	2020/12	26,805	-11.72	-11.08	14.59	39.51	547.08	163.12	1.79	560
2753	網燒亭	東證一部	零售業	A	佐藤	2021/03	22,137	-9.54	-10.85	79.94	295.67	64.89	61.96	-0.27	203
2754	東葛HD	東證一部	零售業	A	齋藤	2021/03	21,400	5.70	5.28	67.35	174.72	77.63	72.57	0.98	21
2761	TOSHIN GROUP	新興市場	批發業	A	加藤	2020/05	42,857	4.63	4.48	85.68	738.41	38.87	36.66	1.78	683
2762	三光MARKETING FOODS	東證二部	零售業	A	平林	2020/06	7,391	-35.43	-27.18	43.93	132.70	112.77	79.91	-1.15	56
2764	平松	東證一部	零售業	B	平松	2021/03	6,266	-12.06	-39.23	15.99	61.10	521.76	114.83	-1.88	76
2767	円谷FIELDS	東證一部	批發業	A	山本	2021/03	38,796	-3.73	-5.78	56.91	359.31	44.37	32.38	-0.97	200
2769	VILLAGE VANGUARD	新興市場	零售業	A	菊池	2020/05	29,267	-1.01	-0.98	32.31	239.77	46.11	23.12	-0.41	75
2773	MUTUAL	新興市場	機械業	A	三浦	2021/03	11,286	8.24	11.05	67.13	272.80	32.84	32.06	0.39	70
2777	Cassina	新興市場	批發業	A	高橋	2020/12	11,049	7.82	6.83	48.89	223.07	44.92	33.79	0.25	33
2780	KOMEHYO HD	東證一部	零售業	A	石原	2021/03	50,723	1.63	1.16	48.79	204.79	55.43	42.36	0.43	121
2782	Seria	新興市場	零售業	A	河合	2021/03	200,682	19.63	10.60	73.84	336.84	42.25	39.21	0.79	2931
2784	alfresa	東證一部	批發業	b	福神	2021/03	2,603,169	1.73	0.79	37.20	126.60	60.88	60.08	0.42	5013
2789	Karula	新興市場	零售業	A	井上	2021/02	5,294	-9.63	-10.69	32.27	86.54	238.10	105.22	0.28	26
2790	NAFCO	新興市場	零售業	A	深町	2021/03	234,578	7.98	7.77	64.71	143.99	87.52	81.04	0.96	637
2791	大黑天物產	東證一部	零售業	A	大賀	2020/05	212,059	8.18	2.80	49.26	66.07	149.71	122.75	0.07	583
2792	Honeys HD	東證一部	零售業	A	江尻	2020/05	42,560	6.13	5.66	85.84	731.16	51.87	48.19	1.02	345

股票代號	名稱	市場別	行業別	家族企業類別	家族姓氏	會計年度	營業額	資產報酬率(ROA)	營業利益率	權益比率	流動比率	固定比率	固定長期適合率	月平均投資報酬率(60個月)	市值(億日圓)
2795	NIPPON PRIMEX	新興市場	批發業	A	中川	2021/03	5,188	4.12	6.03	76.26	407.69	32.82	30.67	1.03	41
2796	Pharmarise	東證一部	零售業	A	大野	2020/05	51,030	4.19	2.03	22.61	106.38	254.90	97.34	0.56	63
2801	龜甲萬	東證一部	食品業	A	茂木	2021/03	439,411	10.22	9.48	70.27	264.59	79.86	68.30	1.33	12777
2805	愛思必	東證二部	食品業	A	山崎	2021/03	114,255	7.86	8.27	43.97	156.71	97.25	67.36	1.53	678
2809	Kewpie	東證一部	食品業	A	中島	2020/11	531,103	6.45	5.33	53.03	201.47	115.94	86.92	-0.21	3261
2810	好侍食品集團	東證一部	食品業	A	浦上	2021/03	283,754	5.52	6.84	69.93	305.70	82.22	73.52	1.25	3667
2811	可果美	東證一部	食品業	b	蟹江	2020/12	183,041	5.20	5.84	49.34	153.48	75.10	63.62	1.26	3435
2813	和弘食品	新興市場	食品業	A	和山	2021/03	9,975	-2.89	-2.45	42.75	118.06	128.13	88.80	0.21	25
2814	佐藤食品工業	新興市場	食品業	B	佐藤	2021/03	6,081	3.92	11.46	91.49	714.04	47.17	46.99	1.48	151
2815	有明食品	東證一部	食品業	B	岡田	2021/03	49,684	9.55	20.22	87.97	887.53	32.86	31.62	0.49	2201
2816	DAISHO	東證二部	食品業	A	松本	2021/03	22,399	5.46	3.56	56.73	148.51	96.51	78.74	0.42	134
2819	荏原食品	東證二部	食品業	A	森村	2021/03	51,334	9.43	7.07	67.12	299.03	49.21	42.56	0.70	284
2820	Yamami	東證二部	食品業	A	山名	2020/06	12,644	2.60	2.86	45.62	59.55	183.22	115.60	0.00	162
2830	AOHATA	東證二部	食品業	B	中島	2020/11	20,439	4.36	3.82	66.54	212.24	72.59	63.86	0.14	196
2831	Hagoromo食品	東證一部	食品業	A	後藤	2021/03	83,347	6.70	4.09	57.04	176.61	74.48	63.00	0.59	327
2872	SEIHYO	東證二部	食品業	A	村山	2021/03	3,502	0.85	0.49	50.75	126.14	107.16	85.19	0.25	14
2874	橫濱冷凍	東證一部	批發業	b	吉橋	2020/09	115,025	2.48	2.97	43.16	152.90	163.98	88.91	0.22	541
2876	DELSOLE	新興市場	食品業	A	大河原	2021/03	16,630	4.87	3.00	50.85	163.77	104.39	74.40	1.15	44
2877	日東Best	東證二部	食品業	A	內田	2021/03	48,897	2.04	1.52	38.21	119.04	137.03	88.54	0.35	94
2882	EAT&	東證一部	食品業	A	文野	2021/02	25,964	1.45	1.01	34.79	98.59	150.01	101.54	1.08	183
2892	日本食品化工	東證二部	食品業	b	堀內	2021/03	45,060	5.06	3.37	55.01	182.85	74.09	60.30	0.54	118
2894	石井食品	東證二部	食品業	A	石井	2021/03	9,192	-2.51	-1.98	40.95	126.00	90.31	73.99	0.44	43
2897	日清食品HD	東證一部	食品業	A	安藤	2021/03	506,107	9.26	10.97	57.87	142.62	113.12	93.33	1.00	8678
2899	永谷園HD	東證一部	食品業	a	永谷	2021/03	102,611	5.67	4.57	34.86	107.49	166.44	97.71	0.28	447
2901	石垣食品	東證二部	食品業	A	石垣	2021/03	2,852	-9.91	-3.30	4.16	150.34	453.33	41.05	0.31	16
2902	太陽化學	地方市場	食品業	a	山崎	2021/03	39,199	10.10	12.95	78.03	282.36	64.89	62.93	1.64	423
2903	SHINOBU FOODS	東證二部	食品業	A	松本	2021/03	49,779	3.72	2.20	43.89	112.10	150.59	95.22	0.08	81
2904	一正蒲鉾	東證二部	食品業	A	野崎	2020/06	36,047	8.42	5.24	50.67	110.71	129.80	95.21	0.21	187
2907	Ahjikan	東證一部	食品業	A	足利	2021/03	42,593	2.75	1.48	55.71	120.23	98.20	87.77	0.82	67
2908	FUJICCO	東證一部	食品業	A	福井／山岸	2021/03	64,204	5.42	6.72	83.21	255.34	73.81	72.35	0.03	682
2910	ROCK FIELD	東證一部	食品業	A	岩田	2020/04	47,667	1.44	1.00	83.43	458.22	59.08	55.42	0.47	350
2911	旭松食品	東證二部	食品業	b	赤羽	2021/03	8,224	2.86	3.21	73.28	266.01	73.58	65.60	0.46	42
2915	KENKO美乃滋	東證一部	食品業	B	中島	2021/03	68,502	3.19	2.88	57.09	175.40	101.20	76.09	0.15	311
2917	大森屋	新興市場	食品業	A	稻野	2020/09	18,060	2.69	1.89	79.97	492.04	28.15	26.72	-0.18	39
2918	Warabeya日洋	東證一部	食品業	a	大友	2021/02	194,309	4.34	1.71	53.68	125.04	119.64	90.29	-0.21	277

股票代號	名稱	市場別	行業別	家族企業類別	家族姓氏	會計年度	營業額	資產報酬率(ROA)	營業利益率	權益比率	流動比率	固定比率	固定長期適合率	月平均投資報酬率(60個月)	市值(億日圓)
2919	MARUTAI	地方市場	食品業	b	藤田	2021/03	9,333	9.36	10.46	78.97	246.73	69.82	67.40	0.89	71
2922	名取	東證一部	食品業	A	名取	2021/03	49,041	6.02	4.59	56.89	161.26	94.50	75.37	0.52	295
2923	佐藤食品	東證二部	食品業	A	佐藤	2020/04	44,888	3.05	2.12	41.29	118.98	140.76	89.69	0.72	195
2924	井富士產業	東證二部	食品業	A	藤井	2021/03	13,825	11.04	8.56	60.91	243.39	71.65	56.80	1.33	78
2925	PICKLES	東證二部	食品業	B	大羽	2021/02	46,020	10.82	5.89	56.36	116.04	106.56	92.15	2.55	217
2926	篠崎屋	東證二部	食品業	A	樽見	2020/09	2,881	2.32	1.21	76.10	230.10	71.13	67.64	0.19	14
2927	AFC-HD	新興市場	食品業	A	淺山	2020/08	15,819	6.02	6.91	56.41	161.33	81.61	69.18	0.05	95
2928	RIZAP	新興市場	服務業	A	瀨戶	2021/03	169,649	0.77	0.73	17.34	118.81	266.90	93.98	3.38	1251
2929	Pharma Foods	東證一部	食品業	A	金	2020/07	15,353	7.91	4.82	48.57	262.14	54.22	36.66	3.18	290
2930	北之達人	東證一部	食品業	A	木下	2021/02	9,270	33.56	21.91	83.52	573.09	6.62	6.62	7.34	872
2974	大英產業	地方市場	不動產業	A	大圜	2020/09	28,879	3.77	4.04	19.74	147.50	25.34	14.05	0.00	26
2976	日本Grande	新興市場	不動產業	A	平野	2021/03	4,314	0.82	1.58	19.05	138.62	194.67	67.91	0.00	11
2981	Landix	新興市場	不動產業	A	岡田	2021/03	8,207	7.82	8.19	53.43	227.48	43.05	34.77	0.00	51
3020	APPLIED	新興市場	零售業	A	岡	2021/03	39,670	14.76	5.98	53.03	188.48	66.44	54.01	2.61	85
3021	PC NET	東證二部	零售業	A	上田	2020/05	4,566	9.83	9.05	41.63	111.28	165.72	95.70	3.34	79
3024	CREATE	新興市場	批發業	A	福井	2020/04	29,629	0.40	-0.27	27.47	128.45	96.99	62.12	0.72	26
3028	Alpen	東證一部	零售業	A	水野	2020/06	217,943	2.31	1.90	56.27	211.42	80.22	60.96	0.06	677
3032	Golfdo	新興市場	零售業	A	松田	2021/03	5,266	8.42	4.41	16.16	132.81	146.29	56.37	2.63	11
3034	Qol HD	東證一部	零售業	a	中村	2021/03	161,832	7.24	4.55	40.93	117.54	133.77	89.99	0.44	605
3035	ktk	新興市場	批發業	A	青山	2020/08	16,658	4.50	1.90	36.98	120.09	89.53	74.77	0.74	20
3038	神戶物產	東證一部	批發業	A	沼田	2020/10	340,870	16.16	7.00	38.98	217.79	79.68	46.13	3.50	8058
3040	Soliton	東證一部	資通訊業	A	鎌田	2021/03	16,457	12.49	11.34	43.82	142.67	50.88	49.07	3.10	356
3041	Beauty花壇	東證二部	批發業	A	三島	2020/06	5,344	-7.23	-2.96	14.57	117.84	294.06	85.00	0.28	14
3045	川崎	東證二部	批發業	A	川崎	2020/08	1,574	4.57	18.87	67.11	53.75	135.51	109.33	1.04	28
3046	JINS HD	東證一部	零售業	A	田中	2020/08	60,258	12.58	9.32	33.27	273.44	102.96	45.10	0.92	1755
3047	TRUCK-ONE	新興市場	批發業	A	小川	2020/12	4,740	0.89	0.74	15.31	98.58	253.09	102.39	0.85	6
3050	DCM	東證一部	零售業	A	石黑	2021/02	471,192	6.62	6.42	47.71	176.69	121.12	75.93	0.73	1717
3053	PEPPER FOOD SERVICE	東證一部	零售業	A	一瀨	2020/12	31,085	-21.33	-12.95	1.99	77.06	2,377.08	155.06	0.98	77
3054	HYPER	東證二部	批發業	B	關根	2021/03	21,351	4.91	1.55	45.31	208.47	16.02	13.35	2.41	51
3055	北藥・竹山HD	地方市場	批發業	A	真鍋	2021/03	239,494	1.31	0.60	40.89	125.03	72.22	67.68	0.54	184
3058	三洋堂HD	新興市場	零售業	a	加藤	2021/03	20,885	4.34	3.05	22.86	117.19	147.15	77.58	-0.17	68
3059	平木	東證二部	零售業	b	平木	2021/03	15,962	5.52	5.60	41.48	255.77	82.97	46.29	0.99	56
3065	Life Foods	新興市場	零售業	A	清水	2021/02	9,226	-17.24	-13.17	34.17	238.07	102.20	48.06	0.40	61
3066	JB ELEVEN	地方市場	零售業	A	新美	2021/03	5,978	-1.72	-1.46	14.61	134.21	395.38	84.41	0.90	57
3067	東京一番FOODS	東證一部	零售業	A	坂本	2020/09	3,975	-15.01	-13.11	29.98	180.09	162.63	68.93	0.12	52

股票代號	名稱	市場別	行業別	家族企業類別	家族姓氏	會計年度	營業額	資產報酬率(ROA)	營業利益率	權益比率	流動比率	固定比率	固定長期適合率	月平均投資報酬率(60個月)	市值(億日圓)
3068	WDI	新興市場	零售業	A	清水	2021/03	15,815	-10.44	-9.00	25.16	290.17	133.71	47.25	0.56	103
3070	amagasa	新興市場	批發業	B	天笠	2021/01	2,385	-41.14	-33.04	4.74	144.21	193.85	24.85	-0.71	11
3075	銚子丸	新興市場	零售業	A	堀地	2020/05	18,076	0.81	0.39	74.48	319.65	43.68	41.26	0.75	167
3077	Horiifoodservice	東證一部	零售業	b	堀井	2021/03	2,767	-36.71	-35.74	31.61	120.56	115.57	77.15	0.54	30
3079	DVx	東證一部	批發業	b	若林	2021/03	41,007	4.14	2.07	38.46	157.22	17.59	16.64	0.41	115
3080	JASON	新興市場	零售業	A	太田	2021/02	26,549	13.90	4.70	50.76	164.33	68.89	57.89	2.01	81
3082	KICHIRI HD	新興市場	零售業	A	平川	2020/06	8,048	-5.93	-4.57	15.61	108.08	205.92	88.62	0.08	65
3085	AL Service	東證一部	零售業	A	坂本	2020/12	38,634	14.72	11.75	63.78	281.79	59.49	49.32	1.01	715
3087	DOUTOR NRS HD	東證一部	零售業	A	大林	2021/02	96,141	-3.48	-4.49	81.37	314.94	76.16	70.64	0.18	737
3088	松本清HD	東證一部	零售業	A	松本	2021/03	556,907	8.89	5.66	66.79	206.98	78.41	68.04	1.44	5387
3091	BRONCO BILLY	東證一部	零售業	A	竹市	2020/12	17,272	0.74	0.94	70.06	765.21	67.25	50.76	0.42	346
3093	寶物工廠	東證一部	零售業	A	野坂	2021/03	18,735	1.07	0.57	41.13	166.32	88.42	59.15	0.45	102
3094	Super Value	東證一部	零售業	A	岸本	2021/02	80,079	4.98	1.63	12.02	61.09	523.97	159.95	2.53	46
3096	Ocean System	新興市場	零售業	A	樋口	2021/03	66,906	7.78	2.19	42.33	93.61	153.02	103.86	0.69	129
3097	物語	東證一部	零售業	A	小林	2020/06	57,960	8.57	5.23	45.30	94.47	145.67	103.47	1.70	506
3098	Cocokarafine	東證一部	零售業	b	齋藤	2021/03	366,440	5.05	2.82	69.57	224.72	61.02	57.07	1.59	2673
3113	Oak	東證二部	證券期貨交易業		竹井	2021/03	5,531	-8.09	-12.76	61.51	270.07	85.82	66.02	-0.20	54
3116	豐田紡織	東證一部	輸送用機具業	A	豐田	2021/03	1,272,140	7.18	4.49	39.60	177.21	101.19	64.55	0.60	3434
3123	SAIBO	東證二部	纖維製品業	A	飯塚	2021/03	6,729	2.43	10.83	37.08	169.36	243.44	101.56	0.42	69
3132	Macnica富士	東證一部	批發業	B	神山	2021/03	553,962	7.20	3.39	52.74	224.64	18.42	16.64	1.70	1392
3137	FUNDELY	新興市場	零售業	A	阿部	2021/03	3,062	-6.73	-18.06	33.63	292.33	231.38	84.35	0.28	41
3141	welcia	東證一部	零售業	A	岡田	2021/02	949,652	10.41	4.53	41.20	106.32	122.45	94.83	2.02	7138
3143	O' will	東證一部	零售業	A	小口	2021/03	29,527	5.56	1.82	32.25	165.24	46.45	31.26	1.40	33
3148	CREATE SD	東證一部	零售業	A	山本	2020/05	319,588	12.48	5.57	56.56	146.26	76.36	70.62	1.63	2279
3151	VITAL KSK	東證一部	批發業	A	鈴木	2021/03	537,030	-0.44	-0.42	33.06	106.84	117.31	91.49	0.09	483
3153	八洲電機	東證一部	批發業	B	落合	2021/03	59,194	4.03	3.67	40.80	142.80	53.49	48.66	1.37	217
3154	MEDIUS	東證一部	批發業	A	池谷	2020/06	210,388	2.30	0.52	19.83	114.54	93.20	64.10	1.93	193
3157	JUTEC	東證一部	批發業	A	足立	2021/03	148,649	2.46	0.82	24.37	113.04	89.59	70.83	2.15	143
3160	大光	東證一部	批發業	A	金森	2021/03	60,659	2.37	0.66	28.77	106.83	158.60	92.94	2.60	92
3161	AZEARTH	東證一部	批發業	A	鈴木	2020/04	9,941	6.09	4.69	72.29	328.21	30.88	29.25	2.87	57
3166	越智HD	東證一部	批發業	A	越智	2021/03	101,842	3.86	1.91	30.07	108.49	111.37	86.70	0.90	179
3168	黑谷	東證一部	批發業	A	黑谷	2021/03	42,752	3.80	1.51	45.09	192.06	39.97	31.44	2.24	70
3169	三澤	東證一部	零售業	A	三澤	2021/03	10,924	18.84	7.55	52.28	152.74	57.38	55.38	0.90	48
3172	Tea Life	東證一部	零售業	A	植田	2020/07	10,577	7.12	4.69	63.56	266.29	80.39	62.59	0.69	42
3173	Cominix	東證一部	批發業	A	柳川	2021/03	20,994	0.61	0.34	31.66	163.03	71.88	43.44	0.62	54

股票代號	名稱	市場別	行業別	家族企業類別	家族姓氏	會計年度	營業額	資產報酬率(ROA)	營業利益率	權益比率	流動比率	固定比率	固定長期適合率	月平均投資報酬率(60個月)	市值(億日圓)
3174	Happiness&D	新興市場	零售業	A	田	2020/08	17,569	0.97	0.57	21.67	244.93	78.30	25.99	0.77	22
3177	ARIGATOU SERVICES	新興市場	零售業	A	井本	2021/02	8,453	4.27	2.37	38.38	245.94	130.90	63.25	-0.18	18
3178	Chimney	東證一部	零售業	A	山内	2021/03	13,229	-30.01	-46.11	24.77	65.54	237.73	158.05	-1.01	255
3180	BEAUTY GARAGE	東證一部	批發業	A	野村	2020/04	15,730	10.35	4.64	54.55	235.48	32.29	27.86	1.58	97
3181	買取王國	新興市場	零售業	A	長谷川	2021/02	4,893	3.81	2.55	58.75	291.83	59.20	44.80	0.60	11
3184	ICDA	東證二部	零售業	A	向井	2021/03	26,717	9.99	5.46	44.51	66.22	159.77	129.45	1.61	50
3185	夢展望	新興市場	零售業	a	岡	2021/03	1,435	-12.50	-7.48	5.68	128.53	26.19	1.54	29
3186	NEXTAGE	東證一部	零售業	A	廣田	2020/11	241,146	7.34	2.83	30.12	245.93	102.43	42.93	4.91	1072
3187	sanwacompany	新興市場	零售業	A	山根	2020/09	10,463	1.10	0.47	44.86	111.70	94.36	87.47	0.51	50
3189	ANAP	東證一部	零售業	B	中島	2020/08	17,774	-11.72	-5.81	49.93	193.65	52.50	42.36	6.84	28
3191	JOYFUL本田	東證一部	零售業	a	本田	2020/06	130,816	6.39	7.02	67.33	267.05	93.93	73.33	0.52	1466
3192	白鳩	東證一部	零售業	A	池上	2021/03	5,694	-2.67	-3.02	32.61	72.55	205.43	122.87	-0.27	18
3193	鳥貴族HD	東證一部	零售業	A	大倉	2020/07	23,975	5.30	3.57	28.40	189.74	172.54	67.02	-0.38	144
3195	GENEPA	新興市場	零售業	A	岡本	2020/10	12,597	7.21	1.94	46.34	194.45	24.04	20.61	2.77	65
3196	HOTLAND	東證一部	零售業	A	佐瀬	2020/12	28,732	6.32	3.94	33.61	128.66	162.41	87.10	0.13	260
3199	綿半HD	東證一部	零售業	a	野原	2021/03	114,790	5.48	2.86	29.76	121.38	161.76	84.06	1.78	258
3221	Yossix	東證一部	零售業	A	吉岡	2021/03	9,697		-22.64	56.71	198.54	52.57	46.12	1.04	220
3222	U.S.M. HD	東證一部	零售業	B	岡田	2021/03	733,849	7.04	2.61	51.93	90.46	134.11	102.90	0.54	1401
3242	URBANET	新興市場	不動產業	A	服部	2020/06	22,018	7.71	11.28	33.21	221.80	55.98	31.60	0.58	92
3244	SAMTY	東證一部	不動產業	A	森山	2020/11	101,120	7.40	17.16	30.71	401.57	119.77	43.79	1.61	678
3245	DEAR LIFE	東證一部	不動產業	A	阿部	2020/09	27,649	10.33	9.41	54.93	748.26	8.82	5.55	0.74	170
3246	KOSE R.E.	東證一部	不動產業	A	諸藤	2021/01	9,375	3.99	8.04	36.44	197.87	22.65	15.47	1.85	64
3254	PRESSANCE	東證一部	不動產業	B	山岸	2021/03	243,813	10.27	12.21	51.85	306.16	14.15	10.57	1.43	1163
3260	ESPOIR	新興市場	不動產業	A	谷角	2021/03	1,435	1.03	6.48	10.38	219.37	874.44	94.75	1.85	9
3271	The Global	東證一部	不動產業	A	永嶋	2020/06	25,702	-4.02	-7.88	9.40	166.59	95.17	19.77	-0.47	30
3275	HOUSECOM	東證一部	不動產業	b	多田	2021/03	12,299	5.64	2.85	66.05	196.84	74.60	66.67	1.32	100
3277	Sansei Landic	東證一部	不動產業	b	小澤	2020/12	17,774	4.30	4.77	50.13	329.87	10.24	7.21	0.37	62
3291	飯田集團HD	東證一部	不動產業	A	飯田	2021/03	1,456,199	8.10	8.33	58.17	288.14	44.12	34.65	0.85	7879
3293	Azuma House	東證一部	不動產業	A	東	2021/03	14,286	3.73	8.06	48.91	223.05	132.85	78.48	0.43	61
3294	e'grand	東證一部	不動產業	A	江口	2020/05	20,269	7.54	7.26	39.23	211.88	37.17	24.50	1.10	60
3297	東武住販	新興市場	不動產業	A	荻野	2020/05	6,850	8.28	6.01	57.38	272.17	22.21	18.77	0.94	26
3299	MUGEN ESTATE	東證一部	不動產業	A	藤田	2020/12	34,858	3.76	7.07	36.04	520.22	20.00	8.79	-0.77	115
3306	日本製麻	東證二部	批發業	a	中本	2021/03	3,275	0.49	0.34	39.62	274.14	124.72	80.62	-0.45	13
3317	FLYING GARDEN	新興市場	零售業	A	野澤	2021/03	5,993	4.64	2.49	62.93	134.06	113.58	90.80	1.88	23
3320	CROSS PLUS	東證二部	批發業	B	辻村	2021/01	64,002	7.64	3.36	45.76	154.97	63.88	53.85	2.24	95

股票代號	名稱	市場別	行業別	家族企業類別	家族姓氏	會計年度	營業額	資產報酬率(ROA)	營業利益率	權益比率	流動比率	固定比率	固定長期適合率	月平均投資報酬率(60個月)	市值(億日圓)
3321	MITACHI	東證一部	批發業	A	橘	2020/05	33,859	5.38	2.24	64.72	264.37	21.02	20.25	0.59	48
3326	Runsystem	新興市場	服務業	b	田中	2020/03	6,958	-1.68	-1.19	19.79	123.57	341.71	91.63	-0.44	10
3333	asahi	東證一部	零售業	A	下田	2021/02	69,456	16.61	9.88	71.76	211.12	63.46	61.37	0.54	388
3341	日本調劑	東證一部	零售業	A	三津原	2021/03	278,951	4.36	2.91	26.77	101.74	194.54	98.45	0.29	572
3349	COSMOS藥品	東證一部	零售業	A	宇野	2020/05	684,403	9.82	4.25	45.48	70.48	141.50	130.19	1.35	6188
3353	Medical一光集團	新興市場	零售業	B	岡田	2021/03	31,603	3.86	3.26	36.72	150.08	142.09	76.58	1.08	123
3355	栗山HD	東證二部	批發業	B	栗山	2020/12	49,953	6.41	5.80	49.38	192.54	76.70	55.98	0.40	144
3358	Y.S. FOOD	東證一部	零售業	A	緒方	2021/03	1,303	-3.29	-7.21	51.44	120.10	147.83	95.04	1.82	17
3359	cotta	新興市場	批發業	A	佐藤（黑須）	2020/09	7,860	5.76	3.66	53.33	229.20	56.34	43.37	5.41	130
3360	SHIP HEALTHCARE	東證一部	批發業	A	古川	2021/03	497,156	6.96	4.38	33.32	146.04	101.05	62.95	1.59	3162
3361	TOELL	東證一部	零售業	A	稻永	2020/04	23,016	5.75	6.17	65.53	182.62	96.55	79.24	0.32	139
3370	藤田	東證一部	零售業	A	藤田	2021/03	4,171	-4.29	-3.24	1.42	120.56	5,011.36	93.47	0.08	9
3371	SOFT CREATE	東證一部	資訊業	A	林	2021/03	24,238	17.29	13.31	60.21	286.86	50.68	44.93	2.73	345
3372	關門海	東證二部	零售業	A	山口	2021/03	2,634	-13.00	-20.50	7.55	101.28	307.78	96.25	0.25	41
3374	内外TEC	東證一部	批發業	A	權田	2021/03	26,734	5.85	3.92	39.46	176.32	60.84	42.19	4.84	91
3375	ZOA	新興市場	零售業	B	長嶋	2021/03	9,518	9.95	5.10	43.73	193.24	71.43	48.53	1.44	18
3376	ONLY	東證一部	零售業	A	中西	2020/08	5,348	0.34	0.56	70.53	447.99	69.11	55.05	-0.57	30
3377	BIKE王	東證二部	批發業	A	石川	2020/11	22,349	10.65	3.16	59.83	199.69	53.60	48.61	0.90	50
3382	Seven & i	東證一部	零售業	A	伊藤	2021/02	5,766,718	5.72	6.35	38.42	120.41	134.66	89.81	0.15	35786
3387	create restaurants	東證一部	零售業	A	後藤	2021/02	74,425	-9.07	-19.05	10.53	70.76	681.54	127.58	1.70	1584
3388	明治電機工業	東證一部	批發業	B	安井	2021/03	63,910	4.81	2.96	58.38	210.13	25.31	25.04	1.11	180
3391	鶴羽HD	東證一部	零售業	a	鶴羽	2020/05	841,036	11.54	5.35	56.36	155.40	86.67	77.74	1.31	7845
3392	DELICA FOODS	東證一部	批發業	A	舘本	2021/03	31,725	-6.57	-4.42	31.44	127.97	192.93	87.59	0.95	100
3395	SAINTMARC	東證一部	零售業	B	片山	2021/03	43,987	-7.11	-9.17	67.51	384.78	96.00	71.33	-0.57	392
3396	FELISSIMO	東證一部	零售業	A	矢崎	2021/02	33,260	4.56	4.52	50.56	185.04	50.79	42.91	0.72	133
3397	東利多	東證一部	零售業	A	栗田	2021/03	134,760	-3.43	-5.44	18.84	60.32	447.50	114.28	1.44	1448
3399	丸千代山岡家	新興市場	零售業	A	山岡	2021/01	14,265	5.17	2.26	28.49	71.76	241.67	124.32	0.89	45
3417	大木HEALTHCARE	新興市場	批發業	a	松井	2021/03	286,173	3.43	1.05	20.72	109.20	79.53	70.64	3.59	176
3420	KFC	東證一部	金屬製品業	A	高田	2021/03	27,798	13.08	11.86	68.15	225.72	48.04	46.67	0.53	155
3421	稻葉製作所	東證一部	金屬製品業	A	稻葉	2020/07	34,575	3.54	5.47	72.41	228.94	67.34	62.83	0.10	221
3422	丸順	地方市場	金屬製品業	b	今川	2021/03	44,821	9.88	9.96	32.61	125.30	145.89	92.60	4.43	127
3423	SE	東證一部	金屬製品業	A	森元	2021/03	22,801	5.22	5.20	37.21	149.80	92.05	61.14	0.61	92
3426	ATOM LIVIN TECH	新興市場	金屬製品業	A	高橋	2020/06	10,394	5.87	6.54	76.88	298.92	52.25	50.22	0.85	57
3435	SANKO TECHNO	東證一部	金屬製品業	A	洞下	2021/03	17,940	8.54	8.22	75.25	442.01	50.76	45.24	0.78	82
3439	三知	新興市場	金屬製品業	B	野田	2020/06	12,468	0.18	0.13	55.22	301.23	76.99	52.55	0.81	59

股票代號	名稱	市場別	行業別	家族企業類別	家族姓氏	會計年度	營業額	資產報酬率(ROA)	營業利益率	權益比率	流動比率	固定比率	固定長期適合率	月平均投資報酬率(60個月)	市值(億日圓)
3440	日創PRONITY	東證二部	金屬製品業	A	石田	2020/08	8,389	5.56	8.83	76.30	536.82	33.54	29.92	0.81	50
3441	山王	新興市場	金屬製品業	A	荒巻	2020/07	7,947	2.05	2.25	41.58	212.15	76.60	46.93	3.13	45
3443	田技技術	新興市場	金屬製品業	a	川田	2021/03	115,545	4.07	4.82	44.84	121.90	102.00	83.31	1.16	279
3444	菊池製作所	新興市場	金屬製品業	A	菊池	2020/04	5,365	-1.56	-4.32	70.97	265.26	79.86	67.75	-0.75	72
3448	清鋼材	東證一部	金屬製品業	A	星野	2021/03	3,215	-0.98	-1.00	16.11	90.48	310.92	128.58	0.00	11
3449	TECHNOFLEX	東證二部	金屬製品業	A	前島	2020/12	18,734	7.22	10.49	70.71	241.41	71.32	64.21	0.00	216
3452	B-Lot	東證一部	不動產業	A	宮内	2020/12	26,481	4.34	6.49	17.46	299.12	55.46	13.87	2.57	106
3456	TSON	東證一部	不動產業	B	深川	2020/06	1,697	3.30	2.18	39.69	185.96	8.87	7.33	0.00	2
3457	HOUSEDO	東證一部	不動產業	A	安藤	2020/06	32,878	4.01	5.76	21.28	193.66	110.34	38.86	3.15	178
3469	Dualtap	東證二部	不動產業	A	臼井	2020/06	7,254	8.83	5.87	48.86	350.52	23.14	15.17	0.00	14
3475	Good Com Asset	東證一部	不動產業	A	長嶋	2020/10	26,323	13.76	10.75	32.40	192.93	11.66	7.54	0.00	202
3482	Loadstar Capital	新興市場	不動產業	a	岩野	2020/12	16,979	9.39	26.41	15.04	962.88	3.35	0.56	0.00	193
3491	GA TECHNOLOGIES	新興市場	不動產業	A	樋口	2020/10	63,070	12.44	2.99	38.57	147.70	140.83	78.65	0.00	849
3504	丸八HD	地方市場	纖維製品業	A	岡本	2021/03	12,816	2.41	9.67	76.39	848.33	50.40	41.50	0.00	140
3524	日東紡網	東證二部	纖維製品業	A	小林	2021/03	18,347	3.70	4.08	28.16	134.91	112.86	65.19	0.42	40
3537	昭榮藥品	新興市場	批發業	A	鐵野	2021/03	17,032	1.95	0.92	52.34	149.34	90.06	72.97	0.32	35
3539	JM HD	東證一部	零售業	A	境	2020/07	126,958	14.41	5.29	59.04	166.83	74.12	66.19	0.00	978
3544	SATUDORA HD	東證一部	零售業	A	富山	2021/03	89,304	2.23	0.92	22.64	83.41	270.19	115.03	0.00	96
3546	Alleanza HD	東證一部	零售業	A	田代（伊藤）	2021/02	157,404	10.66	5.30	29.72	115.18	163.11	90.03	0.00	379
3548	BAROQUE	東證一部	零售業	a	村井	2021/02	50,590	3.44	2.59	50.36	305.13	46.36	33.02	0.00	279
3549	藥之青木	東證一部	零售業	A	青木	2020/05	300,173	10.71	5.45	38.82	109.30	148.40	94.19	0.00	2806
3553	共和皮革	東證一部	化學業	B	豐田	2021/03	41,182	3.18	3.81	62.10	176.59	71.40	66.13	0.29	184
3559	P板.com	東證一部	批發業	A	田坂氏	2021/03	1,989	13.73	10.26	77.41	417.27	12.69	12.54	0.00	40
3561	力之源HD	東證一部	零售業	A	河原	2021/03	16,539	-6.29	-5.93	8.72	68.57	750.08	137.31	0.00	150
3563	F&LC	東證一部	零售業	B	藤尾	2020/09	204,957	6.48	5.88	21.46	26.87	424.47	136.38	0.00	3073
3566	UNIFORM NEXT	新興市場	零售業	A	橫井	2020/12	4,968	10.12	6.48	69.67	246.67	51.16	48.24	0.00	40
3577	東海染工	東證一部	纖維製品業	A	八代	2021/03	10,624	-0.63	-1.39	46.87	177.01	123.39	82.75	0.08	40
3580	小松mateRe	東證一部	纖維製品業	C	中山	2021/03	30,018	3.57	4.72	79.05	374.71	69.79	62.67	1.12	420
3591	華歌爾HD	東證一部	纖維製品業	C	塚本	2021/03	152,204	0.02	-0.73	66.80	176.31	87.49	77.41	0.24	1610
3593	HOGY MEDICAL	東證一部	纖維製品業	A	保木	2021/03	36,504	5.42	15.43	90.76	544.43	67.09	65.65	0.62	1103
3597	自重堂	東證一部	纖維製品業	A	出原	2020/06	18,467	4.97	10.00	83.66	563.12	30.66	29.55	0.50	199
3598	山喜	東證一部	纖維製品業	A	宮本	2020/06	10,333	-9.09	-12.51	37.64	148.08	79.05	56.76	-0.28	26
3600	FUJIX	東證二部	纖維製品業	A	藤井	2021/03	5,830	1.20	1.63	81.32	1,154.80	46.96	43.23	0.71	25
3604	川本產業	東證二部	纖維製品業	a	川本	2021/03	30,872	8.46	4.23	31.05	169.91	68.27	39.76	13.18	95
3607	KURAUDIA	東證一部	纖維製品業	A	倉	2020/08	8,272	-16.96	-27.94	21.59	69.81	285.67	136.77	-0.41	31

股票代號	名稱	市場別	行業別	家族企業類別	家族姓氏	會計年度	營業額	資產報酬率(ROA)	營業利益率	權益比率	流動比率	固定比率	固定長期適合率	月平均投資報酬率(60個月)	市值(億日圓)
3608	TSI HD	東證一部	纖維製品業	a	三宅	2021/02	134,078	-6.82	-8.83	62.59	229.96	74.49	60.94	-0.98	251
3611	松岡	東證一部	纖維製品業	A	松岡	2021/03	53,928	10.52	8.46	55.96	245.29	52.42	44.88	0.00	194
3612	WORLD	東證一部	纖維製品業	A	畑崎	2021/03	180,322	-8.52	-12.00	31.96	50.84	229.31	156.54	0.00	508
3623	Billing System	新興市場	資通訊業	A	江田	2020/12	2,887	2.56	7.90	19.36	123.33	12.56	12.52	1.84	77
3625	TechFirm	新興市場	資通訊業	b	山村	2020/06	6,311	4.32	3.47	69.10	525.92	19.09	16.18	0.39	70
3627	JNS	東證一部	資通訊業	A	池田	2021/02	8,499	3.11	2.81	75.61	274.19	55.41	53.50	1.92	74
3635	光榮特庫摩	東證一部	資通訊業	A	襟川	2021/03	60,370	18.03	40.41	86.45	160.49	95.21	92.67	2.93	8344
3639	VOLTAGE	東證一部	資通訊業	A	津谷	2020/06	6,587	-2.83	-1.31	75.83	368.85	15.41	15.41	-1.95	28
3645	medical net	東證一部	資通訊業	A	早川	2021/03	2,917	5.60	3.63	57.43	177.99	53.26	50.57	1.23	26
3649	FINDEX	東證一部	資通訊業	A	相原	2020/12	4,004	17.52	15.88	80.85	589.89	21.02	19.80	1.62	309
3655	BrainPad	東證一部	資通訊業	A	草野	2020/06	6,621	23.98	16.02	80.83	471.10	21.72	21.29	4.53	338
3657	Pole To Win HD	東證一部	資通訊業	a	橘	2021/01	26,729	16.89	12.04	76.86	383.97	20.97	20.63	2.10	443
3662	ATEAM	東證一部	資通訊業	A	林	2021/07	31,739	7.64	4.01	72.46	289.32	42.37	40.65	-0.99	165
3666	TECNOS JAPAN	東證一部	資通訊業	B	德平	2021/03	8,197	14.93	11.27	75.59	340.77	48.05	44.87	0.40	141
3670	協立情報通信	東證一部	資通訊業	A	佐佐木	2021/02	4,509	6.02	3.66	62.89	262.83	61.12	50.88	0.40	21
3675	Cross Marketing	東證一部	資通訊業	A	五十嵐	2020/12	15,984	9.33	6.17	30.90	186.71	59.23	32.88	0.77	72
3677	SYSTEM INFORMATION	東證一部	資通訊業	B	松原	2020/09	12,771	27.10	11.66	67.73	269.66	33.28	31.63	4.57	328
3678	Media Do	東證一部	資通訊業	A	藤田	2021/02	83,540	6.91	3.19	28.03	133.34	76.70	52.46	3.36	845
3683	CYBER LINKS	東證一部	資通訊業	A	村上	2021/03	12,777	9.38	7.23	49.53	493.33	73.15	49.87	3.86	278
3686	DLE	東證一部	資通訊業	a	椎木	2021/03	1,117	-12.30	-46.02	86.49	724.36	22.90	22.39	1.20	142
3708	特種東海製紙	東證一部	紙漿、紙業	b	大倉	2021/03	76,403	2.73	4.22	57.33	157.10	108.42	88.09	0.82	726
3710	Jorudan	新興市場	資通訊業	A	佐藤	2020/09	3,474	3.61	5.70	87.40	697.27	24.04	23.83	1.67	65
3712	情報企畫	東證二部	資通訊業	A	松岡	2020/09	3,035	20.24	36.77	76.59	279.98	66.07	61.45	1.87	131
3723	Nihon Falcom	新興市場	資通訊業	B	加藤	2020/09	2,496	18.93	54.05	84.88	848.49	5.63	5.63	1.25	144
3726	4Cs HD	東證二部	零售業	B	井	2021/03	1,967	-17.24	-20.18	32.72	193.57	60.18	33.96	1.43	33
3727	Aplix	東證二部	資通訊業	A	郡山	2020/12	3,384	1.75	1.60	68.20	257.46	36.66	35.77	-1.23	50
3741	SEC	東證一部	資通訊業	B	矢野	2021/03	6,525	13.15	15.49	82.86	504.84	27.00	26.44	1.29	143
3747	INTERTRADE	東證一部	資通訊業	A	西本	2020/09	2,195	1.44	0.87	63.87	212.76	42.45	41.35	4.57	39
3765	GungHo	東證一部	資通訊業	B	孫	2020/12	98,844	26.63	30.51	78.95	704.44	8.43	8.31	0.15	2197
3766	SYSTEMS DESIGN	新興市場	資通訊業	A	川島	2021/03	7,967	4.10	2.66	84.61	337.81	36.93	32.45	1.43	25
3771	SYSTEM RESEARCH	東證一部	資通訊業	A	山田	2021/03	16,158	14.32	9.70	63.73	267.54	28.26	25.99	2.79	174
3791	IG Port	新興市場	資通訊業	A	石川	2020/05	9,062	2.69	3.11	44.35	141.79	54.62	52.20	1.84	80
3803	Image情報開發	東證二部	資通訊業	A	代永	2020/12	684	1.87	1.90	41.30	558.33	37.28	19.03	0.18	12
3804	System D	新興市場	資通訊業	A	堂山	2020/10	3,854	16.71	18.86	65.17	154.66	89.37	79.81	4.38	106
3814	ALPHAX FOOD SYSTEM	新興市場	資通訊業	A	田村	2020/09	1,291	-21.80	-39.35	1.92	96.44	2,671.43	103.22	4.61	19

股票代號	名稱	市場別	行業別	家族企業類別	家族姓氏	會計年度	營業額	資產報酬率(ROA)	營業利益率	權益比率	流動比率	固定比率	固定長期適合率	月平均投資報酬率(60個月)	市值(億日圓)
3815	Media工房	新興市場	資通訊業	A	長澤	2020/08	1,798	-0.29	-0.50	36.83	244.80	29.69	17.19	-0.04	34
3816	大和電腦	新興市場	資通訊業	A	中村	2020/07	2,766	9.88	16.08	81.91	546.11	44.33	41.03	0.89	48
3817	SRA HD	東證一部	資通訊業	B	丸森	2021/03	39,386	14.68	12.76	59.16	225.99	57.24	47.95	0.66	413
3826	System Integrator	東證一部	資通訊業	A	梅田	2021/02	4,258	12.29	9.77	69.50	238.65	39.20	39.20	1.87	71
3835	eBASE	東證一部	資通訊業	A	常包	2021/03	4,302	22.06	28.15	91.84	951.28	26.15	26.15	4.02	446
3844	COMTURE	東證一部	資通訊業	A	向	2021/03	20,868	20.19	15.09	74.94	353.94	29.90	28.70	4.14	861
3849	NTL	新興市場	資通訊業	A	松村	2021/03	475	-6.01	-16.21	85.28	1,028.57	7.87	7.39	5.51	24
3851	日本一軟體	新興市場	資通訊業	A	北角	2021/03	5,300	22.25	22.39	69.92	368.05	23.88	24.11	2.60	60
3854	I'LL	東證一部	資通訊業	A	岩本	2020/07	12,679	23.89	13.41	48.95	211.03	69.78	49.66	3.72	355
3857	LAC	新興市場	資通訊業	b	三柴	2021/03	43,693	9.04	4.85	47.34	162.97	70.99	56.72	0.62	286
3878	巴川製紙所	東證一部	紙漿、紙業	a	井上	2021/03	30,768	0.14	-0.05	28.28	116.59	192.85	105.65	0.40	87
3880	大王製紙	東證一部	紙漿、紙業	b	井川	2021/03	562,928	4.67	6.55	28.15	144.70	217.91	84.72	1.38	3210
3891	日本高度紙工業	新興市場	紙漿、紙業	A	關	2021/03	15,918	11.70	17.35	66.33	292.33	63.07	52.23	3.52	341
3892	岡山製紙	新興市場	紙漿、紙業	a	岡崎	2020/05	10,032	10.65	13.48	60.21	362.54	46.55	42.72	1.66	55
3895	HAVIX	新興市場	紙漿、紙業	A	福村	2020/12	10,647	5.15	7.21	61.12	263.54	55.70	57.70	1.01	47
3896	阿波製紙	新興市場	紙漿、紙業	A	三木	2021/03	12,551	-0.90	-1.22	26.87	130.09	221.05	104.41	0.05	47
3910	MKSystem	新興市場	資通訊業	A	三宅	2021/03	2,439	9.79	8.98	60.91	200.00	78.32	66.11	1.58	40
3916	DIT	東證一部	資通訊業	A	市川	2020/06	13,495	27.01	10.02	68.23	280.91	21.15	20.76	1.08	220
3918	PCI HD	東證一部	資通訊業	A	天野	2020/09	16,758	6.53	4.48	40.36	240.38	76.00	45.18	1.01	104
3924	R&D COMPUTER	東證一部	資通訊業	A	田村	2021/03	8,877	11.06	6.98	68.67	393.85	14.17	12.62	2.15	68
3934	BENEFIT JAPAN	東證一部	資通訊業	A	佐久間	2021/03	9,945	15.62	12.87	58.67	234.45	13.23	12.80	2.86	107
3939	KANAMIC NETWORK	東證一部	資通訊業	A	山本	2020/09	1,881		34.77	82.72	480.78	23.67	23.53	0.00	389
3941	Rengo	東證一部	紙漿、紙業	c	井上	2021/03	680,714	5.00	5.87	36.01	104.83	179.05	99.45	1.23	2605
3943	大石產業	地方市場	紙漿、紙業	b	中村	2021/03	18,595	5.57	6.52	65.36	237.30	59.82	52.72	1.06	85
3944	古林紙工	東證二部	紙漿、紙業	A	古林	2020/12	16,800	3.74	3.37	47.03	104.72	126.95	103.02	1.15	46
3945	SUPERBAG	東證二部	紙漿、紙業	A	福田	2021/03	26,253	-0.67	-0.52	19.97	123.51	177.84	75.93	-0.15	19
3948	HBF	新興市場	紙漿、紙業	b	村上	2020/12	7,256	4.84	6.13	75.65	214.76	85.50	77.42	0.61	26
3950	THE PACK	東證一部	紙漿、紙業	B	森田	2020/12	78,445	4.06	4.17	71.39	246.41	55.98	52.91	0.41	563
3951	朝日印刷	東證一部	紙漿、紙業	A	朝日	2021/03	40,143	3.35	4.99	48.77	207.44	61.36	55.86	-0.04	218
3953	大村紙業	新興市場	紙漿、紙業	A	大村	2021/03	4,801	3.64	5.62	72.91	347.99	46.92	42.19	3.82	30
3955	井村封筒	東證一部	紙漿、紙業	A	井村	2021/01	21,237	4.98	4.11	75.08	211.96	71.74	69.09	1.33	98
3964	AUCNET	東證一部	資通訊業	A	藤崎	2020/12	24,078	12.17	15.39	58.06	241.89	38.37	33.55	0.00	385
3965	Capital Asset Planning	東證二部	資通訊業	A	北山	2020/09	6,880	3.14	2.46	55.13	221.44	60.62	48.74	0.00	59
3969	ATLED	東證一部	資通訊業	A	林	2021/03	1,924	20.77	40.70	76.17	435.66	15.79	15.07	0.00	170
3974	SCAT	新興市場	資通訊業	B	齋藤	2020/10	2,462	3.62	5.24	59.97	288.13	78.16	57.50	0.00	24

股票代號	名稱	市場別	行業別	家族企業類別	家族姓氏	會計年度	營業額	資產報酬率(ROA)	營業利益率	權益比率	流動比率	固定比率	固定長期適合率	月平均投資報酬率(60個月)	市值(億日圓)
3975	AOI TYO	東證一部	資通訊業	b	原	2020/12	51,087	-1.39	-1.42	40.93	223.93	78.62	46.58	0.00	105
3977	FUSION	新興市場	資通訊業	A	花井	2021/02	1,242	0.00	0.00	38.69	240.80	59.26	34.12	0.00	7
3992	Needs Well	東證一部	資通訊業	B	佐藤	2020/09	5,364	17.41	9.17	74.44	333.73	19.90	19.90	0.00	84
3996	Signpost	東證一部	資通訊業	A	蒲原	2021/02	2,037	-28.19	-29.26	60.82	189.08	54.78	43.32	0.00	116
4025	多木化學	東證一部	化學業	C	多木	2020/12	30,175	4.96	5.83	62.73	299.64	78.11	59.30	3.19	617
4080	田中化學研究所	新興市場	化學業	a	田中	2021/03	22,754	-0.06	-0.09	37.24	146.66	165.85	83.54	2.46	436
4082	第一稀元素化學工業	東證一部	化學業	A	國部	2021/03	23,465	3.93	8.59	53.70	322.49	61.00	61.00	1.90	319
4092	日本化學工業	東證一部	化學業	C	棚橋	2021/03	34,642	4.28	8.03	55.67	174.60	101.34	75.18	1.50	266
4094	日本化學產業	東證二部	化學業	C	柳澤	2021/03	19,642	5.76	12.16	85.32	531.48	49.40	47.30	1.41	260
4095	NIHON PARKERIZING	東證一部	化學業	A	里見	2021/03	99,918	5.31	10.69	68.62	358.96	69.59	64.65	0.69	1585
4102	丸善鈣	東證一部	化學業	a	丸尾	2021/03	10,844	1.32	1.39	56.51	279.09	84.43	60.65	0.74	36
4109	STELLA CHEMIFA	東證一部	化學業	A	橋本／深江	2021/03	32,893	7.72	12.41	68.43	311.53	64.65	54.56	1.39	422
4116	大日精化工業	東證一部	化學業	a	高橋	2021/03	138,491	2.82	3.55	51.54	188.99	64.23	62.79	0.69	460
4120	菅井化學工業	東證一部	化學業	b	菅井	2021/03	6,008	5.00	8.32	51.79	138.61	100.73	79.66	1.78	22
4124	大阪油化工業	新興市場	化學業	a	堀田	2021/03	1,050		10.57	86.89	437.55	49.26	49.26	0.00	15
4187	大阪有機化學工業	東證一部	化學業	B	鎮目	2020/11	28,681	10.29	15.49	76.47	306.29	64.02	59.32	3.42	650
4229	群榮化學工業	東證一部	化學業	C	有田	2021/03	25,194	4.67	8.80	81.19	378.58	68.82	65.45	0.16	228
4231	TIGERS POLYMER	東證一部	化學業	A	澤田	2021/03	36,589	2.92	3.15	48.73	232.54	62.76	54.16	0.03	96
4234	Sun A. 化研	新興市場	化學業	C	藤岡	2021/03	29,986	2.19	2.04	52.11	177.58	72.34	60.96	0.77	61
4237	FUJIPREAM	新興市場	化學業	A	松本	2021/03	12,585	2.19	2.46	58.58	138.03	93.47	82.47	2.03	120
4238	Miraial	東證一部	化學業	A	兵部	2021/01	9,733	3.91	8.92	83.92	551.73	36.92	35.41	1.18	111
4240	CLUSTER TECHNOLOGY	新興市場	化學業	A	安達	2021/03	736	2.36	4.62	89.67	813.43	28.89	28.52	0.97	24
4242	高木精工	新興市場	化學業	A	高木	2021/03	37,144	2.73	2.56	21.76	117.52	230.51	104.02	3.32	55
4243	NIX	新興市場	化學業	A	青木	2020/09	3,580	0.08	0.00	67.89	331.90	65.53	53.45	0.92	24
4245	大亀AXIS	東證一部	化學業	A	大亀	2021/03	34,647	4.20	3.02	27.47	109.89	135.39	86.84	2.30	145
4246	DN	東證一部	化學業	B	西川	2021/03	150,234	2.97	2.97	48.54	176.17	102.21	71.09	-0.26	572
4247	POVAL興業	地方市場	化學業	A	神田	2021/03	3,252	5.53	9.90	82.56	424.89	65.34	60.69	2.15	37
4248	竹本容器	東證一部	化學業	A	竹本	2021/03	14,863	10.43	11.96	52.18	237.31	78.91	55.76	0.58	119
4249	森六	東證一部	化學業	a	森	2021/03	155,460	4.83	3.65	51.78	131.95	95.22	81.38	0.00	383
4251	惠和	東證一部	化學業	A	長村	2020/12	14,735	6.75	7.48	40.86	153.71	113.35	71.17	0.00	187
4274	細谷火工	新興市場	化學業	A	細谷	2021/03	1,557	5.16	12.72	66.36	228.40	81.66	67.80	3.78	52
4286	LEGS	東證一部	服務業	A	内川	2020/12	17,129	10.73	7.26	51.35	208.64	67.05	50.47	2.38	190
4288	Asgent	新興市場	資通訊業	A	杉本	2021/03	2,795	-2.26	-1.86	68.17	286.23	35.23	32.73	3.53	42
4290	PI	東證一部	服務業	A	玉上	2021/03	40,617	12.05	8.82	66.13	238.04	63.01	58.45	2.06	1053
4298	實路多	東證一部	資通訊業	A	橫山	2021/03	60,097	12.64	9.89	72.69	260.79	49.48	47.72	1.62	491

股票代號	名稱	市場別	行業別	家族企業類別	家族姓氏	會計年度	營業額	資產報酬率(ROA)	營業利益率	權益比率	流動比率	固定比率	固定長期適合率	月平均投資報酬率(60個月)	市值(億日圓)
4299	HIMACS	東證一部	資通訊業	B	前田	2021/03	15,431	12.70	8.86	76.80	381.30	28.18	27.24	2.05	154
4301	雅基斯	東證一部	資通訊業	A	大里	2021/03	39,839	7.13	8.97	70.68	387.71	27.63	26.41	0.71	474
4317	Ray	新興市場	服務業	A	分部	2021/02	7,045	-7.85	-10.04	59.32	175.40	65.46	59.63	1.33	54
4318	QUICK	東證一部	服務業	A	和納	2021/03	20,089	13.10	9.29	70.79	256.51	43.39	42.09	1.37	235
4319	TAC	東證一部	服務業	A	齋藤	2021/03	19,749	2.04	2.05	28.45	92.95	170.71	108.82	1.06	48
4323	日本系統技術	東證一部	資通訊業	A	平林	2021/03	18,789	9.65	6.47	52.98	220.97	46.45	37.51	2.38	85
4327	日本SHL	新興市場	服務業	b	清水	2020/09	2,964	23.81	46.93	86.08	819.84	36.48	34.28	1.43	142
4334	YUKE'S	新興市場	資通訊業	A	谷口	2021/01	2,650	-1.59	-6.57	34.66	145.90	24.70	23.04	0.26	39
4335	IPS	新興市場	資通訊業	A	渡邊	2020/06	2,672	3.17	1.87	56.73	276.21	32.90	26.88	4.98	26
4336	Crie Anabuki	新興市場	服務業	A	穴吹	2021/03	6,279	7.18	2.52	53.13	250.32	22.81	19.70	1.73	14
4341	西菱電機	東證二部	服務業	A	西岡	2021/03	18,155	2.55	1.66	48.30	162.05	38.57	37.42	0.44	31
4342	SECOM上信越	東證二部	服務業	a	野澤	2021/03	24,345	8.59	18.69	86.13	733.41	30.19	29.26	0.51	479
4343	永旺幻想	東證一部	服務業	B	岡田	2021/03	46,116	-13.40	-16.11	30.94	40.82	251.23	172.67	1.31	500
4344	SOURCENEXT	東證一部	資通訊業	A	松田	2021/03	12,851	3.00	3.42	60.07	205.95	56.21	50.33	2.99	497
4345	CTS	東證一部	服務業	A	橫島	2021/03	9,968	17.95	22.35	67.01	337.26	51.79	43.04	3.54	371
4349	TISC	地方市場	服務業	A	梅田	2021/03	1,979	5.54	8.74	34.61	344.04	169.06	66.53	1.41	13
4351	山田債權	新興市場	其他金融業	A	山田	2020/12	2,959	-3.13	-9.55	49.41	232.85	37.80	28.71	0.63	26
4355	Longlife	新興市場	服務業	A	遠藤	2020/10	13,230	0.54	0.74	13.10	66.20	534.13	128.03	0.21	31
4361	川口化學工業	東證二部	化學業	A	山田	2020/11	6,628	1.15	1.21	27.43	131.31	132.91	70.65	-0.17	12
4365	松本油脂製藥	新興市場	化學業	A	松本	2021/03	29,605	6.12	13.33	84.78	586.12	26.75	26.19	0.68	500
4368	扶桑化學工業	東證一部	化學業	A	藤沢／赤澤	2021/03	42,209	13.32	22.82	87.03	575.94	46.70	45.31	1.99	1444
4380	M-mart	新興市場	資通訊業	A	村橋	2021/01	777	13.60	22.91	69.47	310.54	7.70	7.70	0.00	46
4381	bplats	新興市場	資通訊業	a	藤田	2021/03	754	3.81	4.64	42.45	105.02	120.30	96.58	0.00	41
4386	SIG Group	東證二部	資通訊業	A	石川	2021/03	4,397	12.51	7.39	59.59	226.15	59.92	49.89	0.00	108
4388	AI	新興市場	資通訊業	A	吉田	2021/03	887	22.67	32.47	91.12	1,120.69	4.14	4.13	0.00	106
4391	Logizard	新興市場	資通訊業	A	遠藤	2020/06	1,536	18.23	16.28	84.07	515.52	21.63	21.63	0.00	61
4396	System Support	東證一部	資通訊業	A	小清水	2020/06	13,376	13.33	5.64	40.47	156.08	54.67	44.18	0.00	214
4404	三好油脂	東證一部	食品業	c	三木	2020/12	43,080	2.81	2.61	49.19	142.02	110.18	80.06	0.20	126
4409	東邦化學工業	東證一部	化學業	A	中崎	2020/12	40,649	2.64	3.41	25.75	150.21	182.73	72.82	1.85	108
4410	哈利瑪化成集團	東證一部	化學業	A	長谷川	2021/03	62,850	2.39	2.51	49.81	170.16	97.85	74.15	1.65	246
4420	eSOL	東證一部	資通訊業	A	長谷川	2020/12	9,042	9.73	7.54	76.92	451.63	19.02	18.05	0.00	259
4421	D.I.System	新興市場	資通訊業	A	長田	2021/03	4,283	6.21	7.64	51.59	193.16	54.18	44.66	0.00	41
4426	PASSLOGY	新興市場	資通訊業	A	小川	2020/06	426	35.95	38.73	53.90	119.35	98.32	87.69	0.00	5
4428	sinops	新興市場	資通訊業	A	南谷	2020/12	909	1.34	2.42	76.95	432.51	24.28	23.13	0.00	94
4430	東海軟體	東證一部	資通訊業	A	水谷	2020/05	6,730	9.95	7.56	63.22	274.02	47.82	40.57	0.00	67

股票代號	名稱	市場別	行業別	家族企業類別	家族姓氏	會計年度	營業額	資產報酬率(ROA)	營業利益率	權益比率	流動比率	固定比率	固定長期適合率	月平均投資報酬率(60個月)	市值(億日圓)
4437	GDH	新興市場	資通訊業	A	小倉	2021/03	5,442	5.45	2.92	56.97	228.46	39.54	34.11	0.00	38
4448	Chatwork	新興市場	資通訊業	A	山本	2020/12	2,424	14.40	13.49	70.61	297.31	18.04	18.04	0.00	470
4463	日華化學	東證一部	化學業	A	江守	2020/12	41,179	2.74	3.44	39.53	149.63	129.39	80.78	-0.10	156
4464	SOFT99	東證一部	化學業	A	田中	2021/03	26,802	5.86	11.97	87.06	660.91	58.82	55.29	1.33	288
4465	Niitaka	東證一部	化學業	A	中西、森田	2020/05	17,723	9.38	9.12	59.40	193.37	93.47	72.10	1.85	218
4481	BASE	東證一部	資通訊業	A	中山	2020/12	12,400	25.27	19.66	65.43	287.75	20.16	19.36	0.00	549
4482	WILLs	新興市場	資通訊業	A	杉本	2020/12	2,433		16.40	46.19	144.84	64.50	57.82	0.00	217
4483	JMDC	新興市場	資通訊業	B	西本	2021/03	16,771	8.80	22.03	48.83	214.72	104.40	66.06	0.00	2914
4486	Unite & Grow	新興市場	資通訊業	A	須田	2020/12	1,732	13.08	12.47	67.18	285.87	14.47	14.21	0.00	52
4491	Computer Management	新興市場	資通訊業	A	竹中	2021/03	6,233	10.96	6.18	63.50	383.98	26.08	21.17	0.00	29
4492	GENETEC	新興市場	資通訊業	A	上野	2021/03	4,079	9.18	6.23	64.24	350.37	25.57	21.17	0.00	36
4519	中外製藥	東證一部	醫藥品業	C	上野	2020/12	786,946	26.27	38.28	79.32	353.67	40.88	40.08	2.82	92399
4523	衛采製藥	東證一部	醫藥品業	a	內藤	2021/03	645,942	4.98	8.01	64.51	202.46	81.30	70.64	0.86	22002
4524	森下仁丹	東證一部	醫藥品業	A	森下	2021/03	9,429	1.80	2.37	71.11	294.65	81.14	67.38	-0.16	83
4527	樂敦製藥	東證一部	醫藥品業	A	山田	2021/03	181,287	11.05	12.68	68.88	235.64	59.62	55.11	0.98	3487
4528	小野藥品工業	東證一部	醫藥品業	A	小野	2021/03	309,284	14.19	31.79	85.10	264.20	78.55	77.10	-0.22	15269
4530	久光製藥	東證一部	醫藥品業	C	中冨	2021/02	114,510	3.98	9.32	84.06	658.95	40.39	37.98	1.05	5655
4534	持田製藥	東證一部	醫藥品業	A	持田	2021/03	102,995	7.68	11.65	78.48	413.77	33.86	32.31	0.39	1743
4538	扶桑藥品工業	東證一部	醫藥品業	a	戶田	2021/03	49,251	3.50	4.77	48.20	147.72	90.08	70.38	0.43	241
4539	日本Chemiphar	東證一部	醫藥品業	A	山口	2021/03	31,541	1.29	1.79	38.19	215.90	92.66	50.53	-0.53	112
4541	日醫工	東證一部	醫藥品業	A	田村	2021/03	188,218	0.07	0.06	30.58	121.96	169.54	86.17	-1.16	648
4547	KISSEI	東證一部	醫藥品業	A	神澤	2021/03	69,044	1.11	2.18	81.57	509.54	80.20	70.36	0.37	1269
4548	生化學工業	東證一部	醫藥品業	A	水谷	2021/03	27,662	2.88	5.53	90.97	776.57	41.44	40.99	-0.34	587
4549	榮研化學	東證一部	醫藥品業	b	黑住	2021/03	38,667	12.51	17.10	74.30	234.76	62.12	60.31	1.47	942
4553	東和藥品	東證一部	醫藥品業	A	吉田	2021/03	154,900	8.39	12.86	47.46	266.50	92.95	55.82	1.36	1259
4554	富士製藥工業	東證一部	醫藥品業	A	今井	2020/09	33,793	5.12	9.29	64.49	317.84	67.54	52.96	0.85	390
4556	KAINOS	新興市場	醫藥品業	b	杉山	2021/03	4,257	9.30	14.85	66.92	214.32	62.33	57.31	2.06	47
4558	中京醫藥品	新興市場	醫藥品業	A	山田	2021/03	5,827	4.71	3.86	47.27	145.90	90.59	70.47	6.53	42
4559	善利亞新藥工業	東證一部	醫藥品業	A	伊部	2021/03	55,442	3.27	6.21	45.96	69.41	150.94	124.45	0.98	1117
4569	杏林製藥	東證一部	醫藥品業	A	萩原	2021/03	102,904	3.67	5.62	74.59	416.05	42.59	38.00	0.23	1246
4571	Nano Carrier	新興市場	醫藥品業	b	中富	2021/03	315	-15.37	-415.97	94.83	2,604.53	12.38	12.29	-0.94	215
4574	大幸藥品	東證一部	醫藥品業	A	柴田	2020/12	17,582	26.35	32.14	71.72	264.75	52.40	49.19	2.24	709
4575	CanBas	新興市場	醫藥品業	C	河邊	2020/06	110	-52.95	-514.55	11.96	446.01	20.53	3.44	0.56	51
4576	DWTI	新興市場	醫藥品業	A	日高	2020/12	355	-11.23	-74.65	78.96	1,197.61	10.83	9.27	0.22	85
4577	Daito	東證一部	醫藥品業	B	笹山	2020/05	44,991	10.74	11.91	67.29	204.96	64.08	60.24	1.44	570

股票代號	名稱	市場別	行業別	家族企業類別	家族姓氏	會計年度	營業額	資產報酬率(ROA)	營業利益率	權益比率	流動比率	固定比率	固定長期適合率	月平均投資報酬率(60個月)	市值(億日圓)
4578	大塚HD	東證一部	醫藥品業	A	大塚	2020/12	1,422,826	7.75	13.96	70.49	241.16	87.68	74.48	0.46	24645
4581	大正製藥HD	東證一部	醫藥品業	A	上原	2021/03	281,980	2.71	7.08	83.10	620.35	71.25	65.76	-0.01	6079
4586	MEDRx	新興市場	醫藥品業	A	松村	2020/12	115	-52.03	-982.61	91.42	1,545.90	19.52	19.28	1.36	39
4591	RIBOMIC	新興市場	醫藥品業	a	中村	2021/03	91	-29.54	-1,361.54	98.07	5,215.52	1.15	1.15	-0.58	102
4599	StemRIM	新興市場	醫藥品業	B	玉井	2020/07	991	5.94	19.76	95.46	3,097.74	2.92	2.90	0.00	463
4621	ROCK PAINT	東證二部	化學業	B	辻	2021/03	23,374	3.65	6.78	82.70	528.91	53.93	49.83	0.52	171
4623	ASAHIPEN	東證二部	化學業	a	田中	2021/03	15,845	5.80	6.44	65.77	269.84	76.64	61.77	0.64	93
4624	ISAMU塗料	東證二部	化學業	A	北村	2021/03	7,158	3.01	7.36	81.48	484.28	56.26	52.86	0.69	80
4625	ATOMIX	新興市場	化學業	B	西川	2021/03	11,122	4.57	5.79	66.47	210.87	59.14	55.20	1.29	51
4626	太陽HD	東證一部	化學業	b	川原	2021/03	80,991	8.73	17.22	42.54	243.88	113.03	61.24	1.30	1749
4627	NATOCO	東證一部	化學業	A	粕谷	2020/10	16,247	6.01	8.87	77.27	358.75	37.54	36.16	0.55	83
4628	SK化研	新興市場	化學業	A	藤井	2021/03	85,174	7.26	11.67	84.51	674.19	13.93	13.54	-0.08	1212
4629	大伸化學	新興市場	化學業	A	坪井	2021/03	25,645	7.90	6.35	66.52	235.99	38.08	37.88	0.91	70
4631	DIC	東證一部	化學業	A	川村	2020/12	701,223	5.10	5.66	38.94	202.86	131.23	71.09	0.26	2478
4636	T&K TOKA	東證一部	化學業	A	增田	2021/03	42,205	0.49	0.47	65.60	177.20	82.00	73.51	0.33	193
4641	Altech技研	東證一部	服務業	B	松井	2020/12	35,753	18.11	10.18	60.71	188.68	49.75	48.01	1.72	519
4642	OEC	東證二部	服務業	A	菅	2020/12	6,274	9.58	10.58	81.16	510.22	25.07	24.12	2.22	76
4644	IMAGINEER	新興市場	資通訊業	A	神藏	2021/03	7,205	12.28	19.75	88.11	669.64	26.18	26.18	1.11	133
4649	大成	地方市場	服務業	A	加藤	2021/03	24,706	4.15	2.21	57.68	191.79	98.99	74.69	1.09	61
4650	SD娛樂	新興市場	服務業	A	瀨戶	2021/03	3,662	-3.86	-7.37	21.65	48.80	363.91	137.89	0.33	41
4651	SANIX	東證一部	服務業	A	宗政	2021/03	49,416	7.16	4.70	24.51	86.79	226.78	114.03	1.65	157
4653	Daiohs	東證一部	服務業	A	大久保	2021/03	49,176	-6.90	-6.62	54.36	173.14	100.21	73.91	0.21	134
4657	環境管理中心	新興市場	服務業	A	水落	2020/06	4,261	5.17	5.33	39.20	114.04	174.41	96.93	1.25	22
4659	AJIS	新興市場	服務業	A	齋藤	2021/03	27,966	20.75	16.88	78.53	363.64	36.09	35.96	2.08	413
4666	PARK24	東證一部	不動產業	A	西川	2020/10	268,904	-4.99	-5.47	10.47	111.98	627.83	94.80	-0.20	2183
4667	AISAN TECHNOLOGY	新興市場	資通訊業	A	加藤	2021/03	3,589	3.33	6.80	81.08	521.42	29.82	28.29	-1.30	102
4668	明光網路	東證一部	服務業	A	渡邊	2020/08	18,218	1.63	1.17	67.47	230.00	54.81	50.94	-0.24	209
4669	NIPPAN RENTAL	新興市場	服務業	A	石塚	2020/12	8,157	2.60	4.11	18.02	85.63	398.71	107.03	1.10	18
4671	FALCO HD	東證一部	服務業	b	赤澤	2021/03	43,608	7.90	5.99	55.04	209.48	76.53	68.40	0.86	197
4674	CRESCO	東證一部	資通訊業	A	岩崎	2021/03	39,706	13.62	8.77	64.22	280.75	52.67	44.25	1.64	371
4678	秀英予備校	東證一部	服務業	A	渡邊	2021/03	10,816	3.53	3.49	41.92	69.58	185.58	113.99	0.24	28
4679	田谷	東證一部	服務業	A	田谷	2021/03	6,785	-25.47	-18.63	20.92	38.66	383.51	164.20	-0.30	29
4680	ROUND 1	東證一部	服務業	A	杉野	2021/03	60,967	-13.46	-31.63	27.01	222.69	237.37	76.57	2.28	1188
4681	resorttrust	東證一部	服務業	A	伊藤	2021/03	167,538	3.92	8.78	28.38	151.68	220.10	84.44	0.08	2005
4684	OBIC	東證一部	資通訊業	A	野田	2021/03	83,862	17.28	57.33	89.19	681.32	50.83	49.29	2.45	20149

股票代號	名稱	市場別	行業別	家族企業類別	家族姓氏	會計年度	營業額	資產報酬率 (ROA)	營業利益率	權益比率	流動比率	固定比率	固定長期適合率	月平均投資報酬率 (60個月)	市值 (億日圓)
4686	JUSTSYSTEMS	東證一部	資通訊業	B	瀧崎	2021/03	41,174	21.60	36.60	81.00	460.91	16.25	16.22	3.90	3886
4687	TDC SOFT	東證一部	資通訊業	A	野崎	2021/03	27,292	13.69	8.64	73.25	317.03	26.13	25.69	2.69	256
4694	BML	東證一部	服務業	A	近藤	2021/03	138,571	15.61	14.39	63.50	244.88	45.51	42.78	1.27	1684
4696	渡部婚禮	東證一部	服務業	a	渡部	2020/12	19,678	-42.99	-55.81	-3.32	54.18		767.94	0.64	28
4705	CLIP	新興市場	服務業	A	井上	2021/03	3,196	3.74	6.76	88.98	813.52	35.92	34.89	0.24	39
4707	KITAC	新興市場	服務業	A	中山	2020/10	2,838	4.37	8.17	48.93	116.10	163.97	96.72	0.87	19
4719	ALPHA SYSTEMS	東證一部	資通訊業	A	石川	2021/03	31,318	7.79	10.76	81.68	450.39	40.05	38.46	1.63	506
4720	城南進學研究社	新興市場	服務業	A	下村	2021/03	5,709	-10.07	-11.16	48.19	138.01	136.44	87.47	1.27	36
4728	TOSE	東證一部	資通訊業	A	齋藤	2020/08	5,635	5.28	6.48	84.97	569.60	52.82	50.02	1.96	69
4732	USS	東證一部	服務業	A	服部、瀬田	2021/03	74,874	16.89	48.38	81.35	302.83	75.36	71.11	0.72	6779
4733	OBC	東證一部	資通訊業	A	和田	2021/03	29,252	9.19	44.24	81.18	539.93	26.07	24.78	1.94	4681
4734	Being	新興市場	資通訊業	A	津田	2021/03	6,468	5.38	6.91	45.94	296.72	57.42	35.09	1.89	74
4735	京進	東證二部	服務業	A	立木	2020/05	22,027	-0.79	-0.79	16.24	66.95	443.12	123.81	2.19	58
4736	日本RAD	新興市場	資通訊業	A	大塚	2021/03	3,008	-2.49	-4.12	62.74	634.85	16.27	11.89	2.89	36
4746	東計電算	東證一部	資通訊業	A	甲田	2020/12	15,848	10.34	18.32	80.81	159.69	93.06	89.11	1.58	406
4748	構造計畫研究所	新興市場	資通訊業	a	服部	2020/06	13,432	13.36	13.81	41.95	129.91	145.40	87.17	1.90	145
4750	DAISAN	東證二部	服務業	A	三浦	2020/04	9,499		2.79	66.06	260.71	73.02	61.24	-0.11	46
4752	昭和系統工程	新興市場	資通訊業	A	尾崎	2021/03	6,013	7.69	8.38	54.85	572.00	35.93	22.93	1.40	37
4754	TOSNET	新興市場	服務業	A	佐藤	2020/09	9,948	5.09	4.33	67.34	289.70	52.57	45.57	0.58	45
4755	樂天集團	東證一部	服務業	A	三木谷	2020/12	1,455,538	-0.86	-6.45	4.86	83.77	708.85	159.58	-0.08	14260
4760	ALPHA	新興市場	資通訊業	A	淺野	2020/12	10,106	-10.06	-7.73	45.18	134.89	86.26	71.18	0.45	15
4766	PA	東證二部	服務業	A	加藤	2020/12	1,600	-12.03	-12.81	36.37	158.50	86.65	55.93	1.22	19
4768	大塚商會	東證一部	資通訊業	A	大塚	2020/12	836,323	12.11	6.73	58.85	221.40	28.76	27.34	1.46	10355
4769	IC	東證一部	服務業	A	斎藤	2021/03	8,487	8.83	6.96	70.00	310.87	37.44	34.37	1.52	66
4770	團扇Elmic	東證二部	資通訊業	B	金子	2021/03	617	-8.17	-10.05	77.73	471.63	5.55	5.42	0.47	20
4781	日本住房	東證一部	服務業	a	小佐野	2021/03	114,967	11.34	5.64	59.89	203.30	47.58	44.74	0.36	597
4783	NCD	東證一部	資通訊業	A	下條	2021/03	17,563	2.25	1.38	38.29	170.22	97.73	59.38	0.34	59
4792	山田顧問集團	東證一部	服務業	B	山田	2021/03	15,315	14.23	14.70	74.47	349.11	21.08	20.95	2.14	238
4800	ORICON	新興市場	資通訊業	A	小池	2021/03	4,030	25.63	26.25	82.74	461.40	24.59	24.59	4.37	175
4801	CENTRAL SPORTS	東證一部	服務業	A	後藤	2021/03	36,027	1.98	2.44	50.59	111.96	155.33	97.20	0.63	287
4809	Paraca	東證一部	不動產業	a	內海	2020/09	12,471	4.00	11.17	43.45	186.72	195.54	92.43	0.49	167
4814	Nextware	新興市場	資通訊業	A	豐田	2021/03	3,156	1.22	0.57	55.52	176.77	57.31	51.85	1.07	24
4820	EM SYSTEMS	東證一部	資通訊業	A	國光	2020/12	9,660	5.95	10.73	76.45	321.95	67.43	60.92	2.30	706
4825	weathernews	東證一部	資通訊業	B	石橋	2020/05	17,953	14.00	12.70	85.14	512.05	31.19	31.18	0.50	447
4829	日本Enterprise	東證一部	資通訊業	A	植田	2020/05	3,588	4.36	7.44	80.85	947.88	16.64	15.68	0.30	112

股票代號	名稱	市場別	行業別	家族企業類別	家族姓氏	會計年度	營業額	資產報酬率 (ROA)	營業利益率	權益比率	流動比率	固定比率	固定長期適合率	月平均投資報酬率 (60個月)	市值 (億日圓)
4833	Success Holders	新興市場	服務業	B	倉橋	2021/03	1,827	-31.48	-41.27	68.52	330.84	2.63	2.57	2.49	64
4834	CAREER BANK	地方市場	服務業	A	佐藤	2020/05	5,663	4.08	2.00	25.40	180.98	66.63	45.45	0.26	9
4837	SHIDAX	新興市場	服務業	A	志太	2021/03	110,148	1.79	0.63	18.84	101.54	182.07	97.18	-0.31	123
4845	SCALA	東證一部	資通訊業	b	內田	2020/06	17,025	4.35	5.49	29.71	144.22	177.41	95.14	1.09	119
4848	FULLCAST	東證一部	服務業	A	平野	2020/12	43,226	25.87	14.18	68.90	338.07	28.17	26.79	2.24	617
4849	en Japan	東證一部	服務業	A	越智	2021/03	42,725	16.00	18.19	77.85	408.28	35.58	34.14	2.02	1698
4912	獅王	東證一部	化學業	c	小林	2020/12	355,352	10.95	12.40	53.21	147.29	82.03	74.33	1.73	7472
4917	mandom	東證一部	化學業	A	西村	2021/03	63,310	-0.52	-1.25	73.05	323.43	74.95	68.65	0.19	1008
4918	IVY化粧品	新興市場	化學業	A	白銀	2021/03	3,762	1.25	1.36	32.75	129.49	120.79	74.33	-0.66	34
4919	mILBON	東證一部	化學業	A	鴻池	2020/12	35,725	15.23	17.90	84.29	362.66	57.71	56.67	2.15	2176
4920	日本色料工業研究所	新興市場	化學業	A	奧村	2021/02	9,143	-5.30	-9.09	19.87	133.04	350.52	90.24	2.24	28
4922	高絲	東證一部	化學業	A	小林	2021/03	279,389	4.46	4.76	73.12	332.80	45.83	44.74	1.12	9489
4923	COTA	東證一部	化學業	A	小田	2021/03	7,764	14.80	20.87	74.04	415.36	43.97	38.89	1.58	390
4925	HABA研究所	新興市場	化學業	A	小柳	2021/03	14,307	1.31	1.58	69.03	327.72	50.89	43.80	1.34	179
4926	C'BON	東證一部	化學業	A	犬塚	2021/03	9,101	-9.07	-9.92	79.38	305.63	66.01	63.59	0.01	88
4927	POLA ORBIS	東證一部	化學業	A	鈴木	2020/12	176,311	6.47	7.80	83.18	509.96	46.25	43.85	0.70	4798
4928	NOEVIR HD	東證一部	化學業	A	大倉	2020/09	51,841	9.89	15.55	64.93	665.12	57.02	41.04	1.69	1681
4929	ADJUVANT	東證一部	化學業	A	田中	2021/03	4,885	5.63	5.98	80.30	497.81	57.57	52.46	0.56	83
4931	新日本製藥	新興市場	化學業	B	山田	2020/09	33,728	17.38	9.87	71.17	362.34	26.36	24.29	0.00	580
4951	S.T	東證一部	化學業	A	鈴木	2021/03	49,673	9.33	7.94	68.54	225.18	63.36	58.92	1.59	450
4952	SDS Biotech	東證一部	化學業	B	出光	2021/03	11,999	12.61	10.32	52.49	252.60	54.71	40.01	1.02	79
4955	Agro Kanesho	東證一部	化學業	a	櫛引	2020/12	15,203	3.52	6.83	65.02	574.06	39.38	32.70	1.50	223
4956	小西	東證一部	化學業	A	小西	2021/03	133,736	6.81	5.45	56.89	192.69	58.33	53.69	0.77	731
4957	安原CHEMICAL	東證二部	化學業	A	安原	2021/03	11,343	1.49	3.11	74.62	585.42	37.26	31.72	0.16	64
4958	長谷川香料	東證一部	化學業	A	長谷川	2020/09	50,192	5.07	10.67	81.09	575.12	59.17	52.87	0.92	902
4960	CHEMIPRO化成	東證二部	化學業	B	福岡	2021/03	9,553	2.57	3.65	33.17	131.89	127.49	75.20	1.21	44
4962	互應化學工業	東證二部	化學業	A	藤村	2021/03	6,360	3.05	7.44	86.22	630.13	48.76	46.40	0.06	77
4966	上村工業	東證一部	化學業	A	上村	2021/03	55,947	11.80	16.96	81.63	475.27	45.27	42.61	1.32	778
4967	小林製藥	東證一部	化學業	A	小林	2020/12	150,514	11.31	17.24	76.60	327.75	40.61	39.38	1.96	10347
4968	荒川化學工業	東證一部	化學業	b	荒川	2021/03	70,572	3.56	4.62	54.11	159.04	89.81	72.78	1.18	273
4970	東洋合成工業	新興市場	化學業	A	木村	2021/03	27,164	7.13	10.82	29.39	100.50	207.35	99.68	6.51	1130
4971	MEC	東證一部	化學業	A	前田	2020/12	11,956	11.59	19.82	81.22	299.74	62.59	60.81	2.53	456
4972	綜研化學	新興市場	化學業	b	中島	2021/03	31,493	9.07	10.79	63.34	205.10	61.75	55.62	2.22	181
4976	東洋DRILUBE	新興市場	化學業	A	飯野	2020/06	5,644	2.36	3.61	81.71	554.65	46.28	42.60	1.28	29
4977	新田明膠	東證一部	化學業	A	新田	2021/03	30,550	4.10	4.44	48.10	210.45	87.22	63.13	0.20	123

股票代號	名稱	市場別	行業別	家族企業類別	家族姓氏	會計年度	營業額	資產報酬率(ROA)	營業利益率	權益比率	流動比率	固定比率	固定長期適合率	月平均投資報酬率(60個月)	市值(億日圓)
4985	EARTH製藥	東證一部	化學業	c	木村	2020/12	196,045	10.19	5.82	46.13	128.90	88.83	81.25	0.68	1284
4987	寺岡製作所	東證二部	化學業	a	寺岡	2021/03	21,662	0.60	0.59	78.43	317.83	57.67	54.65	1.01	105
4990	昭和化學工業	東證一部	化學業	A	石橋	2021/03	7,676	3.34	4.77	46.86	142.77	105.11	76.44	3.49	61
4994	大成Lamick	東證一部	化學業	A	木村	2021/03	25,937	8.26	9.28	71.64	202.08	66.86	66.86	0.23	202
4995	SANKEI化學	地方市場	化學業	a	福谷	2020/11	6,711	2.36	2.35	36.51	214.47	70.12	40.07	0.24	10
4998	FUMAKILLA	東證一部	化學業	A	大下	2021/03	48,532	8.77	7.34	40.23	123.86	87.79	78.36	1.01	262
5018	MORESCO	東證一部	石油、煤炭製品業	B	松川	2021/02	24,479	3.13	3.44	57.38	188.45	78.11	71.60	0.36	110
5019	出光興產	東證一部	石油、煤炭製品業	A	出光	2021/03	4,556,620	3.93	3.07	29.10	102.73	198.88	100.88	1.36	8501
5070	DRAFT	新興市場	營造業	A	山下	2020/12	4,313	12.40	8.90	52.76	250.58	55.37	40.71	0.00	108
5071	VIS	新興市場	營造業	A	中村	2021/03	8,075	9.94	6.46	69.19	190.46	60.21	60.07	0.00	50
5103	昭和HD	東證一部	橡膠製品業	A	此下	2021/03	13,661	1.82	4.44	9.97	121.23	258.32	192.44	0.12	44
5108	普利司通	東證一部	橡膠製品業	B	石橋	2020/12	2,994,524	1.69	2.14	51.32	197.22	99.29	68.81	0.11	24152
5122	岡本	東證一部	橡膠製品業	a	岡本	86,361	8.17	9.57	60.25	246.33	63.08	53.73	0.36	824
5161	西川橡膠	東證一部	橡膠製品業	A	西川	2021/03	80,234	4.95	5.90	57.98	255.87	79.80	61.37	0.09	301
5162	朝日橡膠	新興市場	橡膠製品業	B	伊藤	2021/03	6,487	-0.83	-1.42	42.84	196.89	104.60	62.28	0.85	31
5185	FUKOKU	東證一部	橡膠製品業	A	河本	2021/03	63,214	1.25	1.10	47.14	155.94	91.73	72.04	0.24	144
5186	霓塔	東證一部	橡膠製品業	B	新田	2021/03	78,697	2.38	3.64	80.17	356.10	58.82	55.71	0.38	797
5187	CREATE MEDIC	東證一部	精密機械業	B	中尾	2020/12	10,830	5.94	9.09	77.36	415.10	48.19	43.92	0.57	96
5189	櫻護謨	東證一部	橡膠製品業	A	中村	2021/03	10,022	1.86	2.77	51.19	210.68	67.04	49.86	0.59	42
5194	相模橡膠工業	東證一部	橡膠製品業	A	大跡	2021/03	5,586	7.46	20.96	46.66	82.97	144.37	113.85	1.33	123
5199	不二乳膠	新興市場	橡膠製品業	A	岡本	2021/03	6,850	2.20	3.93	26.57	105.50	190.50	95.02	1.51	38
5204	石塚硝子	東證一部	玻璃、土石製品業	A	石塚	2021/03	64,940	1.24	1.31	28.63	151.55	190.50	82.95	0.51	84
5208	有澤製作所	東證一部	化學業	a	有澤	2021/03	46,439	5.00	6.71	68.82	300.01	53.80	47.91	1.50	345
5210	日本山村硝子	東證一部	玻璃、土石製品業	a	山村	2021/03	57,136	-2.57	-4.81	48.96	162.54	127.46	81.57	-0.34	114
5212	不二硝子	東證二部	玻璃、土石製品業	A	小熊	2021/03	2,538	2.85	3.98	69.22	409.57	81.57	64.63	5.22	34
5216	倉元製作所	新興市場	玻璃、土石製品業	A	鈴木	2020/12	1,003	-25.35	-31.31	23.89	196.81	254.15	75.89	-0.48	29
5218	小原	東證一部	玻璃、土石製品業	B	服部	2020/10	17,873	-2.99	-9.65	72.89	397.90	58.57	49.89	2.59	313
5237	野澤	東證二部	玻璃、土石製品業	C	野澤	2021/03	22,394	7.25	8.24	63.31	227.32	85.07	67.12	0.19	87
5271	TOYO ASANO	東證二部	玻璃、土石製品業	A	植松	2021/02	16,421	2.00	1.85	20.23	80.94	270.12	125.50	1.52	25
5273	三谷石產	東證一部	玻璃、土石製品業	A	三谷	2021/03	68,907	8.34	10.88	68.51	283.99	56.45	50.29	2.03	1001
5277	SPANCRETE	東證二部	玻璃、土石製品業	A	村山	2021/03	3,344	-2.24	-5.62	83.31	420.63	63.03	59.20	1.53	31
5280	Yoshicon	新興市場	不動產業	A	吉田	2021/03	21,081	4.50	7.86	57.43	181.27	53.70	49.94	0.48	85
5283	高見澤	新興市場	批發業	A	高見澤	2020/06	62,519	3.72	1.72	30.92	124.71	148.48	82.36	0.47	33
5284	YAMAU HD	東證一部	玻璃、土石製品業	c	伊佐	2021/03	26,711	8.46	7.02	30.25	121.36	108.48	74.16	1.86	37
5285	YAMAX	新興市場	玻璃、土石製品業	A	茂森	2021/03	18,576	4.73	3.42	35.99	100.13	127.16	99.83	1.52	30

股票代號	名稱	市場別	行業別	家族企業類別	家族姓氏	會計年度	營業額	資產報酬率(ROA)	營業利益率	權益比率	流動比率	固定比率	固定長期適合率	月平均投資報酬率(60個月)	市值(億日圓)
5287	伊藤窯業	東證二部	玻璃、土石製品業	A	畑中／伊藤	2021/03	3,052	2.26	3.70	54.18	193.77	98.24	70.17	2.00	39
5304	SEC CARBON	東證二部	玻璃、土石製品業	A	大谷	2021/03	21,299	5.58	14.47	91.05	1,422.59	34.80	33.29	3.29	307
5310	東洋炭素	東證一部	玻璃、土石製品業	A	近藤	2020/12	31,226	4.68	10.96	87.52	523.70	47.79	47.09	0.88	423
5337	DANTO HD	東證一部	玻璃、土石製品業	A	加藤	2020/12	5,415	-6.60	-21.81	39.84	164.25	83.94	65.97	3.37	144
5341	ASAHI EITO	東證一部	玻璃、土石製品業	a	丹羽	2020/11	2,002	1.17	0.90	49.39	266.26	45.97	32.11	1.83	26
5342	Janis工業	地方市場	玻璃、土石製品業	b	伊奈	2021/03	4,542	0.33	0.32	47.33	137.50	116.00	81.99	-0.47	21
5343	NIKKO	地方市場	玻璃、土石製品業	A	三谷	2021/03	11,458	-6.87	-5.47	82.15	93.60	417.36	114.01	0.61	36
5344	MARUWA	東證一部	玻璃、土石製品業	A	神戶	2021/03	41,438	13.85	24.73	84.99	558.82	36.70	35.57	2.98	1405
5355	日本坩堝	東證二部	玻璃、土石製品業	A	川村／岡田／大久保	2021/03	7,657	0.74	0.77	45.89	185.27	87.81	59.47	1.12	35
5356	美濃窯業	地方市場	玻璃、土石製品業	A	太田	2021/03	11,837	6.96	9.77	64.17	200.46	69.12	61.40	1.99	64
5363	TYK	東證一部	玻璃、土石製品業	C	牛込	2021/03	22,914	5.10	9.10	67.49	383.14	57.96	52.76	1.91	152
5367	NIKKATO	東證二部	玻璃、土石製品業	a	西村	2021/03	8,654	2.63	4.19	71.75	271.04	65.67	58.54	2.07	92
5368	日本INSULATION	東證二部	玻璃、土石製品業	A	大橋	2021/03	14,301	14.24	15.87	69.49	265.22	56.02	50.57	0.00	104
5380	新東	新興市場	玻璃、土石製品業	A	石川	2020/06	5,495	0.50	0.58	49.93	91.87	120.11	106.28	0.23	8
5381	澁谷斯	新興市場	玻璃、土石製品業	A	渡邉	2021/03	7,361	3.27	4.88	38.69	234.36	80.01	43.89	2.41	75
5384	福吉米	東證一部	玻璃、土石製品業	B	越山	2021/03	41,956	12.36	18.21	85.28	577.29	31.75	30.99	2.47	1238
5386	鶴彌	東證二部	玻璃、土石製品業	A	鶴見	2021/03	7,290	2.37	4.95	73.57	124.86	97.18	92.64	0.51	32
5387	CHIYODA UTE	新興市場	玻璃、土石製品業	A	平田	2021/03	25,206	1.50	1.73	42.93	136.10	152.60	87.75	0.34	100
5388	國峯工業	東證二部	玻璃、土石製品業	A	國峯	2021/03	14,593	10.34	15.39	79.87	629.66	40.48	36.88	2.00	185
5423	東京製鐵	東證一部	鋼鐵業	B	池谷	2021/03	141,448	2.42	2.82	70.42	250.85	61.49	55.05	0.87	1313
5440	共英製鋼	東證一部	鋼鐵業	a	高島	2021/03	226,371	4.94	5.59	54.71	210.73	72.78	58.69	0.70	745
5444	大和工業	東證一部	鋼鐵業	A	井上	2021/03	136,025	3.14	7.36	83.95	947.51	69.46	65.52	1.06	2223
5445	東京鐵鋼	東證一部	鋼鐵業	C	吉原	2021/03	62,391	12.52	12.04	73.72	227.00	75.06	68.97	0.58	177
5463	丸一鋼管	東證一部	鋼鐵業	A	吉村	2021/03	161,138	6.09	11.38	81.52	405.59	59.80	57.34	0.12	2374
5464	MORY工業	東證一部	鋼鐵業	A	森	2021/03	35,112	5.43	8.34	76.31	313.87	52.38	49.45	1.77	208
5482	愛知製鋼	東證一部	鋼鐵業	B	豐田	2021/03	204,908	1.35	1.74	54.07	224.67	99.37	70.47	0.18	738
5607	中央可鍛工業	地方市場	鋼鐵業	C	武山	2021/03	29,017	1.43	1.63	53.96	163.49	107.85	79.78	0.62	70
5610	大和重工	東證二部	鋼鐵業	A	田中	2020/12	3,179	-4.23	-9.25	46.54	129.67	104.83	80.63	-0.21	10
5690	REVER	東證一部	鋼鐵業	A	鈴木	2020/06	28,375	3.50	3.45	57.39	102.43	111.83	90.78	0.00	111
5695	POWDER TECH	新興市場	鋼鐵業	A	菊池	2021/03	7,706	1.90	3.49	83.32	387.94	56.71	54.69	1.46	87
5698	ENVIPRO	東證一部	鋼鐵業	A	佐野	2020/06	33,879	3.49	2.33	44.98	220.42	80.51	51.97	2.11	88
5699	IBOKIN	新興市場	鋼鐵業	A	高橋	2021/03	5,453	6.84	6.00	57.97	221.89	81.62	67.11	0.00	37
5702	大紀鋁工業所	東證一部	非鐵金屬業	A	山本	2021/03	139,194	10.49	6.64	44.16	160.21	61.96	50.72	3.01	468
5704	JMC	新興市場	非鐵金屬業	A	渡邊	2020/12	2,458	-5.89	-8.95	55.10	136.71	127.67	89.84	0.00	40
5714	同和	東證一部	非鐵金屬業	b	藤田	2021/03	588,003	7.05	6.37	44.40	144.12	102.70	75.29	1.26	2855

股票代號	名稱	市場別	行業別	家族企業類別	家族姓氏	會計年度	營業額	資產報酬率(ROA)	營業利益率	權益比率	流動比率	固定比率	固定長期適合率	月平均投資報酬率(60個月)	市值(億日圓)
5724	ASAKA理研	新興市場	非鐵金屬業	A	山田	2020/09	7,412	1.35	1.15	44.97	137.48	106.31	77.16	1.44	36
5742	NIC Autotec	東證一部	非鐵金屬業	A	西川	2021/03	6,649	2.90	3.28	56.94	206.52	69.70	56.07	1.45	49
5757	CK SAN-ETSU	東證一部	非鐵金屬業	a	釣谷	2021/03	69,130	9.12	7.80	53.25	190.91	61.15	57.30	2.96	370
5816	ONAMBA	東證二部	非鐵金屬業	b	小野	2020/12	31,389	2.89	2.42	55.31	222.55	49.25	41.92	0.41	49
5817	JMACS	東證二部	非鐵金屬業	A	植村	2021/03	4,378	-0.10	-0.27	52.35	186.53	116.26	77.03	3.73	22
5819	佳耐美	東證二部	非鐵金屬業	B	川本	2020/12	9,697	6.23	9.45	91.18	1,015.57	17.35	17.25	0.13	123
5820	三星	東證二部	非鐵金屬業	B	塚本	2021/03	7,637	2.20	2.58	59.72	265.03	61.52	48.26	0.95	17
5821	平河hewtech	東證一部	非鐵金屬業	a	隅田	2021/03	22,954	4.86	7.38	73.92	433.67	57.82	49.24	1.65	241
5851	RYOBI	東證一部	非鐵金屬業	a	浦上	2020/12	170,973	-0.52	-1.05	45.29	133.77	125.00	88.22	-0.43	408
5856	LIEH	東證二部	零售業	A	福村	2021/03	15,771	11.73	4.10	60.96	231.25	49.00	42.88	0.80	57
5857	ASAHI HD	東證一部	非鐵金屬業	A	寺山	2021/03	164,776	10.59	15.25	39.99	160.55	53.97	42.19	2.40	1688
5900	DAIKEN	新興市場	金屬製品業	A	藤岡	2021/02	10,102	2.90	4.14	81.12	371.97	43.04	42.32	0.77	45
5903	SHINPO	東證二部	金屬製品業	A	山田	2020/06	5,830	12.07	12.16	79.37	486.76	50.77	45.94	2.68	87
5905	日本製罐	東證二部	金屬製品業	c	川俁	2021/03	10,983	1.84	1.90	36.80	122.01	155.58	96.77	1.22	19
5906	MK精工	新興市場	金屬製品業	A	丸山	2021/03	25,633	6.34	5.88	47.58	138.98	91.03	73.15	1.54	82
5909	CORONA	東證一部	金屬製品業	A	内田	2021/03	82,169	1.18	1.17	74.18	249.07	57.82	55.65	0.09	280
5918	瀧上工業	東證二部	金屬製品業	A	瀧上	2021/03	16,170	2.74	5.33	82.61	573.64	60.91	55.09	0.44	155
5921	川岸工業	東證二部	金屬製品業	b	川岸	2020/09	19,913	5.20	7.16	82.95	492.55	35.19	34.09	1.15	75
5922	那須電機鐵工	東證二部	金屬製品業	A	那須	2021/03	21,588	4.79	8.24	52.87	235.04	100.01	66.57	4.14	135
5929	三和HD	東證一部	金屬製品業	C	高山	2021/03	427,061	9.21	7.75	47.93	182.47	74.82	55.66	1.43	3347
5933	ALINCO	東證一部	金屬製品業	A	井上	2021/03	53,341	4.86	4.79	49.78	205.37	80.65	56.78	0.51	207
5935	元旦BEAUTY工業	新興市場	金屬製品業	A	舩木	2021/03	12,293	3.63	2.73	49.55	129.45	89.78	77.89	0.19	31
5939	大谷工業	東證二部	金屬製品業	A	大谷	2021/03	6,059	5.83	4.92	58.57	252.16	37.97	32.16	3.86	52
5941	中西製作所	東證二部	金屬製品業	A	中西	2021/03	28,641	5.39	4.59	63.19	185.88	69.01	62.60	1.46	68
5943	能率	東證一部	金屬製品業	b	太田	2020/12	183,859	2.95	2.59	56.48	183.41	76.22	64.31	0.20	818
5945	天龍製鋸	新興市場	金屬製品業	A	鈴木	2021/03	11,018	5.62	14.06	90.45	1,025.96	54.22	51.60	0.65	149
5946	長府製作所	東證一部	金屬製品業	C	川上	2021/03	43,515	2.49	5.28	92.97	322.87	87.29	86.19	-0.25	749
5947	林内	東證一部	金屬製品業	A	内藤	2021/03	344,364	8.87	11.82	68.84	333.69	48.24	44.78	0.68	6395
5950	JPF	東證一部	金屬製品業	a	土肥	2020/12	5,309	-1.83	-2.75	19.03	101.16	206.13	98.36	1.37	24
5951	大日工業	東證一部	金屬製品業	A	吉井／佐佐木	2021/03	22,884	7.20	8.78	83.40	494.49	36.92	35.80	1.07	166
5953	昭和鐵工	地方市場	金屬製品業	B	飯田	2021/03	11,464	0.96	0.40	35.19	117.40	127.26	84.56	0.49	17
5959	岡部	東證一部	金屬製品業	b	岡部	2020/12	63,127	5.23	7.12	65.10	291.92	58.11	48.06	0.20	416
5962	淺香工業	東證二部	其他製造業	A	淺香	2021/03	8,286	3.15	2.20	48.39	176.63	56.33	46.36	0.56	17
5965	富士瑪克	東證二部	金屬製品業	A	熊谷	2020/12	21,403	0.32	0.24	58.36	211.31	74.40	59.30	2.08	110
5966	京都機械工具	東證二部	金屬製品業	A	宇城	2021/03	7,320	3.80	6.71	76.26	384.05	51.90	46.97	0.47	46

股票代號	名稱	市場別	行業別	家族企業類別	家族姓氏	會計年度	營業額	資產報酬率(ROA)	營業利益率	權益比率	流動比率	固定比率	固定長期適合率	月平均投資報酬率(60個月)	市值(億日圓)
5967	前田工具	東證二部	金屬製品業	b	前田	2020/05	5,948	11.64	15.23	83.00	417.22	43.83	42.93	0.87	55
5969	LOBTEX	東證二部	金屬製品業	a	地引	2021/03	5,307	3.35	4.96	49.26	221.23	67.49	49.37	0.32	18
5970	G-TEKT	東證一部	金屬製品業	a	高尾	2021/03	209,420	3.59	3.84	56.25	145.46	110.12	89.61	0.91	660
5971	共和工業所	新興市場	金屬製品業	A	山口	2020/04	8,109	3.54	5.04	86.56	825.39	36.78	34.71	0.35	41
5973	TOAMI	東證二部	金屬製品業	A	北川	2021/03	11,784	3.03	3.64	77.70	336.85	54.54	51.13	0.53	35
5975	Topre	東證一部	金屬製品業	b	石井	2021/03	214,544	3.94	5.05	52.34	159.66	110.78	79.91	0.16	843
5979	KANESO	地方市場	金屬製品業	A	小林	2021/03	6,496	1.19	2.85	86.95	1,882.19	26.84	24.33	0.15	59
5982	丸善	東證一部	金屬製品業	A	渡邊	2021/02	45,410	6.44	7.46	70.66	270.27	49.03	45.69	1.62	368
5983	IWABUCHI	新興市場	金屬製品業	A	光岡	2021/03	9,893	3.65	6.97	81.73	551.24	44.51	41.33	0.90	64
5984	兼房	東證一部	金屬製品業	A	渡邊	2021/03	16,032	1.74	2.90	86.01	456.52	57.53	55.64	0.25	91
5986	MOLITEC STEEL	東證二部	金屬製品業	a	森	2021/03	22,292	-1.71	-1.96	56.80	189.54	65.73	56.01	2.26	98
5987	ONEX	新興市場	金屬製品業	A	大屋	2020/06	5,317	0.28	0.36	55.07	242.17	106.11	70.55	-0.94	12
5988	PIOLAX	東證一部	金屬製品業	b	加藤	2021/03	50,152	4.04	8.01	87.14	634.63	47.02	45.81	0.28	638
5989	H-ONE	東證一部	金屬製品業	b	中條	2021/03	163,927	2.46	2.28	41.03	123.39	145.92	92.96	1.87	227
5990	SUPER TOOL	新興市場	金屬製品業	b	寵	2021/03	7,305	4.17	7.65	62.20	221.72	68.05	57.21	0.58	48
5994	FINE SINTER	東證二部	金屬製品業	B	豐田	2021/03	34,606	0.50	0.52	34.45	101.34	171.05	108.05	0.40	76
5997	協立AIR TECH	新興市場	金屬製品業	a	久野	2020/12	9,924	5.04	6.14	56.48	175.94	62.65	55.93	-0.02	36
5998	ADVANEX	東證一部	金屬製品業	b	加藤	2021/03	19,539	0.89	0.90	26.54	121.80	183.95	84.36	1.43	67
6005	三浦工業	東證一部	機械業	A	三浦	2021/03	134,732	9.49	13.25	74.08	264.96	54.54	52.14	2.23	7492
6018	阪神内燃機工業	東證二部	輸送用機具業	A	木下	2021/03	9,438	2.53	5.00	68.32	331.57	68.63	56.32	1.27	58
6022	赤阪鐵工所	東證二部	機械業	a	赤阪	2021/03	7,986	-1.87	-3.13	65.28	234.94	57.16	50.90	0.40	23
6023	DAIHATSU DIESEL	東證一部	輸送用機具業	B	豐田	2021/03	56,745	1.24	1.75	51.21	229.16	72.22	51.06	0.04	160
6032	Interworks	新興市場	服務業	b	中山	2021/03	1,766	-14.78	-20.39	91.57	871.76	32.10	32.00	-0.13	40
6033	extrem6e	新興市場	服務業	A	佐藤	2021/03	6,230	15.85	11.28	66.21	242.31	55.74	54.11	10.15	79
6034	MRT	新興市場	服務業	A	富田	2020/12	2,562	7.67	10.30	45.83	215.81	90.70	57.79	5.80	83
6035	IR Japan	東證一部	服務業	A	寺下	2021/03	8,284	50.61	49.25	79.04	400.70	23.85	23.64	7.49	2385
6036	KeePer技研	東證一部	服務業	A	谷	2020/06	8,699	16.68	15.70	68.18	244.71	86.40	70.81	1.96	209
6042	nikki	東證二部	輸送用機具業	A	谷	2021/03	5,895	2.07	3.80	61.38	211.88	74.51	61.62	0.71	37
6044	三機SERVICE	東證一部	服務業	A	中島	2021/03	11,679	8.71	3.48	59.17	225.63	41.28	36.84	1.90	65
6048	DesignOne	東證一部	服務業	A	高畠	2020/08	1,924	6.12	10.50	91.78	1,151.05	20.30	20.06	-0.60	49
6055	茂榮利	東證一部	服務業	A	田中	2021/03	35,247	23.80	24.85	81.53	463.82	32.43	31.43	2.39	1377
6058	維酷	東證一部	服務業	A	西江	2021/03	37,223	8.68	6.21	39.40	206.16	98.34	64.29	1.58	548
6059	内山HD	東證一部	服務業	A	内山	2021/03	23,795	-3.50	-4.56	45.96	207.00	103.66	63.78	0.10	85
6060	Cocolonet	新興市場	服務業	A	菅野	2021/03	7,986	0.51	1.08	43.27	359.18	174.55	80.97	0.74	34
6061	UNIVERSAL園藝社	新興市場	服務業	A	森坂	2020/06	9,117	13.04	12.35	82.73	476.64	55.19	51.56	1.48	91

股票代號	名稱	市場別	行業別	家族企業類別	家族姓氏	會計年度	營業額	資產報酬率(ROA)	營業利益率	權益比率	流動比率	固定比率	固定長期適合率	月平均投資報酬率(60個月)	市值(億日圓)
6062	CHARM CARE	東證一部	服務業	A	下村	2020/06	19,619	8.90	9.69	40.81	166.49	156.65	81.77	5.14	276
6063	EAJ	新興市場	服務業	b	吉田	2020/12	2,251	0.68	0.76	31.86	138.65	31.00	28.97	1.12	20
6066	新東京集團	新興市場	服務業	A	吉野	2020/05	3,182	1.20	1.35	25.59	223.50	156.29	54.69	0.10	20
6067	Impact HD	新興市場	服務業	A	福井	2020/12	11,074	14.60	9.29	31.11	235.60	49.70	24.15	5.44	190
6069	Trenders	新興市場	服務業	A	岡本	2021/03	3,333	12.68	13.71	65.81	282.11	7.85	7.79	3.29	49
6071	IBJ	東證一部	服務業	a	石坂	2020/12	13,072	12.93	12.39	37.88	110.55	119.71	95.14	2.13	329
6073	ASANTE	東證一部	服務業	B	宗政	2020/12	13,872		11.55	80.85	402.43	48.54	46.23	0.64	222
6074	JSS	新興市場	服務業	a	奧村	2021/03	6,494	1.22	1.25	33.84	62.72	242.29	115.05	1.05	23
6076	Amaze	地方市場	服務業	A	穴見	2020/11	11,343	5.75	13.44	44.06	34.03	217.35	109.38	0.48	113
6077	N.FIELD	東證一部	服務業	b	野口	2020/12	11,735	20.03	6.55	61.53	271.38	22.88	20.61	0.44	110
6078	VALUE HR	東證一部	服務業	A	藤田	2020/12	4,493	5.61	15.87	21.51	92.81	341.53	102.93	2.59	199
6080	M&A CAPITAL PARTNERS	東證一部	服務業	A	中村	2020/09	11,871	22.35	42.55	85.02	677.49	11.66	11.53	4.12	1532
6082	RIDE ON EXPRESS	東證一部	服務業	A	江見	2021/03	25,384	21.14	9.53	59.92	209.95	51.93	46.32	1.00	183
6086	Shin Maint	東證一部	服務業	A	內藤	2021/03	11,420	11.75	4.77	48.62	203.21	24.32	20.89	3.84	94
6087	ABIST	東證一部	服務業	A	進	2020/09	9,265	10.40	8.97	70.79	301.34	63.56	55.05	1.94	119
6091	WESCO HD	東證一部	服務業	b	加納	2020/07	13,745	4.54	5.78	72.38	236.21	52.11	51.23	0.72	73
6095	MedPeer	東證一部	服務業	A	石見	2021/03	5,311	19.83	20.79	74.97	467.23	19.17	18.34	7.03	1048
6118	AIDA	東證一部	機械業	a	会田	2021/03	58,099	3.77	6.41	71.19	310.79	45.78	42.00	0.74	690
6121	瀧澤	東證一部	機械業	b	瀧澤	2021/03	16,889	-2.00	-4.24	47.80	241.06	60.14	48.15	0.33	75
6131	浜井產業	東證一部	機械業	A	武藤	2021/03	5,771	5.66	7.40	24.79	121.50	119.90	80.61	2.30	44
6135	牧野銑刀製作所	東證一部	機械業	b	牧野	2021/03	116,737	-1.14	-3.09	57.56	310.03	67.92	48.83	1.12	1079
6136	大寶精密工具	東證一部	機械業	a	大澤	2020/11	104,388	4.49	8.04	64.63	375.84	75.32	60.16	0.05	1853
6137	小池酸素工業	東證一部	機械業	A	小池	2021/03	39,247	2.30	2.90	52.37	170.35	89.22	72.63	0.12	105
6138	DIJET	東證一部	機械業	A	生悅住	2021/03	7,092	-3.09	-7.61	43.05	178.63	125.64	72.81	0.42	39
6141	DMG森精機	東證一部	機械業	A	森	2020/12	328,283			35.22	96.27	170.95	104.14	1.23	1976
6142	富士精工	地方市場	機械業	A		2020/12	17,354	0.04	-0.40	72.45	409.26	53.62	50.90	0.27	60
6143	蘇比克	東證一部	機械業	a	古川	2021/03	58,030	1.94	3.19	49.86	242.50	65.91	45.49	0.72	470
6146	迪思科	東證一部	機械業	A	關家	2021/03	182,857	17.62	29.04	76.35	274.09	48.14	47.99	2.81	12525
6147	山崎	新興市場	機械業	A	山崎	2021/03	2,317	-8.16	-16.18	43.34	116.91	114.15	87.13	0.48	20
6149	小田原工機	新興市場	機械業	A	津川	2020/12	11,208	2.70	5.10	56.34	173.36	48.32	46.92	5.28	233
6150	竹田機械	新興市場	機械業	A	竹田	2021/03	5,056	8.81	10.52	62.49	247.85	61.38	51.06	-0.16	23
6151	日東工器	東證一部	機械業	A	御器谷	2021/03	22,533	3.52	9.28	88.29	1,401.21	32.42	30.16	0.21	419
6155	高松機械工業	東證一部	機械業	A	高松	2021/03	13,432	0.09	0.04	71.79	305.37	42.35	39.43	0.81	82
6157	日進工具	東證一部	機械業	A	後藤	2021/03	8,100	9.18	18.67	89.41	786.64	39.89	39.31	2.74	417
6158	和井田製作所	新興市場	機械業	A	和井田	2021/03	4,206	2.76	6.80	76.85	716.91	28.98	25.16	2.45	78

股票代號	名稱	市場別	行業別	家族企業類別	家族姓氏	會計年度	營業額	資產報酬率(ROA)	營業利益率	權益比率	流動比率	固定比率	固定長期適合率	月平均投資報酬率(60個月)	市值(億日圓)
6159	MICRON精密	新興市場	機械業	A	榊原	2020/08	5,416	5.16	10.76	89.05	632.64	48.65	47.75	-0.02	80
6161	ESTIC	東證一部	機械業	A	鈴木	2021/03	5,294	14.44	19.93	86.36	716.71	37.58	36.14	3.47	139
6164	太陽工機	新興市場	機械業	a	渡邊	2020/12	7,082	6.80	7.27	87.50	971.57	19.55	18.70	1.36	64
6165	PUNCH工業	東證一部	機械業	A	森永保	2021/03	32,462	6.58	4.97	50.20	191.03	53.56	43.66	1.78	135
6166	中村超硬	新興市場	機械業	A	井上	2021/03	3,806	2.67	4.39	8.32	150.78	251.70	44.26	1.40	88
6167	富士重具	東證一部	機械業	B	新庄	2021/03	14,247	0.46	0.67	79.38	415.62	55.91	51.24	1.16	138
6171	土木管理綜合試驗所	東證一部	服務業	A	下平	2020/12	6,207	6.85	6.23	72.27	269.72	71.34	62.86	1.02	49
6184	鎌倉新書	東證一部	服務業	A	清水	2021/01	3,238	6.71	8.18	91.94	1,314.00	19.31	19.31	5.04	335
6193	Virtualex	新興市場	服務業	A	丸山	2021/03	5,632	6.67	2.91	21.39	111.95	197.64	87.35	0.00	23
6199	SERAKU	東證一部	服務業	A	宮崎	2020/08	13,771	17.87	8.23	46.65	227.73	29.96	22.48	0.00	213
6201	豐田自動織機	東證一部	輸送用機具業	A	豐田	2021/03	2,118,302	3.23	5.58	49.75	163.95	140.79	87.12	1.56	32128
6208	石川製作所	東證一部	機械業	b	直山	2021/03	11,383	1.21	1.41	26.84	131.33	86.22	55.80	2.90	113
6222	島精機製作所	東證一部	機械業	A	島	2021/03	24,489	-7.17	-37.34	81.71	565.92	30.37	28.63	1.51	919
6231	木村工機	東證二部	機械業	A	木村	2021/03	10,525	11.28	13.29	49.40	252.61	96.91	60.33	0.00	105
6232	ACSL	新興市場	機械業	B	野波	2021/03	620		-183.71	88.65	753.94	21.14	21.12	0.00	287
6233	極東產機	新興市場	機械業	A	埴安	2020/09	8,006	1.55	1.50	35.21	132.15	95.14	67.45	0.00	25
6235	光馳	東證一部	機械業	b	孫	2020/12	37,491	15.64	23.01	72.69	326.43	24.70	24.00	0.00	936
6236	NC HD	東證一部	機械業	a	高山	2021/03	13,453	5.58	6.10	58.83	269.79	41.92	34.20	1.00	45
6237	IWAKI	東證一部	機械業	A	藤中	2021/03	28,162	5.57	6.06	69.72	293.86	42.24	38.85	1.24	203
6238	FuRyu	東證一部	機械業	A	田坂	2021/03	24,777	11.39	11.04	82.31	461.52	22.45	22.45	0.82	304
6240	YAMASHIN-FILTER	東證一部	機械業	A	山崎	2021/03	14,587	-0.58	-0.49	73.28	276.64	62.29	56.87	5.26	629
6248	橫田製作所	新興市場	機械業	A	橫田	2021/03	1,829	9.52	14.71	81.55	578.33	28.92	27.19	0.94	23
6254	野村微科學工程	東證一部	機械業	A	野村	2021/03	30,361	18.05	13.08	53.11	192.14	25.69	24.86	7.25	373
6257	藤商事	東證一部	機械業	A	松元	2021/03	26,927	0.87	1.42	80.39	400.29	43.68	41.90	0.41	221
6258	平田機工	東證一部	機械業	a	平田	2021/03	65,255	5.67	7.65	55.50	236.17	61.25	47.53	2.80	738
6262	PEGASUS	東證一部	機械業	A	美馬	2021/03	12,422	1.77	4.15	71.64	470.70	40.17	34.84	0.71	114
6264	MARUMAE	東證一部	機械業	A	前田	2020/08	4,388	10.40	20.42	64.16	369.32	79.28	58.68	3.42	116
6265	妙德	新興市場	機械業	A	伊勢	2020/12	2,183	6.83	15.57	90.54	968.39	47.17	45.65	0.92	29
6266	TAZMO	東證一部	機械業	A	鳥越	2020/12	19,516	7.20	9.66	42.59	164.62	52.44	49.29	3.00	189
6267	GENERAL PACKER	新興市場	機械業	b	高野	2020/07	8,522	9.09	9.80	49.12	167.98	60.27	50.98	0.38	33
6272	RHEON自動機	東證一部	機械業	B	林	2021/03	22,280	4.34	6.30	77.83	334.01	64.62	59.24	1.66	333
6273	速睡喜	東證一部	機械業	A	高田	2021/03	552,178	10.94	27.77	89.40	929.28	32.17	31.22	1.89	43325
6277	HOSOKAWA MICRON	東證一部	機械業	a	細川	2020/09	53,497	7.79	8.96	62.07	225.02	60.86	52.35	1.59	470
6278	佑能工具	東證一部	機械業	A	片山	2020/12	22,817	5.22	12.55	92.99	1,000.25	47.98	47.24	0.36	612
6279	瑞光	東證二部	機械業	A	和田	2021/02	23,087	5.37	8.20	64.65	258.19	62.31	52.60	0.60	303

股票代號	名稱	市場別	行業別	家族企業類別	家族姓氏	會計年度	營業額	資產報酬率(ROA)	營業利益率	權益比率	流動比率	固定比率	固定長期適合率	月平均投資報酬率(60個月)	市值(億日圓)
6281	前田製作所	新興市場	機械業	B	前田	2021/03	33,478	4.90	4.21	44.86	138.92	93.38	72.01	3.01	88
6282	OILES	東證一部	機械業	b	川崎	2021/03	52,977	4.16	5.92	76.40	455.75	49.86	44.70	0.47	581
6284	亞塑伯	東證一部	機械業	A	青木	2020/09	27,254	9.63	17.80	54.17	356.62	50.63	34.45	2.13	652
6286	靜甲	新興市場	機械業	a	鈴木	2021/03	31,666	3.44	2.46	54.36	145.53	81.24	71.67	0.76	41
6287	佐藤HD	東證一部	機械業	B	佐藤	2021/03	109,052	5.61	5.36	53.31	201.80	59.50	48.74	0.92	1007
6289	技研製作所	東證一部	機械業	A	北村	2020/08	24,640	4.99	10.14	75.55	268.38	64.52	61.57	2.13	1066
6291	日本AIRTECH	東證一部	機械業	A	平澤	2020/12	12,487	9.45	11.32	64.42	256.94	34.95	32.32	2.42	165
6293	日精樹脂工業	東證一部	機械業	B	青木	2021/03	41,604	2.09	2.75	52.05	222.83	52.33	40.77	1.24	228
6294	岡田AIYON	東證一部	機械業	A	岡田	2021/03	17,591	6.33	7.83	51.01	185.00	63.51	51.17	1.38	110
6295	富士變速機	地方市場	機械業	B	立川	2020/12	6,238	3.04	5.50	87.66	743.06	36.87	35.37	0.70	58
6303	笹倉	東證二部	機械業	A	笹倉	2021/03	11,931	2.87	6.68	73.64	518.93	26.85	23.42	0.06	75
6307	SANSEI	東證二部	機械業	a	小嶋	2021/03	5,340	9.77	11.31	62.87	175.34	81.80	71.14	2.09	45
6309	巴工業	東證一部	機械業	B	山口	2021/03	39,218	5.92	5.76	77.18	370.30	28.65	28.00	0.75	204
6312	FREUND	新興市場	機械業	A	伏島	2021/02	16,765	5.93	6.84	67.73	233.08	49.99	47.28	0.28	141
6315	東和	東證一部	機械業	B	坂東	2021/03	29,706	7.75	12.18	60.21	204.62	70.02	59.29	3.04	535
6316	丸山製作所	東證一部	機械業	C	内山	2020/09	34,895	2.82	2.44	49.01	191.62	73.73	54.20	0.05	70
6317	北川鐵工所	東證一部	機械業	A	北川	2021/03	48,753	0.90	1.13	51.00	182.35	93.83	68.56	0.16	153
6322	TACMINA	東證一部	機械業	A	山田	2021/03	8,269	7.65	10.17	65.68	282.15	51.21	43.98	1.75	104
6324	諧波減速機	新興市場	機械業	A	伊藤	2021/03	37,034	0.85	2.34	73.48	479.22	99.05	81.59	2.28	7204
6327	北川精機	新興市場	機械業	A	北川	2020/06	4,266	6.66	11.25	27.59	127.89	88.06	59.55	1.36	33
6328	荏原實業	東證一部	機械業	b	水島	2020/12	30,250	10.91	10.62	51.38	156.16	61.14	56.02	2.23	273
6334	明治機械	東證二部	機械業	A	高山	2021/03	12,949	-6.06	-4.40	13.18	98.22	143.10	108.46	2.82	37
6335	東京機械製作所	東證一部	機械業	b	芝	2021/03	10,897	0.88	1.29	47.10	304.89	48.01	32.87	0.52	35
6336	石井表記	東證二部	機械業	A	石井	2021/03	11,588	8.85	9.30	29.64	140.70	145.51	72.40	2.37	68
6338	高島	東證一部	機械業	B	高島	2020/09	4,857	-0.73	-1.46	60.56	201.28	55.65	50.26	1.48	27
6339	新東工業	東證一部	機械業	a	永井	2021/03	82,544	1.57	2.08	60.24	283.72	67.42	53.51	0.06	422
6340	澁谷工業	東證一部	機械業	A	澁谷	2020/06	103,619	7.31	9.04	54.18	178.09	62.43	53.84	0.98	789
6343	FREESIA MACROSS	東證二部	機械業	A	奧山	2021/03	6,788	3.54	11.80	30.78	145.75	210.85	112.89	-0.35	57
6345	愛知	東證一部	機械業	B	豐田	2021/03	59,330	8.30	11.88	80.69	393.73	40.77	39.65	0.70	696
6346	菊川企業	東證一部	機械業	A	菊川	2021/03	4,453	6.01	15.99	86.23	960.66	29.04	27.17	1.81	56
6349	小森	東證一部	機械業	A	小森	2021/03	71,825	-1.48	-3.25	67.62	333.08	40.07	34.71	-0.41	437
6351	鶴見製作所	東證一部	機械業	A	辻本	2021/03	45,325	7.58	12.24	80.97	404.74	49.22	47.42	0.58	499
6356	日本齒輪工業	東證二部	機械業	a	三田	2021/03	7,715	3.77	5.34	75.41	413.67	35.33	32.39	0.64	49
6358	酒井重工業	東證一部	機械業	a	酒井	2021/03	21,624	2.38	3.24	62.67	199.57	55.34	51.64	1.10	97
6360	東京自働機械製作所	東證二部	機械業	a	佐藤	2021/03	10,708	5.60	5.79	49.57	111.43	91.27	66.48	0.63	26

股票代號	名稱	市場別	行業別	家族企業類別	家族姓氏	會計年度	營業額	資產報酬率(ROA)	營業利益率	權益比率	流動比率	固定比率	固定長期適合率	月平均投資報酬率(60個月)	市值(億日圓)
6362	石井鐵工所	東證一部	機械業	a	石井	2021/03	10,444	5.99	11.66	46.75	138.78	117.08	81.23	1.54	113
6363	酉島製作所	東證一部	機械業	a	原田	2021/03	50,787	5.06	7.07	47.02	207.07	68.79	48.39	0.14	256
6364	北越工業	東證一部	機械業	B	佐藤	2021/03	32,929	5.87	7.56	68.78	272.05	46.82	43.06	1.24	327
6371	椿本精密驅動	東證一部	機械業	b	椿本	2021/03	193,399	3.26	4.60	60.45	235.35	87.27	66.47	0.40	1168
6373	大同工業	東證一部	機械業	a	新家	2021/03	42,478	2.34	2.92	33.86	247.41	144.04	69.34	0.59	106
6378	木村化工機	東證一部	機械業	b	木村	2021/03	21,516	6.96	8.83	44.62	164.12	62.87	49.96	1.95	156
6384	昭和真空	新興市場	機械業	a	小俣	2021/03	10,719	9.17	13.12	65.35	228.50	40.44	38.98	2.41	115
6387	莎姆克	東證一部	機械業	a	辻	2020/07	5,869	8.24	15.37	77.95	463.29	41.25	37.67	2.63	230
6390	加藤製作所	東證一部	機械業	a	加藤	2021/03	58,519	-2.21	-4.80	43.61	232.85	59.65	38.61	-0.32	135
6392	山田	東證二部	機械業	A	山田	2021/03	10,102	8.74	12.08	71.73	453.70	59.78	50.11	1.57	59
6395	多田野	東證一部	機械業	C	多田野	2021/03	186,040	-1.27	-2.26	44.47	252.68	58.85	37.19	0.93	1537
6396	宇野澤組鐵工所	東證二部	機械業	A	宇野澤	2021/03	4,042	3.24	5.57	29.28	227.37	122.47	49.96	1.11	30
6400	不二精機	新興市場	機械業	A	伊井	2020/12	5,912	3.94	4.79	22.28	95.68	237.83	104.69	5.91	113
6402	兼松工程	東證二部	機械業	A	山本	2021/03	11,606	9.99	9.31	56.17	135.75	77.73	74.64	1.26	81
6405	鈴茂器工	新興市場	機械業	A	鈴木	2021/03	9,486	6.46	9.69	82.92	764.69	33.86	31.02	1.48	113
6406	富士達	東證一部	機械業	A	内山	2021/03	169,573	7.34	7.84	54.79	201.47	49.64	47.21	1.84	2011
6408	小倉離合器	東證二部	機械業	A	小倉	2021/03	33,609	-1.00	-1.42	35.43	128.26	101.03	73.04	1.12	45
6409	關道	東證一部	機械業	C	鬼頭	2021/03	51,805	7.03	8.60	45.40	190.06	72.22	52.00	2.06	384
6411	中野冷機	新興市場	機械業	b	中野	2020/12	28,244	3.72	4.22	72.56	563.70	35.85	31.38	1.37	300
6412	平和	東證一部	機械業	B	石原	2021/03	107,744	1.27	4.93	52.61	151.33	145.37	90.55	0.09	1804
6413	理想科學工業	東證一部	機械業	A	羽山	2021/03	68,434	1.92	2.04	74.69	228.45	61.44	60.13	0.37	662
6416	桂川電機	新興市場	機械業	A	渡邊	2021/03	5,575	-13.81	-18.46	71.68	362.87	44.21	39.04	-0.75	10
6417	SANKYO	東證一部	機械業	A	毒島	2021/03	58,129	2.35	11.33	91.45	1,642.54	18.25	17.70	-0.13	2041
6418	日本金錢機械	東證一部	機械業	A	上東	2021/03	17,010	-7.42	-15.22	69.60	285.62	26.94	26.21	-0.09	181
6419	MARS集團HD	東證一部	機械業	A	松波	2021/03	14,760	2.66	7.66	90.23	1,013.51	48.29	46.14	0.16	376
6420	福島	東證一部	機械業	A	福島	2021/03	82,451	8.88	9.77	66.72	219.53	46.13	44.98	1.30	962
6424	高見澤自動化控制	新興市場	機械業	a	高見澤	2021/03	12,749	6.12	7.40	24.67	128.35	128.59	67.80	1.93	45
6425	環球娛樂	新興市場	機械業	A	岡田	2020/12	90,871	0.47	2.81	62.89	142.26	135.92	95.08	1.15	1909
6428	大泉	東證一部	機械業	A	大泉	2021/03	12,806	4.29	11.99	45.06	231.88	118.38	68.40	0.66	95
6430	DAIKOKU電機	東證一部	機械業	A	栢森	2021/03	23,228	1.47	2.11	74.63	267.12	51.06	49.60	0.06	152
6432	竹内製作所	東證一部	機械業	A	竹内	2021/02	112,254	11.82	11.77	77.83	394.50	18.17	18.08	2.00	1321
6433	HEPHAIST	新興市場	機械業	A	尾崎	2021/03	2,248	2.01	3.91	65.68	279.94	65.89	54.16	2.41	27
6439	中日本鑄工	地方市場	機械業	A	鳥居	2021/03	4,027	-2.77	-6.58	40.99	137.49	162.21	87.94	0.04	12
6457	GLORY	東證一部	機械業	C	尾上	2021/03	217,423	4.57	6.53	58.58	206.19	77.63	62.63	-0.38	1515
6458	新晃工業	東證一部	機械業	A	藤井	2021/03	39,177	10.11	16.76	70.92	319.33	60.38	54.12	1.05	593

股票代號	名稱	市場別	行業別	家族企業類別	家族姓氏	會計年度	營業額	資產報酬率(ROA)	營業利益率	權益比率	流動比率	固定比率	固定長期適合率	月平均投資報酬率(60個月)	市值(億日圓)
6459	大和冷機工業	東證一部	機械業	A	尾崎	2020/12	39,817	6.46	12.66	84.41	601.15	26.86	26.02	0.52	544
6460	SEGA颯美	東證一部	機械業	A	里見	2021/03	277,748	1.60	2.36	68.97	462.21	49.97	40.21	1.09	4598
6465	星崎	東證一部	機械業	A	坂本	2020/12	238,314	5.51	7.74	69.35	345.41	27.78	25.29	0.83	6858
6467	NICHIDAI	新興市場	機械業	B	田中	2020/12	10,823	-2.07	-3.13	70.38	297.23	65.07	61.54	2.00	43
6469	放電精密加工研究所	新興市場	機械業	A	二村	2021/02	10,927	-3.29	-5.09	28.51	113.82	215.31	99.16	0.39	46
6470	大豐工業	東證一部	機械業	B	豐田	2021/03	92,945	0.73	0.76	55.90	249.37	87.98	62.30	0.69	312
6481	帝業技凱	東證一部	機械業	a	寺町	2020/12	218,998	-1.67	-3.88	57.91	469.22	69.68	47.24	1.32	4457
6482	有信精機	東證一部	機械業	A	小谷	2021/03	18,473	7.62	13.65	83.50	423.02	42.05	41.81	0.38	318
6484	KVK	新興市場	機械業	B	北村	2021/03	25,441	10.56	11.93	72.07	243.03	49.89	48.82	1.34	163
6486	新鷹精器	東證一部	機械業	A	鶴	2021/03	130,513	3.53	4.45	47.81	217.87	98.82	66.33	0.40	593
6488	YOSHITAKE	新興市場	機械業	A	山田	2021/03	6,263	3.63	7.28	86.29	719.49	53.51	50.18	1.30	79
6490	日本皮拉工業	東證一部	機械業	A	岩波	2021/03	30,200	9.15	16.05	83.31	392.46	58.88	56.37	1.68	467
6492	岡野閥門製造	東證二部	機械業	A	岡野	2020/11	6,362	1.22	2.31	70.03	626.99	48.19	37.74	-0.28	45
6496	中北製作所	東證二部	機械業	A	中北·宮田	2020/05	18,639	3.95	5.43	78.19	389.54	31.61	30.64	0.02	92
6497	HAMAi	新興市場	機械業	A	濱井	2020/12	8,276	3.17	5.93	75.87	368.35	64.31	56.67	0.77	96
6498	KITZ	東證一部	機械業	b	北澤	2020/12	84,245	3.80	4.45	52.81	350.44	79.30	50.58	0.72	567
6516	山洋電氣	東證一部	電機業	A	山本	2021/03	77,506	4.57	6.23	61.76	227.18	64.27	54.04	2.15	764
6517	Denyo	東證一部	電機業	c	久保山	2021/03	55,006	7.17	9.69	75.09	352.75	41.46	40.07	1.46	478
6518	三相電機	新興市場	電機業	A	黑田	2021/03	12,926	2.60	2.98	59.41	226.04	69.13	55.55	1.62	47
6531	REFINVERSE	新興市場	服務業	A	越智	2020/06	2,694	-5.95	-6.61	11.42	137.61	571.95	86.53	0.00	27
6537	WASHHOUSE	新興市場	服務業	A	兒玉	2021/03	2,182	-3.25	-5.68	44.02	189.54	97.79	63.00	0.00	40
6540	船場	東證一部	服務業	A	栗山	2020/12	21,707	2.29	1.75	68.63	333.16	18.22	16.96	0.00	89
6543	日宣	新興市場	服務業	A	大津	2021/02	4,829	6.63	6.05	64.71	303.78	74.87	58.37	0.00	26
6545	INTERNET INFINITY	東證一部	服務業	A	別宮	2021/03	3,468	6.87	4.76	43.35	160.19	79.94	58.57	0.00	30
6546	Fulltech	東證一部	服務業	A	古野	2020/12	11,670	5.28	4.66	59.29	168.68	68.10	62.46	0.00	80
6547	GREENS	東證一部	服務業	A	村木	2020/06	22,909	-19.02	-15.09	34.46	84.71	182.14	112.01	0.00	61
6558	cookbiz	東證一部	服務業	A	藪之	2020/11	1,445	-31.88	-42.56	42.20	187.73	29.59	23.42	0.00	24
6565	ABHOTEL	新興市場	服務業	A	沓名	2021/03	4,739	0.22	0.93	29.29	134.01	281.75	94.90	0.00	163
6569	日總工產	東證一部	服務業	A	清水	2021/03	68,213	11.79	3.81	59.00	181.13	53.41	50.68	0.00	294
6570	共和企業	東證一部	服務業	A	宮本	2021/03	10,710	0.24	0.21	27.70	186.89	162.71	63.83	0.00	30
6578	NLINKS	東證二部	服務業	A	栗林	2021/02	4,047	-57.96	-31.46	49.98	166.48	33.46	33.46	0.00	28
6579	LOGLY	新興市場	服務業	A	吉永	2021/03	3,961	7.60	4.39	53.44	255.90	22.36	18.44	0.00	71
6584	三櫻工業	東證一部	輸送用機具業	a	竹田	2021/03	113,657	4.08	3.07	37.67	149.53	110.42	72.01	3.06	479
6586	牧田	東證一部	機械業	A	後藤	2021/03	608,331	12.08	14.54	80.93	443.63	41.43	39.75	0.96	13287
6592	萬寶至馬達	東證一部	電機業	B	馬淵	2020/12	116,432	5.21	11.08	91.10	953.08	37.31	36.50	-0.04	3082

股票代號	名稱	市場別	行業別	家族企業類別	家族姓氏	會計年度	營業額	資產報酬率(ROA)	營業利益率	權益比率	流動比率	固定比率	固定長期適合率	月平均投資報酬率(60個月)	市值(億日圓)
6594	日本電產	東證一部	電機業	A	永守	2021/03	1,618,064	7.47	9.89	48.58	162.64	112.40	76.59	2.48	80111
6615	UMC Electronics	東證一部	電機業	B	内山	2021/03	136,179	1.35	0.63	22.03	104.12	128.18	91.22	1.77	264
6620	宮越HD	東證一部	電機業	A	宮越	2021/03	1,619	5.05	64.42	89.67	2,530.42	71.09	67.56	2.53	369
6626	威應電子	新興市場	電機業	A	石塚	2021/03	17,870	15.10	15.53	59.13	242.95	48.78	40.79	4.64	138
6628	安橋	新興市場	電機業	C	大胁	2021/03	8,873	-48.88	-44.16	-39.51	61.55			-3.10	84
6629	TECHNO HORIZON	新興市場	電機業	A	野村	2021/03	26,481	9.76	9.14	32.23	141.42	81.37	54.82	3.83	248
6630	YA-MAN	東證一部	電機業	A	山崎	2020/04	22,975	14.24	10.90	77.27	393.41	16.86	16.72	4.00	399
6633	C&G SYSTEMS	東證一部	電機業	A	山口	2020/12	3,684	3.90	5.21	51.88	307.47	66.73	44.44	0.14	30
6635	大日光	新興市場	電機業	A	山口	2020/12	28,004	1.13	0.73	15.93	138.28	170.79	58.48	3.18	47
6637	寺崎電氣產業	新興市場	電機業	A	寺崎	2021/03	34,724	5.02	6.62	71.68	320.60	41.65	38.26	1.47	163
6638	御牧	東證一部	電機業	A	池田/田中	2021/03	48,722	-0.94	-1.04	31.80	156.85	72.22	45.21	0.79	201
6640	愛伯	東證一部	電機業	B	小西	2020/12	54,531	3.61	5.34	60.38	199.68	92.97	72.01	1.36	370
6643	戶上電機製作所	東證一部	電機業	A	戶上	2021/03	22,593	6.33	6.86	64.11	293.28	50.57	42.45	0.33	93
6644	大崎電氣工業	東證一部	電機業	A	渡邊	2021/03	76,255	3.02	3.52	51.23	279.98	81.30	63.42	0.03	301
6645	歐姆龍	東證一部	電機業	C	立石	2021/03	655,529	8.09	9.53	73.97	318.79	50.41	46.60	1.99	17820
6647	森尾電機	東證一部	電機業	B	森尾	2021/03	9,591	3.65	3.43	46.84	154.90	73.40	59.66	0.78	26
6651	日東工業	東證一部	電機業	A	加藤	2021/03	137,902	9.97	8.94	77.10	308.04	46.71	45.55	0.80	872
6652	和泉電氣	東證一部	電機業	a	舟木	2021/03	53,983	4.67	7.49	48.68	210.01	112.74	70.05	1.67	590
6653	正興電機製作所	東證一部	電機業	a	土屋	2020/12	23,383	6.21	5.67	42.44	142.34	73.26	60.28	4.09	274
6654	不二電機工業	東證一部	電機業	A	藤本	2021/01	3,659	2.72	7.84	93.61	1,201.21	38.78	38.43	0.16	86
6655	東洋電機	地方市場	電機業	A	松尾	2021/03	7,766	1.16	1.20	57.11	237.96	56.13	45.58	0.62	40
6658	白井電子工業	新興市場	電機業	B	白井	2021/03	22,355	0.59	0.53	11.42	91.46	427.36	112.81	2.18	39
6659	MEDIA LINKS	新興市場	電機業	B	林	2021/03	2,484	-6.86	-9.58	42.01	285.34	9.01	5.82	1.07	30
6663	太洋工業	新興市場	電機業	A	細江	2020/12	3,175	-8.80	-13.39	53.46	269.19	87.79	59.03	0.98	23
6664	OPTOELECTRONICS	新興市場	電機業	A	俵	2020/11	6,549	-2.40	-4.70	34.46	206.10	70.80	38.54	0.42	26
6666	RIVER ELETEC	新興市場	電機業	A	若尾	2021/03	9,791	10.57	20.56		112.46	213.60	87.76	3.51	85
6670	MCJ	東證二部	電機業	A	高島	2021/03	174,173	19.25	9.05	58.97	277.91	20.31	17.77	3.24	980
6676	MELCO	東證一部	電機業	A	牧	2021/03	129,912	11.06	6.81	60.80	232.37	34.58	31.87	1.45	858
6677	SK-Electronics	東證一部	電機業	A	石田	2020/09	19,104	2.68	3.45	70.44	299.76	62.70	54.28	1.47	123
6678	特格諾美迪卡	東證一部	電機業	A	實吉	2021/03	9,040	9.42	17.78	85.22	648.91	13.92	13.73	-0.01	145
6699	DIAMOND ELECTRIC	東證一部	電機業	b	池永	2021/03	70,639	3.95	3.18	11.00	121.36	271.33	71.10	0.00	217
6718	愛峰	東證一部	電機業	A	市川	2021/03	46,141	6.15	7.85	81.89	485.35	39.51	37.59	0.39	337
6724	精工愛普生	東證一部	電機業	B	服部	2021/03	995,940	4.45	4.78	47.44	241.87	76.47	49.37	0.69	7193
6731	PIXELA	東證二部	電機業	a	藤岡	2020/09	3,735	-49.19	-28.17	67.84	290.47	16.74	16.28	-1.17	28
6734	Newtech	新興市場	電機業	A	笠原	2021/02	3,134	12.66	12.76	58.37	239.56	9.05	8.75	3.85	37

股票代號	名稱	市場別	行業別	家族企業類別	家族姓氏	會計年度	營業額	資產報酬率(ROA)	營業利益率	權益比率	流動比率	固定比率	固定長期適合率	月平均投資報酬率(60個月)	市值(億日圓)
6736	SUN電子	新興市場	電機業	B	前田	2021/03	26,662	2.13	2.58	28.91	156.53	42.63	39.66	2.98	872
6748	星和電機	東證一部	電機業	A	增山	2020/12	18,297	3.51	3.80	43.91	140.84	64.14	57.58	1.70	89
6750	ELECOM	東證一部	電機業	A	葉田	2021/03	108,053	16.86	14.75	72.55	352.97	14.33	13.98	1.94	2265
6752	松下電器	東證一部	電機業	b	松下	2021/03	6,698,794	4.17	3.86	37.89	139.88	112.73	75.60	1.04	34926
6757	OSG	東證一部	電機業	A	湯川	2021/01	10,235	21.42	12.21	42.11	180.91	72.71	56.22	3.07	99
6768	田村製作所	東證一部	電機業	C	田村	2021/03	73,906	2.32	2.66	52.59	198.44	78.78	59.01	1.64	423
6769	菎英電子	新興市場	電機業	A	飯塚	2020/12	2,879	-7.40	-24.56	92.24	2,173.80	13.19	12.98	-0.26	87
6776	天昇電氣工業	東證二部	化學業	B	菊地	2021/03	15,557	1.74	1.87	38.97	110.91	140.00	96.17	3.31	92
6777	santec	新興市場	電機業	A	鄭	2021/03	7,509	12.88	18.92	82.68	484.60	52.77	49.38	4.33	215
6778	Artiza Networks	東證一部	電機業	A	床次	2020/07	3,231	8.00	13.56	67.83	290.93	32.48	30.12	2.55	168
6779	日本電波工業	東證一部	電機業	A	竹內	2021/03	39,195	4.98	7.26	21.49	318.49	158.93	43.06	0.63	151
6785	鈴木	東證一部	電機業	A	鈴木	2020/06	28,126	7.17	6.17	69.08	184.90	85.03	77.09	0.59	103
6787	MEIKO	新興市場	電機業	A	名屋	2021/03	119,257	4.95	5.58	28.46	112.09	187.30	91.58	5.23	720
6797	名古屋電機工業	地方市場	電機業	A	服部	2021/03	21,586	20.25	20.69	67.06	248.36	27.92	27.83	3.52	127
6798	SMK	東證一部	電機業	a	池田	2021/03	48,560	2.27	2.20	55.14	186.50	77.22	61.52	-0.39	213
6800	友華科技	東證一部	電機業	c	橫尾	2021/03	59,976	9.97	8.64	63.57	193.24	51.04	49.95	3.65	607
6804	HOSIDEN	東證一部	電機業	a	古橋	2021/03	233,934	8.07	5.29	67.48	400.56	21.74	18.96	1.81	783
6809	東亞電	東證一部	電機業	A	井谷	2021/03	40,575	4.13	5.65	75.81	537.39	50.11	44.63	0.29	333
6814	古野電氣	東證一部	電機業	A	古野	2021/02	82,255	4.93	4.55	55.15	265.02	47.35	36.41	1.53	336
6815	友利電	東證一部	電機業	A	藤本	2021/03	19,270	3.23	7.48	67.34	303.73	36.03	27.63	2.09	163
6817	勝美達	東證一部	電機業	A	八幡	2020/12	84,417	2.93	3.36	33.64	145.04	165.47	82.06	1.76	295
6822	大井電氣	東證一部	電機業	a	石田	2021/03	29,410	1.67	1.03	31.92	170.34	63.21	42.61	0.52	39
6824	新宇電機	新興市場	電機業	b	笠原	2021/03	29,576	8.08	11.65	72.83	442.57	53.43	43.64	1.17	289
6832	AOI電子	東證二部	電機業	B	大西	2021/03	40,265	2.41	3.35	83.56	477.91	36.28	35.49	0.55	276
6834	精工技研	東證一部	電機業	B	高橋	2021/03	14,818	4.75	8.94	83.34	563.73	41.17	38.95	1.99	224
6836	Plat'Home	東證二部	電機業	a	本多	2021/03	1,233	-15.03	-9.65	53.67	251.44	12.19	11.11	1.09	18
6837	京寫	新興市場	電機業	A	兒島	2021/03	17,334	0.66	0.57	34.83	147.21	108.99	66.93	0.59	46
6839	船井電機	東證一部	電機業	A	船井	2021/03	80,448	-0.37	-0.41	70.18	291.09	25.46	24.92	1.00	332
6846	中央製作所	地方市場	電機業	A	後藤	2021/03	3,255	-1.89	-2.83	50.59	208.28	43.61	35.27	0.80	8
6849	日本光電工業	東證一部	電機業	C	荻野	2021/03	199,727	15.13	13.57	72.00	308.53	26.54	25.90	0.61	2866
6855	日本電子材料	東證一部	電機業	A	大久保	2021/03	18,521	11.57	14.38	60.24	375.02	48.01	35.69	3.52	215
6856	堀場製作所	東證一部	電機業	a	堀場	2020/12	187,080	6.26	10.53	54.25	307.65	58.50	40.90	0.98	2573
6858	小野測器	東證一部	電機業	b	小野	2020/12	11,841	-2.41	-4.78	67.31	176.27	97.86	82.70	-0.44	63
6861	基恩斯	東證一部	電機業	A	瀧崎	2021/03	538,134	14.43	51.43	95.17	1,225.36	44.52	44.46	2.24	122261
6866	日置電機	東證一部	電機業	B	日置	2020/12	21,664	8.54	11.40	85.45	605.87	46.84	44.43	1.70	586

股票代號	名稱	市場別	行業別	家族企業類別	家族姓氏	會計年度	營業額	資產報酬率(ROA)	營業利益率	權益比率	流動比率	固定比率	固定長期適合率	月平均投資報酬率(60個月)	市值(億日圓)
6867	利達電子	新興市場	電氣機器	B	大松	2021/03	3,310	0.13	0.09	85.17	916.04	32.54	30.20	3.79	31
6869	希森美康集團	東証一部	電氣機器	A	中谷、家次	2021/03	305,073	12.75	16.98	72.03	256.75	63.87	58.39	1.36	24976
6871	美科樂電機	東証一部	電氣機器	A	長谷川	2020/12	40,130	6.27	6.92	65.40	246.78	52.74	47.19	1.12	520
6874	協立電機	新興市場	電氣機器	A	西	2020/06	32,060	8.66	6.21	52.85	193.84	58.77	50.13	1.01	90
6875	信芯	東証一部	電氣機器	A	進藤	2021/03	83,814	6.99	6.00	67.06	213.50	47.48	46.77	2.83	813
6877	小原集團	東証一部	電氣機器	A	小原	2020/09	44,230	9.99	15.27	69.58	450.08	42.98	35.49	0.22	738
6879	IMAGICA GROUP	東証一部	資通訊業	A	長瀨	2021/03	86,727	-1.37	-1.25	45.41	137.63	109.30	83.47	1.77	242
6882	三社電機製作所	東証二部	電氣機器	a	四方	2021/03	19,436	1.73	2.14	77.82	386.89	32.33	31.19	1.61	122
6897	TWINBIRD	東証二部	電氣機器	A	野水	2021/03	12,505	5.01	4.86	62.20	293.91	55.40	46.12	4.80	152
6898	Tomita電機	新興市場	電氣機器	A	神谷	2021/01	1,082	-3.14	-11.92	77.98	1,023.16	65.58	53.71	0.70	10
6902	電綜	東証一部	輸送用機器	A	豐田	2021/03	4,936,725	3.13	3.14	57.49	186.15	102.23	78.25	1.39	57890
6904	原田工業	東証一部	電氣機器	A	原田	2021/03	34,705	-3.24	-3.14	35.34	121.44	80.58	69.28	3.33	197
6907	GEOMATEC	新興市場	電氣機器	A	松崎	2021/03	6,306	-0.44	-1.41	65.31	292.75	40.43	35.28	3.27	87
6908	意力速	東証一部	電氣機器	A	佐藤	2021/03	36,520	4.76	7.94	85.00	442.55	52.87	51.67	1.49	1213
6912	菊水HD	新興市場	電氣機器	A	小林	2021/03	8,163	3.98	5.12	83.33	487.05	49.72	47.10	1.23	87
6916	艾歐資訊	東証一部	電氣機器	A	細野	2020/06	56,204	5.39	3.78	67.93	259.44	37.07	35.59	1.50	157
6919	KEL	新興市場	電氣機器	a	小林	2021/03	10,163	6.51	9.72	78.29	334.82	48.21	46.37	1.06	71
6920	雷泰光電	東証一部	電氣機器	A	內山	2020/06	42,572	22.88	35.38	47.87	166.44	30.11	29.69	6.64	9579
6923	斯坦雷電氣	東証一部	電氣機器	C	北野	2021/03	359,710	7.44	9.98	73.79	384.97	69.96	66.40	0.81	5714
6925	優志旺	東証一部	電氣機器	a	牛尾	2021/03	118,558	0.94	0.64	72.73	367.36	53.96	47.04	0.49	1853
6928	榎本	東証一部	電氣機器	B	榎本	2021/03	22,999	6.34	6.80	65.39	194.35	68.36	62.53	3.12	143
6929	日本陶瓷	東証一部	電氣機器	A	谷口	2020/12	17,116	5.72	16.63	89.24	1,152.38	23.00	22.85	1.11	790
6930	日本天線	新興市場	電氣機器	A	瀧澤	2021/03	15,297	1.03	1.86	81.36	606.28	26.26	24.55	1.72	144
6932	遠藤照明	東証一部	電氣機器	A	遠藤	2021/03	35,417	4.02	5.38	46.56	215.12	93.69	60.51	-0.05	101
6938	雙信電機	東証二部	電氣機器	b	鬼鞍	2021/03	9,562	0.71	0.91	68.06	391.04	69.53	54.70	2.32	73
6943	恩楷楷開關	新興市場	電氣機器	A	大橋	2021/03	6,830	0.28	0.16	81.88	525.91	35.67	33.75	0.02	33
6947	圖研	東証一部	電氣機器	A	金子	2021/03	28,819	5.46	10.03	67.36	310.48	46.46	40.49	2.02	658
6952	卡西歐	東証一部	電氣機器	a	樫尾	2021/03	227,440	4.78	6.76	63.82	343.85	50.86	40.39	0.46	5401
6954	發那科	東証一部	電氣機器	C	稻葉	2021/03	551,287	7.39	20.41	87.71	658.46	51.60	49.70	1.15	52873
6958	日本CMK	東証一部	電氣機器	B	中山	2021/03	69,967	-1.64	-2.40	49.78	191.61	96.06	69.12	0.95	303
6960	福田電子	新興市場	電氣機器	A	福田	2021/03	146,756	11.10	13.50	71.95	251.95	52.98	50.53	0.93	1647
6961	ENPLAS	東証一部	電氣機器	A	橫田	2021/03	29,437	4.39	7.20	83.02	436.05	49.34	48.13	0.72	549
6962	大真空	東証一部	電氣機器	A	長谷川	2021/03	33,189	3.30	6.29	40.64	233.97	102.86	62.81	1.92	224
6964	SANKO	東証二部	電氣機器	A	田村	2021/03	13,321	3.58	4.67	70.71	290.88	40.84	38.22	1.46	53
6965	濱松光子學	東証一部	電氣機器	C	晝馬	2020/09	140,251	8.29	15.51	78.30	394.41	50.93	47.22	1.42	8730

股票代號	名稱	市場別	行業別	家族企業類別	家族姓氏	會計年度	營業額	資產報酬率(ROA)	營業利益率	權益比率	流動比率	固定比率	固定長期適合率	月平均投資報酬率(60個月)	市值(億日圓)
6966	三井高科技	東證一部	電機業	A	三井	2021/01	97,351	4.17	3.89	49.38	311.30	103.90	61.01	4.58	1616
6969	松尾電機	東證二部	電機業	A	松尾	2021/03	3,803	4.71	6.89	30.32	157.96	101.47	54.79	1.78	19
6971	京瓷	東證一部	電機業	B	稻盛	2021/03	1,526,897	3.45	4.63	74.18	283.73	88.51	75.30	0.93	26528
6973	協榮產業	東證一部	批發業	C	平澤	2021/03	53,078	1.38	0.75	38.48	175.27	51.97	36.80	0.95	44
6976	太陽誘電	東證一部	電機業	a	佐藤	2021/03	300,920	10.95	13.55	60.11	231.86	68.68	55.41	3.58	6771
6977	日本抵抗器製作所	東證二部	電機業	A	木村	2020/12	5,543	0.74	0.74	21.78	173.48	130.82	53.86	-0.31	13
6981	村田製作所	東證一部	電機業	C	村田	2021/03	1,630,193	13.36	19.21	78.01	372.49	66.54	59.63	1.64	59755
6982	LEAD	東證二部	輸送用機具業	A	岩崎	2021/03	4,748	-2.80	-5.50	31.22	101.00	213.14	99.51	4.22	20
6986	雙葉電子工業	東證一部	電機業	B	細谷、川崎	2021/03	48,826	-3.14	-7.20	76.72	748.98	41.20	39.38	-0.21	412
6995	東海理化電機製作所	東證一部	輸送用機具業	B	豐田	2021/03	440,061	3.69	3.19	60.88	211.91	75.71	64.94	0.48	1768
6999	大興電工	東證一部	電機業	C	向山	2021/03	50,378	3.04	4.60	75.64	350.84	61.37	54.80	1.81	634
7014	名村造船所	東證一部	輸送用機具業	C	名村	2021/03	98,403	-8.15	-10.64	35.23	139.86	121.33	82.51	-1.37	153
7033	元嵩管理	東證一部	服務業	A	高橋	2020/10	5,228	7.93	3.86	56.06	282.55	48.18	36.60	0.00	237
7040	SUN·LIFE HD	新興市場	服務業	A	竹內	2021/03	10,322	0.23	0.51	13.51	612.86	518.92	73.71	0.00	55
7042	ACCESS GROUP	新興市場	服務業	A	木村	2020/09	3,789	-5.21	-4.51	21.80	121.95	67.72	48.94	0.00	11
7045	TSUKUI STAFF	新興市場	服務業	B	津久井	2021/03	7,658	1.89	0.77	68.37	324.03	14.15	13.42	0.00	32
7046	TDSE	新興市場	服務業	A	城谷	2021/03	1,323	3.51	3.78	88.14	867.36	8.11	8.01	0.00	44
7056	Maruku	新興市場	服務業	A	北野	2020/08	337	-6.73	-4.45	27.46	550.88	21.74	7.22	0.00	9
7057	NCN	新興市場	服務業	A	田鎖	2021/03	6,431	5.77	4.39	38.15	179.29	40.16	29.54	0.00	49
7058	共榮保全	新興市場	服務業	A	我妻	2021/03	6,184	6.95	5.32	76.35	474.00	29.07	26.57	0.00	46
7062	fureasu	新興市場	服務業	A	澤登	2021/03	3,672		-0.44	48.89	404.31	41.95	25.54	0.00	26
7064	HowTelevision	新興市場	服務業	A	音成	2021/01	868	-31.50	-24.77	40.66	123.30	104.39	80.05	0.00	23
7065	upr	東證二部	服務業	A	酒田	2020/08	12,732	6.16	8.91	33.57	123.76	207.06	92.35	0.00	310
7070	SI HD	新興市場	服務業	A	山根	2021/03	9,153	11.54	7.19	34.32	351.56	126.70	51.82	0.00	68
7081	Koyou Rentia	新興市場	服務業	A	梅木	2020/12	21,556	9.68	6.41	41.62	90.47	134.33	109.09	0.00	71
7083	ahc	新興市場	服務業	A	荒木	2020/11	4,086	3.61	2.59	35.30	358.58	51.96	23.76	0.00	32
7085	可關姿	東證一部	服務業	A	腰高	2021/03	25,082	3.28	4.65	22.10	210.34	264.82	72.91	0.00	637
7148	FPG	東證一部	證券期貨交易業	A	谷村	2020/09	12,708	1.98	14.79	20.49	151.97	23.46	12.94	0.17	474
7170	中央國際集團	東證一部	證券期貨交易業	A	大石	2020/12	727	0.28	-1.38	26.57	75.70	341.63	107.06	0.37	6
7175	今村證券	新興市場	證券期貨交易業	A	今村	2021/03	4,973		37.60	49.83	171.03	37.19	35.47	1.42	46
7184	富山第一銀行	東證一部	銀行業	C	金岡	2021/03	29,475		11.37	7.81					-0.12	211
7185	Hirose通商	東證一部	證券期貨交易業	A	細合	2021/03	8,732	3.26	33.35	13.33	116.35	2.45	2.29	2.68	143
7187	J-LEASE	東證一部	其他金融業	A	中島	2021/03	7,601	11.80	12.41	14.78	90.55	170.29	145.02	0.00	73
7203	豐田汽車	東證一部	輸送用機具業	A	豐田	2021/03	27,214,594	4.12	8.08	37.59	106.13	168.73	98.92	1.05	285198
7205	日野自動車	東證一部	輸送用機具業	B	豐田	2021/03	1,498,442	1.21	0.82	45.01	115.66	112.38	95.14	0.30	5470

股票代號	名稱	市場別	行業別	家族企業類別	家族姓氏	會計年度	營業額	資產報酬率(ROA)	營業利益率	權益比率	流動比率	固定比率	固定長期適合率	月平均投資報酬率(60個月)	市值(億日圓)
7208	金光	東證二部	輸送用機具業	A	金光	2021/03	7,034	-2.77	-5.66	63.48	229.79	89.41	70.95	0.36	39
7212	F.tech	東證一部	輸送用機具業	a	福田	2021/03	183,647	2.34	1.67	29.48	97.09	196.10	126.29	0.08	141
7214	GMB	東證一部	輸送用機具業	A	松岡	2021/03	57,409	-0.10	-0.14	31.42	139.86	131.96	89.78	1.29	51
7217	TEIN	新興市場	輸送用機具業	A	市野	2021/03	4,719	14.29	20.15	61.67	290.47	81.97	60.93	1.75	74
7218	田中精密工業	新興市場	輸送用機具業	a	田中	2021/03	26,041	-0.39	-0.92	41.15	148.20	142.31	104.84	0.02	63
7219	HKS	東證二部	輸送用機具業	B	長谷川	2020/08	7,226	0.91	1.34	73.30	256.21	74.45	66.47	0.07	26
7220	武藏精密工業	東證一部	輸送用機具業	A	大塚	2021/03	204,714	3.64	3.67	37.66	113.57	145.66	98.87	1.75	1233
7227	ASKA	地方市場	輸送用機具業	A	片山	2020/11	24,902	2.12	2.59	23.61	78.82	302.96	111.99	0.83	51
7228	DAYTONA	新興市場	輸送用機具業	A	阿部	2020/12	9,910	16.89	11.97	57.00	193.58	60.59	52.87	2.19	74
7239	TACHI-S	東證一部	輸送用機具業	a	齋藤	2021/03	198,500	-4.70	-3.91	48.04	156.06	89.30	72.28	-0.01	423
7240	NOK	東證一部	輸送用機具業	C	鶴	2021/03	596,369	2.19	2.43	56.96	186.86	95.03	77.46	0.16	2599
7241	雙葉產業	東證一部	輸送用機具業	B	豐田	2021/03	466,809	2.99	1.67	26.76	107.06	149.99	100.43	1.37	531
7247	三國	東證一部	輸送用機具業	a	生田	2021/03	86,962	0.83	0.65	29.35	148.87	172.04	76.68	0.45	108
7250	太平洋工業	東證一部	輸送用機具業	C	小川	2021/03	150,408	4.48	5.97	49.53	149.26	137.92	87.12	0.84	779
7254	UNIVANCE	東證一部	輸送用機具業	A	鈴木	2021/03	46,249	-1.42	-1.43	36.12	116.51	147.62	88.97	1.50	100
7255	櫻製作所	新興市場	輸送用機具業	A	櫻井	2021/03	3,414	-7.06	-16.40	63.32	230.39	105.95	78.27	0.49	20
7259	愛新	東證一部	輸送用機具業	A	豐田	2021/03	3,525,799	3.98	4.12	38.13	155.19	155.16	86.82	0.65	12376
7264	MURO	東證二部	輸送用機具業	A	室	2021/03	18,965	4.20	5.26	66.52	169.96	68.24	66.89	0.85	86
7265	EIKEN工業	新興市場	輸送用機具業	B	堀江	2020/10	5,387	3.84	4.60	77.71	318.65	53.00	50.52	0.54	29
7269	金鈴汽車	東證一部	輸送用機具業	C	鈴木	2021/03	3,178,209	6.40	6.12	41.81	116.66	111.26	93.72	1.58	24678
7270	速霸陸	東證一部	輸送用機具業	B	豐田	2021/03	2,830,210	3.20	3.62	52.11	226.57	80.38	56.52	-0.32	16953
7271	安永	東證一部	輸送用機具業	A	安永	2021/03	29,278	-1.38	-1.77	28.08	119.77	163.31	83.70	5.77	171
7273	ikuyo	東證一部	輸送用機具業	b	酒井	2021/03	10,054	-4.21	-4.82	42.93	107.92	136.86	95.81	-0.17	18
7276	小糸製作所	東證一部	電機業	C	大嶽	2021/03	706,376	7.80	8.03	68.73	313.16	45.34	42.14	1.19	11931
7279	HI-LEX	東證一部	輸送用機具業	A	寺浦	2020/10	195,784	0.05	-0.49	65.60	239.51	78.65	70.14	-1.58	422
7282	豐田合成	東證一部	輸送用機具業	B	豐田	2021/03	721,498	5.27	5.06	50.45	205.12	100.89	70.43	1.03	3781
7283	愛三工業	東證一部	輸送用機具業	B	豐田	2021/03	181,427	2.81	2.73	44.34	191.90	103.13	65.47	0.30	423
7292	村上開明堂	東證一部	輸送用機具業	A	村上	2021/03	74,147	6.46	6.89	76.58	363.32	50.76	48.45	1.85	420
7294	YOROZU	東證一部	輸送用機具業	A	志藤	2021/03	118,863	0.32	4.32	50.40	133.00	85.51	-0.30	334
7296	富士離合器	東證一部	輸送用機具業	a	山本	2021/03	146,157	4.69	4.77	74.15	298.62	58.43	54.14	0.52	978
7297	Carmate	新興市場	輸送用機具業	A	村田	2021/03	15,723	7.43	8.66	67.27	436.93	24.64	20.49	1.47	72
7298	八千代工業	新興市場	輸送用機具業	b	大竹	2021/03	157,231	4.89	3.58	53.48	116.67	108.89	81.83	0.22	154
7305	新家工業	東證一部	鋼鐵業	A	新家	2021/03	36,504	2.00	1.95	57.13	192.73	72.87	60.07	1.27	106
7309	禧瑪諾	東證一部	輸送用機具業	A	島野	2020/12	378,040	15.11	21.88	89.65	784.98	31.54	31.15	0.76	22332
7314	小田原機器	新興市場	輸送用機具業	B	津川	2020/12	4,780	2.98	3.93	66.67	323.34	27.34	24.40	0.83	17

股票代號	名稱	市場別	行業別	家族企業類別	家族姓氏	會計年度	營業額	資產報酬率(ROA)	營業利益率	權益比率	流動比率	固定比率	固定長期適合率	月平均投資報酬率(60個月)	市值(億日圓)
7325	IRRC	新興市場	保險業	a	勝本	2020/06	4,169	11.97	11.49	88.09	586.19	38.29	38.04	0.00	86
7399	南星	新興市場	輸送用機具業	A	齋藤	2021/03	8,751	4.62	7.69	68.58	286.34	45.41	41.00	1.07	46
7412	ATOM	東證二部	零售業	B	藏人	2021/03	32,185	-4.93	-3.95	42.68	101.03	158.66	99.52	0.42	1481
7413	創健社	新興市場	批發業	A	中村	2021/03	4,699	1.88	1.02	36.80	215.93	50.09	29.64	0.37	15
7414	小野建	東證一部	批發業	A	小野	2021/03	202,825	4.43	3.21	51.16	138.54	78.37	70.84	1.12	302
7416	治山HD	東證一部	零售業	A	治山	2021/03	38,220	-6.21	-9.65	54.58	204.13	89.68	65.28	0.14	112
7417	南陽	東證一部	批發業	A	武內	2021/03	32,406	5.68	5.75	56.44	158.00	64.29	60.81	1.76	112
7419	野島電器	東證一部	零售業	A	野島	2021/03	523,327	11.44	6.46	41.75	121.33	133.34	88.65	2.02	1442
7420	佐鳥電機	東證一部	批發業	a	佐鳥	2020/05	107,130	1.01	0.48	48.51	195.29	32.83	28.09	0.65	151
7421	KAPPA·CREATE	東證一部	零售業	B	藏人	2020/03	64,881	-4.84	-2.42	34.15	94.84	166.47	104.14	0.45	732
7422	東邦LAMAC	新興市場	批發業	A	笠井	2020/12	6,728	-3.39	-3.89	71.78	331.04	48.46	43.32	-0.67	13
7425	初穗商事	新興市場	批發業	A	齋藤	2020/12	29,056	3.22	1.76	36.63	137.70	87.35	69.73	1.03	31
7426	山大	新興市場	批發業	A	高橋	2021/03	4,166	-1.31	-2.11	57.04	214.38	90.34	66.60	-0.33	9
7427	echo Trading	新興市場	批發業	a	高橋	2021/02	85,654	1.12	0.37	29.30	133.24	24.80	23.99	0.51	38
7433	伯東	東證一部	批發業	A	高山	2021/03	165,413	3.42	2.30	49.83	229.28	27.20	21.76	1.08	309
7435	NADEX	新興市場	批發業	A	古川	2020/04	31,379	3.38	2.97	49.78	169.34	65.35	54.39	0.14	64
7438	KONDOTEC	新興市場	批發業	A	近藤	2021/03	59,562	7.25	5.63	58.66	167.58	61.59	58.43	0.85	291
7441	三角	地方市場	批發業	A	三角	2021/03	52,496	4.21	2.54	49.51	107.10	127.86	97.53	0.29	121
7442	中山福	東證一部	批發業	b	中山	2021/03	47,865	3.76	1.82	67.76	255.29	51.74	47.02	-0.26	99
7444	Harima和物產	東證二部	批發業	A	津田	2021/03	54,477	5.85	2.86	70.76	223.69	63.10	59.38	1.54	95
7445	Right-on	東證一部	零售業	A	藤原	2020/08	52,969	-8.75	-7.13	42.49	132.24	96.63	74.40	-0.45	168
7446	東北化學藥品	新興市場	批發業	A	東	2020/09	31,040	2.67	1.16	38.54	122.31	86.32	73.57	0.71	32
7447	永井	東證一部	批發業	A	澤登	2020/08	17,066	11.10	28.93	89.29	967.84	22.42	21.82	0.60	1042
7450	SUNDAY	新興市場	零售業	B	岡田	2021/02	52,100	5.42	3.50	32.11	75.56	192.19	125.51	0.29	156
7455	巴黎三城	東證一部	零售業	A	多根	2021/03	43,873	-0.32	-0.41	71.59	286.06	39.65	38.39	-0.27	163
7456	松田產業	東證一部	批發業	A	松田	2021/03	231,559	8.13	3.47	62.81	260.65	42.42	37.14	1.30	589
7458	第一興商	東證一部	批發業	A	保志	2021/03	93,316	-1.44	-2.89	55.81	236.38	95.93	67.44	0.39	2455
7459	MEDIPAL	東證一部	批發業	C	渡邊	2021/03	3,211,125	2.49	1.20	31.13	123.22	96.71	82.76	0.61	5194
7460	八木	東證二部	批發業	C	八木	2021/03	114,240	3.46	1.79	52.64	212.81	47.01	38.63	0.49	153
7461	木村	新興市場	批發業	A	木村	2021/03	34,052	9.25	6.23	50.74	158.42	122.73	91.46	0.77	82
7462	DAIYA通商	東證二部	批發業	B	森	2021/03	2,879	3.93	2.64	71.13	284.17	87.72	71.95	2.16	21
7463	ADVAN GROUP	東證一部	零售業	A	山形	2021/03	17,089	7.20	23.90	71.81	485.35	87.56	68.09	0.51	547
7464	SAFTEC	新興市場	批發業	a	岡崎	2021/03	10,106	8.82	10.10	50.10	169.02	72.88	58.48	1.92	45
7467	萩原電氣HD	東證一部	批發業	A	萩原	2021/03	127,830	4.93	2.71	47.65	217.89	15.99	13.92	1.05	237
7472	鳥羽洋行	新興市場	批發業	A	鳥羽	2021/03	25,040	5.06	5.08	67.43	247.54	35.09	34.21	0.84	129

股票代號	名稱	市場別	行業別	家族企業類別	家族姓氏	會計年度	營業額	資產報酬率(ROA)	營業利益率	權益比率	流動比率	固定比率	固定長期適合率	月平均投資報酬率(60個月)	市值(億日圓)
7476	AS ONE	東證一部	批發業	A	井內	2021/03	81,606	11.38	12.12	66.48	229.41	56.68	51.82	2.42	2878
7477	村木	東證一部	批發業	b	村木	2021/03	7,315	2.68	1.23	56.71	239.62	49.07	39.84	1.12	13
7480	SUZUDEN	東證一部	批發業	A	鈴木	2021/03	45,281	5.88	2.94	62.01	246.59	30.84	28.46	1.00	190
7481	尾家產業	東證一部	批發業	A	尾家	2021/03	66,137	-6.33	-2.78	36.91	118.27	121.09	83.96	1.20	130
7482	下島	東證一部	批發業	A	下島	2021/03	47,100	0.79	0.58	84.02	419.29	56.53	54.38	0.63	313
7483	DOSHISHA	東證一部	批發業	A	野村	2021/03	101,257	10.80	9.40	77.99	632.09	30.01	27.10	0.33	699
7485	岡谷鋼機	地方市場	批發業	A	岡谷	2021/02	760,443	3.61	1.79	46.62	146.78	88.99	71.44	0.80	882
7486	SANRIN	東證一部	批發業	A	田島	2021/03	26,618	4.61	4.15	69.74	202.18	76.53	69.37	0.62	89
7487	小津產業	東證一部	批發業	B	小津	2020/05	40,941	2.41	1.23	59.64	178.07	75.68	65.27	-0.08	152
7488	八神	地方市場	批發業	A	八神	2020/04	8,019	7.35	13.07	41.12	508.24	36.83	33.48	1.60	84
7490	日新商事	東證二部	批發業	A	筒井	2021/03	53,692	2.82	1.31	58.12	260.18	102.04	71.16	0.49	72
7494	湖中	東證一部	零售業	A	湖中	2020/09	47,842	-7.05	-10.32	41.18	127.90	134.39	91.95	-0.77	89
7500	西川計測	新興市場	批發業	a	西川	2020/06	31,666	9.42	6.56	52.02	176.56	30.14	30.01	2.10	137
7501	TIEMCO	新興市場	批發業	A	酒井	2020/11	2,666	-2.31	-5.03	81.33	488.90	38.09	36.08	0.80	25
7504	高速	東證一部	批發業	A	赫	2021/03	91,320	7.11	3.66	59.89	164.65	65.31	62.06	1.48	313
7505	扶桑電通	東證二部	批發業	B	太田	2020/09	40,358	4.22	2.34	35.84	166.75	70.76	45.91	1.29	78
7506	HOUSE OF ROSE	東證一部	零售業	a	川原	2021/03	11,608	1.52	1.08	58.40	249.98	70.88	54.07	0.53	79
7508	G-7 HD	東證一部	零售業	A	木下	2021/03	163,556	14.24	4.32	41.06	114.73	112.50	87.51	2.96	581
7509	I.A group	新興市場	批發業	A	古川	2021/03	32,624	-2.06	-2.00	39.68	112.74	152.98	93.75	0.35	57
7512	永旺北海道	東證一部	零售業	B	岡田	2021/03	288,457	7.47	2.77	42.75	55.03	177.12	140.11	1.57	1574
7513	小島	東證一部	零售業	b	小島	2020/08	288,216	6.13	2.51	42.11	189.57	80.64	52.12	1.44	439
7514	HIMARAYA	東證一部	零售業	A	小森	2020/08	57,721	-1.21	-0.84	36.49	231.15	83.02	43.37	0.02	110
7515	丸吉中心	東證二部	零售業	A	佐竹	2021/03	40,905	5.52	2.39	13.33	62.47	558.03	127.88	0.01	30
7516	港南商事	東證一部	零售業	A	疋田	2021/02	442,069	8.02	6.99	33.74	114.10	206.83	94.92	1.52	1006
7520	Eco's	東證一部	零售業	A	平	2021/02	136,013	13.05	4.22	34.29	98.07	169.35	101.71	1.36	212
7521	MUSASHI	新興市場	批發業	a	小林／羽鳥	2021/03	30,261	-0.13	-0.34	65.43	248.32	39.75	37.05	0.48	160
7522	watami	東證一部	零售業	A	渡邊	2021/03	60,852	-22.19	-15.92	7.08	159.09	550.11	63.71	0.44	429
7523	ART VIVANT	新興市場	零售業	A	野澤	2021/03	7,886	5.66	19.90	48.08	186.07	35.64	30.89	1.10	85
7524	MARCHE	東證一部	零售業	b	谷垣	2021/03	3,868	-20.85	-23.68	21.92	114.46	107.10	70.83	-0.61	42
7525	RIX	東證一部	批發業	a	安井	2021/03	36,023	6.16	4.96	58.11	214.38	38.71	35.86	1.21	134
7531	清和中央HD	新興市場	批發業	A	阪上	2020/12	42,005	0.78	0.39	51.15	153.58	67.32	60.97	0.06	137
7533	GREEN CROSS	地方市場	批發業	B	青山	2020/04	16,993	10.69	7.97	58.06	161.78	68.42	63.74	0.95	67
7537	丸文	東證一部	批發業	A	堀越	2021/03	289,283	0.84	0.35	31.51	150.73	30.49	26.63	0.08	149
7539	AINAVO HD	新興市場	批發業	A	阿部	2020/09	65,338	5.42	2.75	61.30	210.60	43.54	40.94	0.74	106
7544	Three F	東證二部	零售業	A	菊池	2021/02	12,530	3.25	1.30	76.83	853.25	25.67	25.34	0.25	23

股票代號	名稱	市場別	行業別	家族企業類別	家族姓氏	會計年度	營業額	資產報酬率(ROA)	營業利益率	權益比率	流動比率	固定比率	固定長期適合率	月平均投資報酬率(60個月)	市值(億日圓)
7545	西松屋連鎖	東證一部	零售業	A	大村	2021/02	159,418	11.07	7.59	57.47	189.57	43.91	41.76	1.08	978
7550	ZENSHO HD	東證一部	零售業	A	小川	2021/03	595,048	3.27	2.03	21.54	84.16	330.56	107.72	1.60	4384
7554	幸樂苑HD	東證一部	零售業	A	新井田	2021/03	26,565	-10.51	-6.51	18.39	55.37	397.41	142.19	0.76	287
7555	大田花	新興市場	批發業	A	磯村	2021/03	23,919	-0.25	-0.15	51.22	181.68	109.86	74.12	0.02	42
7559	GFC	新興市場	批發業	A	西村	2021/03	15,411	-3.25	-4.13	87.36	677.12	39.43	38.14	0.30	79
7561	HURXLEY	東證一部	零售業	A	青木	2021/03	35,126	1.16	1.14	55.98	168.20	115.60	81.91	0.13	100
7562	安樂亭	東證二部	零售業	A	柳	2021/03	26,538	-5.88	-5.05	18.70	83.72	342.27	112.30	0.22	110
7564	WORKMAN	新興市場	零售業	A	土屋	2021/03	105,815	23.33	22.64	80.26	448.91	30.00	28.98	3.27	6490
7565	萬世電機	東證二部	批發業	a	占部	2021/03	20,074	3.47	3.10	63.48	252.45	26.08	24.73	1.89	67
7567	榮電業	東證一部	批發業	A	染谷	2021/03	5,623	2.69	2.17	56.91	148.05	71.95	68.12	4.12	27
7570	橋本總業HD	東證一部	批發業	A	橋本	2021/03	134,690	6.17	2.22	38.42	112.18	97.02	84.76	1.66	291
7571	山野HD	新興市場	零售業	A	山野	2021/03	12,701	3.54	2.61	9.17	120.32	157.94	50.09	0.17	24
7575	日本Lifeline	東證一部	批發業	A	鈴木	2021/03	51,286	14.53	20.21	70.32	270.37	55.43	50.34	3.39	1197
7578	Nichiryoku	新興市場	零售業	A	寺村	2021/03	2,624	1.16	4.15	40.25	107.76	187.52	97.31	-0.36	32
7581	薩莉亞	東證一部	零售業	A	正垣	2020/08	126,842	-3.03	-3.01	66.36	222.57	79.35	67.37	-0.07	1039
7585	顧難丸	新興市場	零售業	A	佐藤	2020/06	2,316	-12.44	-14.08	77.16	446.47	66.41	57.53	-1.03	36
7587	PALTEK	東證一部	批發業	A	高橋	2020/12	29,556	1.10	0.58	62.76	267.92	6.42	6.28	0.06	58
7590	TAKASHO	東證一部	批發業	A	高岡	2021/01	18,486	6.10	6.25	47.86	138.13	79.62	69.64	1.18	112
7593	VT HD	東證一部	零售業	A	高橋	2021/03	199,535	4.57	3.87	23.10	85.59	250.69	120.96	0.13	532
7596	魚力	東證一部	零售業	A	山田	2021/03	32,071	8.51	4.26	82.35	306.63	60.76	59.82	1.04	280
7597	東京貴寶	新興市場	批發業	A	政木	2021/03	3,259	-0.80	-1.78	47.20	189.71	67.53	49.85	-0.09	9
7599	IDOM	東證一部	零售業	A	羽鳥	2021/02	380,564	5.88	2.78	24.83	266.35	115.04	39.34	0.47	662
7600	日本MDM	東證一部	精密機械業	b	渡邊	2021/03	16,738	8.65	12.95	73.95	575.58	47.67	39.87	2.84	600
7601	POPLAR	東證二部	零售業	A	目黑	2021/02	19,240	-12.59	-5.85	3.69	99.52	1,339.30	100.50	-0.29	40
7603	Mac-House	新興市場	零售業	A	船橋	2021/02	19,717	-7.60	-5.72	46.00	210.10	62.14	43.43	-0.77	61
7604	梅之花	東證二部	零售業	A	梅野	2021/04	30,462	-4.46	-4.06	11.02	61.79	730.09	121.46	-0.96	107
7608	SK JAPAN	東證一部	批發業	B	久保	2021/03	5,357	5.62	4.18	87.47	801.00	9.67	9.55	1.76	37
7609	大都	東證一部	批發業	B	高木	2020/12	57,418	5.30	4.19	42.80	170.40	33.73	29.00	2.14	176
7611	HIDAY日高	東證一部	零售業	A	神田	2021/02	29,563	-9.60	-9.47	85.19	373.28	71.94	68.38	0.30	648
7615	京和服友禪	東證一部	零售業	A	河端	2021/03	7,668	0.53	0.82	43.66	142.55	52.53	49.94	-1.28	44
7616	COLOWIDE	東證一部	零售業	A	藏人	2021/03	168,181	-5.06	-7.83	11.91	59.88	641.68	131.20	0.58	1430
7618	PC DEPOT	東證一部	零售業	A	野島	2021/03	38,312	8.24	7.55	71.08	417.95	39.02	33.60	0.00	260
7619	田中商事	東證一部	批發業	B	河合	2021/03	30,737	4.28	3.35	50.88	128.97	93.94	80.31	0.52	61
7621	鵜飼	新興市場	零售業	A	鵜飼	2021/03	8,575	-11.28	-13.98	27.72	29.05	301.30	193.88	0.43	160
7623	SUN AUTAS	新興市場	零售業	A	北野	2020/04	27,333	0.61	0.24	25.14	56.31	286.87	142.88	-0.10	8

股票代號	名稱	市場別	行業別	家族企業類別	家族姓氏	會計年度	營業額	資產報酬率(ROA)	營業利益率	權益比率	流動比率	固定比率	固定長期適合率	月平均投資報酬率(60個月)	市值(億日圓)
7628	大橋	東證一部	批發業	b	大橋	2021/03	29,782	5.20	7.07	74.20	351.15	26.70	26.00	0.96	232
7634	星醫療酸器	新興市場	批發業	A	星	2021/03	11,809	8.04	12.19	69.80	269.47	59.35	53.69	0.57	128
7635	杉田ACE	新興市場	批發業	A	杉田	2021/03	56,072	1.92	0.85	33.48	132.46	71.13	56.06	0.78	53
7636	HANDSMAN	新興市場	零售業	A	大薗	2020/06	31,163	11.77	7.00	73.67	228.33	69.54	65.15	1.38	210
7637	白銅	東證一部	批發業	A	山田	2021/03	39,219	6.12	5.05	53.96	163.61	46.25	46.11	1.51	202
7638	new art	東證一部	零售業	A	白石	2021/03	18,936	12.57	11.89	47.03	149.57	77.31	63.29	1.63	183
7640	Top Culture	東證一部	零售業	A	清水	2020/10	30,127	2.17	1.45	17.90	128.03	258.91	80.02	-0.10	47
7643	Daiichi	新興市場	零售業	a	若園/小西	2020/09	43,170	9.52	4.15	64.61	128.31	100.23	89.28	1.01	94
7646	PLANT	東證一部	零售業	A	三田	2020/09	96,110	3.34	1.43	34.48	148.41	163.70	79.89	0.19	70
7649	SUGI HD	東證一部	零售業	A	杉浦	2021/02	602,510	10.26	5.59	58.00	166.58	65.82	60.71	0.87	4699
7670	O-WELL	東證一部	批發業	A	宮本	2021/03	54,621	0.23	-0.14	45.06	139.44	87.30	69.96	0.00	67
7671	AmidAH	新興市場	零售業	A	藤田	2020/03	2,894	14.38	9.78	79.29	469.38	25.57	24.44	0.00	21
7673	DAIKO通產	東證一部	批發業	A	河田	2020/05	15,544	6.02	4.91	44.36	165.28	38.88	34.55	0.00	77
7675	Central Forest Group	地方市場	批發業	a	永津	2020/12	284,793	0.94	0.30	26.98	114.74	72.20	65.31	0.00	164
7677	YASHIMA	東證二部	批發業	a	關	2021/03	31,828	2.30	1.65	37.97	150.36	36.22	32.25	0.00	54
7678	ASAKUMA	東證一部	零售業	b	近藤	2021/03	6,384	-15.34	-10.89	55.59	194.51	66.76	54.86	0.00	85
7679	藥王堂HD	東證一部	零售業	A	西鄉	2021/02	110,535	9.02	4.50	41.27	141.82	123.94	78.03	0.00	506
7682	浜木綿	東證一部	零售業	A	林	2020/07	14,612	4.69	0.57	34.16	213.79	155.96	68.19	0.00	20
7686	KAKUYASU	東證二部	批發業	C	佐藤	2021/03	80,226	-9.35	-3.24	11.90	74.37	411.21	156.16	0.00	123
7688	Merhálsa	新興市場	零售業	A	青木	2021/03	16,754		1.92	29.55	80.27	207.13	118.45	0.00	30
7702	JMS	東證一部	精密機械業	A	土谷	2021/03	57,578	3.21	3.69	50.43	172.91	86.39	64.89	1.33	242
7705	GL Sciences	東證二部	精密機械業	b	森	2021/03	29,217	10.79	13.16	61.75	294.34	65.77	58.17	3.40	279
7709	KUBOTEK	東證一部	精密機械業	A	久保	2021/03	1,074	-4.92	-12.20	44.13	233.47	17.99	13.12	0.56	52
7711	助川電氣工業	新興市場	精密機械業	A	百目鬼	2020/09	3,123	-0.08	-0.48	56.02	194.30	77.28	61.15	0.72	38
7713	SIGMA光機	新興市場	精密機械業	b	森	2020/03	8,493	4.53	8.37	80.19	484.80	55.27	50.27	0.95	88
7716	中西	新興市場	精密機械業	A	中西	2020/12	33,055	10.84	25.84	92.25	1,003.93	36.97	36.59	1.15	2135
7718	star精密	東證一部	機械業	C	佐藤	2020/12	45,670	3.17	4.76	68.19	267.32	34.25	33.39	0.85	746
7722	國際計測器	新興市場	精密機械業	A	松本	2021/03	11,505	2.45	3.57	58.73	214.75	48.13	42.96	-0.36	104
7725	inter action	東證一部	精密機械業	a	木地	2020/05	7,083	15.27	21.95	7.62	521.28	18.17	17.11	3.84	254
7726	黑田精工	東證一部	精密機械業	A	黑田	2021/03	13,289	2.05	2.72	46.45	163.73	111.66	74.40	3.41	109
7730	MANI	東證一部	機械業	A	松谷	2020/08	15,200	11.23	28.55	93.07	1,358.20	35.83	35.07	2.38	2874
7739	佳能電子	東證一部	電機業	B	御手洗	2020/12	74,612	4.90	7.51	81.52	534.78	43.20	40.90	0.07	633
7740	騰龍	東證一部	精密機械業	A	新井	2020/12	48,375	5.74	7.39	78.67	406.65	36.52	34.84	0.32	474
7741	HOYA	東證一部	精密機械業	a	山中/鈴木	2021/03	547,921			80.63	421.38	43.42	40.52	2.14	48487
7744	NORITSU鋼機	東證一部	精密機械業	B	西本	2020/12	41,148	4.00	14.16	44.70	213.26	139.82	81.61	3.83	880

股票代號	名稱	市場別	行業別	家族企業類別	家族姓氏	會計年度	營業額	資產報酬率(ROA)	營業利益率	權益比率	流動比率	固定比率	固定長期適合率	月平均投資報酬率(60個月)	市值(億日圓)
7745	A & D	東證一部	精密機械業	a	古川	2021/03	48,424	8.66	9.09	38.38	162.79	67.83	52.35	3.34	281
7746	岡本硝子	新興市場	精密機械業	A	岡本	2021/03	4,409	-6.46	-11.48	16.05	213.09	269.51	58.96	1.21	46
7747	朝日英達科	東證一部	精密機械業	A	宮田	2020/06	56,546	14.04	22.01	76.76	373.79	63.84	56.77	2.20	7985
7748	和隆	新興市場	精密機械業	b	冨加津	2021/03	3,105	11.54	19.68	81.14	484.80	31.14	29.88	5.46	185
7749	Medikit	新興市場	精密機械業	A	中島	2021/03	19,312	7.68	19.56	87.41	905.73	28.18	26.87	1.21	615
7751	佳能	東證一部	電機業	C	御手洗	2020/12	3,160,243	2.41	3.50	55.67	134.91	110.15	91.78	-0.47	26382
7758	SEKONIC	東證一部	機械業	A	高山	2021/03	5,864	1.81	1.93	78.77	396.09	50.00	46.64	-0.08	21
7760	IMV	新興市場	精密機械業	A	小嶋	2020/09	11,338	2.20	2.97	41.30	161.93	91.24	61.30	0.09	52
7762	CITIZEN	東證一部	精密機械業	c	中島	2021/03	206,641	-2.22	-4.62	55.76	409.15	59.50	40.84	-0.20	1188
7774	J-TEC	新興市場	精密機械業	b	小澤	2021/03	2,257	-5.59	-20.65	88.24	712.08	21.97	21.86	-0.48	307
7775	大研醫器	東證一部	精密機械業	A	山田	2021/03	7,861	8.47	11.72	57.50	187.39	72.47	60.50	-0.16	194
7780	Menicon	東證一部	精密機械業	a	田中	2021/03	86,209	7.59	9.40	46.67	311.62	95.57	55.22	2.57	2486
7781	平山HD	東證一部	精密機械業	A	平山	2021/03	22,970	5.04	1.65	38.96	210.95	35.20	23.28	0.00	47
7800	amifa	新興市場	其他製造業	A	藤井	2020/09	4,785	9.02	5.48	73.35	650.83	8.58	7.36	0.00	23
7804	B&P	新興市場	其他製造業	A	和田山	2020/10	2,441	6.69	8.48	86.38	978.17	9.45	9.02	0.00	26
7805	Printnet	新興市場	其他製造業	A	小田原	2020/10	7,947	-0.95	-0.96	86.35	120.91	153.61	88.27	0.00	27
7807	幸和製作所	新興市場	其他製造業	A	玉田	2021/02	5,215	6.48	7.06	23.37	208.00	152.69	52.23	0.00	44
7808	CSL	新興市場	其他製造業	A	中井	2020/05	15,565	7.65	6.86	22.80	99.02	257.15	100.70	0.00	23
7809	壽屋	新興市場	其他製造業	A	清水	2020/07	7,374	2.94	3.09	35.82	279.44	125.53	64.60	0.00	44
7810	Crossfor	新興市場	其他製造業	A	土橋	2020/07	2,324	-7.88	-17.77	37.32	227.66	83.05	44.92	0.00	56
7811	中本Packs	東證一部	其他製造業	A	中本	2021/02	36,033	5.84	4.76	40.88	112.34	115.14	96.03	0.00	131
7813	Platz	新興市場	其他製造業	A	福山	2021/03	6,098	11.47	9.17	55.17	207.21	69.57	64.53	1.92	58
7814	日本創發集團	新興市場	其他製造業	A	鈴木	2020/12	51,248	-0.75	-0.91	18.12	78.15	271.59	149.68	2.18	195
7815	東京板材工業	東證二部	其他製造業	A	井上	2021/03	7,211	-14.92	-35.17	25.81	137.25	252.78	93.00	-0.67	19
7816	雪諾必克	東證一部	其他製造業	A	山井	2021/03	16,764	9.42	8.91	62.69	193.97	93.84	74.72	0.92	355
7817	PARAMOUNT BED	東證一部	其他製造業	A	木村	2021/03	87,171	7.99	13.29	73.74	363.17	59.93	52.22	0.69	1453
7818	TRANSACTION	東證一部	其他製造業	A	石川	2020/08	18,472	22.90	15.17	73.90	401.34	31.62	28.89	3.42	333
7819	粧美堂	東證一部	其他製造業	A	寺田	2021/03	13,939	0.93	0.80	38.35	235.27	71.93	40.11	0.34	52
7821	前田工織	東證一部	其他製造業	A	前田	2020/09	39,365	8.06	11.47	57.25	406.53	83.19	54.77	2.32	882
7823	ARTNATURE	東證一部	其他製造業	A	五十嵐	2021/03	35,868	4.51	5.39	55.80	218.87	73.13	56.26	-0.03	242
7826	古屋金屬	新興市場	其他製造業	a	古屋	2020/06	22,826	11.94	16.12	45.04	304.46	76.35	44.00	2.55	453
7827	ORVIS	新興市場	其他製造業	A	中濱	2020/09	9,022	2.29	3.61	26.21	149.97	221.89	80.66	1.95	15
7829	Samantha Thavasa	新興市場	其他製造業	B	寺田	2021/02	22,594	-20.26	-15.58	27.29	174.05	172.14	68.48	-1.67	82
7831	wellco HD	新興市場	其他製造業	A	若林	2020/10	11,943	-0.62	-0.98	40.54	172.60	110.46	65.84	0.48	35
7832	萬代南夢宮HD	東證一部	其他製造業	B	中村	2021/03	740,903	12.75	11.43	69.67	258.76	54.37	49.93	2.41	17522

股票代號	名稱	市場別	行業別	家族企業類別	家族姓氏	會計年度	營業額	資產報酬率(ROA)	營業利益率	權益比率	流動比率	固定比率	固定長期適合率	月平均投資報酬率(60個月)	市值(億日圓)
7833	IFIS JAPAN	東證一部	其他製造業	A	大澤	2020/12	5,355	13.73	12.94	83.83	640.34	14.20	13.81	1.34	77
7840	FRANCE BED	東證一部	其他製造業	A	池田	2021/03	52,430	5.35	6.19	60.13	181.12	80.55	67.69	0.18	401
7841	遠藤製作所	新興市場	其他製造業	A	遠藤	2020/12	8,276	0.52	0.87	84.83	703.01	50.52	46.65	0.72	49
7844	MARVELOUS	東證一部	資訊業	B	中山	2021/03	25,520	14.98	17.30	79.94	381.41	32.42	32.17	0.56	536
7847	GRAPHITE DESIGN	新興市場	其他製造業	A	山田	2021/02	2,604	3.68	7.60	79.41	555.53	23.50	21.86	1.16	34
7849	STARTS出版	新興市場	資訊業	B	村石	2020/12	4,434	4.46	3.81	83.96	640.39	23.26	22.34	1.38	53
7851	川瀨電腦供應	東證二部	其他製造業	a	川瀨	2021/03	2,631	1.11	1.33	70.73	316.67	44.82	40.43	1.27	13
7855	Cardinal	新興市場	其他製造業	A	山田弘直／元屋地／加藤	2021/03	913	-1.93	-6.79	80.98	723.87	47.25	41.83	1.33	11
7856	萩原工業	東證一部	其他製造業	A	萩原	2020/10	27,231	7.72	9.24	71.72	264.96	52.25	49.05	1.01	221
7857	SEKI	新興市場	其他製造業	A	關	2021/03	11,620	1.26	0.98	75.58	289.48	70.67	65.41	0.46	78
7859	ALMEDIO	東證二部	其他製造業	a	高橋	2021/03	2,681	-0.23	-0.41	71.74	364.03	17.57	16.70	1.38	26
7864	Fuji Seal	東證一部	其他製造業	A	藤尾／岡崎	2021/03	163,653	8.02	7.59	64.68	201.69	63.87	58.14	0.83	1488
7865	People	新興市場	其他製造業	a	桐淵	2021/01	4,490	19.28	10.94	83.95	545.45	14.80	14.80	-0.22	49
7867	TAKARA TOMY	東證一部	其他製造業	A	富山	2021/03	141,218	5.16	5.01	47.11	240.88	65.77	43.59	1.08	968
7868	廣濟堂	東證一部	其他製造業	b	櫻井	2021/03	31,497	2.85	6.40	48.79	162.97	137.14	84.32	2.68	256
7869	日本FORM SERVICE	新興市場	其他製造業	B	山下	2020/09	2,845	1.35	1.65	59.66	75.88	119.48	114.67	0.69	11
7870	福島印刷	地方市場	其他製造業	A	福島	2020/08	7,730	2.94	2.69	67.84	166.80	95.11	81.95	0.33	23
7871	FUKUVI化學工業	東證二部	化學業	A	八木	2021/03	35,636	1.98	2.32	66.69	231.82	49.77	42.18	0.52	109
7872	ESTELLE	東證二部	其他製造業	A	丸山	2021/03	27,963	1.25	1.51	41.34	234.35	59.88	36.70	0.58	76
7875	竹田印刷	東證二部	其他製造業	b	竹田	2021/03	31,108	1.36	1.16	47.03	141.48	107.53	78.17	1.06	58
7877	永大化工	新興市場	化學業	A	和田	2021/03	7,701	2.47	3.00	71.92	326.55	55.19	48.69	0.48	22
7878	光・彩	新興市場	其他製造業	A	深澤	2021/01	2,116	0.04	0.05	52.85	190.26	46.79	40.96	0.78	10
7879	野田	東證二部	其他製造業	A	野田	2020/11	62,284	4.74	4.47	46.82	193.19	80.73	60.44	1.77	117
7883	Sun Messe	新興市場	其他製造業	A	田中	2021/03	14,928	1.51	1.47	55.13	145.50	110.52	83.74	0.19	69
7885	鷹野	東證一部	其他製造業	a	鷹野	2021/03	20,050	-0.14	-0.48	82.54	390.78	49.79	48.39	0.34	96
7886	YAMATO INDUSTRY	東證一部	化學業	A	永田	2021/03	12,966	-6.04	-4.25	15.43	148.89	142.18	46.12	-0.10	7
7887	南海PLYWOOD	東證二部	其他製造業	A	丸山	2021/03	19,407	7.06	8.46	81.15	360.84	48.98	47.71	1.13	55
7888	三光合成	東證一部	化學業	b	梅崎	2020/05	50,716	1.49	1.37	37.81	155.73	129.46	73.65	0.06	348
7893	普羅納克廣斯	東證一部	其他製造業	A	上野	2020/06	24,996	6.14	8.62	51.48	285.97	78.18	61.03	0.54	348
7896	seven工業	東證二部	其他製造業	b	杉山	2021/03	12,686	1.51	1.23	65.50	210.16	65.26	58.76	1.04	22
7898	WOOD ONE	東證二部	其他製造業	A	中本	2021/03	59,076	2.86	3.97	43.98	152.74	155.62	87.53	0.61	125
7899	MICS化學	新興市場	化學業	B	盛田	2021/03	2,491	1.29	1.93	85.24	410.27	49.02	48.73	0.74	22
7901	松本	新興市場	其他製造業	A	松本	2020/04	2,818	-0.47	-0.99	73.34	276.44	80.74	69.47	0.04	9
7902	SONOCOM	新興市場	其他製造業	A	岨野	2021/03	1,980	1.98	7.58	90.35	1,159.64	47.59	45.23	0.90	41
7906	優乃克	東證二部	其他製造業	A	米山	2021/03	51,554	1.94	2.00	72.00	409.31	50.77	43.26	-0.30	590

股票代號	名稱	市場別	行業別	家族企業類別	家族姓氏	會計年度	營業額	資產報酬率(ROA)	營業利益率	權益比率	流動比率	固定比率	固定長期適合率	月平均投資報酬率(60個月)	市值(億日圓)
7908	木本	東證一部	化學業	a	木本	2021/03	11,557	1.87	3.48	78.68	641.29	29.11	26.04	1.18	118
7912	大日本印刷	東證一部	其他製造業	C	北島	2021/03	1,335,439	3.04	3.71	57.20	197.44	97.63	74.82	0.69	7519
7915	日寫	東證一部	其他製造業	A	鈴木	2020/12	180,006	4.01	4.05	41.10	109.92	130.48	92.76	0.25	762
7917	藤森工業	東證一部	化學業	A	藤森	2021/03	117,250	9.27	8.77	61.79	221.18	64.22	58.25	1.40	867
7918	VIA HD	東證一部	零售業	A	横川	2021/03	12,168	-21.56	-21.62	-43.05	19.14			-1.90	69
7919	野崎印刷紙業	東證一部	其他製造業	a	野崎	2021/03	13,105	0.83	0.66	31.52	84.44	176.10	121.42	0.85	30
7921	TAKARA & COMPANY	東證一部	其他製造業	B	野村	2020/05	19,116	9.48	11.75	60.67	155.20	87.28	78.11	1.14	244
7922	三光產業	新興市場	其他製造業	b	土田	2021/03	10,547	0.05	-0.14	64.86	224.32	48.14	45.03	0.87	28
7923	TOIN	東證一部	其他製造業	B	山科	2021/03	11,245	0.26	0.04	51.00	143.26	116.78	83.27	0.69	33
7928	旭化學工業	新興市場	化學業	A	杉浦	2020/08	7,665	2.35	1.23	74.17	247.83	59.11	56.69	0.32	14
7931	未來工業	東證一部	化學業	A	山田	2021/03	36,069	7.32	11.60	77.89	346.83	50.39	48.00	0.61	466
7936	亞瑟士	東證一部	其他製造業	C	鬼塚	2020/12	328,784	-1.03	-1.20	37.88	232.29	77.14	42.13	0.51	3759
7937	TSUTSUMI	東證一部	其他製造業	A	堤	2021/03	18,323	0.96	3.59	97.69	3,735.70	18.64	18.62	0.32	437
7939	研創	新興市場	其他製造業	A	林	2021/03	5,117	3.40	3.89	45.38	103.30	114.20	97.15	0.70	16
7945	comany	東證一部	其他製造業	A	塚本	2021/03	28,812	3.41	4.06	62.87	402.48	49.92	37.84	-0.02	107
7946	光陽社	東證二部	其他製造業	A	犬養	2021/03	3,830	-3.73	-4.02	53.00	292.62	62.16	42.75	0.90	14
7947	FP	東證一部	化學業	B	小松	2021/03	196,950	7.71	9.53	50.30	102.69	133.97	99.12	1.34	3810
7949	小松矩板工業	東證一部	其他製造業	A	加納	2021/03	33,565	5.69	7.00	84.07	564.54	42.66	40.46	0.69	220
7950	日本DECOLUXE	地方市場	化學業	A	木村	2021/03	4,706	2.77	9.50	89.92	566.20	70.09	67.43	0.46	50
7952	河合樂器製作所	東證一部	其他製造業	A	河合	2021/03	67,520	6.47	5.17	45.83	223.53	80.83	51.70	1.91	315
7953	菊水化學工業	東證一部	其他製造業	A	遠山	2021/03	20,527	2.10	1.47	54.70	174.48	72.58	61.45	0.51	51
7955	Cleanup	東證一部	其他製造業	A	井上	2021/03	104,185	3.66	2.51	62.86	216.18	58.37	51.89	-0.06	203
7956	貝親	東證一部	其他製造業	A	仲田	2020/12	99,380	16.93	15.41	74.78	416.44	40.40	37.61	1.14	5176
7957	FUJICOPIAN	東證二部	其他製造業	A	赤城	2020/12	7,544	-0.46	-1.52	63.46	387.48	72.30	53.33	0.08	25
7958	天馬	東證一部	化學業	B	金田	2021/03	73,638	3.38	3.93	78.90	381.30	51.96	48.50	0.97	597
7959	oliver	東證一部	其他製造業	A	大川	2020/12	26,909	5.17	7.28	69.88	473.60	44.35	40.59	1.45	307
7962	KING JIM	東證一部	其他製造業	A	宮本	2020/06	33,455	4.82	3.68	77.70	376.28	42.45	40.33	0.29	283
7963	興研	新興市場	其他製造業	A	酒井	2020/12	10,152	6.08	11.16	55.07	158.61	116.03	82.73	2.49	120
7965	象印	東證一部	電機業	A	市川	2020/11	74,947	6.01	7.26	74.54	400.71	32.31	29.94	0.58	1369
7966	琳得科	東證一部	其他製造業	b	鹽飽	2021/03	235,902	6.17	7.22	70.24	267.85	55.96	50.94	0.76	1919
7972	ITOKI	東證一部	其他製造業	B	伊藤	2020/12	116,210	1.80	1.55	41.64	131.02	109.47	78.51	-0.87	153
7975	LIHIT LAB.	東證一部	其他製造業	A	田中	2021/03	8,564	3.99	5.83	74.80	460.09	69.72	58.21	0.35	33
7976	三菱鉛筆	東證一部	其他製造業	C	數原	2020/12	55,180	4.99	9.95	78.40	546.17	44.61	40.42	-0.78	885
7980	重松製作所	新興市場	其他製造業	a	重松	2021/03	12,699	6.47	6.48	40.18	136.02	94.61	69.84	3.93	74
7983	彌勒	東證二部	其他製造業	a	彌勒	2020/10	13,635	3.82	4.12	78.53	375.32	62.56	55.22	0.96	48

股票代號	名稱	市場別	行業別	家族企業類別	家族姓氏	會計年度	營業額	資產報酬率(ROA)	營業利益率	權益比率	流動比率	固定比率	固定長期適合率	月平均投資報酬率(60個月)	市值(億日圓)
7984	KOKUYO	東證一部	其他製造業	A	黑田	2020/12	300,644	4.88	4.93	70.13	247.97	58.37	54.12	0.48	1799
7985	NEPON	東證二部	金屬製品業	a	福田	2021/03	7,257	3.70	3.39	38.60	189.67	77.99	47.68	0.86	18
7986	日本ISK	新興市場	其他製造業	A	廣澤	2020/12	5,000	5.84	6.00	61.19	186.98	67.76	61.21	-0.08	20
7987	中林	東證一部	其他製造業	a	中林	2021/03	63,644	4.63	4.01	45.21	162.98	111.53	76.76	0.56	177
7988	NIFCO	東證一部	化學業	B	小笠原	2021/03	256,078	9.13	10.82	57.46	343.39	67.32	47.50	1.19	4338
7989	立川窗簾工業	東證一部	金屬製品業	A	立川	2020/12	39,980	8.06	11.34	69.17	398.22	46.32	42.60	1.25	260
7997	KUROGANE工作所	東證二部	其他製造業	A	神足	2020/11	8,217	-2.16	-2.96	35.33	93.39	160.71	105.83	-0.94	14
7999	武藤	東證一部	電機業	b	武藤	2021/03	14,151	-1.95	-3.99	77.35	431.64	50.67	47.28	-0.27	83
8007	高島	東證一部	批發業	C	高島	2021/03	80,625	3.60	1.73	41.44	150.10	55.61	47.29	0.50	81
8012	長瀬產業	東證一部	批發業	A	長瀬	2021/03	830,240	3.71	2.64	51.47	194.89	72.44	56.10	0.97	2151
8015	豐田通商	東證一部	批發業	A	豐田	2021/03		4.86		28.11	150.00	136.43	69.36	1.60	16446
8016	ONWARD	東證一部	纖維製品業	B	樫山	2021/02	174,323	-9.75	-12.18	28.93	80.82	203.78	123.34	-0.90	398
8018	三共生興	東證一部	批發業	B	三木	2021/03	17,167	4.95	11.39	73.47	302.83	77.79	67.15	1.06	330
8022	美津濃	東證一部	其他製造業	A	水野	2021/03	150,419	2.65	2.53	66.04	271.78	56.84	48.70	0.12	578
8037	龜井	東證一部	批發業	A	龜井	2021/03	405,332	4.79	2.84	44.30	142.41	88.21	71.34	0.67	467
8038	東都水產	東證一部	批發業	A	長谷	2021/03	103,147	5.35	1.40	60.74	293.40	68.97	52.24	1.99	178
8040	東京SOIR	東證二部	纖維製品業	b	草野	2020/12	10,242	-13.77	-21.97	47.30	135.57	96.60	76.21	-1.19	15
8043	Starzen	東證一部	批發業	a	鶴橋	2021/03	349,242	5.28	1.91	44.88	194.80	81.44	54.21	1.18	474
8046	丸藤板椿	東證二部	批發業	b	藤森	2021/03	32,695	2.23	2.88	63.82	217.91	36.76	36.16	0.29	85
8050	精工	東證一部	精密機械業	A	服部	2021/03	202,671	0.97	1.08	34.94	102.99	151.87	98.29	0.57	777
8052	椿本興業	東證二部	批發業	A	椿本	2021/03	89,646	5.40	3.66	43.69	154.69	44.76	41.01	2.28	247
8066	三谷商事	東證二部	批發業	A	三谷	2021/03	396,973	8.66	5.07	55.83	242.75	42.90	39.13	1.66	2070
8071	東海電子	地方市場	批發業	A	江口／大倉／牧	2021/03	46,678	1.75	1.75	50.59	238.02	42.33	32.12	0.59	64
8076	CANOX	地方市場	批發業	b	加納	2021/03	105,718	1.71	0.79	40.62	171.79	53.76	40.06	0.46	80
8077	TORQ	東證一部	批發業	A	濱中	2020/10	18,950	0.67	-0.30	43.65	107.84	113.76	93.14	0.76	78
8079	正榮食品工業	東證一部	批發業	A	本多	2020/10	100,572	5.70	4.17	52.71	163.78	74.67	63.54	2.71	647
8086	NIPRO	東證一部	精密機械業	A	佐野	2021/03	455,559	3.51	6.06	18.85	155.20	268.92	75.89	0.78	2292
8087	古里工業	東證一部	批發業	A	古里	2021/03	89,478	4.89	3.10	66.17	205.20	53.01	51.60	0.14	199
8088	岩谷產業	東證一部	批發業	A	岩谷	2021/03	635,590	6.40	4.72	47.58	128.44	119.59	88.09	1.50	4000
8089	Nice	東證一部	批發業	b	平田	2021/03	214,069	3.17	2.10	25.22	129.05	153.84	76.71	1.44	182
8095	ASTENA HD	東證一部	批發業	A	岩城	2020/11	65,341	4.23	3.11	39.86	139.04	103.65	71.49	2.12	183
8098	稻畑產業	東證一部	批發業	A	稻畑	2021/03	577,583	4.88	2.59	49.20	170.65	55.38	47.97	1.26	1053
8104	桑澤HD	東證一部	批發業	A	桑澤	2021/03	93,942	2.16	0.70	32.00	137.10	74.10	53.84	2.38	115
8105	堀田丸正	東證二部	批發業	b	山野	2021/03	3,779	-11.70	-14.18	81.09	526.06	6.26	6.19	1.91	44
8107	KIMURATAN	東證一部	纖維製品業	c	木村	2021/03	4,708	-13.93	-9.28	28.47	206.42	87.45	39.40	-1.07	37

股票代號	名稱	市場別	行業別	家族企業類別	家族姓氏	會計年度	營業額	資產報酬率(ROA)	營業利益率	權益比率	流動比率	固定比率	固定長期適合率	月平均投資報酬率(60個月)	市值(億日圓)
8108	YAMAE久野	東證一部	批發業	b	江夏	2021/03	483,834	0.82	0.24	31.12	94.01	162.88	109.72	0.67	277
8111	GOLDWiN	東證一部	纖維製品業	a	西田	2021/03	90,479	17.18	16.40	57.79	158.49	76.15	68.18	3.89	3359
8113	嬌聯	東證一部	化學業	A	高原	2020/12	727,475	13.49	15.77	55.18	210.52	81.63	68.15	1.41	30371
8114	迪桑特	東證一部	纖維製品業	b	石本	2021/03	96,862	-1.40	-1.86	72.20	259.69	54.67	51.46	1.03	1448
8115	MOONBAT	東證二部	批發業	b	河野	2021/03	7,170	-6.21	-10.00	44.97	134.90	78.86	67.99	-0.24	28
8117	中央自動車工業	東證一部	批發業	a	上野	2021/03	27,571	14.89	19.61	85.07	347.40	69.69	67.22	2.50	556
8118	KING	東證一部	纖維製品業	A	山田	2021/03	8,096	0.18	-0.06	87.65	764.59	53.34	50.25	1.29	145
8123	川邊	新興市場	批發業	b	川邊	2021/03	11,293	-3.46	-4.09	50.91	139.20	82.78	72.13	-0.19	20
8125	脇田	東證一部	批發業	A	脇田	2021/02	74,015	4.05	7.33	70.29	217.19	85.60	74.02	0.76	487
8127	yamoto國際	東證一部	纖維製品業	A	盤若	2020/08	14,252	-3.87	-6.48	75.53	226.81	74.83	69.93	0.32	76
8129	東邦HD	東證一部	批發業	a	松谷	2021/03	1,210,274	0.85	0.36	34.73	129.25	82.73	64.08	0.04	1589
8130	山月	東證一部	批發業	B	日比	2021/03	145,316	4.25	4.61	58.78	204.31	74.29	60.45	0.02	1025
8131	三輪	東證一部	批發業	a	田島	2021/03	226,462	4.43	2.31	63.99	197.86	96.17	76.64	2.03	846
8135	ZETT	東證二部	批發業	A	渡邊	2021/03	37,611	-0.50	-0.34	43.12	164.16	53.21	43.24	1.23	44
8136	三麗鷗	東證一部	批發業	A	辻	2021/03	41,053	-3.06	-7.99	43.69	166.82	97.11	64.93	0.11	1562
8137	珊華	東證一部	批發業	b	山田	2021/03	134,769	3.14	1.60	45.86	177.14	34.12	29.87	1.42	173
8139	長堀珠寶	東證二部	批發業	A	長堀守弘	2021/03	16,295	0.08	0.00	50.66	169.00	58.14	50.56	-0.06	29
8141	新光商事	東證一部	批發業	A	北井	2021/03	102,898	2.25	1.50	67.66	321.54	13.39	12.78	1.20	380
8144	DG-HD	東證一部	批發業	B	岩谷	2021/03	57,905	5.97	2.11	73.08	251.71	59.13	55.81	0.52	90
8147	富田	新興市場	批發業	A	富田	2021/03	17,319	1.76	1.37	59.34	233.56	49.21	42.83	1.21	63
8150	三信電氣	東證一部	批發業	a	松永	2021/03	112,791	2.81	1.92	51.01	190.20	15.45	15.30	1.89	487
8152	索馬龍	東證二部	批發業	a	曾谷	2021/03	19,373	1.93	1.69	62.62	373.18	43.78	34.04	0.50	38
8154	加賀電子	東證一部	批發業	a	塚本	2021/03	422,365	5.31	2.71	38.38	184.47	40.48	29.60	1.69	712
8155	三益半導體工業	東證一部	金屬製品業	a	中澤	2020/05	92,075	5.98	6.44	62.56	138.10	79.40	78.15	1.39	794
8160	木曾路	東證一部	批發業	a	松原／吉江	2021/03	31,067		-13.58	50.94	123.25	109.58	87.01	0.31	605
8163	SRS HD	東證一部	零售業	A	重里	2021/03	43,707	-11.76	-8.70	31.54	207.48	166.43	68.44	0.25	308
8166	TAKA-Q	東證一部	零售業	b	高久	2021/02	14,601	-33.29	-23.29	14.45	80.05	328.53	138.07	-0.03	34
8179	ROYAL HD	東證一部	零售業	b	江頭	2020/12	84,303	-18.37	-22.86	19.73	54.71	384.42	136.04	0.01	728
8181	東天紅	東證一部	零售業	A	小泉	2021/03	1,611	-13.40	-103.79	66.28	40.13	137.51	116.96	-0.22	24
8182	Inageya	東證一部	零售業	B	岡田	2021/03	265,917	7.31	2.63	54.95	121.01	110.18	91.33	0.59	867
8185	Chiyoda	東證一部	零售業	A	舟橋	2021/03	94,227	-4.21	-4.75	60.08	276.93	55.34	45.35	-1.26	404
8186	大塚家具	新興市場	零售業	b	大塚	2020/04	34,855	-28.85	-21.84	63.26	235.92	40.12	37.21	-3.13	75
8190	YAMANAKA	地方市場	零售業	A	中野	2021/03	99,804	5.34	2.05	39.31	72.62	194.18	112.94	0.43	150
8194	LIFE CORPORATION	東證一部	零售業	A	清水	2021/02	759,146	10.41	3.61	36.36	57.23	198.48	140.48	0.99	1681
8198	美思佰樂東海	東證二部	零售業	A	岡田	2021/02	355,904	9.42	3.29	56.66	132.59	93.26	82.16	0.95	921

股票代號	名稱	市場別	行業別	家族企業類別	家族姓氏	會計年度	營業額	資產報酬率(ROA)	營業利益率	權益比率	流動比率	固定比率	固定長期適合率	月平均投資報酬率(60個月)	市值(億日圓)
8200	Ringer Hut	東證一部	零售業	a	米濱	2021/02	34,049	-15.50	-15.87	26.80	136.52	256.32	89.21	0.29	600
8203	MrMax	東證一部	零售業	a	平野	2021/02	131,788	7.31	4.56	33.81	55.81	235.37	125.59	2.55	286
8207	TEN ALLIED	東證一部	零售業	A	飯田	2021/03	5,951	-62.25	-78.14	11.21	61.79	535.23	170.26	0.01	93
8208	ENCHO	新興市場	零售業	A	遠藤	2021/03	39,744	3.26	2.89	26.40	75.68	243.87	121.62	0.08	77
8209	FRIENDLY	東證二部	零售業	b	重里	2021/03	1,894	-28.59	-33.95	-82.00	84.56		105.47	-2.32	14
8214	青木HD	東證一部	零售業	a	青木	2021/03	143,169	-2.44	-4.05	52.89	141.83	135.00	99.65	-0.68	559
8215	銀座山形屋	新興市場	零售業	a	山形	2021/03	3,230	-15.03	-22.01	51.76	312.25	103.77	63.08	-1.06	16
8217	大桑	東證一部	零售業	A	大桑	2021/02	279,217	5.76	2.81	56.20	85.88	132.06	106.36	0.71	511
8218	米利商品開發	東證一部	零售業	A	捧	2021/02	385,570	8.96	7.86	57.61	157.97	94.76	76.61	0.92	1679
8219	青山商事	東證一部	零售業	A	青山	2021/03	161,404	-3.99	-8.92	48.82	179.29	92.14	65.94	-1.86	417
8225	Takachiho	新興市場	批發業	A	久保田	2021/03	4,654	-17.14	-14.98	27.52	153.18	212.25	80.21	-0.71	9
8226	理想	東證二部	零售業	A	石川	2021/03	10,139	2.95	2.13	59.87	248.04	18.03	18.00	0.85	38
8227	思夢樂	東證一部	零售業	A	島村	2021/02	543,560	8.94	7.00	85.08	471.42	45.64	44.62	0.20	3917
8228	丸一產商	地方市場	批發業	a	仁科	2021/03	237,873	4.05	0.81	42.90	131.82	75.45	67.83	0.54	243
8230	長谷川	東證二部	零售業	A	長谷川	2021/03	17,838	6.30	6.04	51.95	134.32	111.44	84.33	-0.38	56
8237	松屋	東證一部	零售業	c	古屋	2021/02	52,730	-6.62	-7.40	28.77	37.85	290.11	148.20	0.78	505
8247	大和	東證二部	零售業	A	宮	2021/02	33,930	-2.84	-2.49	11.31	34.96	689.73	210.45	-1.30	16
8252	丸井集團	東證一部	零售業	A	青井	2021/03	220,832	1.74	6.93	34.28	282.44	95.55	40.80	1.03	4650
8254	雜賀屋	東證一部	零售業	C	岡本	2021/03	15,002	-5.62	-4.26	4.58	38.66	1,802.92	149.98	-0.89	13
8255	Axial Retailing	東證一部	零售業	A	原	2021/03	256,351	11.18	4.73	60.62	99.37	121.51	100.23	0.80	1126
8256	PROROUTE丸光	新興市場	批發業	b	前田	2021/03	13,015	1.92	1.08	28.24	102.16	142.95	99.21	3.47	58
8267	永旺	東證一部	零售業	A	岡田	2021/02	8,603,910	1.39	1.75	8.45	103.75	447.79	113.82	1.68	27928
8273	IZUMI	東證一部	零售業	A	山西	2021/02	679,777	7.39	5.26	47.48	94.29	164.55	105.34	0.32	2820
8275	FORVAL	東證一部	批發業	A	大久保	2021/03	49,788	8.73	5.25	39.48	143.66	73.19	64.90	0.77	243
8276	平和堂	東證一部	零售業	A	夏原	2021/02	439,326	4.84	3.20	55.59	64.11	144.77	116.87	0.25	1142
8279	YAOKO	東證一部	零售業	A	川野	2021/03	507,862	8.79	4.42	43.34	83.84	180.92	105.59	0.81	2721
8281	XEBIO HD	東證一部	零售業	A	諸橋	2021/03	202,438	1.45	1.37	55.86	210.09	52.51	44.34	-0.60	448
8282	K's HD	東證一部	零售業	B	加藤	2021/03	792,542	13.84	6.53	64.19	191.31	81.81	70.01	1.35	3422
8285	三谷產業	東證一部	批發業	A	三谷	2021/03	80,541	3.90	3.19	47.67	129.44	107.47	85.91	0.75	265
8287	美思佰樂西日本	東證一部	零售業	B	岡田	2021/03	563,218	3.35	1.52	38.96	67.93	182.95	123.33	0.55	961
8289	Olympic Group	東證一部	零售業	A	金澤	2021/03	107,752	7.19	4.33	40.58	59.11	182.90	131.63	1.65	206
8293	AT Group	地方市場	零售業	A	山口	2021/03	417,311	3.08	2.56	52.72	150.55	99.46	76.65	-0.11	598
8298	FAMILY	新興市場	零售業	A	西条	2021/03	12,851	6.24	5.98	58.50	130.09		88.49	1.35	40
8341	七十七銀行	東證一部	銀行業	C	氏家	2021/03	119,976		15.32	5.22				0.40	1197
8344	山形銀行	東證一部	銀行業	C	長谷川／三浦	2021/03	41,225		12.96	5.17				-0.67	386

股票代號	名稱	市場別	行業別	家族企業類別	家族姓氏	會計年度	營業額	資產報酬率(ROA)	營業利益率	權益比率	流動比率	固定比率	固定長期適合率	月平均投資報酬率(60個月)	市值(億日圓)
8361	大垣共立銀行	東證一部	銀行業	C	土屋	2021/03	116,425		14.64	4.26				-0.22	932
8515	AIFUL	東證一部	其他金融業	A	福田	2021/03	127,481	2.06	13.75	16.86	162.07	36.85	14.83	0.05	1551
8522	名古屋銀行	東證一部	銀行業	A	加藤	2021/03	69,050		14.88	5.14				0.08	575
8570	永旺金融服務	東證一部	其他金融業	B	岡田	2021/02	487,309	0.69	8.34	6.56	118.94	76.75	26.53	-0.29	2946
8572	ACOM	東證一部	其他金融業	a	木下	2021/03	266,316	7.91	37.13	39.84	658.04	13.54	6.48	0.13	8221
8609	岡三證券集團	東證一部	證券期貨交易業	A	加藤	2021/03	67,259		7.59	21.44	122.96	56.23	47.34	0.13	939
8613	丸三證券	東證一部	證券期貨交易業	B	長尾	2021/03	19,188		19.08	46.46	171.12	33.53	30.99	-0.16	433
8617	光世證券	東證一部	證券期貨交易業	A	巽	2021/03	1,111		11.97	74.05	279.68	48.86	46.89	-0.33	74
8622	水戶證券	東證一部	證券期貨交易業	A	小林	2021/03	15,366		18.33	55.22	206.71	41.98	36.97	0.84	228
8628	松井證券	東證一部	證券期貨交易業	A	松井	2021/03	30,082		42.64	8.21	107.94	15.92	15.87	0.51	2336
8699	澤田 HD	新興市場	證券期貨交易業	A	澤田	2021/03	57,755		15.36	10.93	110.53	101.98	68.62	-0.12	310
8704	Traders	新興市場	證券期貨交易業	A	金丸	2021/03	6,856		34.36	10.68	110.56	15.60	15.07	-0.26	111
8705	岡藤日產HD	東證一部	證券期貨交易業	b	加藤	2021/03	7,663	1.23	7.57	15.85	111.77	54.32	48.10	2.26	104
8706	極東證券	東證一部	證券期貨交易業	A	菊池	2021/03	8,948		43.73	59.41	185.96	44.06	43.43	-0.07	285
8708	藍澤	東證一部	證券期貨交易業	A	藍澤	2021/03	16,433		5.65	53.97	153.32	73.84	66.27	1.46	476
8715	anicom HD	東證一部	保險業	A	小森	2021/03	48,049			46.37				0.99	818
8740	FUJITOMI	新興市場	證券期貨交易業	A	細金	2021/03	2,057	-1.41	-5.30	28.90	133.10	38.60	33.92	0.86	18
8742	小林洋行	東證一部	證券期貨交易業	A	細金	2021/03	3,447	-1.11	-5.72	54.84	175.32	70.87	66.47	0.47	29
8746	第一商品	新興市場	證券期貨交易業	b	本田	2021/03	829		-165.14	56.35	174.10	44.43	44.08	-0.38	36
8747	豐信投資證券	新興市場	證券期貨交易業	A	多多良	2021/03	5,891	1.03	10.27	13.51	108.48	66.16	56.78	2.44	76
8772	ASAX	東證一部	其他金融業	A	草間	2021/03	5,910	5.31	69.61	50.08	566.73	1.69	1.03	1.09	236
8798	Advance Create	東證一部	保險業	A	濱田	2020/09	10,510	12.86	11.27	54.37	243.25	66.42	48.93	1.50	235
8841	TOC	東證一部	不動產業	A	大谷	2021/03	16,087	5.27	34.93	82.70	508.95	83.22	75.28	0.09	819
8850	世達志	東證一部	不動產業	A	村石	2021/03	198,963	8.89	11.09	46.55	155.99	117.86	77.79	0.76	1569
8854	日住服務	東證一部	不動產業	A	新名	2020/12	5,590	-3.11	-6.19	45.53	140.31	152.11	89.96	-0.15	37
8860	FUJI住宅	東證一部	不動產業	A	今井	2021/03	121,541	2.58	3.28	28.11	228.04	110.40	44.49	0.61	273
8869	明和地所	東證一部	不動產業	A	原田	2021/03	50,109	4.63	7.24	33.95	209.98	37.97	22.03	0.92	176
8877	ESLEAD	東證一部	不動產業	a	荒巻	2021/03	68,999	7.57	10.17	48.76	341.79	14.82	9.92	1.33	260
8881	日神集團	東證一部	不動產業	A	神山	2021/03	80,815	4.91	6.52	57.16	315.09	26.73	20.94	1.08	229
8886	WOOD FRIENDS	新興市場	不動產業	A	前田	2020/05	37,619	2.27	1.67	21.78	137.06	78.15	44.87	1.19	25
8887	RIBERESUTE	新興市場	不動產業	A	河合	2020/05	4,419	4.09	13.53	61.62	439.25	38.57	28.76	0.24	80
8889	APAMAN	新興市場	不動產業	A	大村	2020/05	44,119	2.53	1.90	12.22	161.31	464.17	78.32	2.35	106
8890	RAYSUM	新興市場	不動產業	A	田中	2021/03	32,219	1.71	5.10	44.69	1,024.12	27.15	13.27	0.82	416
8891	AMG HD	東證二部	不動產業	a	加藤/阿部	2021/03	13,108	8.53	7.50	38.12	163.03	43.16	34.00	2.44	25
8904	AVANTIA	東證一部	不動產業	A	宮崎	2020/08	40,626	2.71	2.85	55.37	289.40	17.66	14.21	0.11	118

股票代號	名稱	市場別	行業別	家族企業類別	家族姓氏	會計年度	營業額	資產報酬率(ROA)	營業利益率	權益比率	流動比率	固定比率	固定長期適合率	月平均投資報酬率(60個月)	市值(億日圓)
8905	永旺夢樂城	東證一部	不動產業	A	岡田	2021/02	280,688	2.57	12.25	27.06	83.87	321.95	103.82	0.57	4078
8908	每日COMNET	東證一部	不動產業	B	河合	2020/05	17,966	8.57	12.58	34.74	299.66	83.37	38.22	1.33	150
8912	AREA QUEST	東證一部	不動產業	A	清原	2020/06	2,166	6.69	10.16	41.19	152.96	179.79	89.14	0.41	21
8920	東祥	東證一部	服務業	A	沓名	2021/03	17,625	1.42	6.13	44.90	278.81	156.26	81.93	0.50	716
8925	ARDEPRO	東證二部	不動產業	A	秋元	2020/07	21,399	19.05	15.16	35.00	139.43	34.11	32.41	-0.12	172
8927	明豐ENTERPRISE	新興市場	不動產業	C	梅本	2021/03	9,907	5.20	5.56	38.09	255.20	23.76	14.09	2.14	50
8928	穴吹興產	東證二部	不動產業	A	穴吹	2020/06	95,378	6.76	6.02	31.08	252.52	99.22	42.86	0.81	183
8931	和田興產	東證二部	不動產業	A	和田	2021/02	39,806	3.01	6.88	26.95	197.12	115.44	47.82	0.83	85
8934	Sun Frontier不動產	東證一部	不動產業	A	堀口	2021/03	59,632	6.17	13.27	52.26	829.35	25.06	15.05	0.35	471
8935	FJ NEXT	東證一部	不動產業	A	肥田	2021/03	72,988	8.60	10.07	63.84	535.85	21.72	16.52	1.89	389
8938	GLOME HD	新興市場	不動產業	b	青山	2021/03	3,968	5.75	9.50	88.47	765.56	34.64	33.69	2.44	145
8940	Intellex	東證一部	不動產業	A	山本	2020/05	37,863	2.95	2.93	27.51	160.06	96.70	49.18	-0.10	47
8944	Land Business	東證一部	不動產業	A	龜井	2020/09	4,544	1.50	18.00	32.79	309.55	245.92	86.02	1.18	97
8995	誠建設工業	東證二部	不動產業	A	小島	2021/03	2,852	3.10	5.33	63.03	475.11	30.91	23.47	0.55	13
8996	HouseFreedom	新興市場	不動產業	A	小島	2020/12	12,163	9.32	7.97	24.81	170.10	115.61	49.36	1.89	34
8999	Grandy House	東證二部	不動產業	B	菊池	2021/03	47,024	3.44	4.16	39.82	171.80	54.45	40.01	1.10	149
9001	東武鐵道	東證一部	陸運業	C	根津	2021/03	496,326	-0.71	-2.74	26.45	39.83	342.52	119.39	0.38	6244
9010	富士急行	東證一部	陸運業	A	堀内	2021/03	30,451	-2.99	-10.17	23.46	140.99	290.21	88.93	1.58	3227
9012	秩父鐵道	新興市場	陸運業	a	諸井	2021/03	3,933	-2.69	-16.25	43.41	51.73	206.79	111.97	0.14	35
9025	鴻池運輸	東證一部	陸運業	A	鴻池	2021/03	292,348	1.82	1.37	39.24	207.16	133.52	69.15	0.29	689
9034	南總通運	新興市場	陸運業	B	土屋	2021/03	13,383	4.31	9.74	59.74	97.02	137.92	100.66	1.25	61
9035	第一交通產業	地方市場	陸運業	A	黑土	2021/03	78,748	-1.18	-2.82	22.68	148.87	229.58	76.76	0.47	275
9036	東部NETWORK	東證一部	陸運業	B	中村	2021/03	10,573	3.06	5.95	84.56	369.61	92.75	83.30	-0.07	56
9037	HAMAKYOREX	東證一部	陸運業	A	大須賀	2021/03	118,876	8.43	8.89	51.07	95.00	144.75	113.08	1.31	617
9039	Sakai引越中心	東證一部	陸運業	A	田島	2021/03	100,333	11.89	11.10	72.50	146.54	93.90	87.04	1.19	1049
9040	大寶運輸	地方市場	陸運業	A	小笠原	2021/03	8,009	1.82	2.19	60.05	265.41	109.83	75.67	-0.01	24
9051	SENKON物流	新興市場	陸運業	A	久保田	2021/03	16,071	3.95	4.31	24.57	85.63	272.63	110.88	0.49	45
9057	遠州卡車	東證一部	陸運業	A	澤田	2021/03	39,540	11.04	7.94	56.81	153.22	114.84	84.26	2.84	220
9058	TRANCOM	東證一部	運輸及倉儲業	A	武部	2021/03	152,285	13.22	5.41	65.40	241.45	46.02	42.70	0.90	912
9059	神田HD	東證二部	陸運業	A	原島	2021/03	44,035	5.96	5.37	46.84	108.88	136.79	95.68	0.93	120
9060	日本Logistic System	新興市場	陸運業	A	中西	2021/03	53,963	2.16	1.57	27.81	88.73	249.47	106.32	1.07	54
9065	山九	東證一部	陸運業	A	中村	2021/03	533,870	7.79	6.36	51.42	176.43	68.73	68.73	1.47	3169
9066	日新	東證一部	運輸及倉儲業	a	筒井	2021/03	155,915	2.44	1.67	47.63	158.19	125.48	82.24	0.55	295
9068	丸全昭和運輸	東證一部	陸運業	c	中村	2021/03	121,136	6.85	8.13	62.72	175.94	102.57	81.86	1.25	669
9070	TONAMI HD	東證一部	陸運業	C	綿貫	2021/03	134,695	4.62	4.79	50.97	148.86	125.69	84.72	1.61	526

股票代號	名稱	市場別	行業別	家族企業類別	家族姓氏	會計年度	營業額	資產報酬率(ROA)	營業利益率	權益比率	流動比率	固定比率	固定長期適合率	月平均投資報酬率(60個月)	市值(億日圓)
9072	NIKKON HD	東證一部	陸運業	C	黑岩	2021/03	182,536	6.05	9.97	64.49	161.11	119.18	89.93	0.61	1517
9073	京極運輸商事	新興市場	陸運業	b	京極	2021/03	8,698	2.76	1.98	47.74	115.99	133.55	93.08	1.03	17
9075	福山通運	東證一部	陸運業	A	小丸	2021/03	285,518	4.83	7.41	57.12	113.89	144.98	98.47	1.33	2543
9076	西濃 HD	東證一部	陸運業	A	田口	2021/03	592,046	3.91	4.15	62.37	218.67	102.45	76.99	0.86	3202
9078	S LINE GROUP	東證一部	陸運業	A	山口	2021/03	47,782	3.80	3.15	61.07	110.68	121.29	96.73	0.52	101
9082	大和自動車交通	東證二部	陸運業	A	新倉	2021/03	11,533	-13.35	-30.73	24.72	148.36	275.24	86.90	0.17	46
9085	北海道中央巴士	地方市場	陸運業	a	加藤	2021/03	28,631	-10.10	-14.42	70.60	220.34	85.49	74.52	-0.05	108
9087	高瀨	東證一部	陸運業	b	高瀨	2021/03	7,520	2.43	2.43	61.70	150.85	106.96	85.23	0.35	22
9090	AZ-COM丸和HD	東證一部	陸運業	A	和佐見	2021/03	112,113	13.45	7.15	35.12	212.09	129.00	61.09	4.05	2484
9115	明治海運	東證一部	海運業	A	内田	2021/03	40,153	1.18	5.18	9.30	67.62	939.30	121.83	1.00	177
9127	玉井商船	東證一部	海運業	c	玉井	2021/03	4,723	0.04	-0.25	21.54	215.93	114.68		0.24	15
9130	共榮油輪	東證一部	海運業	A	林田	2021/03	11,670	1.20	6.70	20.18	26.36	472.85	115.41	1.06	77
9143	SG HD	東證一部	陸運業	A	栗和田(佐川)	2021/03	1,312,085	13.09	7.75	50.41	120.40	122.17	91.54	0.00	16247
9171	栗林商船	東證二部	海運業	A	栗林	2021/03	41,498	0.35	-0.10	28.22	110.45	255.03	102.71	0.90	48
9193	東京汽船	東證一部	運輸及倉儲業	A	齊藤	2021/03	9,889	-2.15	-6.28	75.50	368.34	74.16	66.08	0.16	61
9260	西本Wismettac	東證一部	批發業	A	洲崎	2020/12	168,449	1.96	1.18	44.41	456.53	30.69	16.88	0.00	362
9261	kubodera	新興市場	批發業	A	窪寺	2020/04	1,632	1.68	1.65	7.91	139.98	284.67	50.52	0.00	1
9264	Puequ	新興市場	批發業	A	來山	2020/08	6,104	2.69	3.59	29.81	141.34	153.26	74.23	0.00	83
9265	山下保健	東證一部	批發業	A	山下	2020/05	64,658	2.86	0.87	32.38	117.01	77.17	69.63	0.00	50
9268	OPTIMUS GROUP	東證一部	批發業	A	山中	2021/03	24,920	3.33	3.47	37.85	161.94	41.85	32.98	0.00	55
9270	Valuence	新興市場	批發業	A	嵜本	2020/08	37,932	4.28	1.66	43.80	147.29	61.14	53.27	0.00	211
9272	Boutiques	新興市場	零售業	A	新村	2021/03	1,277	19.17	22.00	55.79	238.46	19.81	17.82	0.00	101
9275	NARUMIYA	東證一部	零售業	B	宇井	2021/02	29,511	6.93	3.51	30.11	146.26	111.60	71.50	0.00	110
9305	山種	東證一部	批發業	a	山崎	2021/03	48,690	3.14	6.78	32.66	130.17	236.55	95.96	0.48	172
9308	乾汽船	東證一部	海運業	a	乾	2021/03	18,879	-2.16	-6.53	34.33	75.86	231.51	108.94	0.98	277
9311	ASAGAMI	東證一部	運輸及倉儲業	A	木村	2021/03	38,781	1.53	1.66	35.79	111.00	196.69	96.36	0.40	55
9312	THE KEIHIN	東證一部	運輸及倉儲業	C	大津	2021/03	48,159	6.23	5.04	46.24	96.42	151.35	101.48	0.40	92
9313	丸八倉庫	東證一部	運輸及倉儲業	A	峯島	2020/11	4,918	4.85	15.72	58.05	136.54	153.85	97.05	-0.14	51
9322	川西倉庫	東證二部	運輸及倉儲業	A	川西	2020/08	22,439	1.78	2.08	50.52	64.64	148.89	88.05	1.47	102
9325	PHYZ HD	東證一部	運輸及倉儲業	a	金森	2021/03	12,951	16.98	4.59	39.93	154.48	49.14	41.13	0.00	102
9326	關通	新興市場	運輸及倉儲業	a	達城	2021/02	9,530	5.99	4.39	21.14	225.60	212.94	59.55	0.00	81
9353	櫻島埠頭	東證二部	運輸及倉儲業	B	原	2021/03	4,507	2.29	2.02	60.27	303.63	99.88	69.33	1.07	26
9357	名港海運	地方市場	運輸及倉儲業	C	高橋	2021/03	67,054	3.48	5.34	76.28	226.28	93.78	84.77	0.55	381
9360	鈴與SHINWART	東證二部	資通訊業	B	鈴木	2021/03	14,349	3.01	2.13	25.51	90.46	247.30	106.58	5.94	61
9366	三立	東證一部	運輸及倉儲業	C	三浦	2021/03	15,210	3.16	3.94	43.05	117.63	156.98	94.16	1.18	44

股票代號	名稱	市場別	行業別	家族企業類別	家族姓氏	會計年度	營業額	資產報酬率(ROA)	營業利益率	權益比率	流動比率	固定比率	固定長期適合率	月平均投資報酬率(60個月)	市值(億日圓)
9367	大東港運	新興市場	運輸及倉儲業	a	曾根	2021/03	22,247	6.82	3.52	55.49	198.68	85.55	65.25	1.19	56
9368	木村Unity	東證一部	運輸及倉儲業	A	木村	2021/03	51,782	4.76	4.70	54.42	223.49	91.92	66.52	0.50	146
9369	K.R.S.	東證一部	運輸及倉儲業	B	中島	2020/11	171,171	2.73	1.52	54.73	296.27	202.78	111.62	-0.26	209
9376	EURASIA旅行社	新興市場	服務業		井上	2020/09	2,347	-9.38	-11.38	89.08	1,411.67	26.44	24.92	0.42	17
9384	内外TRANS LINES	東證一部	運輸及倉儲業	A	戶田	2020/12	22,209	11.55	6.35	71.97	399.53	37.94	35.64	0.71	131
9385	Shoei	東證一部	化學業	A	芝原	2020/11	20,507	12.65	5.92	46.01	147.19	60.55	54.88	3.88	85
9388	PAPANETS	新興市場	運輸及倉儲業	A	中本	2021/02	3,541	9.47	4.55	30.90	310.64	68.15	28.25	0.00	3
9417	SMARTVALUE	新興市場	資通訊業	A	澀谷	2020/06	5,958	-5.21	-4.01	76.36	283.98	49.32	48.27	1.65	128
9418	USEN-NEXT HD	東證一部	資通訊業	A	宇野	2020/08	193,192	7.76	5.63	18.60	120.31	346.14	91.46	0.44	757
9421	NJ HD	新興市場	資通訊業	B	灘西	2021/03	14,491	2.40	1.41	51.13	191.76	82.54	62.36	1.13	50
9425	日本TELEPHONE	新興市場	資通訊業	B	高山	2020/04	4,339	5.96	1.43	65.03	328.05	26.34	22.94	-0.30	11
9428	crops	東證一部	資通訊業	A	前田	2021/03	41,041	8.35	5.02	32.33	178.26	71.59	71.59	1.96	88
9435	光通信	東證一部	資通訊業	A	重田	2021/03	559,429	6.95	12.38	31.30	154.41	172.39	80.12	2.04	10367
9438	MTI	東證一部	資通訊業	A	前多	2020/09	26,082	8.68	9.61	62.75	414.25	56.36	46.09	0.61	539
9439	M・H・GROUP	東證一部	服務業	b	青山	2020/06	1,718	-4.08	-3.84	32.68	131.22	73.08	56.91	-0.43	24
9444	TOSHIN HD	新興市場	資通訊業	A	石田	2020/06	21,325	1.29	1.26	15.84	83.14	450.65	109.11	0.06	31
9445	FORVAL TELECOM	東證二部	資通訊業	B	大久保	2021/03	21,729	7.18	3.89	14.81	85.64	197.13	169.40	0.64	62
9446	酒井HD	東證一部	資通訊業	A	酒井	2021/03	15,314	5.59	9.82	12.10	99.63	102.54	102.54	2.26	65
9449	GMO	東證一部	資通訊業	A	熊谷	2020/12	210,559	2.91	13.25	4.76	107.70	128.31	75.25	1.89	3353
9465	Kips	新興市場	資通訊業	A	國本	2020/12	133	-0.16	-1.50	57.38	393.71	109.94	78.47	0.00	14
9466	aidMa	東證一部	資通訊業	A	蛇谷	2021/03	6,095	3.94	1.58	66.36	220.09	59.67	54.02	0.87	65
9467	ALPHAPOLIS	新興市場	資通訊業	A	梶本	2021/03	7,735	25.31	27.96	78.95	466.10	5.01	4.98	2.44	318
9468	角川	東證一部	資通訊業	a	角川	2021/03	209,947	5.55	6.49	47.23	193.96	90.89	61.53	2.23	3045
9470	學研HD	東證一部	服務業	A	古岡	2020/09	143,564	5.26	3.54	34.60	164.57	121.77	65.32	2.53	688
9471	文溪堂	地方市場	資通訊業	A	水谷	2021/03	13,049	4.72	6.55	71.65	259.49	53.15	50.02	1.10	87
9474	ZENRIN	東證一部	資通訊業	A	大迫	2021/03	57,225	2.27	2.51	60.50	195.84	89.54	72.82	0.56	759
9475	昭文社HD	東證一部	資通訊業	A	黑田	2021/03	6,313	-7.90	-22.94	78.75	296.79	72.59	63.43	-0.02	87
9476	中央經濟HD	新興市場	資通訊業	A	山本	2020/09	3,009	0.27	0.17	77.04	451.73	36.97	33.84	0.64	23
9479	impress	東證一部	資通訊業	A	塚本	2021/03	14,049	6.14	5.95	60.32	310.71	21.28	17.85	1.41	92
9537	北陸瓦斯	東證二部	電力及燃氣供應業	A	敦井	2021/03	48,333	3.78	4.63	76.11	130.41	107.67	101.17	0.48	152
9539	京葉瓦斯	東證二部	電力及燃氣供應業	A	菊池	2020/12	88,682	5.57	7.16	65.64	136.54	120.29	95.62	0.76	417
9601	松竹	東證一部	資通訊業	C	大谷	2021/03	52,434	-2.55	-10.46	41.94	120.09	194.42	96.52	1.26	2216
9603	HIS	東證一部	服務業	A	澤田	2020/10	430,284	-6.02	-7.23	17.84	153.27	371.82	91.87	-0.86	963
9612	樂地	東證一部	服務業	A	望月	2020/12	37,164	-1.27	-1.34	37.28	123.52	110.47	78.82	0.86	226
9616	共立MAINTENANCE	東證一部	服務業	A	石塚	2021/03	121,281	-3.89	-7.47	29.61	124.27	249.33	93.29	0.27	1437

股票代號	名稱	市場別	行業別	家族企業類別	家族姓氏	會計年度	營業額	資產報酬率 (ROA)	營業利益率	權益比率	流動比率	固定比率	固定長期適合率	月平均投資報酬率 (60個月)	市值 (億日圓)
9619	ICHINEN HD	東證一部	服務業	A	黑田	2021/03	112,618	4.92	6.67	24.48	113.90	235.24	91.78	1.12	332
9627	AIN HD	東證一部	零售業	A	大谷	2020/04	292,615	8.45	5.49	57.33	117.54	95.24	89.02	1.07	2136
9628	燦HD	東證一部	服務業	B	久後	2021/03	18,865	7.95	13.52	88.15	310.70	85.79	82.06	1.27	134
9629	PCA	東證一部	資通訊業	A	川島	2021/03	13,308	9.67	17.39	62.39	260.35	64.10	52.41	2.39	328
9635	武藏野興業	東證一部	服務業	A	河野	2021/03	1,232	1.22	5.76	57.49	243.05	147.83	90.59	0.08	23
9639	三協Frontier	新興市場	服務業	A	長妻	2021/03	48,183	12.42	16.46	61.52	105.22	118.26	98.18	1.93	456
9641	sacos	新興市場	服務業	A	西尾	2020/09	18,177	6.97	8.24	47.94	148.80	119.42	81.05	0.07	153
9643	中日本興業	地方市場	服務業	a	服部	2021/03	1,961	-8.41	-19.94	81.05	273.85	89.48	80.62	0.19	51
9644	TCG	東證一部	服務業	A	田邊	2021/03	9,213	5.77	8.15	83.14	626.87	40.52	38.59	0.94	126
9651	日本PROCESS	新興市場	資通訊業	A	大谷	2020/05	7,770	6.97	9.36	83.19	371.90	51.34	50.49	0.98	78
9661	歌舞伎座	東證一部	服務業	A	大谷	2021/02	2,106	-1.35	-17.95	45.87	211.00	206.68	97.29	0.01	595
9663	NAGAWA	東證一部	服務業	A	高橋	2021/03	29,384	8.72	14.57	90.01	556.77	59.63	58.54	2.68	1457
9664	御園座	地方市場	服務業	c	長谷川	2021/03	2,049	-6.79	-47.39	67.49	107.93	137.23	99.44	-0.29	112
9678	金本	東證一部	服務業	A	金本	2020/10	179,053	5.09	7.96	39.65	138.06	150.65	87.24	0.37	832
9684	史克威爾艾尼克斯	東證一部	資通訊業	B	福嶋	2021/03	332,532	14.81	14.20	72.10	353.01	21.67	20.61	1.79	7536
9685	KYCOM	新興市場	資通訊業	A	吉村	2021/03	5,138	8.30	8.88	46.11	170.30	131.72	78.95	3.58	37
9687	KSK	新興市場	資通訊業	B	山崎	2021/03	17,547	11.12	10.30	70.30	339.96	50.43	44.25	1.92	179
9695	鴨川大飯店	新興市場	服務業	A	鈴木	2021/03	2,388	-8.65	-24.20	-7.17	15.35		301.75	-0.49	30
9696	Withus	新興市場	服務業	A	堀川	2021/03	16,277	7.68	6.82	34.60	114.21	127.49	89.34	1.40	54
9697	卡普空	東證一部	資通訊業	A	辻本	2021/03	95,308	22.58	36.30	73.78	390.89	30.07	27.70	3.33	9739
9699	西尾	東證一部	服務業	A	西尾	2020/09	151,231	5.20	7.52	44.36	124.47	140.24	91.29	0.56	634
9702	iSB	東證一部	資通訊業	A	若尾	2020/12	24,434	12.97	6.73	64.83	250.66	35.52	33.24	3.88	174
9704	AGORA HOSPITALITIES	東證一部	服務業	c	淺生	2020/12	3,316	-7.47	-41.34	36.99	195.79	199.33	93.01	-0.56	65
9715	特思大宇宙	東證一部	服務業	A	奧田	2021/03	336,405	11.18	5.28	48.79	188.66	64.50	52.57	0.51	1457
9716	乃村工藝社	東證一部	服務業	B	乃村	2021/02	107,736	5.75	4.53	57.92	227.33	32.86	29.58	0.99	976
9717	JASTEC	東證一部	服務業	A	神山	2020/11	17,452	9.92	11.84	81.59	458.73	46.24	44.05	0.96	250
9720	HOTEL NEW GRAND	新興市場	服務業	A	原	2020/11	3,060	-10.96	-28.92	23.74	30.75	367.97	148.33	0.23	42
9728	日本管財	東證一部	服務業	A	福田	2021/03	104,124	9.75	7.25	68.33	317.07	50.62	44.45	0.61	898
9729	TOKAI	東證一部	服務業	A	小野木	2021/03	118,009	7.49	6.18	71.82	259.02	59.15	54.95	1.05	869
9731	白洋舍	東證一部	服務業	C	五十嵐	2020/12	39,146	-12.86	-12.11	16.48	78.17	412.59	116.92	0.16	96
9733	永瀨	新興市場	服務業	A	永瀨	2021/03	45,853	6.77	10.01	28.72	134.15	218.00	86.80	1.35	574
9734	精養軒	新興市場	服務業	A	根津	2021/01	760	-18.30	-151.71	43.90	1,698.25	70.81	32.41	0.95	22
9735	SECOM	東證一部	服務業	a	飯田	2021/03	1,035,898	7.55	13.22	58.05	260.87	85.21	68.03	0.47	21727
9739	恩陽達	東證一部	資通訊業	A	多田	2021/03	39,282	13.29	10.68	72.31	365.38	36.75	33.26	2.07	311
9746	TKC	東證一部	資通訊業	A	飯塚	2020/09	67,814	11.88	16.78	78.91	243.82	80.22	74.52	1.71	1820

股票代號	名稱	市場別	行業別	家族企業類別	家族姓氏	會計年度	營業額	資產報酬率 (ROA)	營業利益率	權益比率	流動比率	固定比率	固定長期適合率	月平均投資報酬率 (60個月)	市值 (億日圓)
9749	富士軟體	東證一部	資通訊業	A	野澤	2020/12	240,953	7.36	6.63	50.73	153.25	108.56	86.34	1.46	1739
9753	IX Knowledge	新興市場	資通訊業	A	安藤	2021/03	17,289	8.91	5.02	52.16	291.78	55.66	38.37	2.92	95
9755	應用地質	東證一部	服務業	b	深田	2020/12	49,608	3.24	5.08	80.36	587.98	31.83	29.40	0.26	338
9757	船井總研HD	東證一部	服務業	B	船井	2020/12	25,027	17.77	19.91	82.44	407.91	50.55	49.97	2.03	1324
9759	NSD	東證一部	資通訊業	A	橋田	2021/03	66,184	17.42	14.87	81.76	499.47	31.66	30.74	1.75	1700
9760	進學會HD	東證一部	服務業	A	平井	2021/03	11,860	-9.55	-33.87	46.35	113.25	86.50	85.13	0.10	90
9761	東海LEASE	東證二部	服務業	A	塚本	2021/03	15,096	1.74	3.86	41.53	122.10	126.79	86.89	-0.26	49
9765	大場	東證一部	服務業	b	大場	2020/05	15,202	9.29	7.53	62.07	198.00	67.70	60.95	0.99	120
9766	KONAMI	東證一部	資通訊業	A	上月	2021/03	272,656	8.07	13.41	61.09	333.94	74.42	54.45	1.74	9457
9767	日建工學	東證二部	服務業	b	行本	2021/03	10,592	17.44	11.55	42.16	178.24	40.27	31.79	1.11	41
9768	IDEA	東證二部	服務業	A	田畑	2020/12	20,014	8.28	10.83	68.55	199.94	88.49	75.52	1.84	131
9776	札幌臨床檢查中心	新興市場	服務業	A	伊達	2021/03	17,502	8.80	6.52	63.90	190.40	92.73	75.39	0.80	65
9778	昴	新興市場	服務業	A	西村	2021/03	3,666		4.45	49.36	44.92	184.07	114.03	0.73	30
9780	HARIMA B.stem	新興市場	服務業	A	鴻	2021/03	24,175	7.46	2.81	53.59	183.39	62.49	52.95	1.16	36
9782	DMS	新興市場	服務業	A	山本	2021/03	25,729	8.18	5.56	75.43	250.16	63.54	60.52	1.74	102
9783	倍樂生	東證一部	服務業	A	福武	2021/03	427,531	2.58	3.06	31.32	162.44	150.96	71.03	-0.10	2387
9787	永旺delight	東證一部	服務業	B	岡田	2021/02	300,085	11.20	5.08	63.96	249.32	30.40	29.02	0.20	1720
9788	NAC	東證一部	服務業	b	西山	2021/03	55,513	6.40	5.01	52.14	192.41	68.64	53.81	0.58	232
9791	BIKENTECHNO	東證二部	服務業	A	梶山	2021/03	34,603	3.28	3.24	48.64	171.37	118.50	76.57	0.70	62
9793	Daiseki	東證一部	服務業	a	伊藤	2021/02	51,530	10.98	19.88	77.27	417.29	68.12	64.49	1.58	1434
9795	STEP	東證一部	服務業	A	龍井	2020/09	10,927	7.88	17.65	80.89	268.73	84.62	77.56	1.16	266
9797	大日本工程顧問	東證一部	服務業	b	川田	2020/06	16,503	12.58	9.84	47.88	172.81	43.29	38.38	1.13	54
9799	旭情報服務	東證二部	資通訊業	a	大槻	2021/03	12,282	10.91	9.85	78.24	350.23	34.33	33.95	0.87	102
9812	T.O. HD	新興市場	批發業	A	小笠原	2020/05	35,634	-1.33	-1.05	0.36	66.95	14,759.57	174.78	-0.46	27
9818	大丸ENAWIN	東證一部	批發業	b	伊藤	2021/03	21,417	5.20	4.63	65.20	189.01	83.73	71.86	1.25	106
9820	MT GENEX	新興市場	不動產業	B	森	2021/03	3,009	7.17	10.27	72.84	527.88	15.31	13.41	8.20	29
9823	Mammy Mart	新興市場	零售業	A	岩崎	2020/09	125,587	8.66	3.78	46.26	47.73	183.52	124.27	0.69	261
9824	泉州電業	東證一部	批發業	A	西村	2020/10	74,288	4.73	4.21	59.75	179.97	58.94	55.20	1.34	312
9827	Lilycolor	新興市場	批發業	A	山田	2020/12	32,760	0.51	0.27	33.87	136.77	67.62	52.49	0.31	19
9830	TRUSCO中山	東證一部	批發業	A	中山	2020/12	213,404	6.32	5.16	63.66	268.48	79.93	62.28	0.73	1912
9831	山田HD	東證一部	零售業	A	山田	2021/03	1,752,506	7.90	5.25	51.85	172.01	98.24	73.15	0.64	5770
9832	安托屋	東證一部	批發業	A	住野	2021/03	220,449	5.92	4.80	65.55	237.41	62.78	54.97	0.07	1261
9835	JUNTENDO	東證二部	零售業	A	飯塚	2021/02	48,181	6.50	4.73	33.87	118.48	171.71	89.32	2.18	64
9842	ARCLANDS	東證一部	零售業	A	坂本	2021/02	183,559	7.20	8.73	23.01	53.72	315.96	156.56	1.17	633
9843	宜得利HD	東證一部	零售業	A	似鳥	2021/02	716,900	17.17	19.21	69.26	146.72	97.23	91.68	1.72	22746

股票代號	名稱	市場別	行業別	家族企業類別	家族姓氏	會計年度	營業額	資產報酬率(ROA)	營業利益率	權益比率	流動比率	固定比率	固定長期適合率	月平均投資報酬率(60個月)	市值(億日圓)
9845	PARKER	東證二部	化學業	A	里見	2021/03	44,061	5.29	5.96	60.04	233.42	68.53	59.05	1.46	136
9846	天滿屋STORE	東證一部	零售業	B	伊原木	2021/02	69,457	5.07	3.30	47.28	46.85	182.03	122.68	0.38	133
9849	共同紙販HD	新興市場	批發業	a	郡司	2021/03	13,224	0.28	0.03	41.38	131.59	68.34	62.17	0.47	35
9850	GOURMET杵屋	東證二部	零售業	A	椋本	2021/03	22,173	-12.41	-20.59	23.14	134.40	307.95	92.38	0.12	218
9852	CBGM	東證一部	零售業	A	丸山	2021/03	149,494	3.44	1.10	39.50	128.84	74.68	65.16	0.90	67
9853	銀座Renoir	新興市場	零售業	A	小宮山	2021/03	4,173	-30.22	-46.97	53.38	96.21	119.73	103.45	0.10	51
9854	愛眼	東證一部	零售業	A	佐佐	2021/03	13,562	-3.24	-3.85	87.83	610.21	52.76	50.81	0.62	49
9856	KU HD	東證一部	零售業	A	井上	2021/03	116,659	8.31	5.18	64.31	235.37	85.59	68.86	0.97	429
9857	英和	東證一部	批發業	A	阿部	2021/03	39,159	6.63	4.45	42.76	160.52	27.91	26.44	1.56	80
9867	solekia	新興市場	批發業	a	小林	2021/03	22,112	7.77	5.63	46.85	210.40	31.01	24.47	5.08	58
9869	加藤產業	東證一部	批發業	A	加藤	2020/09	1,104,695	3.48	1.05	33.82	116.28	95.86	79.93	1.01	1438
9872	北惠	東證一部	批發業	A	北村	2020/11	53,762	2.63	0.98	46.94	172.86	32.76	30.13	1.38	95
9876	COX	新興市場	零售業	B	岡田	2021/02	16,309	-4.67	-4.24	58.19	192.39	69.25	58.47	0.05	51
9878	SEKIDO	東證二部	零售業	A	關戶	2021/03	6,773	5.57	2.66	14.06	96.56	56.12	184.58	1.97	21
9882	黃帽	東證一部	批發業	B	鍵山	2021/03	146,994	11.40	8.83	76.65	235.14	74.04	69.68	1.38	945
9885	CHARLE	東證二部	批發業	A	林	2021/03	13,771		-5.63	88.17	863.38	29.10	28.08	-0.12	60
9887	松屋食品	東證一部	零售業	A	瓦葺	2021/03	94,410	-2.25	-1.78	53.38	138.93	126.97	88.51	0.60	667
9889	JBCC HD	東證一部	資訊業	a	谷口	2021/03	60,042	7.40	4.34	50.61	195.78	51.34	41.82	1.85	263
9890	makiya	新興市場	零售業	A	矢部	2021/03	75,764	7.33	3.04	47.42	80.58	149.49	110.98	1.26	107
9895	CONSEC	新興市場	批發業	A	佐佐木	2021/03	9,844	1.14	1.08	63.78	202.14	83.59	70.47	0.18	23
9896	JK HD	東證一部	批發業	A	吉田	2021/03	343,254	2.82	1.58	21.20	100.82	163.69	100.48	1.61	280
9902	日傳	東證一部	批發業	a	西木	2021/03	102,751	4.09	3.84	71.69	320.39	54.00	45.19	1.08	698
9903	KANSEKI	新興市場	零售業	B	服部	2021/02	42,328	11.30	7.45	34.05	107.91	195.50	96.76	3.45	232
9904	VÉRITÉ	東證二部	零售業	b	大久保	2021/03	7,545	10.29	10.83	67.11	257.07	24.57	24.43	3.44	105
9906	藤井產業	新興市場	批發業	A	藤井	2021/03	77,428	7.17	4.39	51.07	178.39	51.82	47.91	0.77	142
9908	日本電計	新興市場	批發業	b	高田	2021/03	82,669	3.87	2.29	40.88	163.49	35.50	31.47	1.02	108
9909	愛光電氣	新興市場	批發業	A	近藤	2021/03	10,263	3.40	2.17	41.27	159.34	28.89	26.66	1.56	14
9913	日邦產業	東證二部	批發業	A	田中	2021/03	39,985	2.56	1.59	36.41	109.39	122.00	90.32	2.53	63
9914	植松商會	新興市場	批發業	A	植松	2021/03	5,093	-0.07	-1.06	64.17	198.22	54.65	52.16	0.79	18
9927	watt mann	新興市場	零售業	A	清水／川端／田中	2021/03	3,634	7.81	7.40	75.17	490.06	46.76	40.84	1.94	27
9928	MJS	東證一部	資訊業	A	是枝	2021/03	34,066	11.24	13.29	46.46	233.73	90.58	56.76	1.66	717
9929	平和紙業	東證二部	批發業	a	清家	2021/03	14,611	0.46	0.05	54.75	179.79	43.96	41.67	0.56	41
9932	杉本商事	東證一部	批發業	A	杉本	2021/03	40,365	6.67	5.13	84.43	489.95	40.08	39.12	1.54	270
9936	王將食品服務	東證一部	零售業	b	加藤	2021/03	80,616	7.73	7.53	58.09	206.26	91.97	69.01	1.21	1355
9941	太洋物產	新興市場	批發業	A	柏原	2020/09	14,800	-3.09	-1.80	-2.08	92.22		11,900.00	-2.25	7

股票代號	名稱	市場別	行業別	家族企業類別	家族姓氏	會計年度	營業額	資產報酬率(ROA)	營業利益率	權益比率	流動比率	固定比率	固定長期適合率	月平均投資報酬率(60個月)	市值(億日圓)
9942	珍有福	地方市場	零售業	A	穴見	2020/06	62,324	-10.63	-6.07	1.01	54.16	6,903.16	159.24	-0.23	272
9945	Plenus	東證一部	零售業	A	鹽井	2021/02	140,509	1.11	0.64	63.45	130.84	115.26	93.29	0.45	832
9948	ARCS GROUP	東證一部	零售業	A	福原	2021/02	556,946	7.45	3.19	62.71	144.87	101.76	85.10	0.35	1265
9950	HACHI-BAN	新興市場	零售業	a	後藤	2021/03	5,797	-11.39	-11.16	63.56	167.85	94.45	78.82	0.10	92
9955	YONKYU		批發業		笠岡	2021/03	36,391	5.87	5.34	76.30	430.47	39.07	35.62	0.81	229
9956	Valor HD	東證一部	批發業	A	伊藤	2021/03	730,168	6.59	3.51	35.32	67.80	204.57	128.95	0.31	1343
9959	ASEED HD	東證二部	批發業	A	河本	2021/03	23,931	2.96	1.79	36.55	72.51	174.98	127.17	-0.22	68
9960	東TECH	東證一部	批發業	A	草野	2021/03	109,650	8.33	5.63	47.36	141.23	93.99	73.32	2.66	406
9964	ITEC	新興市場	批發業	A	大畑	2021/03	67,785	2.63	2.45	50.36	147.95	75.53	65.92	1.18	165
9966	藤久	東證一部	零售業	A	後藤	2020/06	22,349	6.53	3.95	61.54	262.28	31.27	27.81	-0.43	66
9969	SHOKUBUN	東證二部	零售業	B	藤尾	2021/03	6,839	4.29	3.36	39.44	104.38	154.48	97.41	0.34	52
9974	Belc	東證一部	零售業	A	原島	2021/02	284,460	9.11	4.19	55.86	66.92	148.53	111.29	0.91	1131
9976	SEKICHU	新興市場	零售業	A	關口	2021/02	32,516	5.72	3.04	56.73	123.05	91.95	85.34	1.78	93
9977	青木超市	東證二部	零售業	A	青木	2021/02	106,193	9.64	3.31	58.04	147.63	78.83	72.44	0.38	176
9978	文教堂GHD	新興市場	零售業	b	嶋崎	2020/08	21,304	3.70	1.94	6.68	115.36	343.03	68.68	-0.55	29
9979	大庄	東證一部	零售業	A	平	2020/08	44,827	-7.87	-7.39	39.54	187.34	163.14	75.57	0.11	272
9980	MRK HD	東證二部	零售業	b	正岡	2020/08	18,330	3.46	3.33	74.19	305.97	42.69	40.77	3.47	156
9982	Takihyo	東證一部	批發業	A	瀧	2021/03	50,042	-2.02	-2.03	69.78	235.55	82.90	70.91	-0.06	168
9983	迅銷	東證一部	零售業	A	柳井	2020/08	2,008,846	7.19	7.43	39.66	255.65	79.12	43.87	1.00	67123
9986	藏王產業	東證二部	批發業	B	佐佐木	2021/03	7,075	7.26	14.13	86.28	1,128.00	34.84	32.07	0.53	89
9987	SUZUKEN	東證一部	批發業	A	鈴木／別所	2021/03	2,128,218	0.98	0.43	37.42	128.31	61.07	57.43	0.53	4470
9989	SUNDRUG	東證一部	零售業	A	多田	2021/03	634,310	12.64	5.89	66.47	204.24	55.72	53.56	0.32	4833
9990	SAC'S BAR	東證一部	零售業	A	木山	2021/03	34,836	-5.03	-5.84	70.69	294.82	75.28	63.26	-1.01	181
9993	山澤	東證一部	零售業	A	山澤	2021/03	112,938	4.88	2.18	56.42	76.69	128.47	113.10	0.28	189
9994	YAMAYA	東證一部	零售業	A	山内	2021/03	150,003	-0.37	-0.17	41.18	115.65	105.69	86.99	0.93	266
9995	高導	東證一部	批發業	B	福島	2021/03	59,861	-1.37	-0.82	66.86	281.24	21.28	20.48	0.46	117
9996	佐藤商會	新興市場	批發業	A	佐藤	2021/03	43,609	2.95	1.93	74.72	240.86	55.81	55.02	0.84	138
9997	BELLUNA	東證一部	零售業	A	安野	2021/03	206,499	7.05	7.62	46.88	207.63	110.71	67.78	2.16	1262

注）
1 以上表格為本書編纂團隊根據本書第1章第1節所定義與分類之家族企業類別，依Quick Astra Manager的資料所編製
2 各項數值定義如下（以Quick Astra Manager為準）
營業額　商品銷售額、產品銷售額、工程款、運輸（海運、鐵路等）、倉儲、廣播、電力瓦斯、娛樂（電影、旅館）等服務業公司之營業收入，與信用交易、證券金融、證券信託、商品期貨等的營業收益
營業利益率　營業利益÷營業額（營收）×100
權益比率　股東權益÷總資產

共同作者簡介

後藤俊夫（Goto Toshio） 審訂

1942年生於日本東京都。

日本東京大學經濟學院經濟系畢業。哈佛大學商學院企業管理碩士學位（MBA）。

曾任職於恩益禧（NEC）等公司，現為日本經濟大學研究所特聘教授。也是一般社團法人百年經營研究機構的理事長、家族企業網絡日本分會（FBN Japan）顧問、一般社團法人日本家族企業顧問協會（FBAA）顧問。

專長領域：經營策略

主要著述：

〈HOW CAN A FAMILY CONTROL ITS BUSINESS WITHOUT OWNERSHIP INFLUENCE? -A case study of Suzuki Corp〉《De Gruyter Handbook of Business Families》De Gruyter，共著（2023）

〈Longevity and Disruption-Evidence from Japanese Family Businesses〉《The Routledge Companion to Asian Family Business》Routledge，共著（2021）

《工匠精神》人民大學出版社（2018）

《日本家族企業白皮書2018年版》（ファミリービジネス白書2018年版）白桃書房，審訂（2018）

《長壽企業的風險管理》（長寿企業のリスクマネジメント）第一法規，審訂（2017）

落合康裕（Ochiai Yasuhiro）企畫編輯委員長

1973年生於日本兵庫縣。

日本神戶大學研究所企業管理學研究科博士後期課程修畢。企業管理學博士。曾任職於大和證券株式會社、日本經濟大學經營學院（東京澀谷校區）。

現為日本靜岡縣立大學經營情報學院教授，也是該校研究所經營情報創新研究科教授兼代理研究科長。同時擔任事業承繼學會常務理事、家族企業學會常任理事、企業家研究論壇理事。

專長領域：經營策略

主要著述：

《事業繼承的困境》（事業承継のジレンマ）白桃書房（2016）【2017年榮獲家族企業學會獎暨實踐經營學會名東獎】

《事業繼承經營學》（事業承継の経営学）白桃書房（2019）

《家族企業精神》（ファミリーアントレプレナーシップ）中央經濟社，共著（2020）

《日本家族企業白皮書2015年版》（ファミリービジネス白書2015年版）同友館，企畫編輯（2016）

《日本家族企業白皮書2018年版》（ファミリービジネス白書2018年版）白桃書房，企畫編輯（2018）等。

荒尾正和（Arao Masakazu）企畫編輯副委員長

1953年生於日本福岡縣。

日本埼玉大學經濟學院畢業。日本中小企業診斷士、日本特定社會保險勞務士、國際投資分析師。

1976年入職信託銀行，於信託銀行、投資顧問公司從事投資研究、營運企畫、年金企畫與富裕階級理財業務。

現擔任朗信託株式會社常務董事，也兼任日本東京都中小企業診斷士協會家族企業研究會的代表幹事、老舖企業研究會副代表幹事。

主要著述：

《長壽企業的風險管理》（長寿企業のリスクマネジメント）第一法規，共著（2017）

《工匠精神》人民大學出版社，共著（2018）

《日本家族企業白皮書2018年版》（ファミリービジネス白書2018年版）白桃書房，編著（2018）等。

西村公志（Nishimura Hiroshi）企畫編輯委員

1982年生於日本神奈川縣。

日本中央大學法學部畢業。中小企業診斷士。曾任職於獨立系統公司、市場行銷研究公司，現創立顧問公司appsmart株式會社，並擔任總經理；同時也是家族企業研究會幹事、老舖企業研究會成員。

主要著述：

《金融機構周邊業者開業支援便覽》（金融機関店周の開業支援便覧）銀行研修社，共著（2015）

《日本家族企業白皮書2015年版》（金融機関店周の開業支援便覽同友館）編著（2016）

《日本家族企業白皮書2018年版》（ファミリービジネス白書2018年版）白桃書房，編著（2018）等。

阿部真史（Abe Masashi）

1964年生於日本東京都。

日本早稻田大學政治經濟學院畢業。日本國際大學研究所國際企業管理學研究科修畢。國際企業管理學碩士（MBA）。持有FBAA家族企業顧問證照。

UBS SuMi TRUST 財富管理有限公司諮詢與銷售部門事業與財產繼承團隊負責人（同時任職於瑞銀東京分行）。曾於某日本大型銀行工作，2006年12月加入瑞銀證券，2021年8月起轉任現職（隨瑞銀證券有限公司財富管理業務被收購而併入三井住友）。

主要著述：

《日本家族企業白皮書2015年版》（ファミリービジネス白書2015年版）同友館，共著（2016）

《企業兩代經營者須知的事業繼承真相》（先代とアトツギが知っておきたいほんとうの事業承継）生產性出版，共著（2021）

磯部雄司（Isobe Yuji）

1969年生於日本愛知縣。

日本靜岡縣立大學研究所藥學研究科博士前期課程修畢，藥學碩士。日本名古屋商科大學研究所管理研究科碩士課程修畢（MBA）。現任職於醫藥品外商，同時於日本靜岡縣立大學研究所經營情報創新研究科攻讀博士後期課程。

加藤倫之（Kato Noriyuki）

1984年生於日本千葉縣。

日本早稻田大學教育學院畢業。日本東京大學研究所農學生命科學研究科修畢（農學碩士）。

曾任職於日本環境省，擔任過志摩市副市長，2019年起就任一般社團法人百年經營研究機構事務局次長。

川又信之（Kawamata Nobuyuki）

1965年生於日本東京都。

日本早稻田大學法學院畢業。公益社團法人日本證券分析師協會認證分析師。

曾任職於三洋證券株式會社，現任職於東海東京金控株式會社。自1992年起從事企業與產業分析、營運業務，目前在東海東京調查中心審查部門擔任分析師報告審查專員。

主要著述：

《日本家族企業白皮書2018年版》（ファミリービジネス白書2018年版）白桃書房，共著（2018）。

濱口正樹（Hamaguchi Masaki）

1971年生於日本三重縣。

日本早稻田大學政治經濟學院政治學系畢業。企業管理學碩士（MBA）。

現任職於某電子零件製造商，同時於日本靜岡縣立大學研究所經營情報創新研究科攻讀博士後期課程。

樋口敬祐（Higuchi Keisuke）

1984年生於東京都。

日本早稻田大學研究所經營管理研究科修畢。企業管理學碩士（MBA）。進入JTB有限公司後曾赴國外工作，亦有國內工作經驗，目前為家族企業全線座株式會社的董事。

平林秀樹（Hirabayashi Hideki）

1958年生於日本愛知縣。

日本慶應義塾大學工學院畢業。日本大學研究所綜合社會資訊研究科碩士課程畢業。國際資訊碩士。持有FBAA家族企業顧問證照。曾任職於瑞可利有限公司，於2006年創立Grasty並擔任總經理，亦參與FBAA。

主要著述：

《日本家族企業白皮書2015年版》（ファミリービジネス白書2015年版）友館，共著（2016）

《日本家族企業白皮書2018年版》（ファミリービジネス白書2018年版）白桃書房，共著（2018）

《企業兩代經營者須知的事業繼承真相》（先代とアトツギが知っておきたいほんとうの事業承継）生產性出版，共著（2021）

藤原健一（Fujiwara Kenichi）

1972年生於日本東京都。

日本東北大學法學院畢業。持有FBAA家族企業顧問證照。曾於某日本大型銀行從事法人融資業務，現擔任一般社團法人日本家族企業顧問協會執行董事。

主要著述：

《企業兩代經營者須知的事業繼承真相》（先代とアトツギが知っておきたいほんとうの事業承継）

生產性出版，共著（2021）

松本拓也（Matsumoto Takuya）

1992年生於日本三重縣松阪市。

日本神奈川大學經濟學院畢業。2015年4月進入株式會社VALCREATION，9月參與一般社團法人百年經營研究機構成立初期的辦事處活動，直至今日。

宮田仁光（Miyata Kimiteru）

1957年生於日本神奈川縣。

日本早稻田大學政治經濟學院畢業。公益社團法人日本證券分析師協會認證分析師。曾於三井住友信託銀行等單位擔任分析師（經手零售部門業務）。現為自由分析師。

主要著述：

《日本家族企業白皮書 2018年版》（ファミリービジネス白書 2018年版）白桃書房，共著（2018）；另發表多篇企業調查報告。

森下彩子（暫譯，Morishita Ayako）

生於日本愛知縣。

日本名古屋大學農學院畢業。日本靜岡大學創造科學技術研究所情報科學組修畢，工學博士。曾任職於化學製造商、機械製造商，現為日本經濟大學研究所企業管理學研究科教授。

論文：

〈合作促進公司長青〉（Cooperation promotes the sustainability of companies: Lattice-gas model for a market）．〔Physica A: Statistical Mechanics and its Applications〕, 525, 119-127. 共著（2019）

〈老舖企業的持續機制理論和應用相關研究〉（老舗企業の持続メカニズムの理論と応用に関する研究：拡大成長から持続型経営へ）Doctoral dissertation, Shizuoka university（2015年）

〈促進組織改革的服務供給者和接受者的有機相互作用〉（組織改革を促進するサービス供給者と受給者の有機的な相互作用：食品小売業S社の事例を中心として）『実践経営』（51），9-17（2014年）

金樂琦（Roger King）

陳江和亞洲家族企業與創業研究中心、康信商業案例研究中心（Thompson Center for Business Case Studies，CBCS）的資深顧問兼創始主任，也是香港科技大學金融學系兼任教授。他是香港科技大學仲裁委員會（Court）的名譽會員、以色列特拉維夫大學（Tel Aviv University，TAU）理事會成員、特拉維夫大學科勒商學院國際諮詢委員會成員、以色列－亞洲中心（Israel Asia Center）顧問委員會成員、紐約市家族企業中心（NYC Family Enterprise Center）國際諮詢委員會成員、安永家族企業顧問委員會（Ernst & Young Family Business Advisory Council）成員，以及《家族企業策略期刊》（*Journey of Family Business Strategy*）編輯委員會成員。

其教育和研究領域為家族企業、家族辦公室、創業、企業和家族治理。

彭倩（Winnie Qian Peng）

陳江和亞洲家族企業與創業研究中心主任、康信商業案例研究中心主任、香港科技大學的兼任副教授。她也是全球最大的家族企業學會，國際家族企業研究協會（International Family Enterprise Research Academy, IFERA）董事會委員、香港家族辦公室協會教育培訓委員會主任、亞太商學院聯盟案例中心創始委員。

研究和教育領域：家族企業、家族辦公室、家族慈善活動、創業、私募股權、風險投資等等。

菈妮亞·拉巴奇（Rania Labaki） 博士

法國北方高等商業學院（EDHEC）金融與家族企業學系副教授，也是該學院的家族企業研究中心主任。她還身兼美國康乃爾大學與家族企業研究機構（Family Firm Institute，FFI）的家族企業會士（family business fellow）；家族企業網絡法國分會學術委員會負責人。曾任國際家族企業研究協會的理事會成員、家族企業網絡法國分會的科學委員會成員等。

此外，拉巴奇副教授的研究成果不僅發表於主流學術書籍與期刊，也常刊於國際媒體和專業雜誌，如《金融時報》（*Financial Times*）、《回聲報》（*Les Échos*）、《費加洛日報》（*Le Figaro*）、《第三日報》（La Tercera）、「對話」（The Conversation）和《寶藏雜誌》（*Tharawat*）等。她因在家族企業研究領域貢獻良多，而獲頒芭芭拉·霍蘭德獎（Barbara Hollander Award）❶ 等獎項。

---

❶ 譯註：家族企業研究機構（FFI）為紀念該機構創始人芭芭拉·霍蘭德對於家族企業的教育與學習熱忱，並獎勵相關研究人員而於1995年開始頒發的獎項。

參考文獻

台灣版序言
川上桃子 (2004) 「第3章 台湾ファミリービジネスによる新事業への参入と所有・経営-移動電話通信事業の事例」星野妙子編『ファミリービジネスの経営と革新: アジアとラテンアメリカ』日本貿易振興機構 アジア経済研究所, 91-137.

前言
Abdellatif, M., Amann, B., & Jaussaud, J. (2010). Family versus nonfamily business: A comparison of international strategies. *Journal of family business strategy, 1*(2), 108-116.

Amann, B., Jaussaud, J., & Martinez, I. (2012). Corporate social responsibility in Japan: Family and non-family business differences and determinants. *Asian Business & Management, 11*(3), 329-345.

Amann, B., & Jaussaud, J. (2012). Family and non-family business resilience in an economic downturn. *Asia Pacific business review, 18*(2), 203-223.

Astrachan, J. H., Astrachan, C. B., Campopiano, G., & Bau, M. (2020). Values, spirituality and religion: Family business and the roots of sustainable ethical behavior. *Journal of Business Ethics, 163*(4), 637-645.

Goto, T. (2013) Secrets of family business longevity in Japan from the social capital perspective. In *Handbook of Researchon Family Business*, Second Edition. Edward Elgar Publishing.

Goto, T. (2016) Family Firms' Transformation to Non-family Firms During 1920's-2015. *Journal of Japanese Management, 1*(1), 44-59.

Kamei, K., & Dana, L. P. (2012). Examining the impact of new policy facilitating SME succession in Japan: from a viewpoint of risk management in family business. *International Journal of Entrepreneurship and Small Business, 16*(1), 60-70.

Kim, J., Fairclough, S., & Dibrell, C. (2017). Attention, action, and greenwash in family-influenced firms? Evidence from polluting industries. *Organization & Environment, 30*(4), 304-323.

Nishioka, K., Gemba, K., Uenishi, K., & Kaga, A. (2018). Competitive strategy of family businesses through CSV–case study of a family business in Mie Prefecture, Japan. *International Journal of Business and Systems Research, 12*(2), 226-241.

Ort, V. (2020). *How Do Family Firms Communicate Social Responsibility? A Comparative Analysis of Family Business Approaches in the German Apparel Industry* (Doctoral dissertation, The American University of Paris (France)).

第1章 第1節
Franks, J., Mayer, C., Volpin, P., & Wagner, H. F. (2012) The life cycle of family ownership: International evidence. *The Review of Financial Studies, 25*(6), 1675-1712.

Goto, T. (2023) HOW CAN A FAMILY CONTROL ITS BUSINESS WITHOUT OWNERSHIP INFLUENCE? In *De Gruyter Handbook of Business Families*.

入山章栄・山野井順一 (2014)「世界の同族企業研究の潮流」『組織科学』48 (1), 25-37.

後藤俊夫 (2006)「静岡県におけるファミリービジネスの現状と課題」『実践経営』43.

後藤俊夫編著 (2012)『ファミリービジネス知られざる実力と可能性』白桃書房.

後藤俊夫 (2016)「事業承継における創業家影響力の推移：重力と抗力の考察」『事業承継』5, 36-49.

小松智子（2019）「上場ファミリー企業の所有と経営に関する一考察」『立教DBAジャーナル』10, 73-85.

FBC（ファミリービジネス白書企画編集委員会）編（2015）『ファミリービジネス白書2015年版 100年経営をめざして』同友館.

第1章 第2節

Davis, J. A., Hampton, M. M., & Lansberg, I. (1997) *Generation to generation: Life cycles of the family business*. Harvard Business Press.

Gersick, K. E,, Davis, J. A., Hampton, M. M., & Lansberg, I. (1997) *Generation to generation: Life cycles of the family business*, Harvard Business Press.

Gersick, K. E., Lansberg, I., Desjardins, M., & Dunn, B. (1999) Stages and transitions: Managing change in the family business. *Family Business Review, 12*(4), 287-297.

Kenyon-Rouvinez, D., & Ward, L. J. (2005) Family Business: Key Issue. Palgrave Macmillan.

Miller, D., & Le Breton-Miller, I. (2005) *Managing For The Long Run*, Harvard Business School Press.

Rouvinez, D. K., & Ward, J. L. (2005) *FAMILY BUSINESS*, 1st edition, Palgrave Macmillan.

Ward, J. (2016) *Keeping the family business healthy: How to plan for continuing growth, profitability, and family leadership*, Springer.

Zellweger, T. M., Nason, R. S., & Nordqvist, M. (2012) From Longevity of Firms to Transgenerational Entrepreneurship of Families: Introducing Family Entrepreneurial Orientation. *Family Business Review, 25*(2), 13 6-155.

奥村昭博・加護野忠男編（2016）『日本のファミリービジネス: その永続性を探る』中央経済社.

落合康裕（2016）『事業承継のジレンマ: 後継者の制約と自律のマネジメント』白桃書房.

落合康裕（2019）『事業承継の経済学: 企業はいかに後継者を育成するか』白桃書房.

加護野忠男（2008）「学術からの発信 経営学とファミリービジネス研究」『学術の動向』第13巻第 1号, 68-70頁.

後藤俊夫編（2012）『ファミリービジネス―知られざる実力と可能性―』白桃書房.

FBC（ファミリービジネス白書企画編集委員会）編（2015）『ファミリービジネス白書2015年度版 100年経営をめざして』同友館.

FBC（ファミリービジネス白書企画編集委員会）編（2018）『ファミリービジネス白書2018年度版 100年経営とガバナンス』白桃書房.

第1章 第3節

Amann, B., & Jaussaud, J. (2012) Family and non-family business resilience in an economic downturn. *Asia Pacific business review, 18*(2), 203-223.

Angeline, Y. K. H., & Teng, Y. S. (2016) Enterprise risk management: evidence from small-medium enterprises. *Management and Accounting Review (MAR), 15* (2), 151-170.

Altman, E. I., Sabato, G., & Wilson, N. (2010) The value of non-financial information in SME risk management. *The Journal of Credit Risk, 6*, 1-33.

Benner, M. J. and Zenger, T. (2016) The lemons problem in markets for strategy. *Strategy Science, l*(2), 71-89.

Bromiley, P., McShane, M., Nair, A., & Rustambekov, E. (2015) Enterprise risk management: review, critique, and research directions. *Long Range Planning, 48*(4), 265-276.

Bourletidis, K., & Triantafyllopoulos, Y. (2014) SMEs survival in time of crisis: strategies, tactics and commercial success stories. *Procedia-Social and Behavioral Sciences, 148*, 639-644.

Bundy, J., Pfarrer, M. D., Short, C. E., & Coombs, W. T. (2017) Crises and crisis management: Integration, interpretation, and research development. *Journal of Management, 43*(6), 1661-1692.

Devece, C., Peris-Ortiz, M., & Rueda-Armengot, C. (2016) Entrepreneurship during economic crisis: Success factors and paths to failure. *Journal of Business Research, 69*(11), 5366-5370.

Feltham, T. S., Feltham, G., & Barnett, J. J. (2005) The dependence of family businesses on a single decision-maker. *Journal of Small Business Management, 43*(1), 1-15.

Finkelstein, S., & Hambrick, D. C. (1990) Top-management-team tenure and organizational outcomes: the moderating role of managerial discretion. *Administrative Science Quarterly, 35*, 484-503.

Glowka, G., Kallmünzer, A., & Zehrer, A. (2021) Enterprise risk management in small and medium family enterprises: the role of family involvement and CEO tenure. *Int Entrep Manag J, 17*, 1213-1231.

Kellermanns, F. W., Eddleston, K. A., Barnett, T., & Pearson, A. (2008) An exploratory study of family member characteristics and involvement: effects on entrepreneurial behavior in the family firm. *Family Business Review, 21*(1), 1-14.

Kraus, S., Clauss, T., Breier, M., Gast, J., Zardini, A.,& Tiberius, V. (2020) The economics of COVID-19: initial empirical evidence on how family firms in five European countries cope with the corona crisis. *International Journal of Entrepreneurial Behavior & Research*, 1-36.

McShane, M. (2018) Enterprise risk management: history and a design science proposal. *The Journal of Risk Finance, 19*(2), 13 7-153.

Messenger, J. C.,& Gschwind, L. (2016) Three generations of Telework: New ICT s and the (R) evolution from Home Office to Virtual Office. *New Technology, Work and Employment, 31(3)*, 195-208.

Neubaum, D. O., & Payne, G. T. (2021) The Centrality of Family. *Family Business Review, 33*(2), 1-6.

Pal, R., Torstensson, H. & Mattila, H. (2014) Antecedents of organizational resilience ineconomic crises an empirical study of Swedish textile and clothing SMEs. *International Journal of Production Economics, 147*, 410-428.

Payne, G. T. (2020) Family Business Review in 2020: Focus on the family. *Family Business Review, 33*(1), 6-9.

Pearce, J.A., & Robbins, K. (1993), Toward improved theory and research on business turnaround. *Journal of management, 19*(3), 613-636.

Rehman, A. U., & Anwar, M. (2019). Mediating role of enterprise risk management practices between business strategy and SME performance. *Small Enterprise Research, 26*, 207-227.

Rovelli, P., Ferasso, M., De Massis, A., & Kraus, S. (2021) Thirty years of research in family business journals: Status quo and future directions. *Journal of Family Business Strategy*, 100422.

Sullivan-Taylor, B., & Branicki, L. (2011) Creating resilient SMEs: Why one size might not fit all. *International Journal of Production Research, 49*(18), 5565-5579.

Wenzel, M., Stanske, S., & Lieberman, M. B. (2020) Strategic responses to crisis. *Strategic Management Journal, 41*, V7-V18.

Wright, P. M., Dunford, B. B., & Snell, S. A. (2001) Human resources and the resource based view of the firm. *Journal of Management, 27*(6), 701-721.

Yang, S., Ishtiaq, M., & Anwar, M. (2018) Enterprise risk management practices and firm performance, the mediating role of competitive advantage and the moderating role of financial literacy. *Journal of Risk and Financial Management, 11*(3), 3 5.

Zahra, S. A. (2005) Entrepreneurial risk taking in family firms. *Family Business Review, 18*(1), 23-40.

Zahra, S. A., Hayton, J. C., Neubaum, D. O., Dibrell, C., & Craig, J. (2008) Culture of family commitment and strategic flexibility: The moderating effsct of stewardship. *Entrepreneurship theory and practice*, 32(6), 1035-1054.

Zellweger, T. (2017) *Managing the family business: Theory and practice*. Edward Elgar Publishing. Edward Elgar, Cheltenham, UK.

FBC（ファミリービジネス白書企画編集委員会）編（2018）『ファミリービジネス白書 2018年度版 100年経営とガバナンス』白桃書房.

「社長交代，過去10年で最少に 20年上半期コロナ影響4年ぶり減の599社」日本経済新聞，2020年7月12日.

「【独自調査】1－6月期の新社長は472人。コロナ響き低水準，再登板目立つ」日刊工業新聞，2020年8月22日.

第2章 第1節

Gersick, K. E., Lansberg, I., Desjardins, M., & Dunn, B. (1999) Stages and transitions: Managing change in the family business. *Family Business Review*, 12(4), 287-297.

後藤俊夫編著（2012）『ファミリービジネス―知られざる実力と可能性―』白桃書房.

後藤俊夫（2016）「事業承継における創業家影響力の推移：重力と抗力の考察」『事業承継』5，36-49.

FBC（ファミリービジネス白書企画編集委員会）編（2015）『ファミリービジネス白書 2015年版 100年経営をめざして』同友館.

FBC（ファミリービジネス白書企画編集委員会）編（2018）『ファミリービジネス白書 2018年版 100年経営とガバナンス』白桃書房.

「金融商品取引法」昭和23年4月13日法律第25號，主管金融廳.

「有価証券上場規程」平成19年11月1日，東京証券取引所.

第2章 第2節

Anderson, R. C., & Reeb, D. M. (2003) Founding-family ownership and family performance: Evidence from the S&P 500. *The Journal of Finance*, 58(3), 1302-1328.

Miller, D., Le Breton-Miller, I., Lester, R., & Cannella, A. A., Jr. (2007) Are family firms really superior performers? *Journal of Corporate Finance*, 13(4), 829-858.

後藤俊夫編著（2012）『ファミリービジネス―知られざる実力と可能性―』白桃書房.

第2章 第3節 1.

Danes, S. M., Stafford, K., Haynes, G., & Amarapurkar, S. S. (2009) Family capital of family firms: Bridging human, social, and financial capital. *Family Business Review*, 22(3), 199-215.

Gomez-Mejia, L. R., Haynes, K. T., Nunez-Nickel, M., Jacobson, K. J. L., & Moyano-Fuentes, J. (2007) Socioemotional Wealth and Business Risks in Family-controlled Firms: Evidence from Spanish Olive Oil Mills. *Administrative Science Quarterly*, 52, 106-137.

Goto, T. (2016) Family firms' transformation to non-family firms during 1920's-2015. *Journal of Japanese Management*, 1, 44-59.

Goto, T. (2021) Family business longevity and technological disruption in Yan, H. D., & Yu, F. L. T. (Eds.) *The Routledge Companion to Asian Family Business: Governance, Succession, and Challenges in the Age of Digital Disruption*. Routledge.

Sharma, P. (2004) An overview of the field of family business studies: Current status and directions for the future. *Family business review, 17*(1), 1-36.

Nahapiet, J., & Ghoshal, S. (1998) Social capital, intellectual capital, and the organizational advantage. *Academy of management review, 23*(2), 242-266.

後藤俊夫編著（2012）『ファミリービジネス―知られざる実力と可能性―』白桃書房.

後藤俊夫（2016）「事業承継における創業家影響力の推移：重力と抗力の考察」『事業承継』5. 36-49.

後藤俊夫（2017）「ファミリービジネスにおけるファミリー影響力の経年変化について」『經營學論集 第87集 日本の経営学90年の内省と構想[日本経営学会90周年記念特集]』F52-1.

FBC（ファミリービジネス白書企画編集委員会）編（2018）『ファミリービジネス白書 2018年版 100年経営とガバナンス』白桃書房.

第2章 第3節 2.

Anderson, R. C., & Reeb, D. M. (2003) Founding-family ownership and firm performance: evidence from the S&P 500. *The journal of finance, 58*(3), 1301-1328.

Chua, J. H., Chrisman, J. J., & Sharma, P. (1999) Defining the family business by behavior. *Entrepreneurship theory and practice, 23*(4), 19-39.

Donckels, R., & Frohlich, E. (1991) Are family businesses really different? European experiences from STRATOS. *Family business review, 4*(2), 149-160.

Goto, T. (2021) Longevity and disruption: Evidence from Japanese family businesses. In Yan, H. D., & Yu, F. L. T. (Eds.) *The Routledge Companion to Asian Family Business: Governance, Succession, and Challenges in the Age of Digital Disruption.* Abingdon Routledge.

Goto, T. (2023) HOW CAN A FAMILY CONTROL ITS BUSINESS WITHOUT OWNERSHIP INFLUENCE? -A case study of Suzuki Corp in *De Gruyter Handbook of Business Families,* 369-396.

Lansberg, I. (1988) The succession conspiracy. *Family business review, 1*(2), 119-143.

Miller, D., & Le Breton-Miller, I. (2005) Managing for the long run: *Lessons incompetitive advantage from great family businesses.* Cambridge Harvard Business Press.

Poza, E. J. (2004) *Family business.* 2nd edition. Thomson South-Western: Mason.

Smyrnios, K., & Odgers, J. (2002) An exploration of owner and organizational characteristics, and relational marketing and opportunity search variables associated with fast-growth family versus nonfamily firms. In: *Proceedings of the Family Business Network 13thAnnual World Conference,* Helsinki, Finland. Lausanne, Switzerland: FBN. 239-256.

後藤俊夫（2015）「親族内承継と親族外承継―所有権承継を中心に―」『事業承継』4: 50-63.

後藤俊夫（2016）「事業承継における創業家影響力の推移：重力と抗力の考察」『事業承継』5: 36-49.

FBC（家族企業白皮書企劃編輯委員會）編（2015）『ファミリービジネス白書 2015年版 100年経営をめざして』同友館.

FBC（家族企業白皮書企劃編輯委員會）編（2018）『ファミリービジネス白書 2018年版 100年経営とガバナンス』白桃書房.

第2章 第4節

Anderson, R. C., & Reeb, D. M. (2013) Founding-family ownership and family performance: Evidence from the S&P 500. The Journal of Finance, 58(3), 1302-1328.

FBC（ファミリービジネス白書企画編集委員会）編（2015）『ファミリービジネス白書 2015年版

100年経営をめざして』同友館.

FBC（ファミリービジネス白書企画編集委員会）編（2018）『ファミリービジネス白書 2018年版 100年経営とガバナンス』白桃書房.

総務省統計局，2008

第2章 第5節 3.

淺沼組官方網站 https://www.asanuma.co.jp/ir/pdf/etc/20180625.pdf（檢索日期：2021年8月29日）

大林組官方網站 https://www.obayashi.co.jp/ir/upload/img/news_20180123_1.pdf（檢索日期：2021年8月29日）

岐阜造園官方網站 https://ssl4.eir-parts.net/doc/1438/tdnet/1890881/00.pdf（檢索日期：2021年8月29日）

TamaHome官方網站（1） https://www.tamahome.jp/company/ir/upload_file/tdnrelease/1419_20180307484738_P01_.pdf（檢索日期：2021年8月29日）

TamaHome官方網站（2） https://www.tamahome.jp/company/profile/message/（檢索日期：2021年8月29日）

福田組官方網站 https://fkd.co.jp/wp-content/uploads/2019/02/zinzi_idou_20190226_02.pdf（檢索日期：2021年8月29日）

山浦官方網站 https://contents.xj-storage.jp/xcontents/AS08468/3c36dde3/c51e/46e1/99c6/0734f0a32094/140120190424410328.pdf（檢索日期：2021年8月29日）

第2章 第5節 4.

UNICAFE官方網站 https://www.unicafe.com/wp/wp-content/uploads/2018/12/58468857952c8f8d15037a384f6faec0.pdf（檢索日期：2021年8月28日）

寶控股官方網站 HP https://ir.takara.co.jp/ja/Filing/Filing-6038317668331422865.html（檢索日期：2021年8月28日）

石井食品官方網站 https://www.ishiifood.co.jp/_data/irnews/p_1526351854.pdf（檢索日期：2021年8月28日）

ROCK FIELD官方網站 https://www.rockfield.co.jp/ir/library/pdf/20180608jinji01.pdf（檢索日期：2021年8月28日）

東丸官方網站 http://www.k-higashimaru.co.jp/news/index.php?year = 2018（檢索日期：2021年8月28日）

三得利食品國際官方網站官方網站 https://www.suntory.co.jp/news/article/mt_items/SBF0923.pdf（檢索日期：2021年8月28日）

日經會社情報DIGITAL（三好油脂）https://www.nikkei.com/nkd/disclosure/tdnr/bjqgq9/（檢索日期：2021年8月28日）

不二家官方網站 https://www.fujiya-peko.co.jp/assets/pdf/financial_20190213_02.pdf（檢索日期：2021年8月28日）

丸大食品官方網站 http://www.marudai.jp/corporate/ir/cts/00000267.pdf（檢索日期：2021年8月28日）

可果美官方網站 https://www.kagome.co.jp/library/company/news/2019/img/2019090777.pdf（檢索日期：2021年8月28日）

福留火腿官方網站 http://www.fukutome.com/money/document/money191023.pdf（檢索日期：2021年8月28日）

第2章 第5節 5.

住友化學官方網站 https://www.sumitomo-chem.co.jp/news/detail/20190228_2.html （檢索日期：2021年8 月29日）

高木精工官方網站 https://contents.xj-storage.jp/xcontents/AS03496/19722e90/61d1/4172/9bf0/3d11a01a00e6/140120180511436321.pdf （檢索日期：2021年8月29日）

田中化學研究所官方網站（1） https://www.tanaka-chem.co.jp/ir/pdf/R01_0510_2.pdf（檢索日期：2021年8月29日）

田中化學研究所官方網站（2） https://www.tanaka-chem.co.jp/corporate/index.html（檢索日期：2021年8月29日）

天馬官方網站（1） https://www.tenmacorp.co.jp/dl/?no = 1620（檢索日期：2021年8月29日）

天馬官方網站（2） https://www.tenmacorp.co.jp/ir/pdf/20200626_01.pdf（檢索日期：2021年8月29日）

日經新聞2016/8/31 https://www.nikkei.com/article/DGXLASDZ31HIX_R30C16A8TJC000/（檢索日期：2021年8月29日）

日經新聞2019/6/19 https://www.nikkei.com/article/DGXMZO46298330Z10C19A6AC8Z00/（檢索日期：2021年8月29日）

丸尾鈣官方網站 https://www.maruo-cal.co.jp/pdf/news/news_181207_1.pdf（檢索日期：2021年8月29日）

獅王官方網站 https://ssl4.eir-parts.net/doc/4912/tdnet/1642692/00.pdf（檢索日期：2021年8月29日）

第2章 第5節 6.

ADVANEX官方網站 HP https://pdf.irpocket.com/C5998/BYOH/wMuI/e1Tj.pdf（檢索日期：2021年8月28日）

富士瑪克官方網站 https://www.fujimak.co.jp/corporate/news/upload_files/pdf/ddba73d7a47392c43d4c32722a3b079c34cf0897.pdf （檢索日期：2021年8月28日）

中西製作所官方網站 https://www.nakanishi.co.jp/ir/securities/file/20200403010012.pdf（檢索日期：2021年8月28日）

大谷工業官方網站 https://www.otanikogyo.com/dcms_media/other/2019-03jigyohoukoku.pdf（檢索日期：2021年8月28日）

京都機械工具財務報表https://ssl4.eir-parts.net/doc/5966/yuho_pdf/S100G7UA/00.pdf（檢索日期：2021年8月28日）

那須電機鐵工官方網站（1） https://www.nasudenki.co.jp/wordpress/wp-content/uploads/2019/03/190326Notice-of-Change-in-Representative-Director.pdf（檢索日期：2021年8月28日）

那須電機鐵工官方網站（2） https://www.nasudenki.co.jp/wordpress/wp-content/uploads/2019/06/Notice-of-resolution-of-the-97th-Ordinary-General-Meeting-of-Shareholders.pdf（檢索日期：2021年8月28日）

山王官方網站 https://pdf.irpocket.com/C3441/v5Ys/qjF3/Kf5d.pdf（檢索日期：2021年8月28日）

SE官方網站（1） https://www.se-corp.com/ja/ir/news/auto_20190612452644/pdfFile.pdf（檢索日期：2021年8月28日）

SE官方網站（2） https://www.se-corp.com/ja/ir/news/auto_201810011231_S100B2S82/main/0/link/YUKASHOKEN201903.pdf（檢索日期：2021年8月28日）

ALINCO官方網站https://contents.xj-storage.jp/xcontents/AS00321/11f1740e/3a9a/4a2e/8649/

ea4a08c1464d/S100IS07.pdf（檢索日期：2021年8月28日）

MOLITEC STEEL官方網站 HP https://www.molitec.co.jp/wp/wp-content/uploads/2022/06/yuho_79.pdf（檢索日期：2021年8月28日）

天龍製鋸官方網站 https://tenryu-saw.com/ja/tenryuwp/wp-content/uploads/c1816f2cffaf413243cb66a60f9616ce.pdf（檢索日期：2021年8月28日）

三知官方網站https://contents.xj-storage.jp/xcontents/AS96846/01b726a3/d88f/4355/9181/5490f3946344/S100E5SS.pdf（檢索日期：2021年8月28日）

昭和鐵工官方網站官方網站 https://www.showa.co.jp/ir/latest_info/（檢索日期：2021年8月28日）

能率官方網站https://contents.xj-storage.jp/xcontents/AS70667/9de3b40d/8cd5/4bde/bd76/bd51fbbb2982/S100L230.pdf（檢索日期：2021年8月28日）

長府製作所官方網站https://www.chofu.co.jp/user_data/ir/1664343904.pdf（檢索日期：2021年8月28日）

株式會社新大谷財務報表（2019年6月28日）

第2章 第5節 7.

OSG官方網站 https://www.osg.co.jp/about_us/ir/financial/file/20204Q_yukasyokenhokokusyo.pdf（檢索日期：2021年8月27日）

技研製作所官方網站 https://www.giken.com/ja/wp-content/uploads/6289gkn202011_4q2020_financial_report_fv.pdf（檢索日期：2021年8月27日）

ESTIC官方網站 https://www.estic.co.jp/ir/securities/iry20210617.pdf（檢索日期：2021年8月27日）

瑞光官方網站 https://ssl4.eir-parts.net/doc/6279/yuho_pdf/S100ILP8/00.pdf（檢索日期：2021年8月27日）

富士變速機官方網站 http://www.fujihensokuki.co.jp/idou20200205.pdf（檢索日期：2021年8月27日）

荏原實業官方網站 https://ssl4.eir-parts.net/doc/6328/yuho_pdf/S100L0SK/00.pdf（檢索日期：2021年8月27日）

新晃工業官方網站 https://www.sinko.co.jp/_uploads/2021/06/2d473d479109faceefa6199d8c075a4c.pdf（檢索日期：2021年8月27日）

日本皮拉工業官方網站 https://www.pillar.co.jp/pdf/report73-4.pdf（檢索日期：2021年8月27日）

第2章 第5節 8.

日本天線官方網站 https://www.nipponantenna.co.jp/ja/news/irnews/auto_20180226477931/pdfFile.pdf（檢索日期：2021年8月29日）

村田製作所，創業家以外從初的社長的"必然"：日經ビジネス電子版（nikkei.com）（檢索日期：2021年8月29日）

日本電產官方網站 股東／投資人訊息 | 日本電產株式会社（nidec.com）

日刊工業新聞　2019年3月1日

日本経済新聞　2019年2月5日

日本経済新聞 2019年2月22日

第2章 第5節 9.

南星官方網站 https://www.nansin.co.jp（檢索日期：2021年8月28日）

神戸新聞 https://www.kobe-np.co.jp/news/keizai/201912/0012958080.shtml（檢索日期：2021年8月30日）

HI-LEX官方網站 http://www.hi-lex.co.jp/（檢索日期：2021年8月28日）

日刊自動車新聞 2018年4月5日「新社長インタビュー」より

第2章 第5節 10.

內閣府官方網站 https://www8.cao.go.jp/cstp/society5_0/（檢索日期：2021年8月31日）

總務省（2020）「令和2年版情報通信白書」

INTERTRADE官方網站 https://www.itrade.co.jp/（檢索日期：2021年9月2日）

第2章 第5節 11.

協榮產業官方網站 https://www.kyoei.co.jp/news/2021/file_ir/yuho202103.pdf（檢索日期：2021年8月27日）

伯東官方網站 https://ssl4.eir-parts.net/doc/7433/tdnet/1788320/00.pdf（檢索日期：2021年8月27日）

榮電子官方網站 http://cdn.ullet.com/edinet/pdf/S100LQ9X.pdf（檢索日期：2021年8月27日）

三共生興官方網站 http://www.sankyoseiko.co.jp/news/document/pdf/news_japanese_20200217_5e4a3719565f8.pdf（檢索日期：2021年8月27日）

岩谷產業官方網站 http://www.iwatani.co.jp/img/jpn/pdf/infomation/2149/20200330_yakuinidou.pdf（檢索日期：2021年8月27日）

橫濱冷凍官方網站 https://www.yokorei.co.jp/common/php/download.php?id=288YFUC&token=\8a4576a0765e112d120009722052dd85#.pdf（檢索日期：2021年8月27日）

cotta官方網站 https://www.cotta.co.jp/pdf/2012yukashouken.pdf（檢索日期：2021年8月27日）

東北化學藥品官方網站 https://www.t-kagaku.co.jp/contents/wp-content/uploads/2019/11/Change-of-CEO.pdf（檢索日期：2021年8月27日）

丸文官方網站 https://www.marubun.co.jp/ir/library/f8bvua0000000azm-att/73-3 shihankiall.pdf（檢索日期：2021年8月27日）

第2章 第5節 12.

思夢樂官方網站 https://www.shimamura.gr.jp/assets-c/uploads/327f32d385b1510bf83fb7f9e3bc2ef2729ac8d9.pdf（檢索日期：2021年8月29日）

關門海官方網站 https://www.kanmonkai.co.jp/pdf/ir/2018/20180418.daihyou.pdf（檢索日期：2021年8月29日）

日經會社資訊DIGITAL https://www.nikkei.com/nkd/disclosure/tdnr/cbdypo/（檢索日期：2021年8月29日）

幸樂苑控股官方網站 https://hd.kourakuen.co.jp/storage/ir/attachment/20181031_daitoriidou.pdf（檢索日期：2021年8月29日）

海德沃福官方網站 https://contents.xj-storage.jp/xcontents/AS91042/bf43cfd3/b5c5/48ac/8bf2/f74a6e9125ed/140120181219451895.pdf（檢索日期：2021年8月29日）

WORKMAN官方網站 https://www.workman.co.jp/ir_info/pdf/h31/tekijikaiji_20190227.pdf（檢索日期：2021年8月29日）

日本調劑官方網站 https://www.nicho.co.jp/corporate/ir/news/news4770312142318053500/main/0/link/00.pdf（檢索日期：2021年8月29日）

西松屋連鎖官方網站 https: //www. 24028. jp/news/wp-content/uploads/sites/5/jinji20200717.pdf
（檢索日期： 2021年8月29日）

HOUSE OF ROSE官方網站 https://ssl4.eir-parts.net/doc/7506/tdnet/1692764/00.pdf （檢索日期：
2021年8月29日）

永旺官方網站 https: //www. aeon. info/wp-content/uploads/news/pdf/2020/01/200110R_1.pdf （檢
索日期： 2021 年8 月29 日）

第2章 專欄

落合康裕（2016）『事業承継のジレンマ： 後継者の制約と自律のマネジメント』白桃書房.

第3章 第1節

落合康裕（2016）『事業承継のジレンマ： 後継者の制約と自律のマネジメント』白桃書房.
落合康裕（2019）『事業承継の経営学： 企業はいかに後継者を育成するのか』白桃書房.

第3章 第3節 1.

Hardin G. (1968) The tragedy of commons. *Science, 162*, 1243-1248.

日生下民夫（2021）「『共存共栄』をキーワードに地域全体で浴衣の似合うまちづくりを」100年
経営研究機構オンライン研究会資料.

城崎溫泉防疫對策指南 https://kinosaki-spa.gr. jp/core/wp-content/uploads/2020/07/ covid19_
guideline_3. pdf （檢索日期： 2021年8月31日）

千年之湯 古曼 http: //www. sennennoyu-koman. com/kinosaki/kinosakispa.html （檢索日期： 2021年
9月19日）

豐岡觀光創新網 https://corp.toyooka-tourism.com/research/inbounddata/ （檢索日期： 2021年8月
31日）

湯島財產區a https://kinosaki-onsen.wixsite.com/kinosaki-onsen/blank-14 （檢索日期： 2021年8月31
日）

湯島財產區b https://kinosaki-onsen.wixsite.com/kinosaki-onsen/blank-7 （檢索日期： 2021年8月31
日）

第3章 第3節 2.

元祖葛餅 船橋屋 官方網站 https://www.funabashiya.co.jp （檢索日期： 2021年9月19日）

佐藤恭子（2020）「イノベーションと想いで，300 年企業に向けてさらに強い組織へ。」100年経
営研究機構オンライン研究会資料.

竹林一（2018）「心理的安全性とイノベーション」ZENTech資料.

第3章 第3節 3.

日経BP編（2020）「100年企業, 資金繰りに先手」日本BP社，日経ビジネス2020年6月1日号, 14.

一條一平（2020）「忍ぶ時間に勝機あり。危機的状況を好機と捉え売上アップに繋げた一條旅館」
100年経営研究機構オンライン研究会資料.

一條一平（2010）「地道な努力が生き残る強さをつくる」月刊ビジネスサミット，2021年2月号,
6-9.

湯主一條官方網站 https://www.ichijoh.co.jp （檢索日期： 2021年9月20日）

第3章 第3節 4.

サステナブル・ブランド・ジャパンニュース（2020）「コロナ禍で浮上した「フラワーロス」の課題，発信と解決へ取り組み続々」2020年12月18日 https://www.sustainablebrands.jp/article/story/detail/1199900_1534.html（檢索日期：2021年8月31日）

日本花卉公司官方網站 https://www.hanamatsu.co.jp/（檢索日期：2021年9月18日）

Flower Life振興協議會官方網站 https://flower-life.org/（檢索日期：2021年8月31日）

松村吉章（2020）「新たな花のプラットフォームを構築し，業界全体でフラワーロス解消へ」．100年経営研究機構オンライン研究会資料．

第3章 第3節 5.

小野雅世（2021）「社員満足度が第一にあり。200年の歴史を持つ綿善旅館の現在の取り組みとは」100年経営研究機構オンライン研究会資料．

京之宿　綿善旅館官方網站 https://www.watazen.com（檢索日期：2021年9月18日）

第3章 第3節 6.

落合康裕（2021）「静岡経済ゼミナール全国の酒造業にみる経営危機を乗り越える_つながり_の存在」『調査月報2021年11月号』静岡経済研究所．

三井公關委員會官方網站 https://www.mitsuipr.com/history/columns/005/「三井家とその事業を規定する家法同苗結束のシンボル，「宗竺遺書」の制定」（檢索日期：2021年10月15日）

第3章 第4節

De Massis, A., & Rondi, E. (2020) Covid-19 and the Future of Family Business Research, *Journal of Management Studies*, *12632*, 1727-1731.

UBS/PwC（2021）『2020年億萬富豪調查報告』https://www.ubs.com/global/ja/wealth-management/uhnw/billionaires-report/billionaires-report-2020.html（2021年9月11日）

玄場公規（2018）『ファミリービジネスのイノベーション』白桃書房．

山田幸三（2020）『ファミリーアントレプレナーシップ地域創生の持続的な牽引力』中央経済社．

第3章 第5節

Amann, B., & Jaussaud, J. (2012) Family and non-family business resilience in an economic downturn. *Asia Pacific business review*, 18(2), 203-223.

Bauweraerts, J., & Colot, O. (2014) La résilience organisationnelle au sein des entreprises familiales: mythe ou réalité? *Recherches en Sciences de Gestion*, 101(2),197-215.

Begin, L., & Chabaud, D. (2010) La résilience des organisations: Le cas d'une entreprise familiale. *Revue francaise de gestion*, (1), 127-142.

Chrisman, J. J., Chua, J. H., & Steier, L. P. (2011) Resilience of family firms: An introduction. *Entrepreneurship Theory and Practice*, 35(6), 1107-1119.

Conz, E., Lamb, P. W., & De Massis, A. (2020) Practicing resilience in family firms: An investigation through phenomenography. *Journal of Family Business Strategy*, 11(2), 100355.

Conz, E., & Magnani, G. (2020) A dynamic perspective on the resilience of firms: A systematic literature review and a framework for future research. *European Management Journal*, 38(3), 400-412.

Danes, S. M., & Stafford, K. (2011) Family social capital as family business resilience capacity. In *Family business and social capital*: Edward Elgar Publishing Limited.

Eisenhardt, K. M. (1989) Building theories from case study research. *Academy of management review*, *14*(4), 532-550.

Gomez-Mejia, L. R., Haynes, K. T., Nunez-Nickel, M., Jacobson, K. J. L., & Moyano-Fuentes, J. (2007) Socioemotional Wealth and Business Risks in Family-controlled Firms: Evidence from Spanish Olive Oil Mills. *Administrative Science Quarterly*, *52*(1), 106-137.

Hillmann, J., & Guenther, E. (2021) Organizational resilience: a valuable construct for management research? *International Journal of Management Reviews*, *23*(1), 7-44.

Jackson, D. D. (1957) The question of family homeostasis. The Psychiatric Quarterly. *Supplement*, *31*(Suppl 1), 79-90.

Klerk, E. (2020) *The Family 1000: Post the pandemic* Retrieved from Zurich: https:// www.credit-suisse. com/about-us/en/reports-research/csri.html

Kurland, N. B., & McCaffrey, S. J. (2020) Community Socioemotional Wealth: Preservation, Succession, and Farming in Lancaster County, *Pennsylvania. Family Business Review*, *33*(3), 244-264. doi:10.1177/0894486520910876

Labaki, R.,Michael-Tsabari, N., & Zachary, R. K. (2013) Exploring the Emotional Nexus

in Cogent Family Business Archetypes. *Entrepreneurship Research Journal*, *3*(3), 301-330.

Labaki, R. (2015) *Emotional Dynamics Management : Transcending family business paradoxes* [FBIF Research report]. Geneva.

Labaki, R. (2017) *Banque Hottinguer: Lessons from a long-lived family business across generations*. Les Henokiens Case Studies.

Labaki, R., Bernhard, F., & Cailluet, L. (2018) The strategic use of historical narratives in the family business. In Clay & Memili (Eds.), *The Palgrave handbook of heterogeneity among family firms* (pp. 531-553). Cham, Switzerland: Palgrave.

Labaki, R. (2020) The family business: A valuable model of resilience in extraordinary times. [https:// www. campdenfb. com/article/family-business-valuable-model-resilience extraordinary-times]. *CampdenFB*.

Labaki, R., & D'allura, G. (2021) A Governance Approach of Emotion in Family Business: Towards a Multi-level Integrated Framework and Research Agenda. *Entrepreneurship Research Journal*, *11*(3), 119-158.

Luthar, S. S., Cicchetti, D., & Becker, B. (2000) The construct of resilience: A critical evaluation and guidelines for future work. *Child development*, *71*(3), 543-562.

McCubbin, L. (2001) *Challenges to the Definition of Resilience*. Paper presented at the 109th Annual Meeting of the American Psychological Association, San Francisco, CA.

Michael-Tsabari, N., Niehm, S., Seaman, J., Viellard, E., & Labaki, R. (2018) With or without emotions: How does history matter for family business survival?. *Entreprise & Histoire*, *91*(2), 13 8-145.

Moya, M. F., Fernandez-Perez, P., & Lubinski, C. (2020) Standing the test of time: External factors influencing family firm longevity in Germany and Spain during the twentieth century. *Journal of Evolutionary Studies in Business*, *5*(1), 221-264.

Vogus, T. J., & Sutcliffe, K. M. (2007) Organizational resilience: towards a theory and research agenda. Paper presented at the 2007 IEEE International Conference on Systems, Man and Cybernetics.

Walsh, F. (2003) Family resilience: A framework for clinical practice. *Family Process*, *42*(1), 1-18.

Yin, R. K. (2009) *Case study research: Design and methods* (4th ed.). Thousand Oaks, California: Sage Publications.

第3章 第7節

Amore, M. D., Quarato, F., & Pelucco, V. (2021) Family ownership during the covid-19 pandemic. Available at SSRN 3773430.

Arregle, J. L., Hitt, M. A., Sirmon, D. G., & Very, P. (2007) The development of organizational social capital: Attributes of family firms. *Journal of management studies, 44*(1), 73-95.

Bartholomeusz, S.,& Tanewski, G. A. (2006) The relationship between family firms and corporate governance. *Journal of Small Business Management, 44*(2), 245-267.

Bormann K. C, Backs, S, & Hoon C. (2021) What Makes Nonfamily Employees Act as Good Stewards? Emotions and the Moderating Roles of Stewardship Culture and Gender Roles in Family Firms. *Family Business Review, 34*(3):251-269.

Business Roundtable (2019) Business Roundtable Redefines the Purpose of a Corporation to Promote 'An Economy That Serves All Americans.' AUG 19, 2019. https://www. businessroundtable.org/business-roundtable-redefines-the-purposeof-a-corporation-to-promote-an-economy-that-serves-all-americans [Online available: 2021/9/3]

Chandler, A. D. (1990) *Scale and scope: The dynamics of industrial capitalism*. Boston, MA: Harvard University Press.

Chrisman, J. J., Chua, J. H.,& Litz, R. A. (2002) Do family firms have higher agency costs than non-family firms? Presented at the second annual Theories of Family Enterprises Conference, University of Pennsylvania.

Chrisman, J. J. (2019) Stewardship theory: Realism, relevance, and family firm governance. *Entrepreneurship Theory and Practice, 43*(6), 1051-1066.

Chua, J. H., J. J. Chrisman, and P. Sharma (1999) Defining the Family Business by Behavior, *Entrepreneurship Theory and Practice, 23*(4), 19-39.

Conz, E., & Magnani, G. (2020) A dynamic perspective on the resilience of firms: A systematic literature review and a framework for future research. *European Management Journal, 38*(3), 400-412.

Davis, J. H., Allen, M. R., & Hayes, H. D. (2010) Is blood thicker than water? A study of stewardship perceptions in family business. *Entrepreneurship theory and practice, 34* (6), 1093-1116.

Davis, J. H., Schoorman, F. D.,& Donaldson, L. (1997) Davis, Schoorman, and Donaldson reply: The distinctiveness of agency theory and stewardship theory. *Academy of Management Review, 22*(3), 611.

De Massis, A.,&Rondi, E. (2020) COVID-19 and the future of family business research. *Journal of Management Studies, 57*(8), 1727-1731.

Dooley B. & Ueno, H. (2020) This Japanese Shop Is 1,020 Years Old. It Knows a Bit About Surviving Crises. *New York Times*, Published Dec. 2, 2020. https://www.nytimes.com/2020/12/02/business/japan-old-companies.html

Fama, E. F. (1980) Agency problems and the theory of the firm. *Journal of Political Economy, 88*, 288-307.

Fama, E. F., & Jensen, M. C. (1983) Separation of ownership and control. *Journal of Law and Economics, 26*, 301-325.

Fernandez, Z., and M. J. Nieto (2005) Internationalization Strategy of Small and Medium-Sized Family Businesses: Some Influential Factors. *Family Business Review, 18*(1), 77-89.

Freeman, R. E. (1984) *Strategic management: A stakeholder approach*. Boston: Pitman.

Gómez-Mejía, L. R., Haynes, K. T., Núñez-Nickel, M., Jacobson, K. J. and Moyano-Fuentes, J. (2007) Socioemotional wealth and business risks in family-controlled firms: Evidence from Spanish olive oil mills. *Administrative Science Quarterly, 52*, 106-37.

Gómez-Mejía, L. R., Cruz, C., Berrone, P.,& De Castro, J. (2011) The bind that ties: SEW preservation in family firms. *Academy of Management Annals, 5* (1), 653-707.

González, M., Guzmán, A., Pombo, C., & Trujillo, M. A. (2013) Family firms and debt: Risk aversion versus risk of losing control. *Journal of Business Research, 66*(11), 2308-2320.

Goto, T. (2021) How do long-lived family firms survive the major crises collectively? *Asia pacific Family Business Symposium Proceedings.*

Harvey, M., & Evans, R. E. (1994) Family business and multiple levels of conflict. *Family Business Review, 7*(4), 331-348.

Hernandez, M. (2012) Toward an understanding of the psychology of stewardship. *Academy of management review, 37*(2), 172-193.

James, A. E., Jennings, J. E., & Jennings, P. D. (2017) Is it better to govern managers via agency or stewardship? Examining asymmetries by family versus nonfamily affiliation. *Family Business Review, 30*(3), 262-283.

Jensen, M. C., & Meckling, W. H. (1976) Theory of the firm: managerial behavior, agency costs and ownership structure. *Journal of Financial Economics, 3*, 305-360.

John, A., & Lawton, T. C. (2018) International political risk management: Perspectives, approaches and emerging agendas. *International Journal of Management Reviews, 20*(4), 847-879.

Kammerlander, N., Sieger, P., Voordeckers, W., & Zellweger, T. (2015) Value creation in family firms: A model of fit. *Journal of Family Business Strategy, 6*(2), 63-72.

Kraus, S., Clauss, T., Breier, M., Gast, J., Zardini, A.,&Tiberius, V. (2020) The economics of COVID-19: initial empirical evidence on how family firms in five European countries cope with the corona crisis. *International Journal of Entrepreneurial Behavior & Research, 26*(5), 1067-1092.

Linnenluecke, M. K. (2017) Resilience in business and management research: A review of influential publications and a research agenda. *International Journal of Management Reviews, 19*(1), 4-30.

Mahto, R. V., & Khanin, D. (2015) Satisfaction with past financial performance, risk taking, and future performance expectations in the family business. *Journal of Small Business Management, 53*(3), 801-818.

McKean, M. (1995) Conflict over the contemporary fate of common land in Japan. presented at the annual meeting of the Association of Asian Studies.

Meyer, M. W. & Zucker, L.G. (1989) *Permanently failing organizations.* Newbury Park, CA: Sage Publications.

Miller, D., & Le Breton-Miller, I. (2006) Family governance and firm performance: Agency, stewardship, and capabilities. *Family business review, 19*(1), 73-87.

Miller, D., & Le Breton-Miller, I. (2014) Deconstructing socioemotional wealth. *Entrepreneurship Theory and Practice, 38*(4), 713-720.

Miroshnychenko, I., De Massis, A.,Miller, D. and Barontini, R. (2020) _Family business growth around the world. *Entrepreneurship Theory and Practice, 45*(4), 682-708. https://doi.org/10.1177/1042258720

Mishra, C. S., and McConaughy, D. L. (1999) Founding Family Control and Capital Structure: The Risk of Loss of Control and the Aversion to Debt, *Entrepreneurship Theory and Practice, 23*(4), 53-64.

Mithani, M. A. (2020) Adaptation in the face of the new normal. *Academy of Management Perspectives, 34*(4), 508-530.

Naldi, L., Nordqvist, M., Sjöberg, K., & Wiklund, J. (2007) Entrepreneurial Orientation, Risk Taking, and Performance in *Family Firms, Family Business Review, 20* (1), 33-47.

Neubaum, D. O., Thomas, C. H., Dibrell, C., & Craig, J. B. (2017) Stewardship climate scale: An assessment of reliability and validity. *Family Business Review, 30*(1), 3 7-60.

Neubaum, D. O., & Payne, G. T. (2021) The Centrality of Family. *Family Business Review, 34*(1), 6-11.

Sharma, P. (2001) Stakeholder management concepts in family firms. *In Proceedings of the International Association for Business and Society*, 12, 483-493.

Sharma, P. (2002) Stakeholder mapping technique: Toward the development of a family firm typology. *In 62nd meeting of the Academy of Management*, Denver.

Sirmon, D. G. and Hitt, M. A. (2003) Managing resources: Linking unique resources, management, and wealth creation in family firms. *Entrepreneurship Theory and Practice, 27*, 339-358.

Sorokin, P. A. (1950) *Altruistic Love: A Study of American " Good Neighbors" and Christian Saints.* Boston: Beacon Press.

Tierney, K. (2020) *The Social Roots of Risk: Producing Disasters, Promoting Resilience (HighReliability and Crisis Management).* Stanford University Press.

Wang, Y., & Poutziouris, P. (2010) Entrepreneurial risk taking: empirical evidence from UK family firms. *International Journal of Entrepreneurial Behavior & Research.* 16(5), 370-388.

Ward, J. (1987) *Keeping the Family Business Healthy.* San Francisco; Jossey-Bass Publishers.

Zahra, S.A. (2005) Entrepreneurial risk taking in family firms. *Family Business Review, 18*(1), 23-40.

赤尾嘉治（2021）「コロナ禍災による経営の業態変化に関する一考察」『経営情報学会全国研究発表大会要旨集2020年全国研究発表大会』(37-40), 一般社団法人 経営情報学会.

稲場圭信・櫻井義秀・三木英（編）（2007）『よくわかる宗教社会学』ミネルヴァ書房. マルクス・ガブリエル（髙田亜樹訳）（2021）『つながり過ぎた世界の先に』PHP研究所.

岸本恭児（2018）「一千年の時を超えて女性たちがつなぐ京のあぶり餅| 食育大事典」https://shokuiku-daijiten.com/kj/k013/（検索日期：2021年9月5日）

金川千尋（2011）『危機にこそ，経営者は戦わなければならない！』東洋経済新報社.

後藤俊夫編著（2012）『ファミリービジネス知られざる実力と可能性』白桃書房.

生産性本部（2020）世界経営幹部意識調査「コロナ禍からの回復に向けて」CEO版https://www.jpc-net.jp（検索日期：2021年9月3日）

関智宏，河合隆治，&中道一心（2020）「COVID-19影響下における中小企業の企業家活動プロセス: アントレプレナーシップ研究からの接近による実態把握」『同志社商学』72(2), 249-276.

沼野利和（2020）1000 年続く京都あぶり餅屋「一文字屋和輔」の提供価値とマーケティング3.0 https://globis.jp/article/7420（検索日期：2021年9月5日）

FBC（ファミリービジネス白書企画編集委員会）編（2015）『ファミリービジネス白書 2015年版 100年経営をめざして』同友館.

FBC（ファミリービジネス白書企画編集委員会）編（2018）『ファミリービジネス白書 2018年版 100年経営とガバナンス』白桃書房.

山本太郎（2011）『感染症と文明』岩波書店.

日本家族企業白皮書：
家族企業如何面對變局、突破重圍？

作者	日本家族企業白皮書企畫編輯委員會
審訂	後藤俊夫
企畫編輯	落合康裕
編著	荒尾正和、西村公志
譯者	沈俊傑
商周集團執行長	郭奕伶
商業周刊出版部	
總監	林雲
責任編輯	林亞萱
封面設計	Javick工作室
內頁排版	陳姿秀
出版發行	城邦文化事業股份有限公司 商業周刊
地址	地址 115台北市南港區昆陽街16號6樓
	電話：(02) 2505-6789　傳真：(02) 2503-6399
讀者服務專線	(02) 2510-8888
商周集團網站服務信箱	mailbox@bwnet.com.tw
劃撥帳號	50003033
戶名	英屬蓋曼群島商家庭傳媒股份有限公司城邦分公司
網站	www.businessweekly.com.tw
香港發行所	城邦（香港）出版集團有限公司
	香港灣仔駱克道193號東超商業中心1樓
電話	(852) 2508-6231　傳真：(852) 2578-9337
E-mail	hkcite@biznetvigator.com
製版印刷	中原造像股份有限公司
總經銷	聯合發行股份有限公司 電話：(02) 2917-8022
初版1刷	2024年6月
定價	450元
ISBN	978-626-7492-12-3（平裝）
EISBN	9786267492024(EPUB)／9786267492017(PDF)

FAMILY BUSINESS HAKUSHO【2022 NEN BAN】： MIZOU NO KANKYO HENKA
TO KIKI TOPPA RYOKU
Copyright © 2022 YASUHIRO OCHIAI、MASAKAZU ARAO、HIROSHI
NISHIMURA、FAMILY BUSINESS HAKUSHO KIKAKU HENSHU IINKAI
Supervision by TOSHIO GOTO
All rights reserved.
Originally published in Japan in 2022 by HAKUTO-SHOBO publishing company.
Traditional Chinese translation rights arranged with HAKUTO-SHOBO publishing company
through AMANN CO., LTD.

國家圖書館出版品預行編目(CIP)資料

日本家族企業白皮書/日本家族企業白皮書企畫編輯委員會作；沈
俊傑譯. -- 初版. -- 臺北市：城邦文化事業股份有限公司商業周刊,
2024.06
　面；　公分
ISBN 978-626-7492-12-3(平裝)
1.CST: 家族企業 2.CST: 企業經營 3.CST: 日本
494　　　　　　　　　　　　　　　　　　113006897

藍學堂

學習・奇趣・輕鬆讀